高等学校教学参考书

工业建筑设计原理

哈尔滨建筑工程学院 编

中国建筑工业出版社

前言

本书是根据建设部一九八三年三月建筑学及城市规划专业教材编审委员会苏州座谈会有关《工业建筑设计》这一课程改革的精神，为适应当前教学需要而编写的。

会议决定试将工业企业总平面设计、单多层厂房建筑设计及其构造设计原理四者合而为一，内容要求兼顾全国各地的特征。考虑到原《单层厂房建筑设计》教材曾经各有关院校在多次教学实践中使用并获有好评，因此以其为某些章节的主要蓝本，并适当地做了增删与修改或保留其部分图文。

本着“打好基础，精选内容，逐步更新，利于教学”的精神，在编写内容上，以轻、中型机械制造业为主，兼顾其它工业的特点来阐述总图规划、多层与单层厂房建筑设计原理，凡涉及城市规划、民用建筑设计原理、建筑物理等其它相关课程已论述过的问题，为避免重复均予从略。要求学员通过对本教材的学习和设计练习，能在工业建筑设计的各个方面，打下较坚实的基础，培育设计能力与素养。

吸取与继承我国多年的教学传统与经验，将与构造相关而又自成体系的原理部分，根据单、多层厂房的不同，有所侧重地分别归纳增补为“环境设计”，有助于了解科学技术动向与发展趋势。

当前，我国工业基础比较雄厚，已有四十多万个不同规模和行业的工业企业，设计与建筑施工均积累了丰富的经验，今后主要是“用新兴技术改造老企业”，使老企业“永葆青春”，新建只限于个别重点项目。在对外开放，对内搞活经济，发展生产，提高人民生活水平的前提下，大力发展轻纺工业、汽车工业、耐用消费品、食品工业，而又面临开发乡镇“星火计划”建设的大好形势，教育要“面向四化、面向世界、面向未来”，新技术革命中微电子的应用与发展占据着十分重要的地位等具体情况。在教学与编写过程中将“多层与单层”两部分作了前后对调，以适应我国一定时期内的建设实际，这对于学员的学习将更符合循序渐进的认识规律。因为多层厂房设计在性质上，无论是从总体或个体任一方面都是介于“民用与单层厂房”之间，对于由浅入深，“继往开来”，删繁就简地精选素材、加强实践环节有一定益处，在体系上做了适当的穿插与编排。这对于习惯于以“单层”在“多层”前讲授的教师也无大的影响，关于“工业建筑构造”部分，历来就有“设计原理和构造原理”合一与分设的这两大类型的教学实践，因此无论采取那种教学方案，或者自学方式，这些内容都是十分必要的。将四大部分统编为一书，也有利于围绕设计教学消化与巩固。在图例方面不追求以新、洋为主，而是既引用国内建设常用作法又适当指明需要注意改进和引用国外个别例子、指出发展趋势，供学员深思。一部分次要内容（如地面、其它构件等）或特殊作法均从简或删节。

如果将第二篇“多层”部分移作第四篇，只需将第二节有关“环境设计”的部分内容穿插到“单层”的“环境设计”中讲授也是完全可行的。这样的安排对于删减学时较多的某些院校也是并行不悖而可以适应的。

在1985年初送审本书至教材编审委员会主任齐康教授后，经委托华南工学院林其标（负责主持与汇总）、同济大学王爱珠、南京工学院沈佩瑜三位先生负责审议并提出了有益的修改意见。在补充修改国家标准《厂房建筑模数协调标准GBJ6—86》过程中，承蒙国家机械工业部第二设计研究院陆文英工程师给予热情支持，惠赠该标准报批稿与修改意见等，这些都为本书增色受益，谨此表示衷心的感谢。

本书由宿百昌同志主编，各部分的编者分工：孙萃芸（第一篇第一、二章；第二篇）、耿善正（第一篇第三、四章；第三篇第一章第5节及第三章；第四篇第一、二章）、宿百昌（第三篇第一章第1-4节及第二章；第四篇第三章）、白小鹏（全部插图绘制）。

在本教材的编写与修订过程中，又结合1984年6月建筑专业教材与教学计划合肥会议的精神，在多次试用的基础上重新对个别内容作了修改并适当地参考了个别院校的教学内容安排，其中部分内容可按“自学自得”的教学方式解决。从1983年着手编写，先后历经多次教学实践，但因教改后学时有所减少，编者水平所限，缺点和不足之处幸望识者不吝指教与多多提出宝贵意见。

哈尔滨建筑工程学院《工业建筑设计原理》编写组

1987年5月

目 录

第一篇 工厂总平面设计

第二篇　多层厂房建筑设计

第三篇　单层厂房建筑设计

第四篇　工业建筑构造设计

第一篇　工厂总平面设计

工厂总平面设计的任务是在厂址选定后，按其在城市规划中所处的地位，根据生产工艺的要求，及所在地区的具体条件，经济合理地综合解决各建筑物、构筑物和各项公用设施在厂区的平面和竖向布置；合理选择厂内外的交通运输系统；布置工程技术管网；并统筹厂区的绿化和美化，从而创造完善的工业建筑群与厂区环境。

工厂总平面设计是一项复杂的、综合性技术工作，它是城市总体布局的有机构成部分，需要各方面的技术人员参加，共同研究讨论，从全局出发，互相配合，分别解决本专业的有关问题，设计是整个工程的灵魂，总体设计是首要部分，因此在工作中，必须密切协作，共同完成总平面设计任务。

第一章　工厂总平面布置

工业企业的建立和发展是城市兴起的物质基础，是推动城市发展的积极因素。

在一般城市中，工业用地约占城市用地的20～35%，而在拥有大型工业企业和工业产值较高的城市中，工业用地的比重高达50%以上，有些则是完全以工矿企业发展起来的城市，如我国的鞍山、大庆等城市。因此，工业企业在城市中的布置，对于城市的结构和布局，城市居民的劳动和生活都有很大的影响。所以在布置工厂总平面时，不仅需要考虑本厂布局的合理性，还应注意该厂在城市规划中所处的地位和作用以及与周围环境的联系和影响等。

第一节　工业企业在城市中的配置

工业企业的类别很多，它遍及国民经济的各部门。不同的工业企业，由于生产状况不同，往往对其在城市中的配置提出不同的要求。而城市规划部门对于某些工业企业，例如散发有害气体、对环境污染严重的企业又提出了各种限制。这就需要在城市中配置企业选择工业用地时，对工业企业加以分析归类，以便确定其在城市中的合理布局。

一、影响工业企业在城市配置的因素

影响工业企业在城市中布局的首要因素是该企业的工艺及其生产特征。

不同部门的工业企业，生产工艺有着很大的差异，对于在城市中的配置有着完全不同的要求。某些企业是以体积大、重量大的材料为原料，要求接近原料产地，如采矿、造纸工业等；另有些企业规模大，占地多，需要城市提供比较大的用地，如大型机械制造工业、冶炼工业等；又有些企业生产过程中散发有害气体或者有爆炸危险，如化工企业等。相

反，有些企业，要求在洁净环境中生产，对于城市面貌起着积极的作用，甚至可将其布置在城市干道上或广场附近。上述情况说明，只有在深入了解工业企业工艺及其生产特征的基础上，才有可能在城市中合理地配置工业企业。

其次，影响工业企业在城市中配置的因素是企业对城市环境污染的程度。

工业企业按其生产性质，经常伴有污染源，破坏生态平衡，造成公害，危害城市环境。对于这类企业在城市中的配置，必须持慎重态度。防止由于规划不当，酿成后患，危害居民身心健康。工业企业对城市环境的污染，主要来自三个方面：一是生产中排放有害气体和物质，造成大气污染；二是废水中含有毒物质，造成水质污染；三是生产过程产生噪声，造成声音污染。此外，还有放射污染等。对于这些企业应要求遵守环境保护法规定，采取措施，对污染源进行处理。同时，在城市规划时，从环境保护考虑，按其产生公害的程度，分区布置，设置必要的防护地带。

第三个影响工业企业在城市配置的因素是运输量及其运输方式。

各个企业所采用的运输方式及其运输量对于城市有很大影响，某些企业，生产对周围环境虽然没有污染，但是货运量大、或者要求铁路运输，须敷设铁路专用线，若有这类企业布置在城市中或邻近居住区，则繁忙的铁路和公路专用线可能干扰居民的生活和对居民人身安全造成威胁。

第四、工业企业用地规模的大小。它也是城市配置工业企业时应考虑的重要因素。

工业企业由于其产品不同，规模不同，其所占面积极为悬殊。例如，大型机械制造厂占地百公顷以上，而中小型机械厂用地不过10公顷，一个食品厂的面积甚至不到一公顷。在目前城市用地紧张的情况下，占地面积很大的企业，即使在生产工艺及卫生安全允许的前提下，布置在市区内，甚至近郊区，在一般城市中，也会受到一定限制。

第五、职工的数量。某些企业是属于劳动密集型企业，生产中不散发有害气体，对于环境没有污染，运输量不大；但是职工人数多，而其中女工往往占很大比重。设计中，如何为这些职工创造方便的上下班交通联系条件，成为确定企业在城市中布局的重要因素。将这类企业布置在市区内的居住区附近，不仅便于解决职工上下班交通问题，而且可以利用城市的公共福利和服务设施，缩短工程管线长度，从而节约企业的基建投资，显示了这种布局的优越性。

二、工业企业在城市的配置

工业企业在城市的配置，如上述，有多种影响因素。目前，有的国家城市规划中，按照企业排放有害物的程度和货运量的大小，将企业明确地分为三个级别，分别布置在城市的三种工业企业用地上。我国虽然没有明文规定企业在城市中配置的级别，但在实践中，大体也是按此分布的。

（一）远离城市生活居住区的工业用地——布置排放大量有害物质和大宗货运量的企业以及某些生产特征的企业，如有爆炸危险、火灾危险、生产中应用放射性物质等。这种工业用地与城市居住区之间的防护距离，应根据其生产工艺、生产有害物处理的情况、生产爆炸危险性及火灾危险性确定。这类企业有大型冶金工厂、化工厂、石油加工厂等。

（二）布置在城市边缘的工业用地——布置那些排放有害物数量不多或不排放有害物的企业。但是，这类企业的货运量大，有时要求敷设铁路专用线。如机器制造厂、纺织厂等。这类企业可布置在城市边缘地带或近郊区。

（三）布置在居住区中的工业用地——布置那些无害或者排放有害物极少、货运量不大（每昼夜单向运输量不超过40辆汽车或不超过5万吨/年），不要求敷设铁路专用线的企业。如仪表厂、电子工业、钟表厂、印刷厂、服装厂、食品厂等。

图1-1-1所示为工业企业在城市的配置示意图。

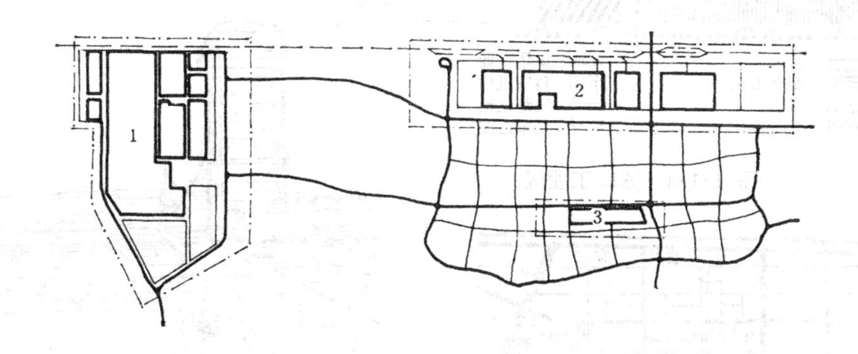

图 1-1-1　工业企业在城市的配置示意图

1—远离城市生活居住区的工业用地；2—城市边缘的工业用地；3—生活居住区的工业用地

第二节　工业区与工业小区

解放前，我国的工业企业很少，大多是修配工业，自发地建于沿海城市。从第一个五年计划起，我国开始大规模、有计划地建设自己的工业体系。在考虑国民经济发展全国工业布局的基础上，在各地区、各大中城市布置了各种工业区，如动力工业区、电工区、化工区等，集中布置工业企业，图1-1-2为我国某城的工业区布置。

在国外城市规划中，同样采取了有组织的工业区规划的方式。例如英国斯提温尼斯城工业区（图1-1-3），苏联的工业区（图1-1-4），日本的工业团地（图1-1-5）等都采取工业企业集中布置的方式。

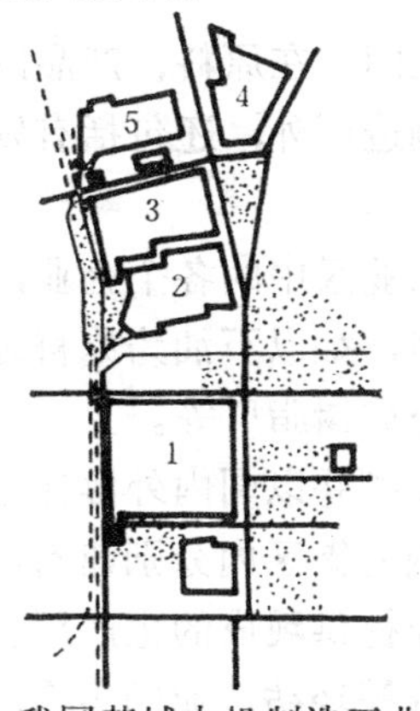

图 1-1-2　我国某城电机制造工业区实例

1—电机厂；2—锅炉厂；3—汽轮机厂；4—林业机械厂；5—仓库

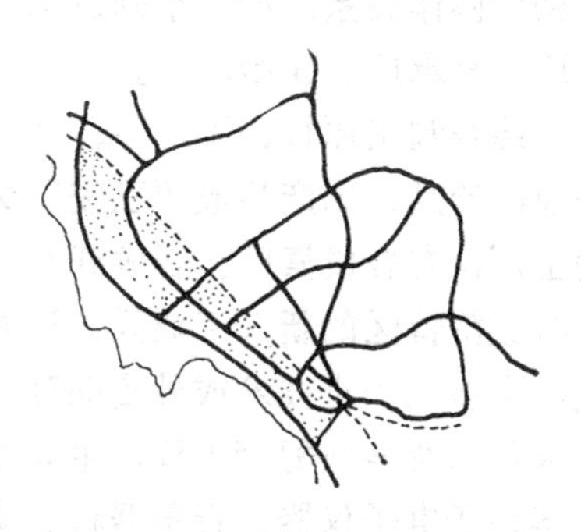

图 1-1-3　英国斯提温尼斯城工业区

（带点部分为工业区）

按工业区的形式组织工业企业，便于工厂之间在生产上和科学实验上协作，可以统一规划企业用地，有效地组织交通运输，集中利用能源，统一敷设各种工程技术管线，并且可以共用各种生活辅助及福利设施。图1-1-6所示为莫斯科某工业区公共中心规划设计鸟瞰图。

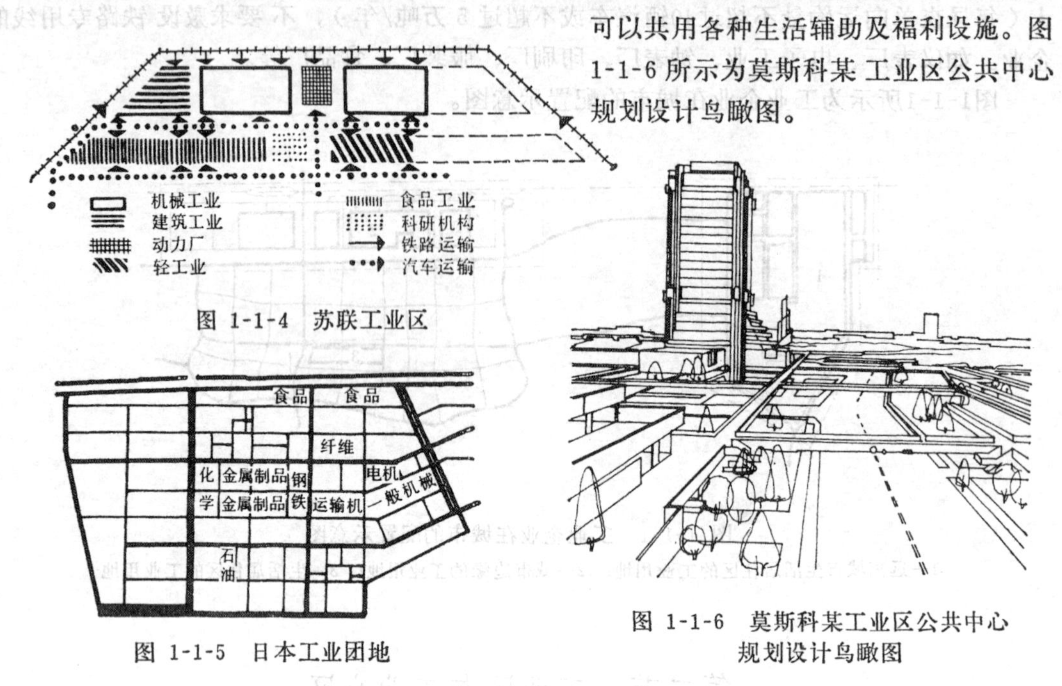

图 1-1-4 苏联工业区

图 1-1-5 日本工业团地

图 1-1-6 莫斯科某工业区公共中心规划设计鸟瞰图

一、工业区

（一）工业区的类型

工业区可按其组合的工业企业性质分类，如冶金工业区、机械工业区、纺织工业区、电子工业区等；也可按企业协作关系分类，若以协作关系分类则有下列类型：

1.大型联合企业工业区。这种工业区是将生产过程具有连续性的企业组合在一片用地上。这种组合方式可减少物料运输距离及半成品的预加工设施，利于能源综合利用，如大型钢铁联合企业、纺织联合企业工业区等。

2.产品协作配套工业区。工业区中，各工业企业之间，在原料、产品以及副产品等方面有密切协作关系，如汽车制造工业区中，除了汽车制造厂外，还包括有发动机厂、电器设备厂、轴承厂、轮胎厂等。

3.综合利用原料、副产品、“三废”的工业区。工业区中的各个企业，往往以某一主体企业的产品、副产品或“三废”为原料进行综合利用，如以石油为原料进行综合利用生产的工厂，有合成氨厂、合成纤维厂、合成橡胶厂、合成树脂厂等。

4.经济特区的新兴工业区。这是一种完全崭新的类型并以国内外协作生产加工和销售为主，大多是引进技术或外资而建立的特殊小区。区内各街区内分别建有不同或相同的通用工业厂房及某些配套工程。主要是为外资或合资企业提供现成的生产厂房，供出租或销售。多用于电子仪器、音影器材、家用电器和制装成衣等轻纺工业的生产，它不需要重大的机器设备，不占用过多的用地，又能分层在室内生产，各成一家。属于来料加工或装配性质的占绝大多数。

（二）工业区规划原则

工业区布局应根据各企业的生产性质、运输、相互联系以及卫生安全等因素综合考虑。

生产上须要密切协作的企业尽可能地靠近布置，以缩短运输距离。企业须要敷设铁路专用线时，更需要统盘考虑，力求避免往复的运输。

工业区规划中，要为各个企业共同使用维修、辅助企业、动力设施及存储设施创造方便条件，以免重复设置浪费国家资金。

根据卫生及环境保护要求，按照企业对环境污染的程度设置卫生防护地带。污染严重的企业远离居住区，污染轻、危害小的企业临近居住区。应注意企业之间的交叉污染。对于有防火要求或爆炸危险的企业，必须保证必要的安全距离。

工业区内各企业的布置、要为职工上下班创造方便的条件，职工密集的企业靠近居住区。

此外，工业区的布局还需要考虑分期建设的可能性，尽可能紧凑地安排近期建设用地，为发展留下余地，但要严格控制。

（三）工业区的布置形式

工业区的布置形式与城市的现状、自然条件及工厂总平面布置的基本要求有密切关系，它可概括为下列二种形式：

1.带状布置：工业区沿公路布置，铁路专用线一般从工业区后侧引入。这样布置可以避免铁路与公路的交叉。居住区与其平行布置，职工上下班方便，可不穿越铁路线，二者平行发展，互不影响。带状工业区布置形式见图1-1-7所示。

2.块状布置：块状布置的工业区中一般布置大型联合企业，各企业之间协作密切，有时伴有比较严重的污染源，图1-1-8为块状布置的工业区示意图。

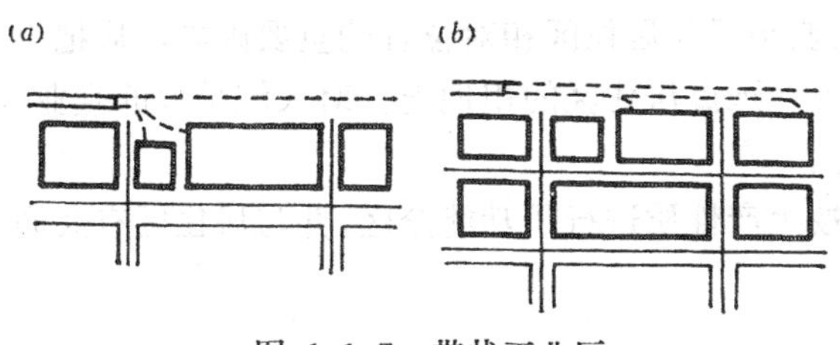

图 1-1-7 带状工业区

(a)单列布置；(b)双列布置

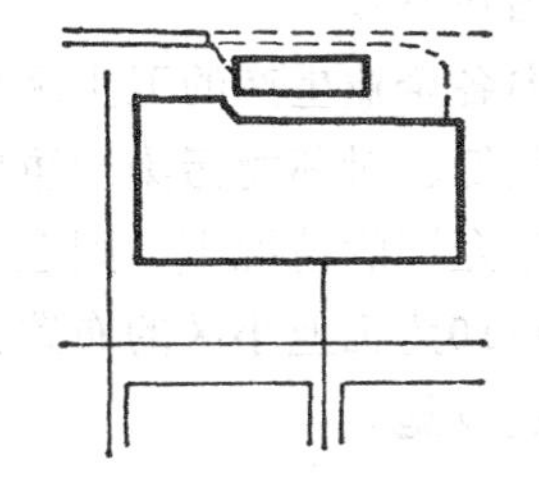

图 1-1-8 块状工业区布置示意图

二、工 业 小 区

近年来，在工业区布置中，在国外发展了工业小区的规划方法。在工业区中，按专业或是跨行业将企业组合成工业组群，即工业小区（工业枢组）。在小区中，各企业之间密切协作，它们可以有共同的辅助设施、动力供应、仓库、运输设施以及生活福利和办公用房，甚至在主要生产方面也可以协作（例如铸锻中心），从而大幅度地节约了工业用地及基建投资。图1-1-9为一个小区的规划方案，全小区共七个企业，各企业之间在主要生产及辅助生产两方面实现了广泛协作，占地减少了44%，造价降低14.7%，获得了显著的经济效益。

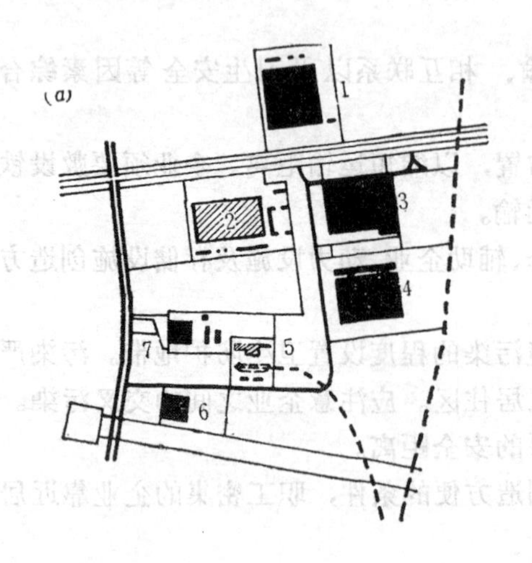

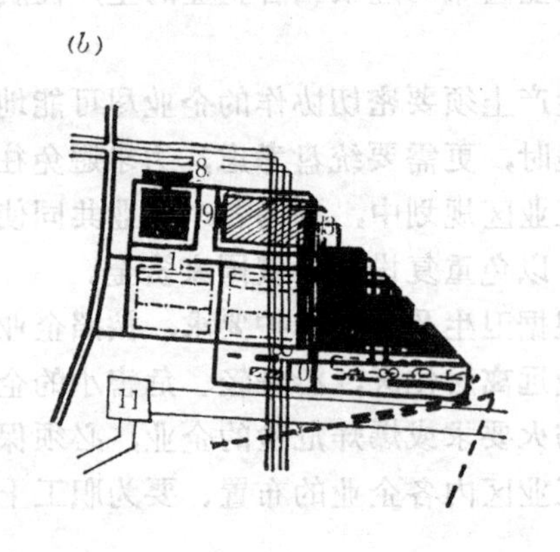

图 1-1-9　工业小区总平面布置

(a)原始设计；(b)新设计方案

1～7—工业企业；8—生活间；9—食堂；10—锅炉房；11—输电线

进行工业小区规划时，首先根据各个企业的生产性质和生产特征进行组合，在此基础上，将小区划分为生产区、辅助区、动力区、仓库区、生活福利设施及科教机构区等。在区划中应尽量为各企业之间的协作创造条件，不仅在公用辅助设施方面，而且在工艺生产方面，加以综合考虑，以获得最佳的技术经济指标。

规划中，要认真分析小区内各企业的运输量及运输方式。当企业需要引进铁路专用线时，小区的布置方式必须结合铁路专用线的引进方式统一考虑，尽量减少难以利用的扇形面积参见图1-2-1。

小区内各企业生产的卫生级别是影响工业小区与居住区相对位置的重要因素，应把生产卫生级别低、对环境污染严重的企业，布置在远离居住区的用地上。对人流量大的企业，在卫生规范允许的情况下，则应靠近居住区。

图1-1-10为工业小区的布置方案，小区按生产性质进行了功能分区，并与居住区有共同的文化福利设施。

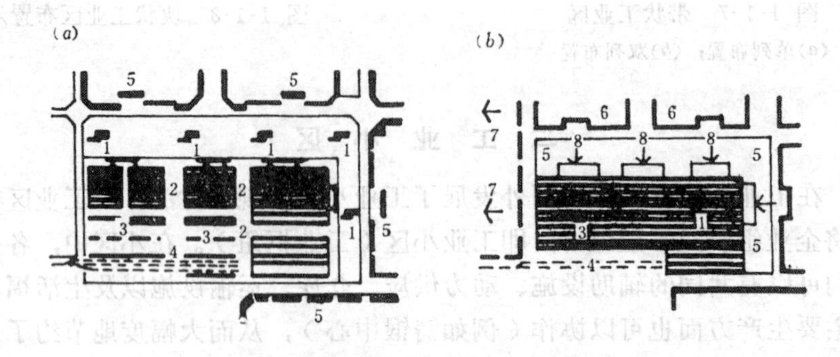

图 1-1-10　按功能分区布置的工业小区

(a)1—公共设施中心；2—主要生产企业；3—辅助生产企业；4—仓储区；5—居住区

(b)1—主要生产区；3—辅助生产企业区；4—同上；5—隔离带；6—居住区；7—备用地；8—工厂入口

现代科学技术的飞速发展以及近年来对城市环境保护的普遍重视，促进了企业“三废”处理技术的完善和发展；特别是人们注意到有相当数量的工业企业的生产对居民不产生有害影响；人们对于生产和生活有了新的要求；促使城市规划中多功能综合区的规划思想有了发展。在国外出现了将工业和居住区配置在一起的“工业-居住综合区”，其布置见图1-1-11。

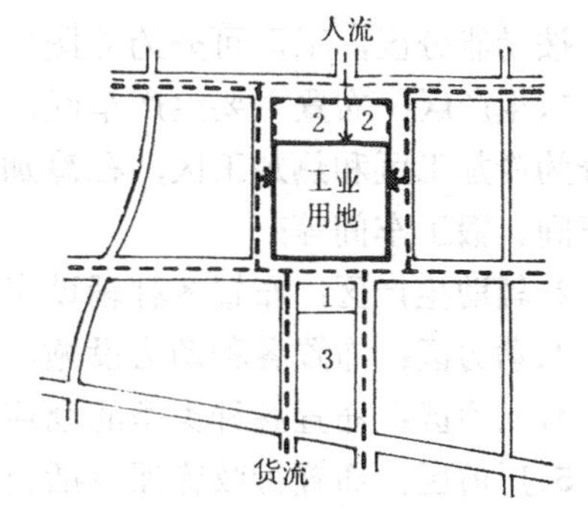

图 1-1-11 工业-居住综合区布置
1—居住区公用公共中心；2—工业备用地；3—公园

这种综合区的特点是：居住和工作地点之间以步行交通为主，二者之间距离一般不超过2公里，从而减轻了城市交通负担，为工人上下班创造了方便的条件。工业企业和生活居住区可在动力供应、热力供应等工程管网和道路交通线、建设用地工程准备、生活福利等方面开展协作和统一安排，并建有工业用地和生活居住用地共用的公共中心。

第三节 工厂总平面区划及布置原则

工厂总平面是以国家机关批准的设计任务书、使用单位提供的工艺简图及总平面布置简图为根据进行设计的。

一、总平面的组成

工业企业的建筑物和构筑物，按其不同的用途可分为：

（一）生产工程项目：自原料加工到成品装配的各主要车间，如备料车间、机加工车间、装配车间等；

（二）辅助工程项目：为生产车间服务的各车间，如机修车间、工具车间、电修车间等；

（三）动力设施：供应生产用的变电站、锅炉房、煤气站、压缩空气站、氧气站、乙炔站等；

（四）仓储工程项目：各种仓库，例如，原料库、成品库、金属材料库、总仓库、燃料化学品库等；

（五）行政管理及生活福利、科教设施：如办公楼、食堂、实验室、医疗站、幼儿园、技工学校等。

由于工业企业的生产工艺及规模有很大的差异，因而各工厂中所包含的工程项目不尽相同。各工厂中须要设置那些项目，要根据生产的实际需要确定。特别是近年来强调各企业之间的协作，投资高、收效慢的“大而全”工厂的建设越来越少，工厂的生产向专业化发展，如出现了专门制造铸件的铸造厂，由外厂供应元件的装配厂等。这类工厂建厂速度快、资金回收快，是当前工厂设计中值得注意的动向。这类专业化工厂中，就没必要包括上述的全部工程项目。

二、厂区的功能分区

在大、中型企业中，工艺流程往往比较复杂，建筑物和构筑物等工程项目比较多，为了使其总体布局合理，常将工程项目按其在全厂中的作用及其生产特征分类按区段布置，即功能分区。

按功能分区，工厂可分为（图1-1-12）：

1.生产区：布置主要生产车间，以“全能”的机械制造厂为例，按车间的生产特征又可分为冷加工区和热加工区，在冷加工区布置金工车间和装配车间等，在热加工区布置铸工车间、锻工车间等；

2.辅助生产区：布置各种辅助车间；

3.动力区：布置各种动力设施；

4.仓库区：布置各种类型的仓库和堆场；

5.厂前区：布置行政管理生活福利、科教设施。

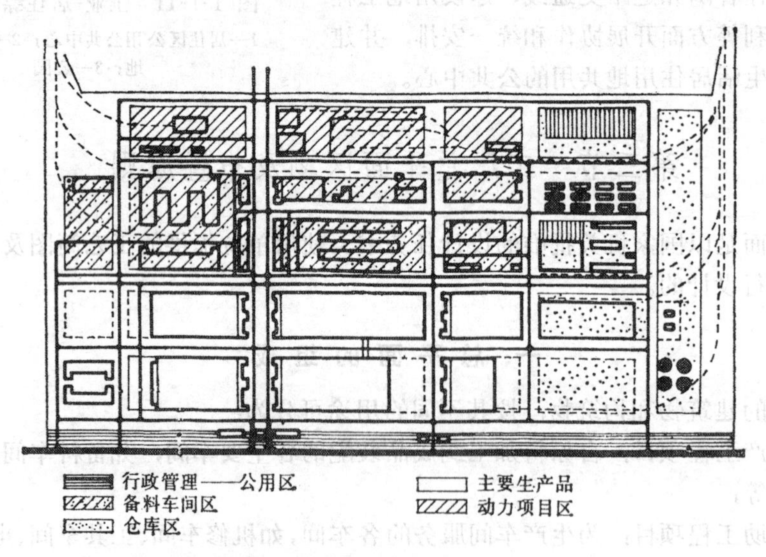

图 1-1-12　机械制造厂功能分区图

按功能分区布置总图时，一般是使厂前区与城市干道衔接，职工通过厂前区的主要入口进入厂区。因此，厂前区又是工厂与城市生活居住区的过渡区。厂前区的组成及规模与工厂的性质及规模大小有关。厂前区经常是布置成一个条带或占据厂区的一角。

在厂前区的侧边或在其后边布置生产中对于环境不污染或污染轻微的冷加工区。在冷加工区中，生产工人数量多，使其接近厂前区，工人上下班方便。从卫生方面考虑，这一区段接近居住区也是适当的。辅助生产区内的车间生产特征与冷加工相似，与其它车间联系不紧密，可在厂前区与冷加工区之间或就近布置。

与冷加工区相邻，并在其下风向的位置上布置备料区，即热加工区。备料区的车间为冷加工车间提供毛坯料。所以二者应该接近，以缩短工艺路线。机械制造厂的备料车间主要是铸工车间和锻工车间，由于生产中散发有害物质，在全厂的位置，也应是下风向的地段上，同时尽可能远离生活居住区。

动力区宜在负荷中心，变电所要靠近用电量大的车间。

仓库区一般布置在厂后部分，靠近汽车或火车的入口处，尽可能地缩短运距。

近年来，色彩的应用在工业建筑中受到了重视。在工厂的功能分区中，开始应用色彩做为标志，获得了良好的效果。图1-1-13为我国某钢铁厂的彩色功能分区图。在这个厂里，不同的区域，屋顶、外墙（包括内部天花、隔断）以及门窗，分别采用不同的色彩，见表1-1-1。

图 1-1-13　某钢铁厂彩色功能分区图

目前的趋向是朝多厂联建、工业团区和立体化方向发展，宜综合考虑功能分区问题。

各区厂房的构、配件色彩　　表 1-1-1

分区(符号)	外部		内部	钢结构	门窗
	屋顶	外墙	(天花、内墙)		
炼铁区(*A*)	深蓝灰色	浅灰色	浅灰蓝色	浅蓝绿色	淡蓝绿色
炼钢区(*B*)	赭红色	浅棕灰色	浅灰蓝色	浅蓝绿色	淡蓝绿色
热轧区(*E*)	深绿色	浅灰绿色	淡绿色	苹果绿色	淡蓝绿色
冷轧区(*D*)	普蓝色	淡蓝色	浅蓝色	天蓝色	淡蓝绿色
独立厂房(*C*)	深红色	米黄色	淡灰绿色	灰绿色	淡蓝绿色

三、总平面布置的原则

为了使总平面布局合理，满足功能及工程技术经济方面的要求，有必要对总平面布置时须要予以解决的诸因素加以分析，在分析的基础上，寻求恰当的解决方法，设计出比较理想的总平面方案。

（一）满足工艺流程要求

产品由原料加工为成品的生产过程叫工艺流程。工艺流程一般用工艺流程图表示。图1-1-14为机械制造厂的工艺流程示意图。

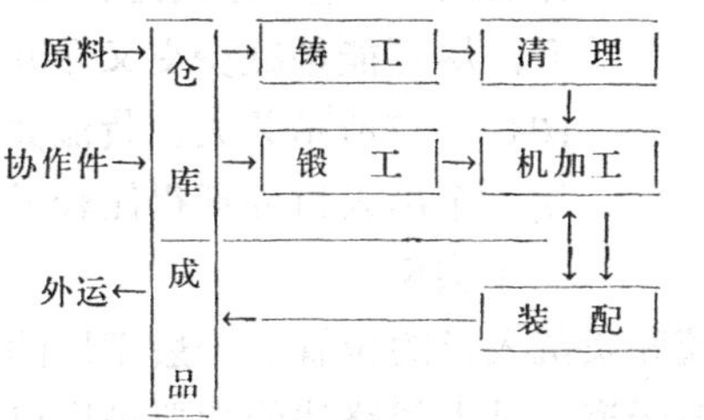

图 1-1-14　机械制造厂工艺流程示意图

工艺流程是总平面设计的原始资料。根据工艺流程可以了解到总平面图中可能有那些主要生产车间及其相互关系。从图1-1-14中可看出该厂的主要生产车间为铸工、锻工机加工、装配车间以及各种仓库，从箭头的指向了解到部件加工过程中各工序之间的衔接，从而为确定各车间的相互位置提供可靠的依据。

设计总平面时，应保证工艺流程短捷、不交叉、不逆行。生产联系密切的车间尽可能地靠近或集中，以缩短工艺流程的运行线路。

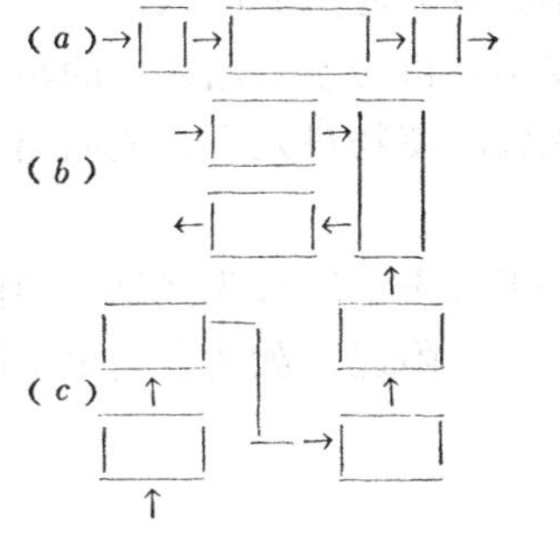

图 1-1-15 工艺流程在总平面图中的布置方式
(*a*)直线式；(*b*)环状式；(*c*)迂回式

工艺流程在总平面布置中可概括为三种方式：(*a*)直线式，(*b*)环状式，(*c*)迂回式，如图1-1-15所示。在实际工作中，选择那种为宜，可结合该厂所在地区的具体条件、项目多寡，与工艺设计人员商定。

（二）合理地组织货流和人流

货流是指物料以原料形式运进工厂至以成品形式运出厂在厂内运行的路线。人流则是指职工上下班的交通路线。货流和人流的含义中都包含着量和方向两个要素。合理地组织货流和人流对于保证全厂生产按工艺流程的顺序有节奏地进行、保证工人安全方便地到达工作地点起着重要作用，是分析总平面布置是否合理的重要指标。

在总平面布置中确定各个车间相对位置时，应使货流和人流路线短捷，避免或尽量减少人货流交叉，保证通畅与安全。在分析总平面布置是否合理时，经常借助于人流和货流路线分析图。图1-1-16为机械制造厂的人流和货流路线分析图。

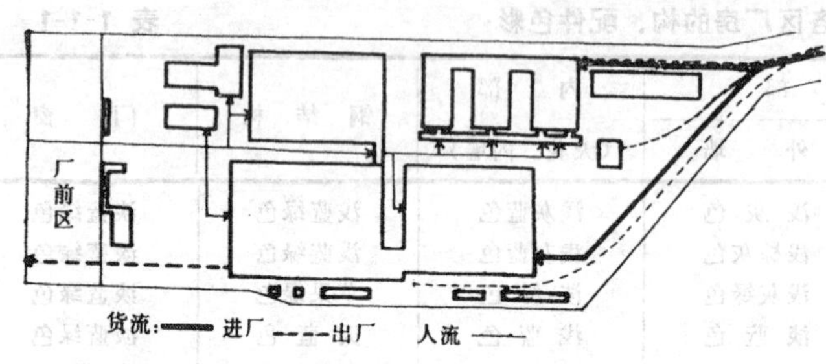

图 1-1-16 机械制造厂人货流分析图

当厂区运输以铁路运输为主时，人流和货流的流动方向最好相向平行布置（图1-1-16），以免交叉。如果在总平面布置中，二者不能避免交叉时，在货流不大、人流较少的情况下，其交叉口可在同一平面内。反之，则应考虑设置立体交叉口，用跨线桥或隧道解决。

在货运量不大的工厂中，有时货流和人流共同使用一个工厂出入口。在此情况下，工厂的总体布局应尽量使人流、货流分开，尽可能地减少交叉和并行。图1-1-17所示为人、货流共同使用一个出入口处理得比较成功的一个实例。

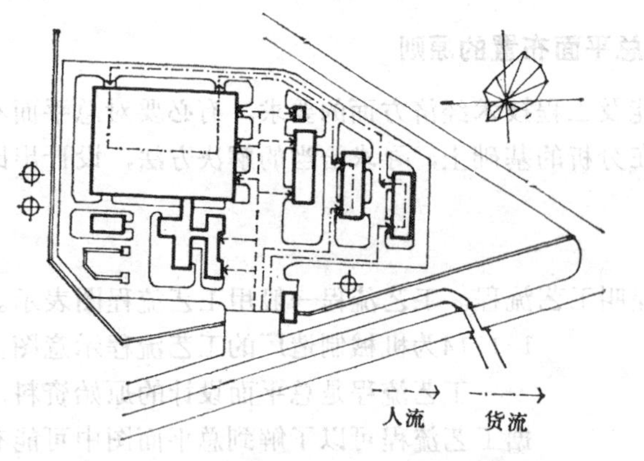

图 1-1-17 某织布厂人流、货流路线分析图

合理组织人、货流路线的关键在于正确选择人流和货流入口的位置。一般工厂的主要出入口布置在厂前区，面向工人居住区或城市的主要干道，是人流路线的主要进出口，这样布置可使工人上下班路线短、方便。职工数量大的车间应靠近主要出入口。当大中型工厂职工数量多，居住区分散时，可设次要出入口。次要出入口与主要出入口的距离，一般以400～500米为宜。货流入口大多布置在厂后邻近仓库区，使物料入厂、成品出厂都很方便。人货流也可避免交叉。

车间生活间位置与人流组织有着密切的联系，因为工人上下班首先经过生活间存取衣服或淋浴等。生活间的位置宜根据人流路线布置在工厂干道附近，如为合用生活间时，应位于工人数量大的车间靠近主要出入口。

（三）节约用地

我国人口多，可耕面积少，节约用地就更有深远的战略意义。节约用地，对于工业企业本身也带来了直接的经济效益。工厂总平面布置紧凑，可以减少各种线路和围墙长度、减少场地绿化面积、因而相应地减少了基本建设投资。

为了节约用地，在总平面设计中可采取下列措施：

1.建筑外形规整简洁，并使其面积大小、形状与厂内道路网形成的区带取得一致。建筑物平面形状不必要的曲折复杂，必然在其周围出现一此零星小块不便于利用的地块。

当工厂内建筑物数目比较多时，常利用纵横的道路网把厂区分成一个个的区段。在区段上布置与其形状大小相一致的建筑物，这样就可避免在建筑物周围出现不易利用的空地和曲折的道路（图1-1-18）。因此，在任何情况下，都不能过分强调功能分区和区段规整，扩大建设用地。而是在满足这类要求的同时最大可能地节约用地。

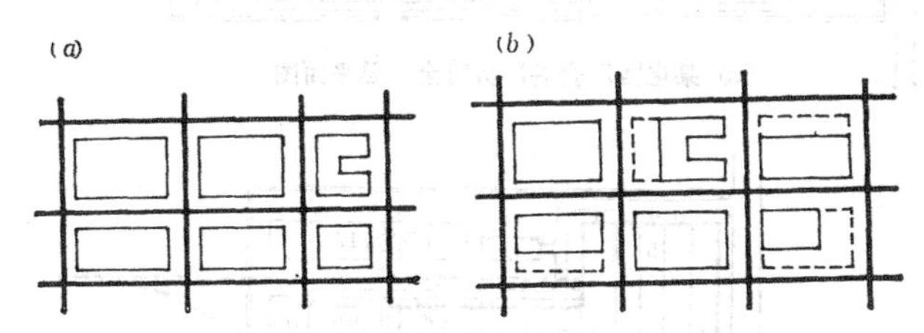

图 1-1-18　厂内区段上建筑物与道路的关系

(a)节约用地方案；(b)空地过多方案(虚线部分为难于利用的地段)

2.恰当地确定建筑物、构筑物的间距

厂内建筑物的间距是根据卫生、防火、工程管网布置以及建筑空间处理的要求确定的。管网布置涉及几个专业,设计时,各有关人员须要相互配合，综合研究确定。

建筑空间处理对间距的要求与工厂的规模、道路两侧建筑的高度、道路的主次以及通风等要求有关。一般不宜过分追求街道的壮观而增大间距。建筑间距的具体尺寸可参看表1-1-2。

厂内道路两侧建筑间距（以机械制造厂为例）　　表 1-1-2

工厂面积(公顷)	干道两侧建筑间距(米)	一般道路两侧建筑间距(米)
<10	18～27	12～24
10～30	21～33	15～27
31～50	27～39	18～30
51～100	33～54	21～36

当车间有铁路引进线时，引进线的布置方式对建筑间距影响很大。炎热地区平行布置的热车间之间的距离应考虑自然通风，以免形成过窄的巷道。

3.厂房合并

厂房合并可使生产流程短捷，缩短道路和管线长度，有效地节约用地。因此，应力求改进工艺，在卫生安全许可条件下，将这些厂房合并在一起。

如某电器厂，由于将厂区内主要车间、辅助车间及行政管理、生活用房均按生产工艺、防火等要求，最大限度地进行了合并（图1-1-19），因而使厂区占地大为缩减，由合并前占地15.7公顷降低到7.4公顷，减少了53%，建筑系数由29%提高到60%，获得显著的经济效果。

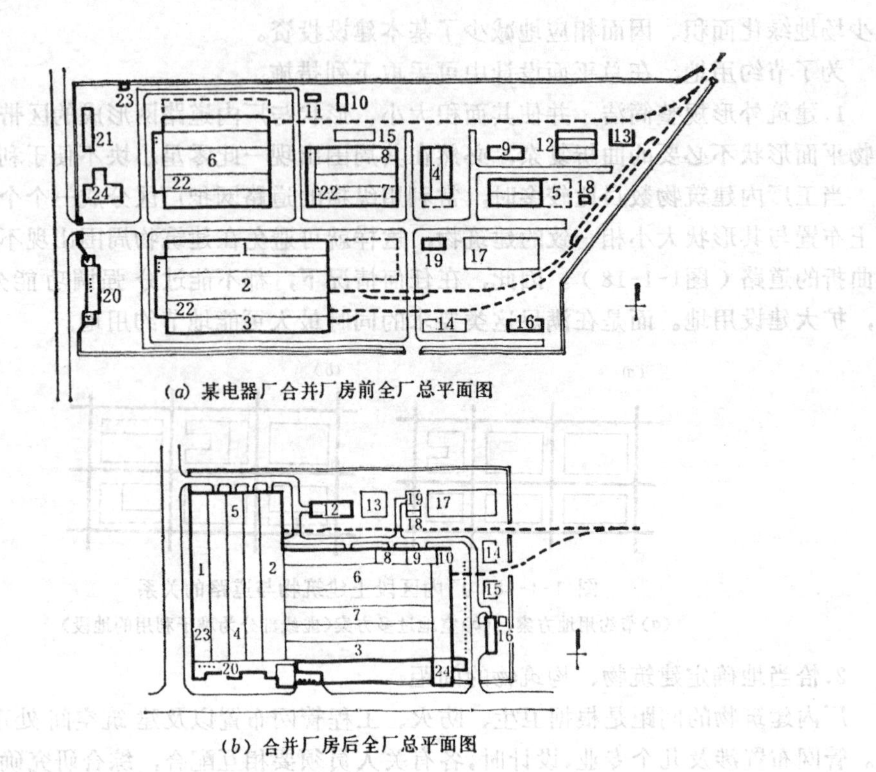

(a) 某电器厂合并厂房前全厂总平面图

(b) 合并厂房后全厂总平面图

图 1-1-19 某电器厂厂房合并实例

1—线圈绝缘车间；2—装配车间；3—铁芯车间；4—卷管车间；5—总仓库；6—焊接车间；7—机械加工车间；8—电镀车间；9—锻工车间；10—压缩空气站；11—乙炔站；12—木工车间；13—木材堆放场；14—瓷件堆放场；15—铸件堆放场；16—易燃材料库；17—地上油库；18—油泵房；19—净油站；20—厂部办公及中央试验室；21—热力系统回水泵房；22—生活间；23—热力系统回水泵房；24—食堂

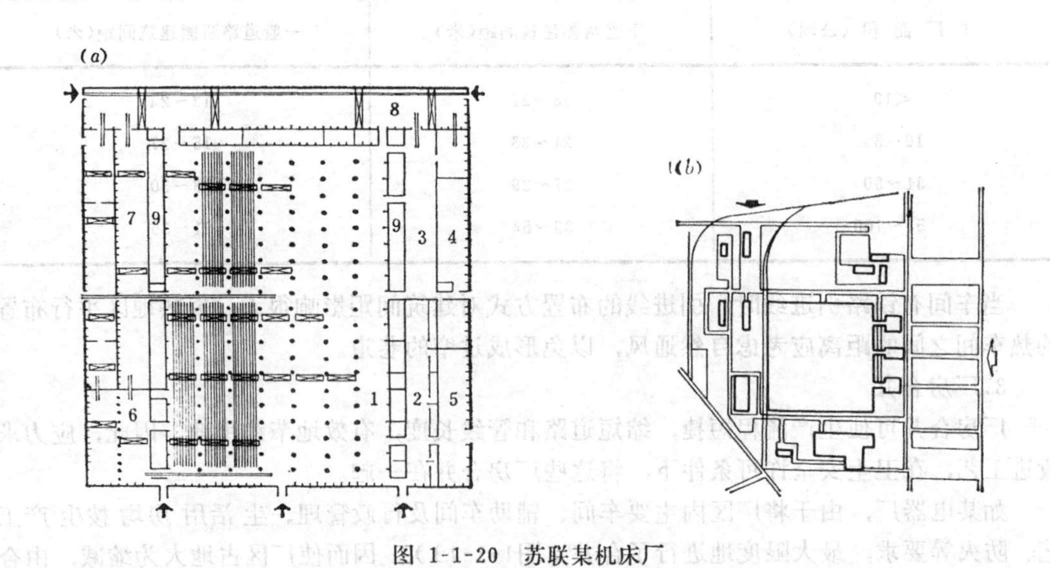

图 1-1-20 苏联某机床厂

(a)主厂房平面图；(b)厂区总平面图

1—装配车间；2—工具车间；3—备料车间；4—热处理车间；5—机修车间；6—油漆车间；7—成品库；8—仓库；9—布置辅助生产间及其它用房的插入体

在国外，将全厂主要建筑物合并在一幢厂房内的布置方式更为普遍。图1-1-20所示为苏联一机床厂，主要生产车间和辅助用房都集中合并在主厂房内，主厂房建筑面积达99000m²，全厂建筑空间布局紧凑而有变化，与厂区行政办公、工程技术实验大楼等建筑组成完整的建筑群。

4.增加建筑层数

增加厂房层数是节约用地的另一有效措施。在相同面积情况下，厂房的层数愈多，占地面积越少。因此，当工艺允许和经济合理时，可将厂房建成两层或多层厂房。

在用地受限制的条件下，增加建筑层数，更有特殊的意义。如北京某皮鞋厂，原来全部为单层厂房，占地面积1.77公顷，总建筑面积为11000多平方米，年产量110万双。随着人民生活水平的提高，原来的生产规模已远远不能适应实际的需要。在扩建时，将原来单层厂房全部改建为多层厂房，总建筑面积达2.5万平方米，而占地仅1.62公顷。

（四）满足卫生、安全和防振等要求

工业企业总平面中建筑物和构筑物的布置应遵守国家卫生标准、防火规范等有关规定。

有些企业在生产过程中产生和散发有害物质。为了避免和减少有害物对居住区的影响，总图布置时，必须了解当地的全年主导风向和夏季主导风向的资料。这个资料由当地气象台提供，以风向频率玫瑰图（简称风玫瑰图）表示（图1-1-21）。它是根据某一地区多年平均统计的各个方向吹风次数的百分比的数值绘制的。一般多用八个或十六个罗盘方位表示。玫瑰图上所表示的风的吹向，是从外面吹向中心。由于一般是夏季生产条件恶化、开窗生产，故以夏季主导风向做为考虑车间相对位置的依据。居住区布置在上风向，与污染源二者之间保持一定的距离——卫生防护带。

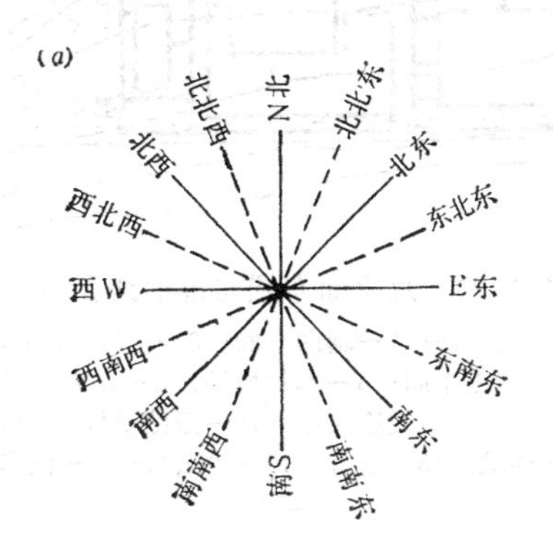

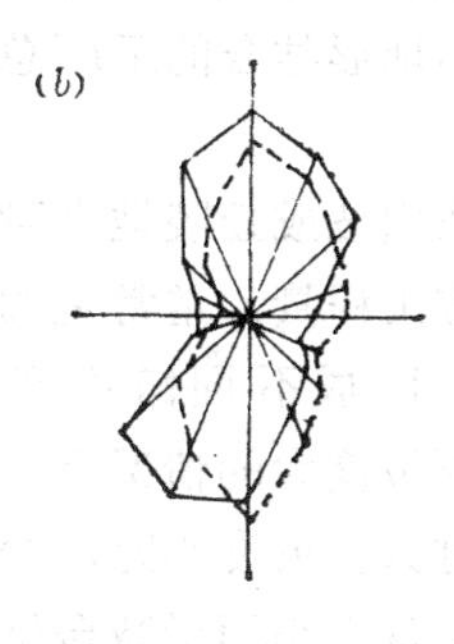

图 1-1-21　风向频率玫瑰图

(a)方向座标；(b)风玫瑰图示例

——实线表示全年主导风向；----虚线表示夏季主导风向

在设计时，应尽量将散发有害气体、污染环境的车间布置在一个区段内，并将这一区段布置在总图中距离居住区较远的地点，在这样形成的卫生防护带内，可布置散发有害物较少的工程项目，亦即冷加工区与厂前区项目。

为了很好地组织厂房自然通风，当厂房平面为矩形时，应将厂房的纵轴与夏季主导风向垂直或大于45°角（图1-1-22）并与其它平行厂房保持一定间距。当厂房为Π形或山形时，主导风向应吹向缺口，并与缺口的纵轴平行或成45。角，如图1-1-22所示。建筑物两翼的间距不小于相对建筑物高度之和的一半，但至少为15米，以保证车间有比较好的日照。

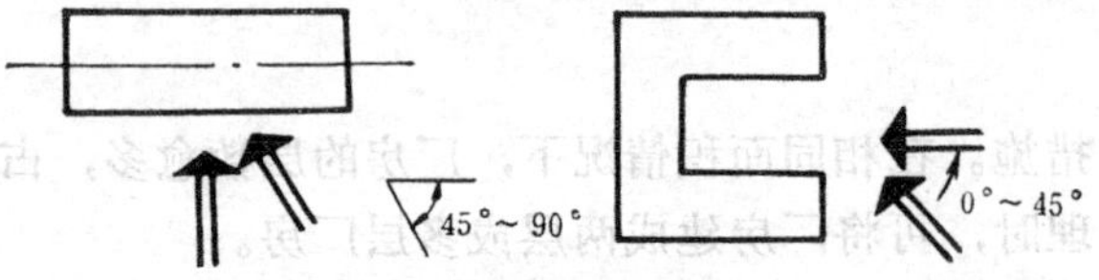

图 1-1-22 夏季主导风向与矩形Π形厂房的关系

布置工厂总平面时，还应考虑防火防爆的要求，以保障国家和人民财产不受损失和生命安全。各建筑物和构筑物的布置应符合防火规范的一切有关规定。凡是有明火火源和散发火花的车间，均应布置在易燃材料的堆场、仓库及易发生火灾危险的车间的下风向，并应有一定的防火距离。在厂房的四周应设消防通道。为了节约基建投资，在厂房四周不需设道路时，可保留≥6米的平坦地带，供消防车通行。

精密性生产的车间以及铸工车间的造型工部等都有防振要求，应与振源保持一定的距离，否则影响产品合格率和精密度。洁净车间还有防尘要求，这类厂房均应远离污染源并位于其上风向。

（五）考虑地形和地质条件

总平面设计时，应充分考虑建厂地点的地形条件，以便保证生产运输必要的坡度，合理组织地面雨雪水的排除，减少施工时的土方工程量。

结合地形布置，最基本的方法就是使总平面长轴或建筑物的长边以及铁路线路等与地面的等高线平行，图1-1-23所示为与地形结合的工厂总平面布置。

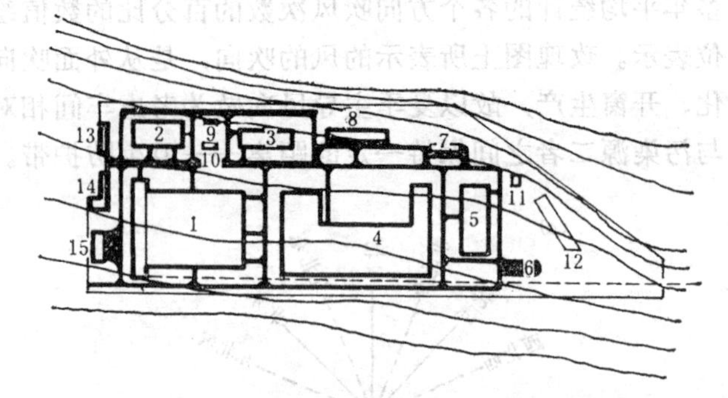

图 1-1-23 总平面布置与地形结合的举例

1—机工装配车间；2—辅助车间；3—备料车间；4—铸工车间；5—木工车间；6—木材堆场；7—油料化学品库；8—总仓库；9—氧气乙炔库；10—压缩空气站；11—锅炉房；12—煤堆；13—食堂；14—办公楼；15—汽车及电瓶车库

当工厂建在山坡或丘陵地带时，为了减少土石方工程量，常常是顺着等高线把厂区设计成不同标高的台地。在自然地形坡度大的情况下，台地的宽度不宜过大。坡度小时，台地可宽些。随着坡度大小而增减台地的宽窄，其目的是为了减少土石方工程量。图1-1-21所示为台地宽度与坡度的关系。

七十年代初建成的攀枝花钢铁联合企业，工业建筑面积约60万平方米，布置在一个面积仅两平方公里、高差约80米的山坡上，建筑物分设在三个大台阶、二十三个小台阶上，建筑系数达34.1%，比同类同等规模厂占地面积减少三分之二。

在陡坡的情况下，建筑物不宜过宽，厂房宜狭长形，布置在挖方的地段上，以节约建筑物的基础投资。

我国的传统经验是“小坡筑台”，“大坡筑楼”，可以有效地利用地形拓展空间。在总图设计中也可以引用这一设计手法。

为了便于行驶汽车，道路的坡度要平缓，此时，道路可与阶梯在平面上形成一倾斜角度，如图1-1-25所示，不应相互垂直布置。当地形复杂，不适宜采用普通道路时，可采取架空索道或其它机械化运输方式。

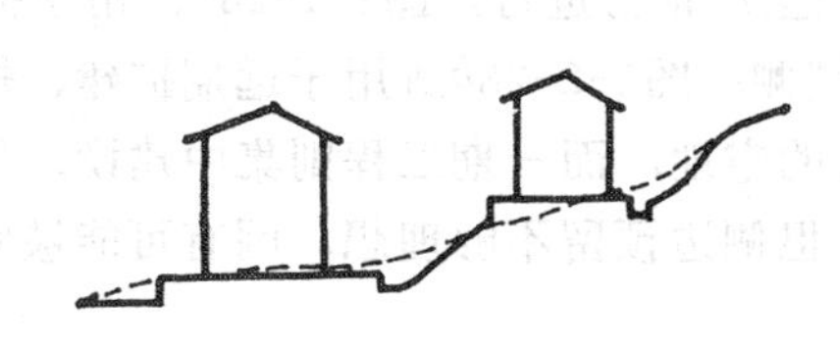
图 1-1-24 台地宽度与坡度的关系

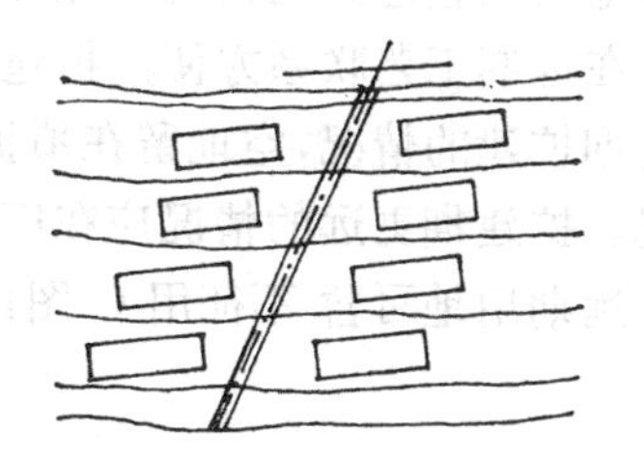
图 1-1-25 山地建厂的道路布置

此外，在坡地建设的某些工厂，还可结合工艺流程的特点，借助于原料或加工物料的重力，使工艺流程由高处流向低处。这种布置方式可以用物料的重力下降代替一部分运输工具。属于这种类型的厂有化工厂、选矿厂等。图1-1-26所示为一建在坡地上的农药厂，该厂先将原料苯一次提升到顶部的原料库，然后借助于物料自重，自流至光化车间与氯液混合，然后自流至蒸馏车间，再经过烘干晾干，成品包装出厂。这种依山就势，利用物料自重而向下流动的总体布局，保证工艺流程通顺，并减少土石方工程量和垂直运输设备。图1-1-27所示为一锅炉房利用山坡地形将煤块送进锅炉燃烧的实例。

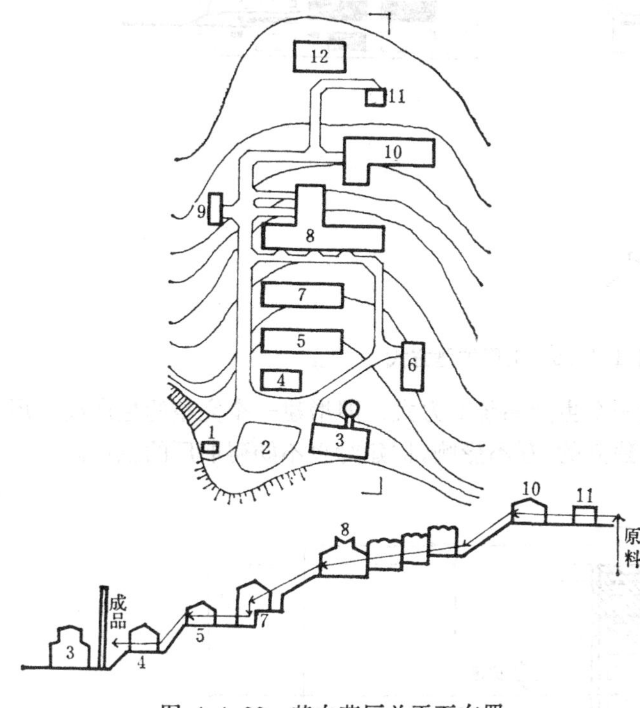

图 1-1-26 某农药厂总平面布置

1—门房；2—煤场；3—锅炉房；4—苯回收；5—烘干晾干；6—机修；7—蒸馏；8—光化反应；9—办公；10—冷却；11—苯库；12—水池

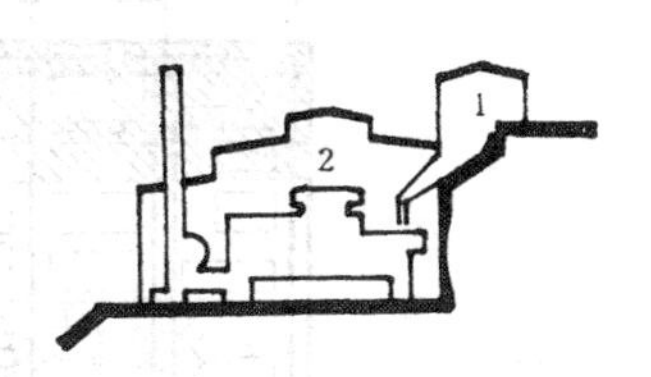

图 1-1-27 锅炉房利用山坡地形举例

1—燃料；2—锅炉间

荷载大，有地下设备的厂房应布置在土壤承载力高和地下水位低的地段上。在地质条件差的地段上，可以布置露天堆场或其它辅助建筑物。有地下室的厂房宜布置在回填的地段上，以便减少开挖和回填的土方量。

（六）考虑扩建，为工厂的发展留有余地

随着生产的发展和社会需要的变化，产品的数量和品种必然发生巨大的变化。因此，建厂时就需要为工厂今后的发展留有余地。一般在工厂的生产纲领中都明确规定该厂远近期的发展规模。当前，为了适应社会主义建设的发展，老厂的改建也已提到日程上来。

为了满足工厂发展的需要，在总图中要预留扩建用地。扩建的方式不同，预留地的位置也不相同。扩建时可在旧房的一侧或两侧接建，也可在预先留出的地段上新建，见图1-1-28。预留地的位置应做周密考虑和分析，使其在近期不延长现有厂房之间的运输线路和管线长度，在远期工艺联系方便，扩建时 又不影响生产正常进行。图1-1-28*a*，用于扩建面积小，近期扩建的情况，空地留在拟扩建厂房的端侧；图1-2-28*b*适用于远期扩建、规模较大的情况。扩建期更远的情况应在厂外预留整片的空地，而一期工程则集中建设，使其完整紧凑。远期用地可暂 不征用（ 图1-1-28*c* ），但侧边预留不够理想，因有可能被它厂征用。

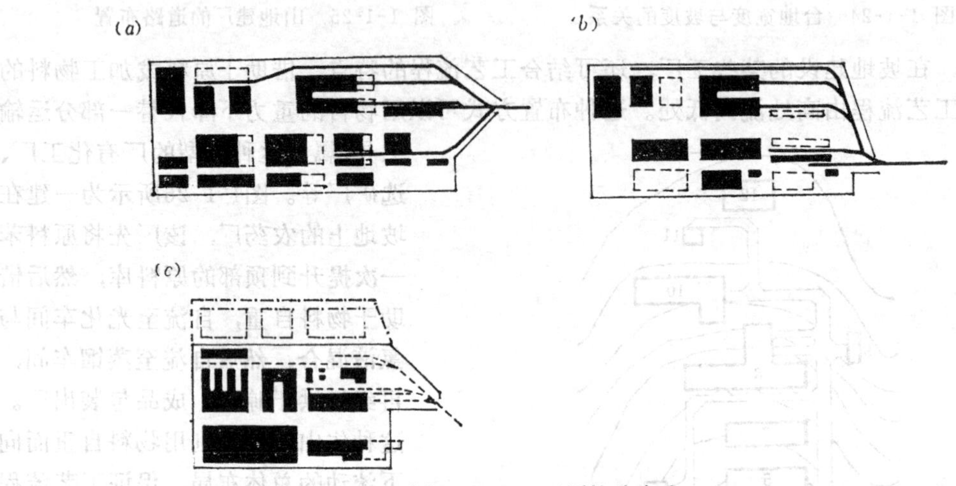

图 1-1-28　工厂扩建方式

有的国家，工厂扩建采取了增建一个生产系统的方式，即增建一个完整的生产线。用这种方式扩建，远近期的工艺流程是独立的，互不影响，扩建时也不妨碍旧厂的生产。

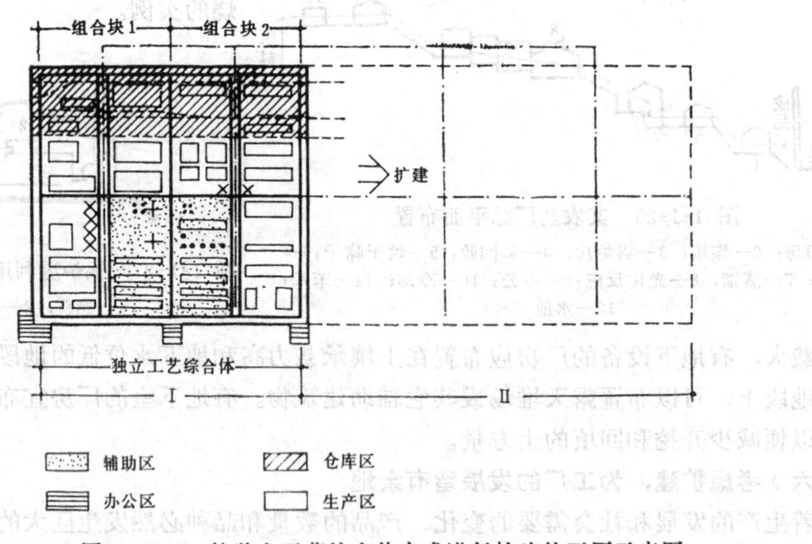

图 1-1-29　按独立工艺综合体方式进行扩建的工厂示意图

图1-1-29所示为按独立工艺综合体组合的化工厂扩建示意图。在这里，工厂的建造和发展是按独立的工艺综合体实现的。每一个独立的工艺综合体是由同一条工艺流程连接起来

的成套车间和设备组合而成，它有独立的动力及一切必需的辅助生产和公用设施系统，这使各综合体可单独建造、投产使用。当企业发展需要扩建时，则可按此方式连续增建独立工艺综合体，新旧厂房互不干扰。

上述六方面是影响工厂总平面布局的重要因素。在考虑上述要求的基础上，组合工厂建筑群时，还应注意建筑空间的艺术处理。工厂不仅是工人辛勤劳动的场所，而且是工人上班时活动的场所。生产环境的状况直接影响他们的心理状态，在某种程度上影响劳动生产率；同时，工厂建筑群又是城市规划中的重要组成部分，对于建筑质量必须给以应有的重视。在设计中，对于建筑体量，比例造型和建筑处理、组合的空间大小，疏密变化，以及工厂干道、广场的绿化和建筑小品的设计等方面，运用建筑手法和美学的规律，使其与生产建筑统一起来，并和周围环境谐调，创造一个既有工业建筑特色，而又具有艺术质量的工业建筑群。

四、总平面的技术经济指标

总平面的技术经济指标主要用占地面积、建筑系数和厂区利用系数来表示。

$$\text{建筑系数}=\frac{\text{建构筑物占地面积}+\text{有固定装卸设备的露天堆场面积}+\text{露天堆场}}{\text{厂区占地面积}}\times 100\%$$

$$\text{利用系数}=\text{建筑系数}+\left(\frac{\text{铁路、道路、人行道、地上地下工程管线、建构筑物散水坡的占地面积}}{\text{厂区占地面积}}\right)\times 100\%$$

工厂性质及规模不同，建筑系数和利用系数各不相同。建筑层数不同，各个系数也会有差异。表 1-1-3 所示为一部分工厂的建筑系数和利用系数，供总平面布置时参考。

工厂的建筑系数和利用系数　　表 1-1-3

指　　标	重型机械厂	汽车拖拉机厂	多种精密仪器厂	单层纺织厂
建筑系数	27～35%	23～30%	35～40%	35～45%
利用系数	41～44%	48～52%	45～55%	45～50%

所谓建筑层数不同也会有差异，主要是指厂内有多层建筑物时，上述二个系数理应按共展开面积计算，这样更可体现在某些场地和具体条件下选用多层方案的优越性。

第二章 交通运输布置

工厂中通过不同的交通运输方式组织货流和人流。厂外运输线路将各种物料源源不断地运进厂内，同时将成品运出或送到各地的用户手中。

厂内的运输线路是将各个车间联系在一起的纽带。它保证全厂生产按工艺流程的顺序正常地、有节奏地进行。在任一环节上的运输线路出现故障，都有可能使生产中断，甚至造成事故，影响工厂的生产。所以工厂的交通运输对于保证劳动生产率的提高起着重要的作用。

工厂运输方式对总平面的布局有着很大的影响，特别是在以铁路运输为主的工厂中，铁路的布置左右着工厂的总体布局。

工厂的运输方式主要有四类：铁路运输、无轨道路运输、水路运输以及其它机械运输，如架空索道、连续悬挂链运输带等。这四类运输方式中，水路运输一般不用于厂内运输，一些机械化运输，如运输带等多用于厂内运输，其它两种厂内、厂外均可采用。

在工厂中究竟选择那种方式为宜，受着多种因素的制约。

首先，运输量的大小对运输方式的选择起着决定性的作用。一般当工厂年运输量超过五万吨时，才可考虑选用铁路运输。

其次是产品的重量及其外形体量。当工厂的年货运量并不大，但产品单件的重量及外形尺寸很大，汽车运输比较困难时，如果具备修建铁路的方便条件，可考虑敷设铁路专用线。

第三是工厂所在地的自然条件。工厂若临近江河海岸，则有条件采用水路运输方式。如我国某大型钢铁厂位于长江入海口，即沿长江设置了两个水运码头，一为原料输入码头，另一个码头则用来运出成品。

有的厂矿位于山区，地形崎岖复杂，采用铁路及汽车运输都有比较大的困难，物料运输则宜采用架空索道、运输皮带或缆车等。

第四是技术经济比较。修建铁路需要的投资多，与公路相比，铁路投资比公路高将近六倍。但是经常运输费，铁路则比公路低廉，而水路运输则又低于公路和铁路运输。在具备水路运输条件的厂矿，应考虑充分利用这种自然条件。

第一节 铁路运输布置

铁路运输能够载运体形巨大或者重量大的设备和物料，载货量大，速度快，不受气候及季节条件的限制，运费低。但是一次投资高，需与国家铁路接轨，占地多，施工期限长，技术上要求严格，管理和维护不如无轨道路方便。它适用于货运量大，需要远程运输的企业。

工厂铁路运输主要采用标准轨和窄轨两种形式。标准轨距规定为1435毫米，它指的是两根钢轨之间的内切距离。本节主要讲述标准轨在工业企业的布置及其主要的技术要求。

一、铁路在厂区的布置

敷设铁路时须要遵循严格的技术规定，所以线路的布置与工业企业总平面设计同时进行，不应在车间相互位置确定后，再考虑铁路的布置，这样的工作程序往往会造成敷设铁路的困难或出现技术上不合理的情况。

线路的走向是根据工艺流程的要求确定的。尽可能地使车间的运输线路最短，避免交叉和往返，特别应注意避免与人流路线交叉。当线路不可避免地出现交叉时，在人流频繁或货运量大的情况下要设"立交"，以保证人身安全和线路的畅通无阻。

布置线路时要注意节约用地。当条件允许时，在铁路扇形地段上可布置仓库、堆场，见图1-2-1。

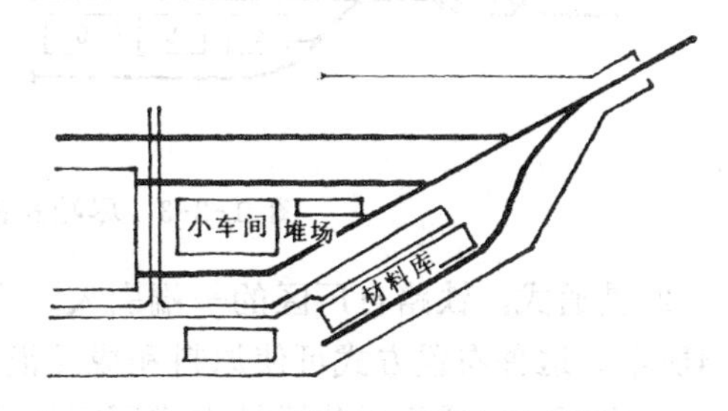

图 1-2-1　铁路扇形地段的利用

厂内铁路占地面积的计算，单线是按5米宽度乘以长度；双线则按两股轨道中心线之间距离加5米再乘以长度；如垫高路基，则应加上边坡的占地面积。由上可见，如欲得到较好的经济指标，布置铁路时，应尽可能地减少铁路长度。

（一）铁路的布置方式

铁路线进厂的角度决定了铁路线扇形地段的大小，对总平面布置有很大的影响。当专用线与厂区纵轴成90度角时（图1-2-2*a*），扇形地段面积约占厂区总面积的20%左右；当采用图1-2-2*b*布置时，扇形地段只占厂区面积的11～16%。最理想的进线角度是65°左右，这样可以用较大的弯道半径和较小的弯道长度，铁路扇形面积也比较小。在规模很大的工厂中，采用专用线纵向进厂，并与厂区纵轴平行的方式是有利的（图1-2-2*c*）。这样布置，铁路扇形面积只占厂区面积的10～13%。

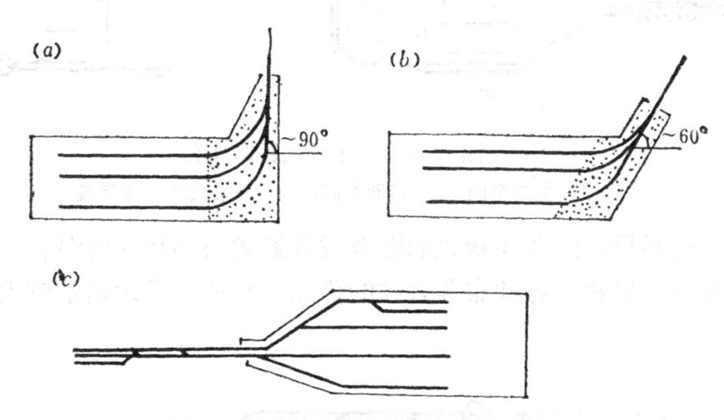

图 1-2-2　专用线进厂的角度

(*a*)专用线与厂区纵轴成90°；(*b*)专用线与厂区纵轴约成60°；(*c*)专用线与厂区纵轴平行

厂内铁路布置方式基本上可分为四种：

1.尽端式：铁路自厂区的一端引入，分岔后在厂区内终止，形成树枝状布置，如上图及图1-2-3所示。它适用于小型工厂。在这种布置方式中，相邻的线路允许布置在高差不同的厂区地段上，因与人流方向平行，可避免交叉。缺点是车辆调转不灵，往复倒车多，咽喉区的货运量过于集中，在货运量大的工厂中，这种缺点尤为显著。

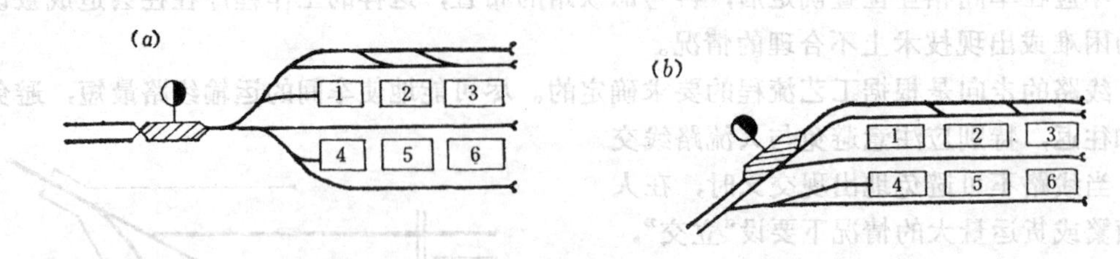

图 1-2-3　尽端式铁路布置(1～6为车间)

2.贯通式：铁路自厂区的一端引入，由另一端出厂，要求有两个厂外接轨点，如图1-2-4所示。这种布置方式可使原料和成品沿同一方向运行，运输连续性大，通行能力强，运输距离短。它适用于货运量大或厂区地形狭长的工厂（参见图1-1-12）。

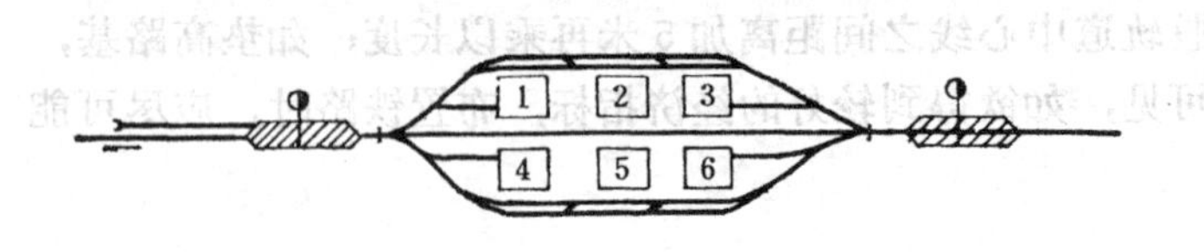

图 1-2-4　贯通式铁路布置(1～6为车间)

3.环状式：铁路引入工厂区后成环状布置，如图1-2-5所示。这种布置方式适用于厂区宽阔，车间之间运输量大的工厂企业。各线路是按照由原料到成品的加工过程沿车间成环状布置的。因此，其优点是可以按照从原料到成品的工艺流程组织车间运输，但必须沿环形路线进行，因而运行距离较长。

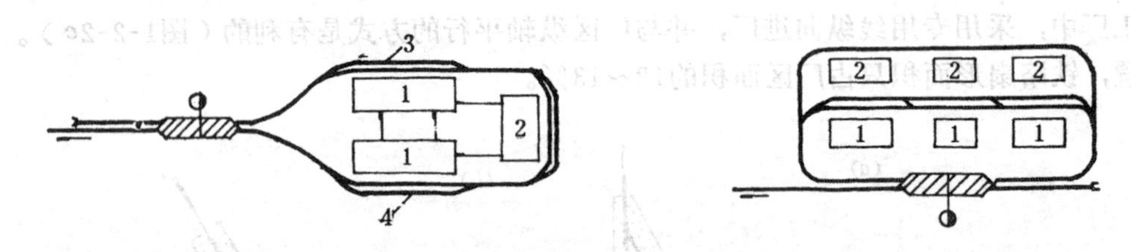

图 1-2-5　环状式铁路布置

1—主要车间；2—辅助车间；3、4—装货线与卸货线

4.混合式：包括尽端式和环状式的混合或贯通式与环状式的混合。这种布置方式克服了单一系统的缺点，发挥了各种布置方式的优点。它适用于运输量较大的企业，见图1-2-6所示。

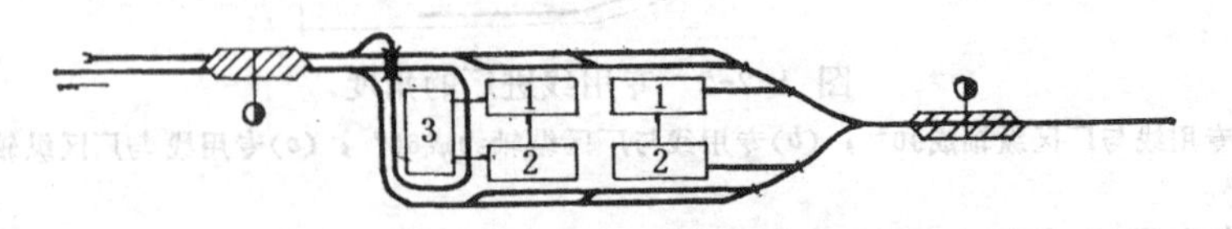

图 1-2-6　混合式铁路布置

1—主要车间；2—辅助车间；3—煤库

应该指出，贯通式、环状式以及混合式，都存在着铁路与道路的交叉问题，即在这几种布置方式中，人流和货流不可避免地产生交叉。

在总平面设计中，选择哪一种线路布置方式为宜，要根据工艺流程，货运量大小，需要引入铁路线的车间、仓库和其它设施的数量，专用线接轨的方向与数量，厂区占地面积的大小，地形条件，人流方向等因素综合考虑确定。

（二）厂内铁路与车间、仓库的连接

当车间、仓库的货运量很大或物料单件的重量很大而且和厂外有直接联系时，可将铁路线直接引进车间或仓库。

1.铁路与车间的连接方式　它主要根据生产工艺和厂房的平面布置要求，将铁路设计成垂直或平行跨间的进线，并根据运输的要求和车间的相互关系，线路布置成贯通式，尽端式或跨越式三种，见图1-2-7所示。

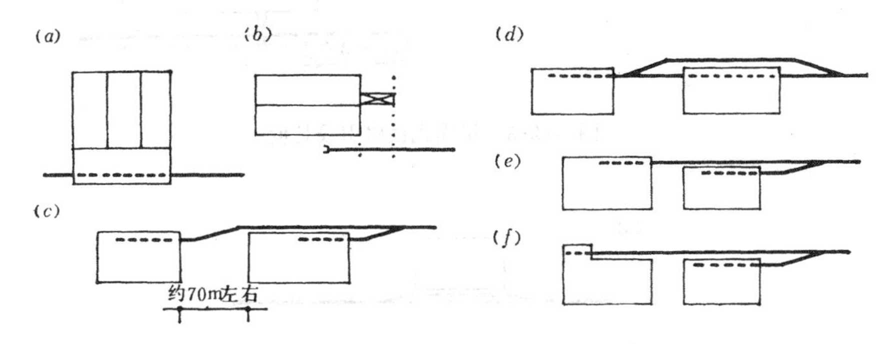

图 1-2-7　铁路与车间的连接方式

（1）铁路进入车间，贯通全车间继续向前延伸即贯通式（图1-2-7*a*）。

（2）铁路进入车间，不贯通全车间或贯通车间后铁路即止住不再向前延伸即尽端式（图1-2-7*b*）；

（3）两个相邻的车间，都单独连接铁路，且两个车间靠铁路一边的外墙在一条线上；这时两个车间之间距离须在70米以上铁路才能引进车间（图1-2-7*c*）。

（4）同上面的情况，做成越行线即跨越式（图1-2-7*d*）。二车间的距离仍需70米左右。

（5）两个相邻的车间，当宽度不一样时，单独连接铁路，如图1-2-7*e*所示。

（6）两个相邻的车间，其中一个车间，铁路进入垂直跨，如图1-2-7*f*所示。

在上述（5）和（6）的情况下，两个车间之间的距离决定于防火等其它要求，不受铁路引进线的制约。

铁路进入车间一般采用尽端式。当运输量大时才采用贯通式。铁路进入车间时，在车间外必须有足够的平直线段L（图1-2-8）。停机车时L为20米，停车皮时为12米，困难情况下，可以考虑3米。但在任何情况下，平直线段的纵向坡度应坡向车间外面。伸入车间的铁路长度按车间运输量和工件大小决定，至少为1～1.5个车皮。当铁路穿过车间后不再继续延伸时（尽端式），须在穿过车间后再铺设2～3个车皮的铁路长度，以便一次装卸较多的车皮，减少调度次数。

2.铁路与仓库的连接方式　它应根据仓库的形式，机械化装卸程度，货物装卸允许的时间和货运量大小等条件确定，其布置方式见图1-2-9。

各种仓库，由于贮放货物的性质和贮量大小的不同，对铁路的要求也各不相同。仓库通常位于铁路一侧，为了装卸货物方便，仓库与铁路之间设有站台，其高度与车厢底板相平，即1.1米（图1-2-10）。有时为了从仓库直接向车厢装货而将仓库（漏斗仓）设在高处，铁路设在漏斗仓下面。

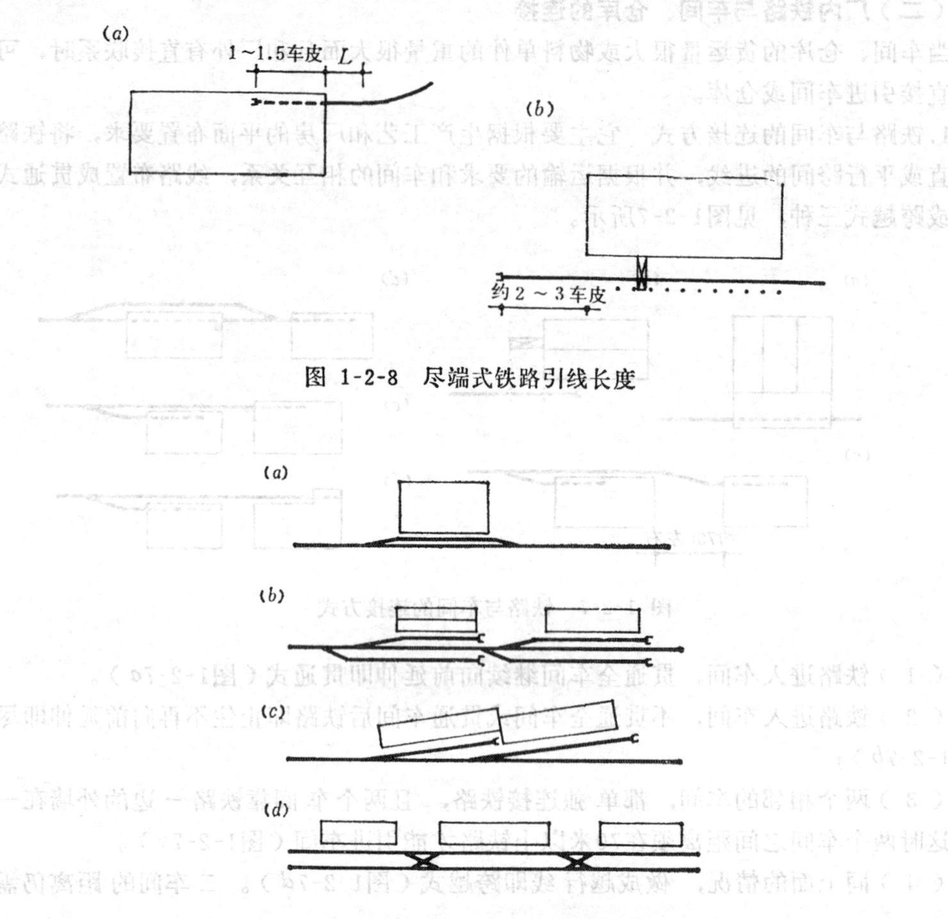

图 1-2-8　尽端式铁路引线长度

图 1-2-9　铁路与仓库的连接方式

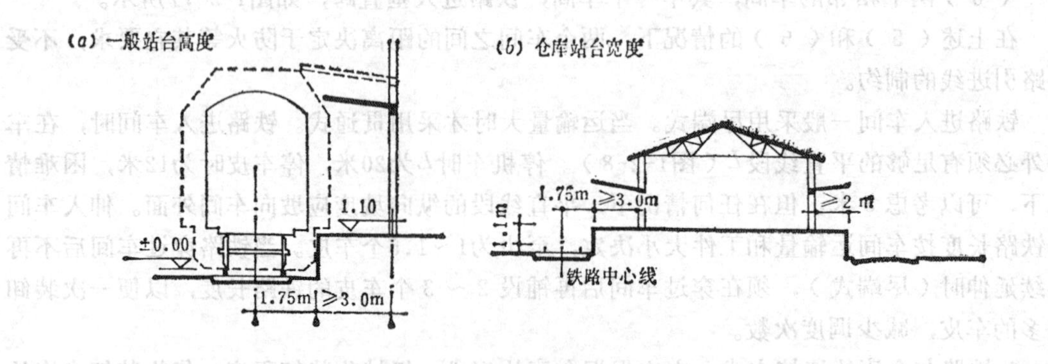

图 1-2-10　仓库站台的高度和宽度

二、厂内铁路线的一般技术要求

厂内铁路线用来转运专用线送来的原料、材料、半成品，并将成品等物料运出厂外，极少用于运送人流。

在设计工厂总平面时应了解厂内铁路线路的一般技术要求，并遵循有关的规定，才能保证总体布局的技术经济上的合理性。

（一）建筑界限

厂内线路的布置应根据不同的机车型号满足其建筑界限的要求，见图1-2-11所示。同时还应符合线路与建、构筑物安全间距的规定，见图1-2-12。

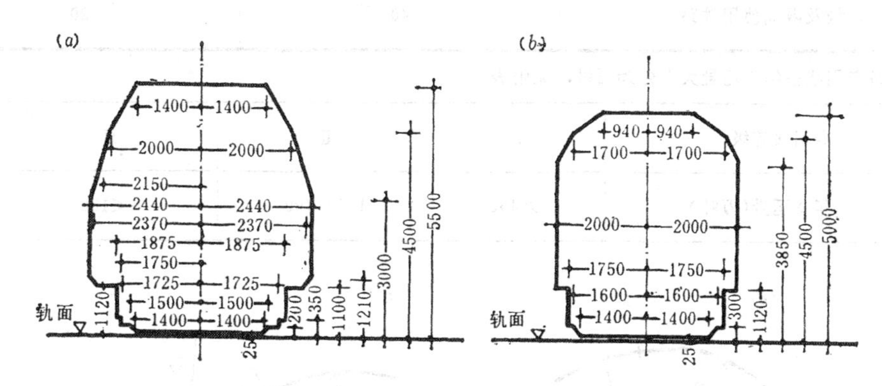

图 1-2-11　直线建筑接近界限（蒸汽及内燃机车）

(a)全国铁路建筑接近界限；(b)适用于车库门等机车走行线上各种建筑物

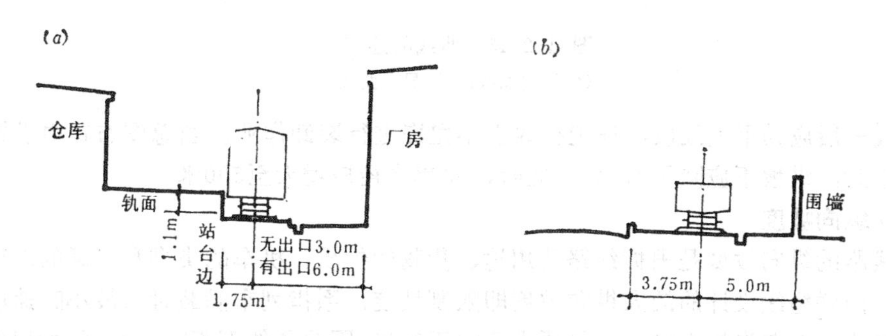

图 1-2-12　铁路中心线与建筑物、道路的最小距离

（二）线路间距

为了保证行车和人身的安全，两相邻线路之间须留有适当的距离。一般情况下，二者中心线之间距离应采用标准间距 5 米。在特殊情况下，例如改建线路，两条线路之间距离采用标准间距有困难时，才可采用最小距离4.6米。

（三）曲线半径

厂内线路，由于运输区间短，车间之间距离小，厂区用地及地形条件等限制，经常要求用很多的曲线段把厂内铁路连接起来。曲线半径的大小及其连接方向对节约工厂用地和线路的使用管理有很大的关系。为此，国家制定了修筑这种线路的规定。

曲线半径与线路上的行车量、速度、机车的类型等条件有关。正常情况下，不小于200

米，困难时可采用180米。

两个曲线段相连时，有方向相同（同向曲线）和方向相反（异向曲线）两种连接方法。为了保证机车的顺利运行，应在两曲线段之间插入直线段f，直线段的最小长度见表1-2-1及图1-2-13。

两曲线间最小夹直线f长度（米） **表 1-2-1**

铁路等级	最小夹直线长度	
	一般地段	困难地段
Ⅰ、Ⅱ级	50	25
Ⅲ级及限期使用铁路	40	20

注：铁路专用线按年货运量大小分为三级，见附表

专用线等级	Ⅰ	Ⅱ	Ⅲ
年货运量(万吨)	＞400	150～400	＜150

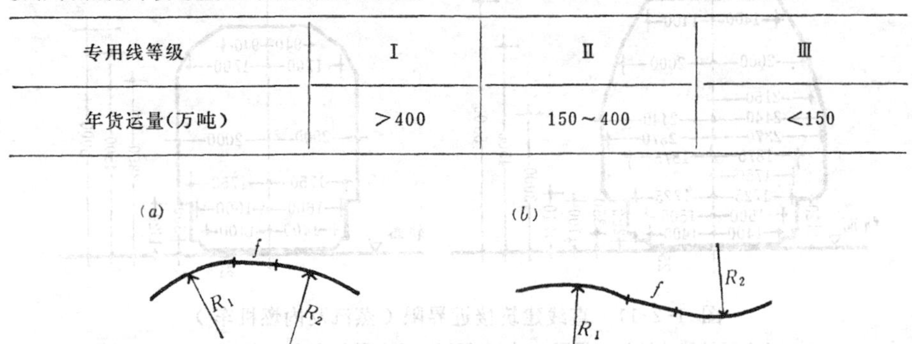

图 1-2-13 曲线的连接

(a)同向曲线；(b)异向曲线

装卸线一般应为平直线段，在走行线上不允许进行装卸作业。当总图布置中设置平直线段有困难时，纵坡不应陡于2.5%，此时，曲率半径应增大至500米。

（四）纵向坡度

厂内线路的纵向坡度是根据线路的用途、货物的性质、机车的类型和厂区的地形条件确定的。厂内联络线设计的最大纵向坡度即限制坡度，系指列车满载时，最小时速所能克服的最大坡度。在蒸汽机车时，一般要求不陡于20%，困难条件下不陡于25%，如用电力、内燃机车牵引，则不陡于30%。

（五）道岔

列车由一条线路过轨到另一条线路要通过道岔。图1-2-14为普通单开道岔构造示意图。道岔有多种型号，如7、8、9、12、18、24等号。一般称作几号道岔。如8号道岔，它的道岔角度为1/8，是直角三角形的高与底边长之比，如图1-2-14所示。单开道岔在总图上的表示方法见图1-2-15。

在总图布置中，道岔号数小，角度大，铁路在厂区内占地面积小，布置灵活；但是，道岔号数越大，角度越小，机车运行越平稳，安全，磨损小。所以选择道岔时，应根据当地的具体情况，如运输工具，运输量和频率，道岔材料供应等来确定。厂区内行车速度比较缓慢，一般可采用7号或9号道岔。道岔有关数据举例见表1-2-2。

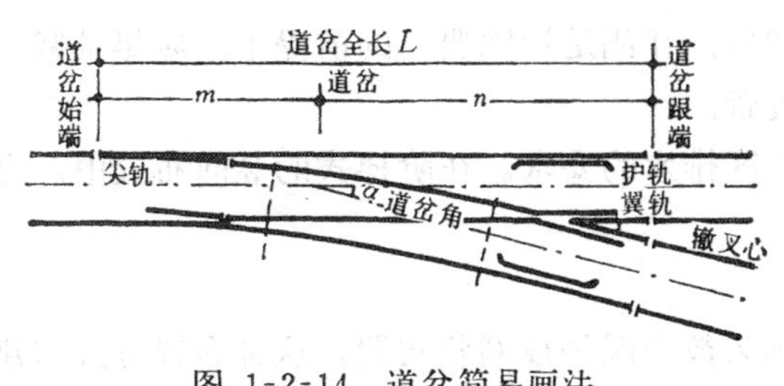

图 1-2-14　道岔简易画法

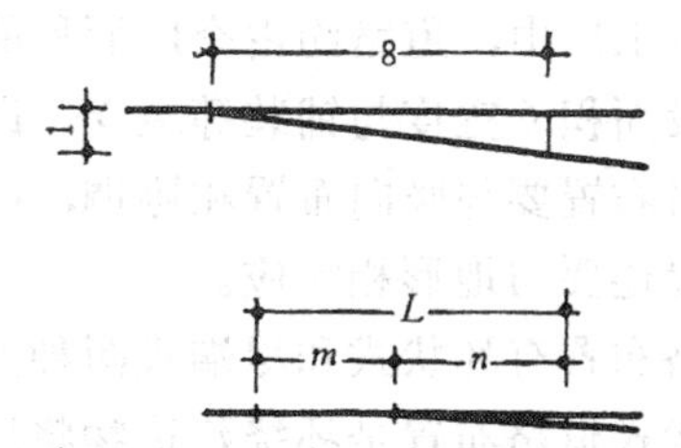

图 1-2-15　单开道岔在总图上的表示方法

单开道岔长度 L 值（毫米）　　**表 1-2-2**

道岔号(tgα)	道岔角(α)	m	n	L	R
1/7	8°07′30″	9684	12070	21754	
1/8	7°07′30″	13725	13440	27165	1457175
1/9	6°07′30″	13839	15009	28848	1807175

两条路线（两股道）的道岔连接线叫渡线（图1-2-16）。如道岔号小，即道岔的全长较短，渡线也就短。渡线长，铁路工程量就大，占地多。当两条线路的间距较大时，为了缩短渡线全长，可将部分渡线作成曲线，曲线间的直线段应符合表1-2-1的规定。

道岔与曲线连接，须插入最小直线段 f，其长度与道岔号数和曲线半径有关，见图1-2-17所示。

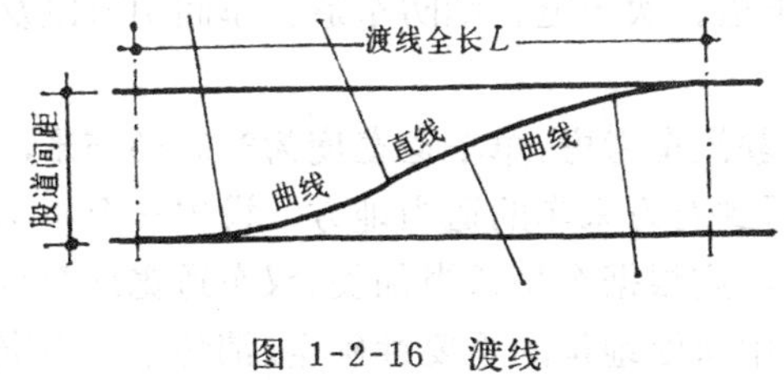

图 1-2-16　渡线

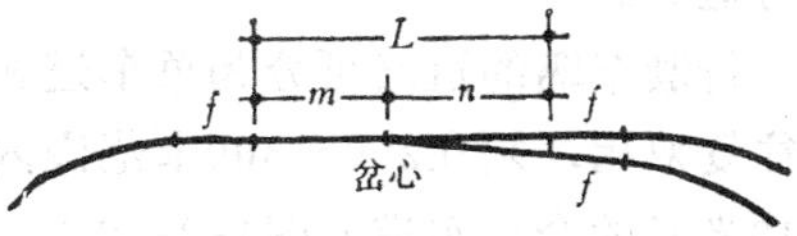

图 1-2-17　道岔与曲线的连接

进入厂区的铁路线，考虑到机车调车，须有一段直线，约40米，然后才能出岔。此外，应尽量避免在弯道上出岔。这些规定都是为了列车运行的安全，设计时应给予注意。

第二节　无轨道路及其它运输方式的布置

一、无 轨 道 路

无轨道路运输方式灵活，在无轨道路（以下简称道路）上可采用各种运输工具，如汽车，电瓶车、手推车等。修筑道路比敷设铁路工期短，投资少，对地形条件要求低（最小曲率半径 9 ～12米），最大纵向坡度 8 ～10%。可以就地取材。所以采用无轨道路运输占地少，在大多数工厂均以它做为主要运输方式。

（一）厂内道路的布置

厂内道路布置应与工艺流程相适应，要保证各车间之间货流和人流通畅无阻，线路短捷，使用安全。消防车和救护车等便于到达出事地点。

一般工厂中，道路约占全厂面积的10～12%，在满足运输要求的前提下，应尽量减少道路敷设面积（宽度与铺装等级），以减少投资。

道路布置要与竖向布置相协调，以满足厂区排水的要求。在阶梯式的竖向布置中，道路的布置还要与地形相呼应。

道路布置有环状式和尽端式两种方式。

环状式道路布置是环绕建筑物将厂区分割为数个区带成网状布置。这种布置方式与建筑物联系方便，线路通畅，但路面往往比较多。

尽端式道路布置是将道路敷设到某个地方就终止，互不连通。这种布置方式须在道路尽端处设回车道，供车辆调头回车用（图1-2-18）。

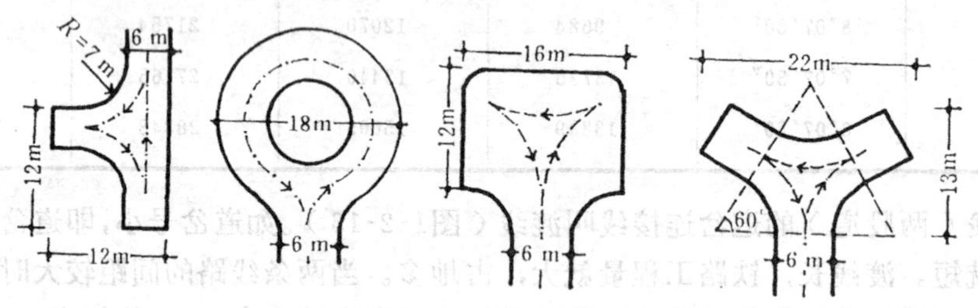

图 1-2-18 回车道的形式及尺寸

道路的宽度主要决定于车辆的通行量和车辆的类型。此外，道路的宽度与工厂的规模、厂区建筑空间处理的要求有关。

根据道路在工厂内所处的地位及功用可分主干道、次干道、消防车道、车间引道以及人行道等。

行驶车辆的道路可分为单车道和双车道。按行驶汽车考虑，单车道宽度为3.0～3.5米，如往复双用，须在200～300米范围内，在互相能看到对方来车的适当地方，设置一个不小于10米长的会让车道（图1-2-19）。如通行拖挂车，应根据车型适当加长。双车道宽度至少为5.5米，一般采用 6 米、 7 米，按照道路在厂区中所处地位的重要性确定。消防车车道宽度至少为3.5米，但在建筑物周围如有平坦草地能够通行消防车时，可不专设消防车道。

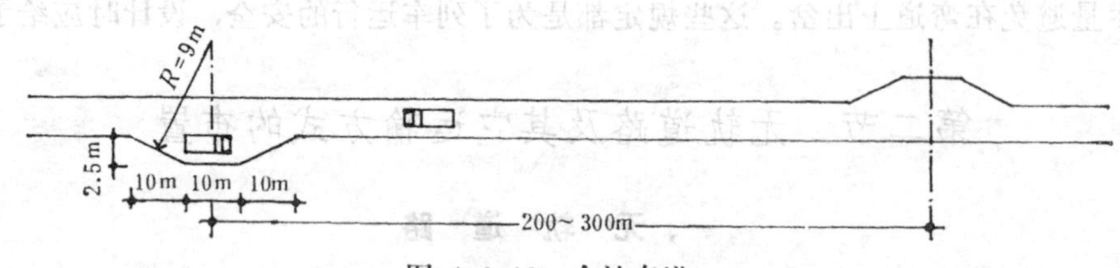

图 1-2-19 会让车道

车间引道的长度与宽度和车行道的宽度有关，其长度不得小于车长。

人行道的宽度根据人流数量来确定。每股人行带按每小时通过750人计算。一般人行道宽度不应小于二股人行带。每股人行带宽度为0.6～0.75米，则人行道宽度为1.2～1.5米。在人流密度两个方向低于每小时100人时，可设计宽 1 米的单行线。

在确定人行带数目时，应考虑到利用道路分担部分人流的可能性。

在工厂入口和办公楼、食堂、俱乐部进出口的人流集散比较集中处，应设置适当大小的场地。食堂和俱乐部出入口的集散场地可按每个座位0.15平方米计算。

（二）道路布置的技术要求

为了提高道路的运输能力，降低成本费，道路应具有良好的行车条件。路面应坚固耐用、平坦、有足够的宽度，坡度要符合技术要求。

厂内道路转弯处应做成圆角，其转弯半径与车辆类型有关。在行驶小汽车及卡车的情况下 9 ～12米即可满足要求。

在厂内道路交叉口，为了保证行车安全，使司机有比较开阔的视野，在交叉口的一定范围内不应设置建、构筑物和种植树木。街心绿地两侧分设往返单程道路时可不受此限。

道路边缘至建筑物、构筑物的最小距离见图1-2-20。

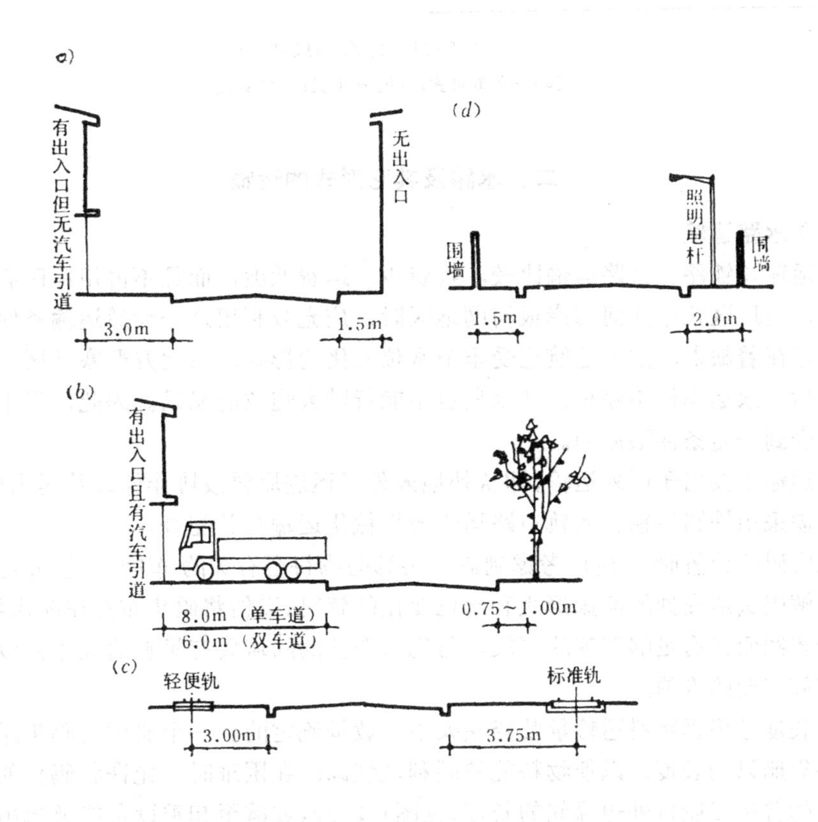

图 1-2-20 道路边缘至建筑物、构筑物的最小距离

在仓库、堆场或车库前应设置停放场地，停车场的大小与车辆类型有关。图1-2-21为停放解放牌卡车的停放场尺寸。

道路的纵向坡度在行驶汽车的情况下，最大纵向坡道限制在 8 %，弯道上要折减，在特别困难的情况下，也不宜大于10%；行驶电瓶车的坡道不大于 4 %；通行手推车的道路不宜超过 3 %。

在平原地区，为了排除地面水和适应管道埋设坡度的要求，厂内道路应设置0.3～0.5%

的坡度。

道路横断面形式有郊区型和城市型两种。郊区型，用明沟排水造价较低；城市型，般设置路边石，用暗管排水。它们的具体构造见公路标准的规定。

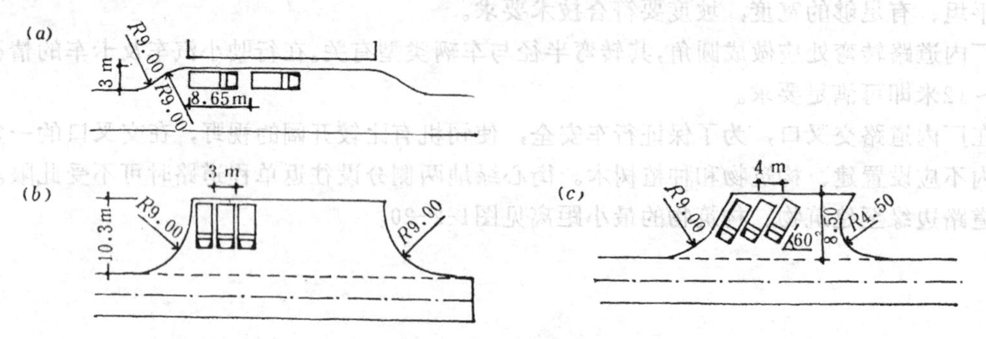

图 1-2-21　停车场尺寸

(a)一字鱼贯式；(b)直角式；(c)斜式

二、水路及其它形式的运输

(一)水路运输

水路运输与铁路、公路运输比较，投资少，运费低廉，而且不占用厂区有效的土地面积。因此，当厂区位于江河海岸或河网地区时，应充分利用这一天然运输条件。当然，水路运输也存在着缺点，主要是航道受季节水位变化的影响。在北方严寒地区，冬季江河航道冰封之后，水运不得不停止；枯水期也不能行驶大吨位的船只。因此，当工厂采用水运方式时是受到一定条件限制的。

水路运输主要用于厂外运输，即从外地或外厂运进原料或协作件以及运出成品。至于厂内运输仍需采用铁路运输、无轨道路运输或机械化运输与其配合。

在确定码头位置时，应该考虑到码头装卸的物料至有关的车间、仓库运送方便、直捷；应了解码头所在处的河床形式和水位变化的资料，以便将码头布置在河床稳定，水流平直、水域宽阔而又有足够深度的河段，与码头衔接的陆域要有足够的大小，以便堆放物料和布置装卸作业的设施。

码头长度是根据物料运输量及船舶大小、数量确定的。一个船位的码头岸线长度，须长于所停靠船只的长度，以便物料能够顺利地装卸；在困难时，允许将码头的长度缩减至所停船只的首尾二舱口外边缘间的长度，见图1-2-22，或减至起重设备能够起吊物料之最小距离。但此时应在岸上设置适当的系缆设备，使船只可以安全地停靠码头。

当船位在二个以上时，为了便于船舶停靠、系缆，避免彼此碰撞，船与船之间必须留有富裕的安全距离，因此码头所需长度为船只总长加安全距离之和。

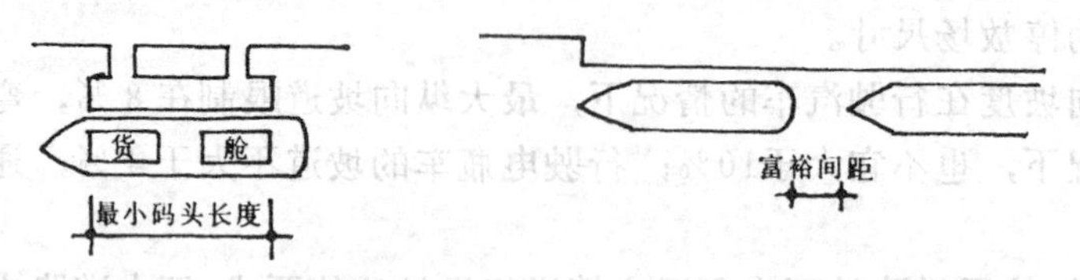

图 1-2-22　码头长度示意

码头区的宽度决定于地形条件、装卸工艺、运输条件、起重设备的尺寸、停放汽车及货物堆放地段的宽度等因素。

码头前沿标高的确定则要求在最高水位时期，码头不被淹没，以保证正常进行船舶的装卸作业和工厂内车间的正常联系。如果码头位置与厂区相距很近时，码头前沿标高应与厂区竖向布置密切配合统一考虑。相距远时，可以单独考虑。

（二）其它运输方式

1.架空索道（图1-2-23）

在山区或地形比较复杂的厂矿，常采用架空索道输送矿石、煤、器材、设备等，也有的用来运送人员。这种运输方式适应性强，可跨越深谷河流，基建工程量和土石方量较少，基建费用低，建设速度快，受天气变化影响较小，装卸设施简单，占地面积不多。它适用于地形复杂和运送散状物料的情况。

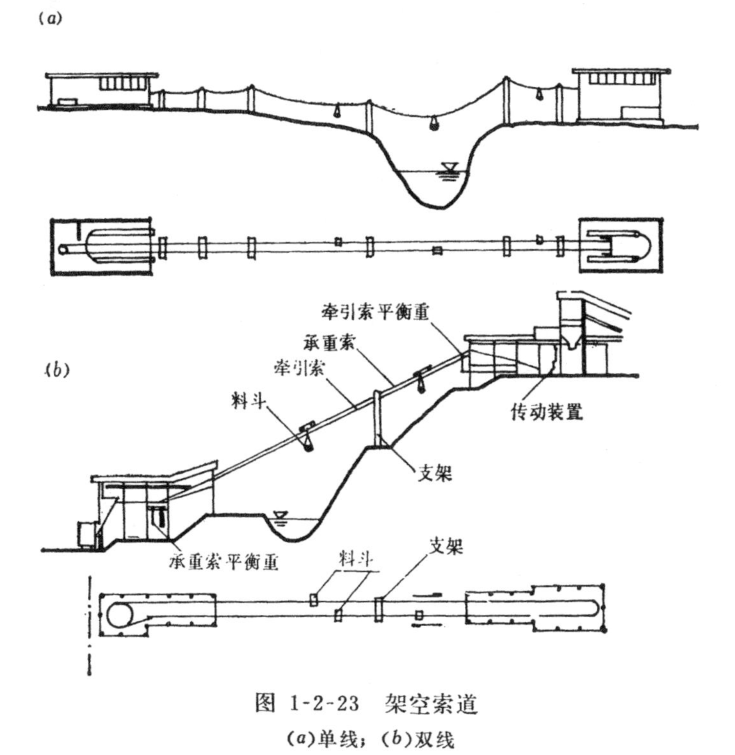

图 1-2-23　架空索道

(a)单线；(b)双线

2.缆车（卷扬机）运输（图1-2-24）

缆车是在斜坡上运送材料的一种常用运输方式。用在矿山斜坡(井)运输矿石和山区建厂时运送材料、设备和人员等。

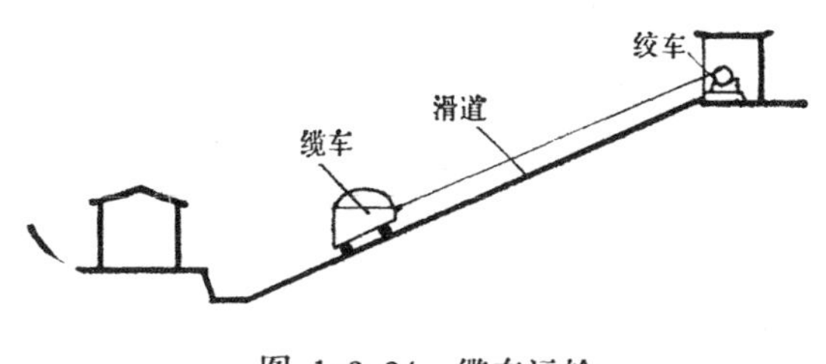

图 1-2-24　缆车运输

3.传送带

运送散状及块状材料时，经常采用传送带。传送带装置安放在架空的栈桥上或通廊内，不占用地面上的有效面积，同时减少了地面上的货运量及人、货流之间的交叉。这种运输方式有较大的输送能力、自动化程度高，可以连续作业，是一种高效率的机械化运输方式。

传送带可以水平装置，也可以倾斜装置。线路可以走直线或曲线，布置比较灵活。它能够直接将材料运至车间，或通过其它运输工具转运至所服务的车间，使用方便。因此，目前采用者日趋广泛。我国近年新建的某大型炼钢厂运送矿石全部采用了传送带运输装置，获得很好的效果。

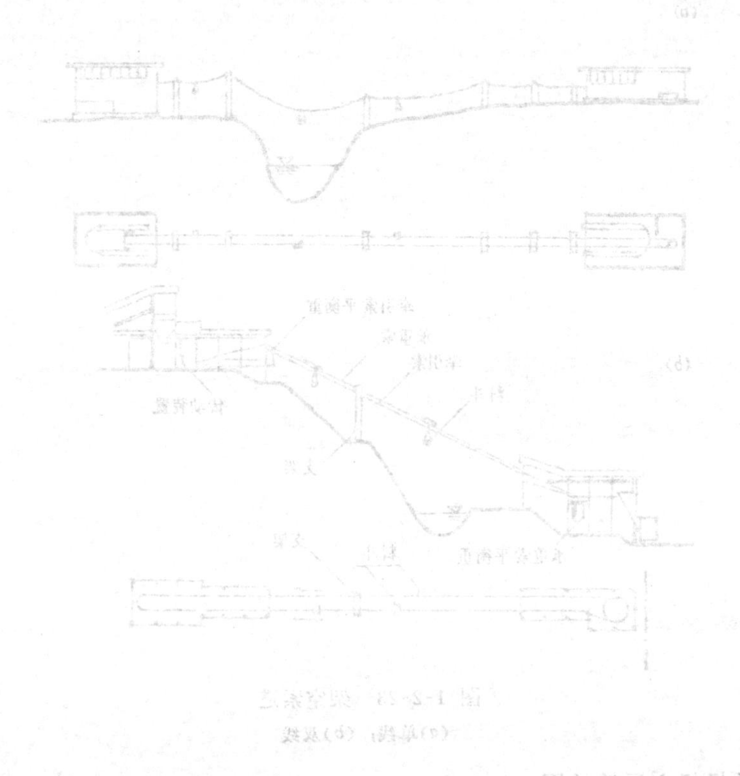

第三章　竖向布置与工程管网

竖向布置，亦称竖向设计，建设工厂的用地，其地形、地貌是多种多样的。有的场地可直接用于建厂，有的要稍加整平后用以建厂，也有的要经过大量的土石方填、挖工程后才适于工厂建设。竖向布置的任务就是将拟建的厂区的自然地形、地貌，因地制宜地进行人工改造整平，合理确定建设场地上的高程（标高）关系，使厂区内外之间和工厂的各建筑物、构筑物、铁路、道路、堆场等相互间的生产运输和工艺联系方便，并设法减少土石方工程量，在厂区填、挖方接近平衡的基础上，使场地的排水组织合理。此外，尚应力争缩短工期和节约建厂投资。

第一节　竖　向　布　置

一、竖向布置方式

竖向布置方式主要有整片式（连续式）和重点式两种。这里简介如下：

1.整片式（连续式）：建厂时要统一完成整个厂区的竖向布置任务。它适用于厂区面积不大，地形较平缓，建筑密度超过25%，以及铁路、道路和工程技术管网较密集复杂的工业场地的竖向布置（图1-3-1*a*）。

2.重点式：只是对厂房、构筑物和有关的工程项目所占地段进行竖向布置。而厂区的其余地段仍保留原有的自然地形。其厂区道路一般采用郊区型，且铁路和道路多用侧沟或流水槽等明沟排水（见图 1-1-24及 1-3-1*b*）。它适用于厂区面积较大（尤其是山区）、建筑密度较小，以及铁路、道路和工程技术管网较简单，自然地形能够顺利排出雨水的工业场地，或布置有工程项目的偏远的工业用地的竖向布置。

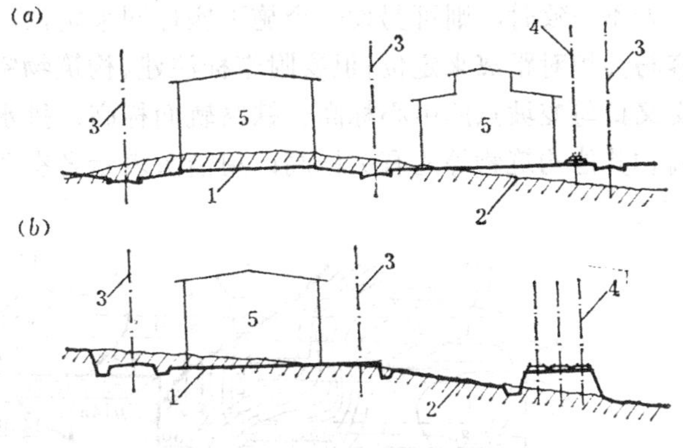

图 1-3-1　竖向布置示例

(*a*)连续式；(*b*)重点式

1—整平地面；2—自然地面；3—道路中心线；4—铁路中心线；5—厂房

二、规划场地的设计标高

竖向布置中有关规划场地的设计标高，主要和竖向布置方式、城市干道的标高、交通运输的联系条件、附近地段的整平情况以及厂房和构筑物的地坪标高等因素有关。设计时应尽可能使场地的全部或各施工期的填、挖方平衡，以保证土石方工程量为最小，并使设计整平标高尽可能接近于自然地形标高。一般竖向布置的标高取值应考虑以下因素：

1.工业企业各生产部门之间的生产运输和工艺联系；

2.工业场地的工程地质、水文地质和水文条件；

3.厂区内各类建筑物、构筑物的特点（有地下室、无地下室）；

4.布置在相对区段上的厂房和其它厂房与构筑物地面的允许标高差；

5.建筑红线之间的距离，以及有无铁路、道路等。

规划场地的自由地表面坡度通常可取：粘土时不小于0.004， 不大于0.05； 砂土时宜取0.03；易受冲刷的土壤（黄土、细砂）时为0.01；永冻土时为0.03。

为了把从厂房和构筑物屋顶流下来的雨雪水排离墙基础，应沿厂房和构筑物周边设置散水坡或明沟。

厂房底层的地面标高，通常应比厂房所在地段的地面设计标高高出0.15～0.20米。当布置带铁路引线的，拥有卸货线栈台的仓库等建筑时，室内地面标高应高出轨面1.1～1.2米（参见图1-2-12*a*）。

当场地布置成阶梯式时，在有小型卡车、电瓶车和汽车行驶的阶梯之间，坡道的坡度不应大于6％（参见图1-1-25），仅有汽车行驶时，可破例增加到9％。

三、竖向布置表示方法

竖向布置一般与工厂总平面设计统一考虑并附带表达出来，可不单独出图。即在工厂总平面设计图上附带用红线加绘原有地形的等高线，其垂直高差一般取0.2～0.5米，当地形较平坦时则可减至0.1米。对于建、构筑物的两角、道路交叉点中心、护坡、挡土墙等的定位：当上述内容方位与地形图的座标网一致时，可直接用地形图方格网座标来定位；当二者不一致时，则可另设一个施工座标网来定位；当现场已有道路或房屋时，则以设计内容与其相对距离来定位；但要附带标注建、构筑物室内地面标高、室外场地整平标高、道路交叉口与变坡点的中心标高、铁路轨面标高、排水明沟底面的起点和转折处的标高、挡土墙和其他构筑物等的有关标高；用箭头表示各有关部位的设计地面的排水方向等（图1-3-2）。

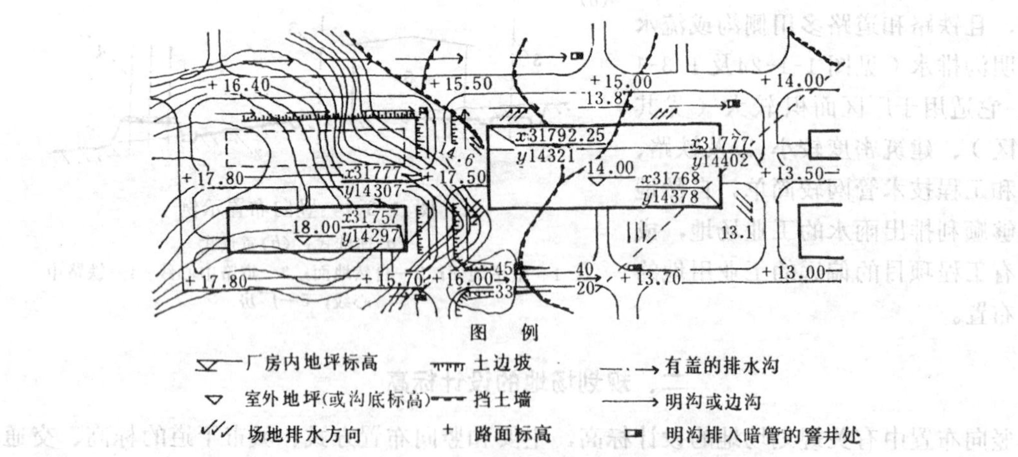

图 1-3-2 某炼铁厂局部厂区竖向布置

上图为某炼铁厂局部厂区竖向布置示例。由于场地高差较大，为减少土方工程量，将布置在高岗上的木模车间的标高，在满足对外联系的前提下尽可能定高些。因此它与电修车间的地面高差达4米之多。其间的道路标高介于二者之间，两侧均设护坡和明沟排水。由于道路与车间高差较大，通向车间的引道坡度已不适于运输工具通行，只作为人流联系用。这是山区坡地建厂采用较多的竖向布置方法，也叫阶梯式布置法。

第二节　工　程　管　网

现代化的工厂，需要设置多种工程技术管线，来满足生产上和生活上对热力、电力、水、油、燃气、压缩空气等的需要。这一系列管线系统是工厂的重要组成部分。如何合理地确定各类管线的走向及其敷设方式，对于减少生产工艺过程中的能源消耗、节约投资和用地，便于维修和扩建等方面均有重要意义。

在工厂总平面设计中，地下、地上和架空的工程管网，通常沿工厂道路并和主要建筑线相平行和尽可能成直线布置。从建筑红线至道路中心线，地下管线由浅至深宜按下列顺序敷设：弱电电缆、通讯电缆、供电系统电缆网、热力管道、压缩空气管道、燃气管道和特殊用途的管网（氧气、乙炔气等）、给水、排水和雨水管道等。

管道布置应满足生产工艺和管线自身的技术要求，要因地制宜地选择合理的敷设方式、平面座标和竖向标高。保证管线与建筑物、构筑物、道路和绿化之间，以及所有工程管网之间能在水平和竖向关系上必要的合理的配合，力求达到便于敷设和维修、安全可靠、长度最短、转弯最少和投资最省。各种管网的敷设，直接影响着道路两边建筑物的间距，因此工厂总平面设计通常将各种不同用途的管网综合敷设在共同的沟槽、地沟和干管里面或架空的栈桥上。为便于维护和检修，并应编制公用设施综合平面图。

地下管网，通常是指将互不干扰的管线综合敷设在道路行驶路面以外的一条共同的沟槽、地沟或地道内的管道。地下综合管沟按其沟内的净空高度不同，分为通行地沟、半通行地沟和不通行地沟等。如图1-3-3所示。

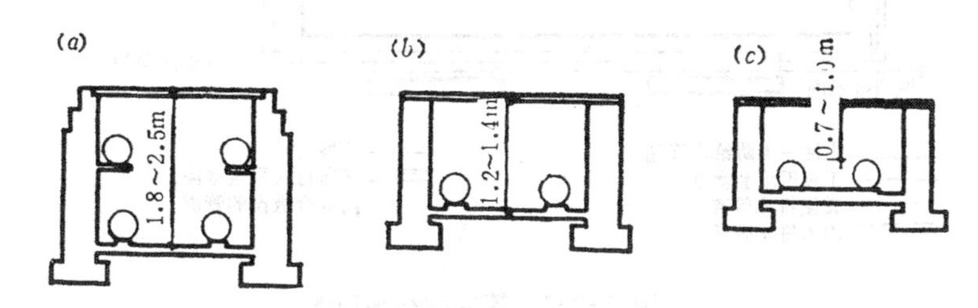

图 1-3-3　地下综合管沟

(a)通行地沟；(b)半通行地沟；(c)不通行地沟

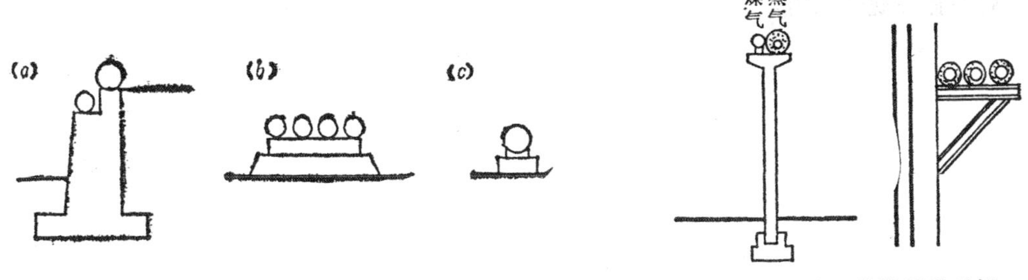

图 1-3-4　低架敷设管道示例

图 1-3-5　高架敷设管道示例

地上管网是指在遵守安全技术要求，并能可靠地保护管网不受损害的条件下，采用低架（高于地表面≥0.5米）或高架（下部可通行车辆或行人）敷设方式设置在地下公用设施区带之外的场地上的管道。低架管道参见图1-3-4；高架管道如图1-3-5所示。

沿厂内主干道和两侧厂房之间的管线布置可参见图1-3-6。

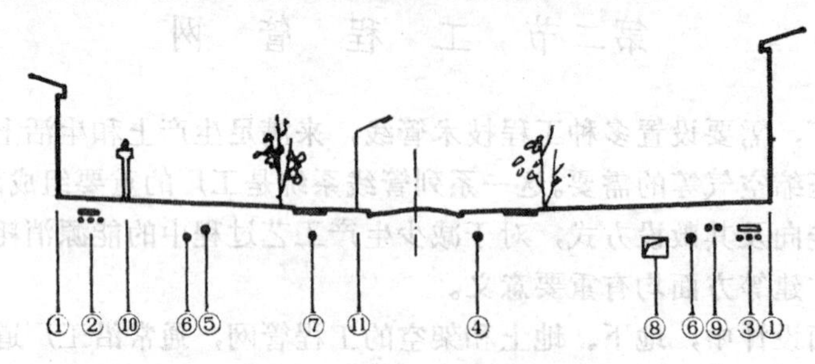

图 1-3-6 沿厂内主干道管线布置示意

1—基础外缘；2—电力电缆；3—通讯电缆；4—生活及消防上水道；5—生产上水道；6—污水管道；7—雨水管道；8—热力地沟及压缩空气管道；9—乙炔管道和氧气管道；10—煤气管道；11—照明电杆

各种工程技术公用设施的布置，考虑到它们的平面和高程的联系，一般用按工业企业总平面的比例绘制的管网综合平面图（图1-3-7）表示。

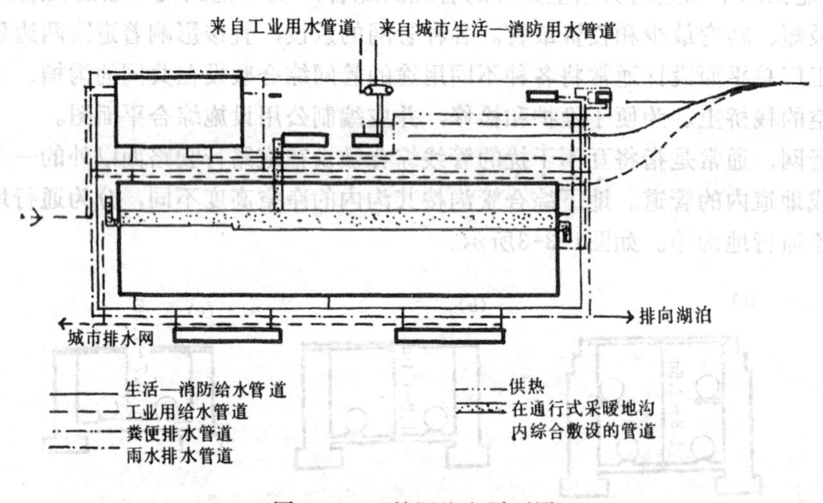

图 1-3-7 管网综合平面图

当地下管网为分散输送敷设时，它们与建筑物、构筑物、道路以及其它工程管网的平面距离应按有关规范采用。

第四章　工厂的绿化与美化布置

一个工厂的生产，总要不同程度地把各种有害的气体、粉尘、余热、振动和噪声等向外扩散。势必影响和污染厂区及其周围环境。如果在工厂总平面设计中能够妥善地进行绿化和美化布置，将会显著地减弱上述影响并使其得到有效的改善。从而可以起到保障工厂工人及其附近居民的身心健康、消除疲劳和焕发精神的积极作用。因此，绿化和美化布置不是可有可无的装饰和点缀，而是社会主义工厂总平面设计和人为环境的重要组成部分之一。这项工作应和工厂总平面设计的其它要素统一考虑和同步建设。

绿化和美化布置的主要内容通常包括修建卫生防护林带、修整和绿化厂区道路、美化厂前区和主要出入口、组建围墙和外部照明，设置板报、画廊、光荣榜、自行车棚、露天水面和水池等公用设施和建筑小品，以及开辟球场和休息场地等等。要设法使绿化和美化布置与整个厂区的建筑群体有机地结合起来，相互衬托，彼此配合，构成一个统一谐调的建筑艺术的人为环境。一个工厂通过绿化和美化布置，不仅美化和净化了厂区环境，还可起到宣传和鼓舞斗志、振奋革命精神的作用。同时也会给城市规划和建设工作带来良好的影响。

绿化和美化布置应贯彻因地制宜、就地取材的原则。在不增加或少增加建设投资的前提下，尽量做到自己动手、统一规划、分期建设、逐步实现。应防止脱离生产实际、浪费资金、单纯追求美观的倾向。在可能条件下，应尽量利用生态和保护厂区原有的自然绿化环境。国内有些企业用廉价材料和花草树木将厂区装点成“工业公园”，效果卓著。

第一节　厂 区 的 绿 化

一、绿 化 的 作 用

空气污染是工厂较普遍的公害之一。多因工业生产中燃烧煤炭和重油等矿物燃料所排出的大量废气所致。有的来自于石油化工厂高温高压生产过程中因“跑、冒、滴、漏”现象所放出的各种有毒烟雾和废气；也有的来自于锯材、粉碎和铸工、清理等生产所散发的各类粉尘等，除采取相应措施防止、减少和回收处理外，厂区绿化可对上述各类有害物具有吸附、阻滞和过滤等作用，可使大气环境得到相应的保护和改善（图1-4-1）。这对于精密和洁净车间尤为重要。

图 1-4-1　绿化对有害物的吸附和过滤作用

噪声也是工厂较多的公害之一。它主要来源于工厂的鼓风机和空气压缩机等的空气噪声；各种机械设备噪声和电磁噪声；以及各类交通运输工具噪声等等。实践证明，当厂区及厂房周围用绿色植物屏障相围蔽时（图1-4-2），将会减弱噪声波的传送能量（达25%左右），并可降低噪声源对厂区及其周围环境的干扰。

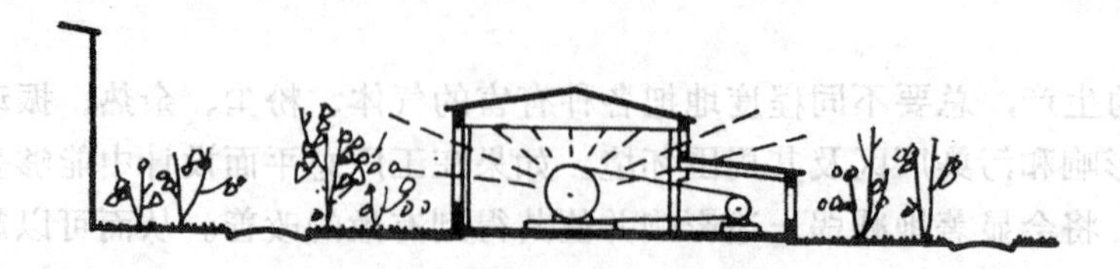

图 1-4-2　绿化使噪声减弱

工厂的热加工车间本来就向外扩散大量的生产余热，夏季再加上太阳的辐射热，就会严重地影响人们从事生产和生活环境的温、湿度状况。如能把厂房与道路网尽可能地围蔽在绿色的浓荫之中，将会降低辐射热量，提高其空气湿度，使厂区的小气候得到改善。通常一株中等大小的阔叶树，夏季每天可由叶部向大气中挥发上百至几百公斤的水分，如果厂区布置近千棵树，将产生每天向该厂喷洒上百至几百吨清水的等效效果。因此，厂区绿化对工厂的降温防暑也具有显著作用。

每座工厂的厂房造型与群体布局，道路网的通畅与整洁程度，厂前区与厂区的绿化以及建筑小品的设置效果，都将直接影响着厂区环境的美感。而绿化则恰似纽带，它能起到顺导道路，衬托建筑物与小品，使大小、高低、体量各异的厂房与构筑物之间，增加群体效果和建筑艺术的感染力。因此，厂区绿化对厂容厂貌也将会起到显著的美化作用。

此外，在化工厂设计中，选用抗二氧化硫的刺槐和白杨等作行道树，选用抗氟化氢的女贞等作绿篱，均可收到良好的防护效果；对于多风砂地区、山区和滨江河地带的工厂，绿化还有防风砂和固土护堤的作用；对于易燃、易爆的厂房，绿化可兼起防火、防爆作用等等。因此，在工厂总平面设计中，绿化是具有适用意义的物质要素，宜合理规划、妥善布置到工厂总图中去。切不可忽视绿化作用而任意取舍。

二、厂区的绿化布置

厂区的绿化布置，就是把各类乔木、灌木、绿篱、草坪和花卉等，按照一定的设计构思、通过高低错落、疏密相间的组合与搭配，来衬托厂区的建筑物与构筑物、道路与建筑小品，使之形成一个丰富谐调的建筑艺术空间效果。通常厂区绿化包括厂区与生活区的卫生防护地带、厂区道路、厂前区、职工食堂、中央试验室、职工室外活动场地、厂区围墙附近及某些工程构筑物场地、厂房及生活间附近的绿化等。

1.卫生防护地带：其主要目的是降低有害气体、粉尘和噪声等向附近生产和生活区的扩散和污染影响。应根据其危害性大小，结合当地的气象条件和防护要求来布置绿化。专设的卫生防护带是以承受和吸附上空沉降物为主，水平方向的阻挡和吸附为辅，可不必全部密植林木。宜根据需要和可能在其中布置些构筑物和堆场等，以节约用地。

绿化带多以乔木和灌木混交布置，一般有透风式、半透风式和不透风式三种（图1-4-3*a*、*b*、*c*）。

一般常结合风向采用混合布置，将透风式绿化带布置在上风向，可逐渐减低风速，且不致产生涡流。而将不透风式绿化带布置在下风向，由于它树木稠密，气流通过时将产生涡流，通过后才逐渐复原，起过滤器作用，可充分发挥防护效能。

2.厂区的道路绿化：厂区道路是工业企业绿化的重点之一。在功能上和美观上要求较高，同时又和管道布置有密切关系，因此应妥善处理，以取得适用、经济和美观的综合效果。道路绿化一般应以高大茂密的乔木为主，结合人行道和车行道的具体特点，适当配以灌木和绿篱等，使构成行列式的林荫道，以减少阳光直射，并防止道路上扬起的灰尘飞向两侧的厂房。但在单条道路交叉口附近14～20米范围内，则不应布置树木，（包括建、构筑物）以免妨碍司机的视线。同时每隔40～60米间距应留出间隙，以利人流穿越。布置时还需要注意树形的选择与搭配问题。为达到适用和美观的绿化效果，通常宜把呈园柱形和园锥形轮廓的高耸乔木类，如钻天杨、悬铃木、加杨和塔柏等布置在厂区的主干道旁。使形成整齐的林荫道和防护屏障。尤其是南北向干道布置这类树种，对路旁厂房防西晒具有明显效果。各种呈伞形和球形的敦实乔木，如枫、槐、榆、柳等则宜布置在次干道或与上述高耸乔木类混交配置。使构成外形的变化。再加上道路两旁配置的低矮丛生的灌木，修剪整齐的绿篱，争芳斗艳的花卉和舒展平坦的草坪等的有机组合，使厂房或构筑物与绿化布置彼此衬托、相互交融，既有高低的空间变化，又有虚实的质感对比，共同构成整体的建筑艺术空间效果。

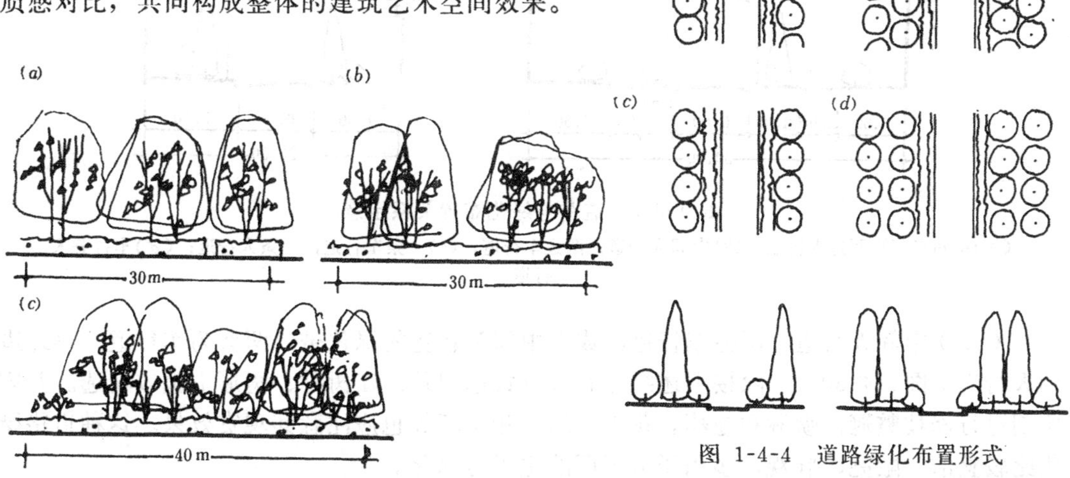

图 1-4-3 绿化带布置方式

图 1-4-4 道路绿化布置形式

(a)单行交错式；(b)双行交错式；(c)单行并列式；(d)双行并列式

道路绿化的栽植方式，通常宜采用单、双行并列或多行并列；单双、行交错与多行交错等布置形式（图1-4-4）。如上所述，为打破外形的单调感，可根据各类树种的生态习性，在互不干扰的前提下施行混交配置。如单、双行布置时把不同形状的树种施行隔株变换，或隔多株变换，多行布置或每行一个树种，或里外行树种交错变化等等。使道路绿化形成高低错落、疏密相间和层次分明的景观变化。从而构成道路绿化的节奏感、韵律感和美感。使整个厂区的建筑物和构筑物等在绿化的衬托下，在空间组织上既有联系，又有分隔。而随着道路的伸展和转折，又可达到步移景迁和引人入胜的静观与动观效果。

道路与绿化布置关系一般有以下几种：

（1）中间车行道，两旁人行道（图1-4-5*a*），绿化布置在车行道和人行道之间。除用上述绿化布置形式外，并应辅以绿篱、灌木丛、花卉和草坪等。它广泛应用于大工厂的次要干道和中、小型工厂的主要干道绿化。

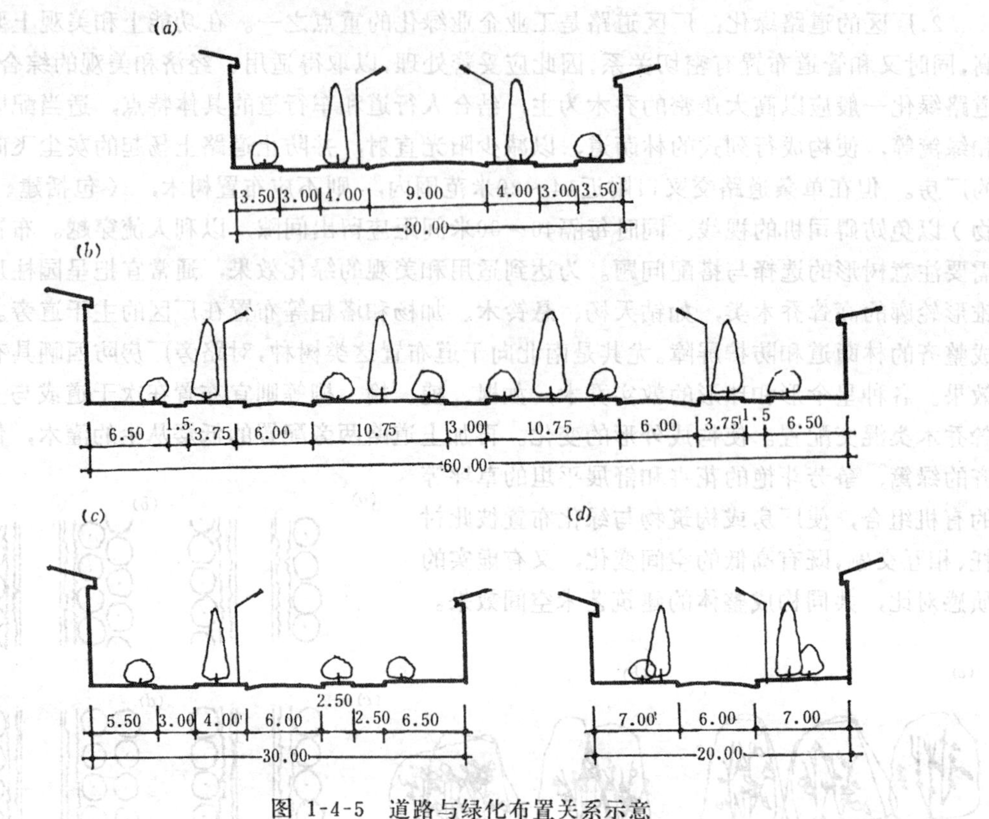

图 1-4-5　道路与绿化布置关系示意

（*a*）中间车行道两边人行道；（*b*）中间人行道，两边车行道；（*c*）一条车行道，一条人行道；（*d*）车行兼人行道

（2）中间人行道，两旁车行道，或者中间为较宽的绿化带，两旁为车行道，再外边为人行道（图1-4-5*b*）。除按上述绿化布置形式选用外，在树种、树形上也应精选。并应定期进行修枝整冠，喷淋和施药。花卉、绿篱和草坪等也应注意其观赏效果。这种道路绿化比较整洁、敞亮、壮观，多用于大工厂的主干道绿化。

（3）一边车行道，一边人行道，或者为一条车行兼人行道（图1-4-5*c*、*d*）。这种道路绿化的树种、树形的选择可稍差些，开阔地应广植草坪。花卉和绿篱等则可多可少。一般用于次要道路绿化。

3.厂前区的绿化：厂前区位置显要，是隔离城区和居住区的第一道防护屏障，是厂区绿化的重点之一，通常要做些必要的加工处理，且还须与城市的绿化密切配合。由于厂前区的工程技术管网较少，场地较开阔，因此给厂前区的绿化和美化提供了有利的条件。

厂前区的绿化应和行政办公楼等建筑物与各种建筑小品的布置密切配合，使成为有机的整体。行政办公楼通常是厂前区的主体建筑，或居于厂区的中轴线上，或与其他建筑并列于中轴线的两旁。为了接纳和疏散人、货流，这里多构成小型的开阔广场，除平整光洁的装修路面外，常布置些装饰性的花坛，草地、喷水池、雕塑、宣传画廊、光荣榜之类的建筑小品，构成一个观赏、休息、逗留、通行和集散的中心。某些大型企业或小区形成的开阔广场应该很好地加以绿化与美化。在总出入口处，宜将树木井然有序地沿路成行布置，将人、货流引向厂区（图1-4-6和图1-4-7）。即或是保密单位也不宜过多地用大型树将企业遮挡，使厂前狭促"近视"。

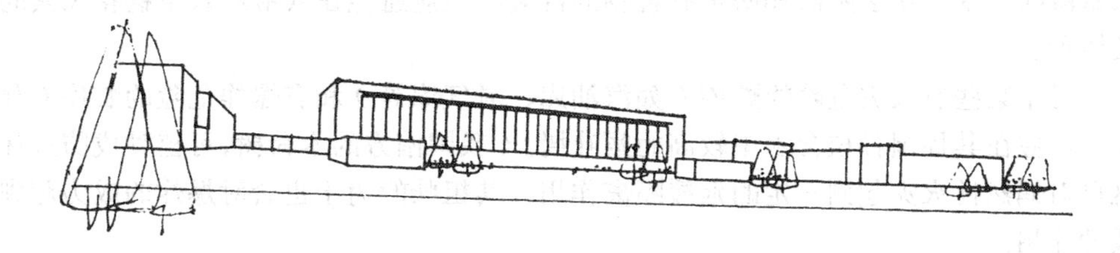

图 1-4-6 某重型机器制造厂厂前区布置

厂前区的绿化宜选用高大的，适应性强，体态优美，寿命长的乔木。树冠类型应有变化，更要注意常绿树种和落叶树种的有机搭配，以适应冬夏常青和季节变化的需要。大面积的空地上应广种早春绽蕾、夏季多花和秋冬"不败"的丁香、樱桃、玫瑰和各种忍冬类灌木丛，以及各类草、木本的花卉和草坪，或图象叠砌，尽可能使之形成园林情趣或公园的意境。

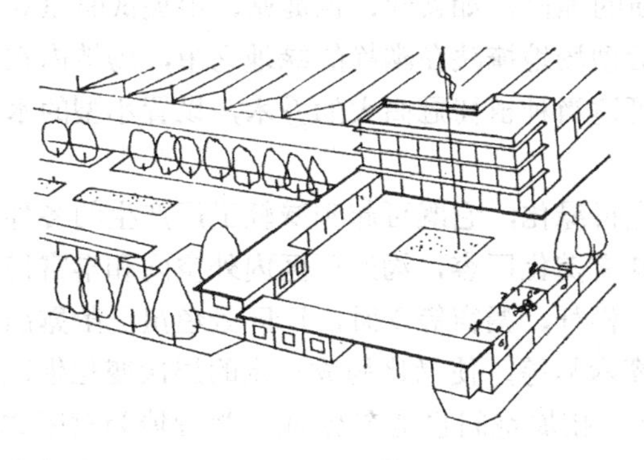

图 1-4-7 某纺织厂厂前区处理

品种、类型不同的树木花卉对南北地区与季节变化的适应能力各异，因此，品种选择极为重要。应该注意到大气污染。大气污染包括多种有毒气体的污染，而许多花卉不具备抗毒能力，有些又具有吸收不同有毒气体的能力，因此可在环境保护上发挥相当作用。

二氧化硫是污染环境的主要物质，它对人体上呼吸道有刺激作用，能引起心肺疾病。但不少花卉如夹竹桃、米兰、木槿、桂花、紫藤、丁香、石榴、月季、紫薇等，都具有较强的吸收和积存低浓度二氧化硫的能力。

大气中的氟一般以氟化氢的形式存在，它的毒性很大，当空气中浓度超过1ppm时对人眼睛、皮肤和呼吸器官都会产生伤害。然而一些花卉，如石榴、丁香、月季、海桐、万寿菊、美人蕉等都具备不同程度的抵抗力和吸氟能力。

氯气也是有毒气体，大部分花卉都有一定的吸收和积累氯气的能力，其中夹竹桃、菊花、山茶、鸡冠花等对治理氯气污染有较好效果。

此外，对食堂及车库附近亦应适当进行绿化，如食堂附近开辟小型花园或林带等，可供人群饭后逗留、休息和观尝。车库前的停车场地周围宜布置高大的乔木，既可减少阳光对车辆的照射，又可降低噪声对外界的干扰影响，如为工业小区则应统筹考虑小区与厂前区的谐调与统一绿化问题。

4.车间及生活间周围的绿化：车间和生活间周围的绿化布置应根据各类车间的生产性质来考虑。如对于那些散发烟、尘和有害气体的各类热加工车间和构筑物，它们严重地污染着人们从事生产和生活的厂区及其周围的大气环境。当厂房附近分布有大量绿色植物时，将使大气环境得到相应的保护和改善。而对于那些冷加工车间和拥有精密仪器设备的生产厂房，为了减少各种有害物的侵入，防止影响产品质量和降低精密设备的使用年限，就需要在其周围用绿色植物屏障加以围蔽，尤其在厂房朝主导风向的一面，更应多种植高低错落的林木。使之阻滞和防护有害物的侵袭，但应避免在其附近栽植杨花飞絮的杨柳之类树种。

对于某些有火灾危险的贮库（如汽油库、氧气库等）和有爆炸危险的贮库（如乙炔库等），应在其周围种植含水率较高的阔叶树。（我国南方的木荷树，可植种成防火林带）。这可对偶然性火灾起到一定的延缓隔离作用，其粗壮的树干也会对爆炸的威力起到良好的缓冲作用。

为了让生产工人和大自然保持必要的联系，车间和生活间周围应广植乔木、灌木、花卉和草坪，为引入室外空间应尽可能面向绿地开窗，以利于新鲜空气流入室内，沟通空间联系。车间和生活间附近及其入口地带宜布置成群丛生的丁香、玫瑰等灌木和各种艳丽多姿的花卉，既起装点作用，又可增加趣味感。

5.职工室外活动场地的绿化：厂区的职工室外活动场地应远离交通要道、噪声和污染源布置，并尽可能靠近工作地点和人流来往方便的地段，如食堂、保健站、中央试验室等建筑物附近。场地周边用较高大林木围蔽。使活动场地掩映在幽静的绿地之中，场地内宜布置大片草坪、花坛和灌木丛类绿化内容，亦可适当种植树冠高大的乔木，设置小型的水池、凉亭和小型球场等。

6.其他：通常沿厂区围墙附近宜结合需要进行绿化，它既可起到减轻工厂产生的各种污染物对城市及居住区的有害影响的作用，又具有美化厂容，沟通厂区内外空间和丰富街景效果的作用。当围墙为漏空式（如漏花围墙、栏杆、漏窗等）时，厂区景色虽已敞露出来，但还应沿围墙附近种植一些花卉、绿篱和灌木丛等，使绿化构成一定的层次变化借以沟通和展露花园式工厂的风貌，这对丰富街景、拓展空间也是有益的；当围墙为封闭式（如栏板、砖墙等）时，由于厂区内外空间已被实墙面截然分开，易给人以生硬和沉闷之感。这时宜沿围墙内外设置一定宽度的绿化区带，并注意绿化系统在色、香、形等方面的搭配与变化，以利于减轻其沉闷气氛，增进人们的亲切感和美感。气候温和地区可种植一些竖向攀缘性蔓藤品种，增加垂直缘化效果。这种手法也可在高台地的挡土墙或个别墙面上选用。

厂区的边角空地，在不妨碍生产运输和贮存使用的前提下，也应尽可能地用于绿化。一般厂房周围的绿化间隙和厂内铁路用地附近，选种些低矮的药材和经济作物进行绿化，可兼收到一定的经济效益；大块空地宜作为果林或苗木用地。在一个厂区里开辟几块较大的林地，供人们工余时间休息将是很可贵的。

除此，在地形复杂的厂区里，溪、浜、池塘和水沟沿岸及低洼地带也应进行绿化。如沿堤岸、挡土墙、斜坡地段等种植树木和草坪、不仅能改善和美化厂区环境、还可防止土壤流失和土塌堤陷等工程事故的发生。

第二节 厂区的美化

创造良好的劳动和生活环境对提高劳动效率是不可缺少的条件之一。因此，从总体设计考虑，在厂区的适当位置设置一些宣传板、露天水面、喷水池、雕塑、路灯、靠椅、大门和围墙等建筑小品，既满足生活使用要求，又起到装饰和美化环境的作用，应作为工厂的有机组成部分来统筹设计。

一、宣 传 板

布告牌、光荣榜、板报及宣传画廊等可统称之为宣传板。它是工厂进行时事政策宣传、鼓动生产情绪、表彰先进人物，规章制度教育，惩处违纪事例、招贤攻关等活动不可缺少的工具。由于它是全厂瞩目的设施，一般应布置在厂前区出入口和厂区主干道两旁，人流集中和醒目的地方，但不要影响交通和遮挡绿化。图1-4-8为某伞厂砖砌画廊示例。

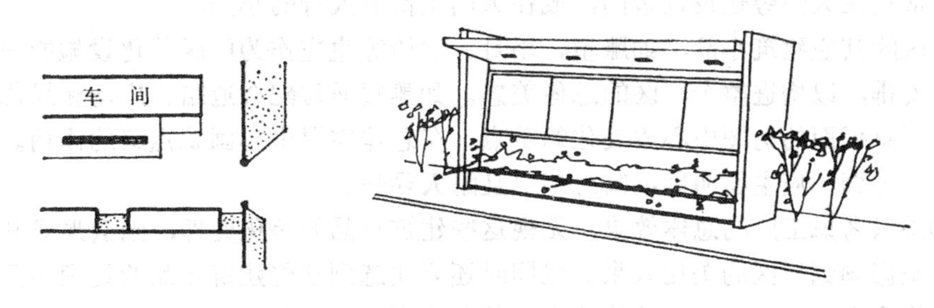

图 1-4-8 某伞厂画廊

为便于人流集散和观尝，宣传板前应留有比较开阔的场地，便于停留浏览。宣传板不宜过长，造型应美观大方，力求简洁、并富有艺术表现力，上部应有足够的遮阳挡雨顶盖，以免宣传品被日晒、雨淋而退色和变形损坏。同时也保护观尝者不致受反光和曝晒之苦。

二、露天水面和喷水池

露天水面有人工与天然之别，随厂区地理环境不同，可大可小。它对美化厂区，清洁空气，改变厂区的小气候能起到良好的作用。较大的露天水面（如河、湖等）可做为卫生防护地带，尤其对防振方面更具有良好的功能。在无法形成露天水面的场地上，也宜结合厂区的绿化和建筑小品布置，在厂区适当的位置设置人工喷水池。如在厂前区主入口附近、主要车间或全厂食堂近旁等处，结合绿化或其他建筑小品设置小型喷水池，供广大工人在工作之余观尝，有助于消除疲劳和振奋工作情绪。

对于有大量生产用水需要经过冷却回收处理后再重复利用的工厂，宜结合冷却塔或喷淋冷却水池等设施的规划设计，使它成为厂区的一个休息和观尝点，有的也可结合水处理用来养鱼，还可收到一定的经济效益。

三、工厂大门与其它建筑小品

工厂大门是全厂的主要出入口，它的平面布置和门的形式、大小主要取决于工厂的人流和货流的需要。设计时应力求适用、经济、朴素、大方。要避免繁琐的装饰，应通过合适的体量组合和比例关系，用简洁的处理手法取得其造型的美感。图1-4-9为常见的大门形式示例。

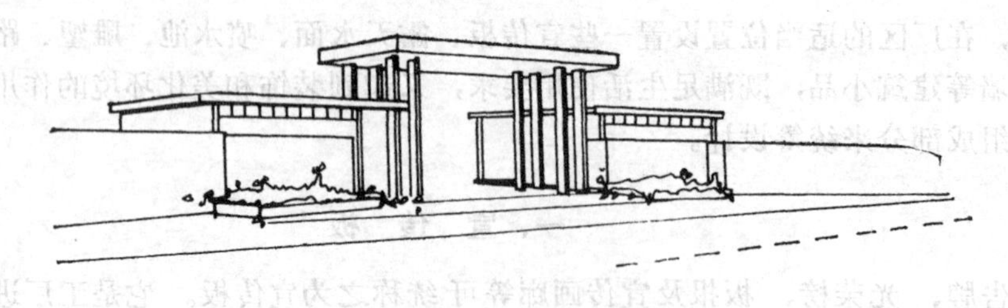

图 1-4-9 工厂大门布置形式示例

对于有大件产品或大型设备进出的工厂大门，为便于车辆进出，一般不宜采用门廊连接的型式。大门的宽度一般宜取4～5米，并应保证车辆进出和大门开启方便，为便于生产管理通常宜在大门旁边设置边门，或在大门上留有人行的小门。

厂区的其它建筑小品，如雕塑、路灯、靠椅等也应作为厂区美化设施的一部分，加以规划和安排，以增进整个厂区的总体美感。如雕塑通常配合道路、广场和绿化的规划，布置成工厂总平面的构图中心或美化的重点，在总体布置中起画龙点睛的作用。因此不宜布置过多、过繁，应主题明确，寓意深奥且耐人寻味。

如果只考虑工厂的总体效果，无视这些建筑小品的美化处理，则会形成某种不谐调关系，甚至影响到厂区的美化效果。但同时还要注意到这些建筑小品的处理不要繁琐。更不要耗费许多资金，应当在少花钱多办事的前提下，通过良好的平面布局和造型处理，使它们和厂区绿化有机地结合起来，彼此呼应，相互衬托，以期取得较好的建筑艺术效果。

国内有些企业利用边角废料制作一些造型小品装点空地和丰富绿化场地的作法，值得推尝和提倡。

第二篇　多层厂房建筑设计

随着科学技术的进步，近年来，多层厂房有着明显增长的趋势。仅以京沪等地为例，1972年北京多层厂房建工业建筑面积的20.8%，至1975年增至67%，上海的统计表明，1973年建造的占厂房总面积的60%，1975年达到了70%，天津则增至60.2%，而在常州、苏州，无锡等中小工业城市，到1975年，所建多层厂房的比重已达工业建筑总面积的53～68%。最近几年各地的多层厂房数量又有明显的增长。特区更是如此。

在国外，多层厂房建设的总量，在一些国家也有明显的增加趋势。例如苏联在50年代，多层厂房约占整个工业建筑总量的20～25%，而近年，有些部门和地区已达35～40%以上。

促使多层厂房获得发展的原因是多方面的。首先，是由于节约用地的要求。将2-14层的各类多层厂房和单层厂房相比较，一般能够节约用地25～80%，这在保护自然环境和国民经济方面具有重大的意义。土地是人们赖以生存的自然环境中最宝贵的自然资源之一。但是由于建筑活动的发展，每年将有大批的土地，从自然环境变为建筑用地。因而，人们生活与自然环境之间的生态平衡日益遭到工业建设的威胁和破坏。为了保护人们赖以生存的自然环境，必须节约用地。在我国，土地资源贫乏，基本建设应尽量少占或不占农田，节约用地，特别是城市用地十分重要，是当前一项基本国策。

其次，一些旧的工业企业，不能满足现代化生产发展的要求，需要进行改建和扩建。特别是位于城市中的旧企业，在改建和扩建时，往往受到地皮的限制，因而将厂房改建成多层厂房。

第三，对于我国来说，为了实现四个现代化，尽快改善人民的生活，我国经济建设正在转向大力发展无线电电子工业、精密仪表工业、轻工业、食品工业等，而这类工业企业都适宜采用多层厂房。

第四、现代科学技术的成就和应用，也为选用多层方案，开拓了广阔的前景。

多层厂房与多数民用建筑有很多共同之点，但是它做为生产性建筑与民用建筑又有区别。

1.在功能上，民用建筑是满足人们生活上的需要，而工业建筑则是满足生产上的需要。在工业建筑中，产品加工过程各个工序之间的衔接及其对建筑的要求往往左右着建筑布局。由于生产类别非常多，它涉及到经济建设的各个部门，即使在同一部门中，由于工艺不同，生产纲领不同，对厂房的要求也不尽相同。所以设计中必须有工艺设计人员密切配合，共同协作。即或是统建的商品性多层厂房，也应适当考虑市场信息与未来租(购)者的需要。

2.在技术上，工业建筑比一般民用建筑复杂。在设计中它除了满足复杂的工艺要求外，在厂房中一般都配有各种动力管道以及各种运输设施。有时为了保证产品质量，还需要提供一定的生产环境，如防尘、防震、恒温恒湿等，这些都为工业建筑的设计和建造带来了复杂性。

多层厂房与单层厂房相比较，具有下列特点：

1.占地面积小，可以节约用地。因而缩短了工艺流程和各种工程管线的长度，以及道路的面积，并可节约基本建设投资。

2.外围护结构面积小。同样面积的厂房，随着层数的增加，单位面积的外围护结构面积随之逐渐减少。在北方地区，可以减少冬季采暖费用，在空调房间则可以减少空调费用，且容易保证恒温恒湿的要求。从而获得节能的效果。

3.屋盖构造简单，施工管理也比单层厂房方便。多层厂房宽度一般都比单层的小，可以利用侧面采光，不设天窗。因而简化了屋面构造，清理积雪及排除雨雪水都比较方便。

4.柱网小，工艺布置灵活性受到一定限制。由于柱子多，结构所占面积大，因而生产面积使用率较单层的低。

5.增加了垂直交通运输设施——电梯和楼梯。在多层厂房中，不仅有水平向运输，而且出现了竖向的垂直交通运输，人货流组织都比单层厂房复杂，而且增加了交通辅助面积。

6.在利用侧面采光的条件下，厂房的宽度受到一定的限制。如果生产上需要宽度大的厂房，则需提高厂房的高度或辅以人工照明。

在实际工作中，接到设计任务书后，究竟是采用单层厂房还是多层厂房，必须根据生产工艺、用地条件，施工技术等具体情况，进行综合比较，才能获得合理的方案。

在多层厂房中必然有大部分车间（或工部）分别布置在各个楼层上，各车间之间以楼、电梯或其它形式的运输工具保证竖向联系，因而设备（产品）过重或过大以及不宜采用垂直运输的企业就不宜采用多层厂房。

宜于布置在多层厂房内的企业，基本上可分为六类：

1.生产上需要垂直运输的企业。这类企业的原材料大部分为颗粒状的散料或液体材料，例如大型面粉厂中，利用皮带运输机或斗式提升机等运输工具将原料直接送到顶层，然后利用麦粒和面粉靠自重向布置在下一层的车间传送过程中进行加工，待到底层将加工成的面粉，装袋出厂。

2.生产上要求在不同层高操作的企业。属于这类企业的，有化工厂和热电站主厂房等。

3.工艺对生产环境有特殊要求的企业。如电子、精密仪表类企业为了保证产品的质量，要求在恒温（湿）及洁净的条件下进行生产，多层建筑体积小，易于保证这些技术条件。

4.生产上无特殊要求，但设备及产品都比较轻，运输量也比较小的企业。经常是根据城规及建筑用地的要求，结合生产工艺、施工技术条件以及经济性等综合分析，确定建成多层厂房。

5.仓储型厂房及设施。如设环形多层坡道的汽车停放库、冷藏库等等。

6.租售用商品性企业用房，性质不定型。

第一章　多层厂房平、剖面设计

多层厂房平、剖面设计是一项综合性工作。它的任务是以工艺原始资料为依据，综合解决各项土建问题。在做建筑设计时，必须与工艺、结构、电气、给排水、暖通等专业密切配合。同时，确定建筑体型及人、货流出入口位置时，还必须与企业总体布置及周围环境相协调。

对平、剖面设计的影响因素很多，下面仅就几个主要方面分别讲述。

第一节 生产工艺与平、剖面设计的关系

和总图设计一样，从原料投产到成品的工艺流程具体地体现了进行单项工业建筑设计时应满足的功能要求。不同的产业部门所属的工业企业，就有不同的工艺流程，根据不同的工艺流程，产生不同的布局和造型。例如热电站、机械制造厂，仪器厂三者的体形绝然不同。工艺流程是工业建筑设计的依据，最重要的原始资料。

平面组合首先应满足工艺流程要求。这就需要建筑设计人员了解工艺。

工艺流程经常以工艺流程示意图表示。图2-1-1是一般精密机械加工工艺流程示意图。

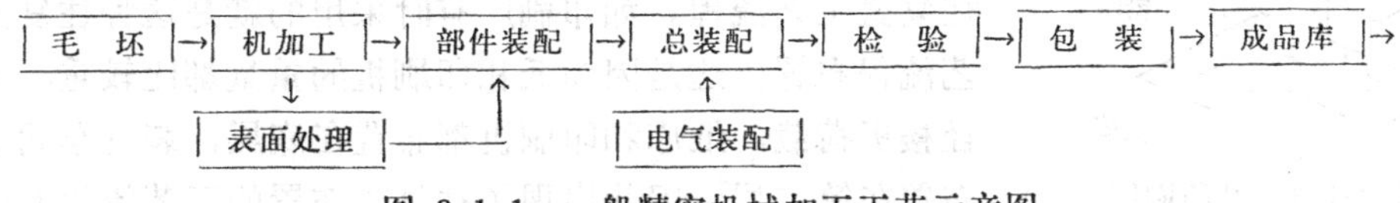

图 2-1-1 一般精密机械加工工艺示意图

工艺流程图表明了各个车间之间的联系。平面组合时应该以此为依据布置各个车间（工部）的相互位置，以免物料运输时产生迂回往返交叉等不合理现象。建筑设计人员只有在了解工艺的基础上，设计中才能获得主动权，发挥创造性，综合解决工艺和土建的矛盾，为设计出合理而先进的方案创造条件。

一、工艺流程的布置方式

在多层厂房中，工艺流程可概括为三种方式：

（一）自下而上的布置方式

将原料自底层按工艺流程顺序向上逐层加工，到顶层进行组装和总装成为成品，检验合格后，包装出厂（图2-1-2*a*）。

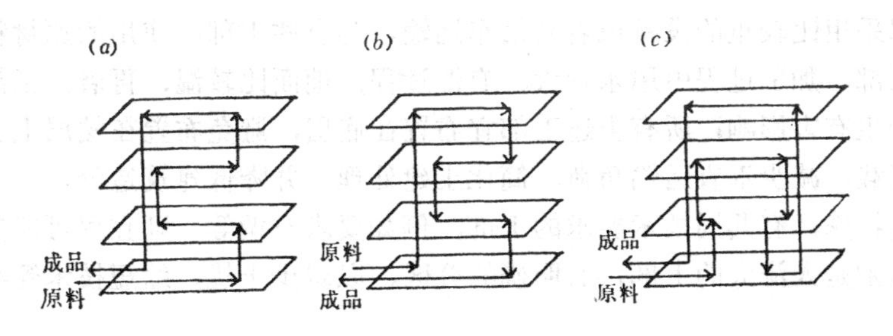

图 2-1-2 工艺流程的布置方式

在这种布置方式中，将初加工时所用的比较笨重的设备和大量的原材料运输引至底层，减少了垂直运输量，减轻了楼板荷载。有的工厂装配工部，为了保证产品的质量，在技术上有特殊要求，如要求车间的生产环境要具备一定的温湿度和一定的洁净度，将这样的工部布置在顶层，可以避免干扰，比较容易满足这些要求。照相机厂、手表厂等轻工业

工厂以及中小型机械制造厂、电子仪器厂普遍采用这种工艺流程方式。

（二）自上而下的布置方式

这种布置方式是将原料提升到顶层，然后按照加工顺序逐层下降至底层加工成为成品运出（图2-1-2*b*）。这种工艺流程的特点是利用原材料的重力在垂直运输过程中进行加工。这种布置方式适用于利用散粒状或液体材料做原料的企业。如啤酒厂、面粉厂等。

（三）往复的布置方式

这种工艺流程布置方式包括自下而上和自上而下两种工艺流程布置方式，如图2-1-2*c*所示。所以出现这种情况往往是因为在生产过程中出现了某些特殊要求，不得不采取这种往复布置方式。例如，中间工序的设备过大或是有振动，不得不把这种设备或工部移至底层；又如有的工部有特殊的要求，如精密度要求高，要求防振，恒温恒湿等，这种工部必须做特殊考虑，最好集中布置在厂房的一侧，以便采取措施，这种情况下，也有可能出现往复式工艺流程。如印刷厂有时采用的就是这种往复式的工艺流程布置。这是因为纸和印刷机的重量都比较重，为了减轻楼板荷载，纸库和印刷机都布置在底层，装订车间不得不布置在第二层，因此出现了往复式布置的工艺流程（图2-1-3）。

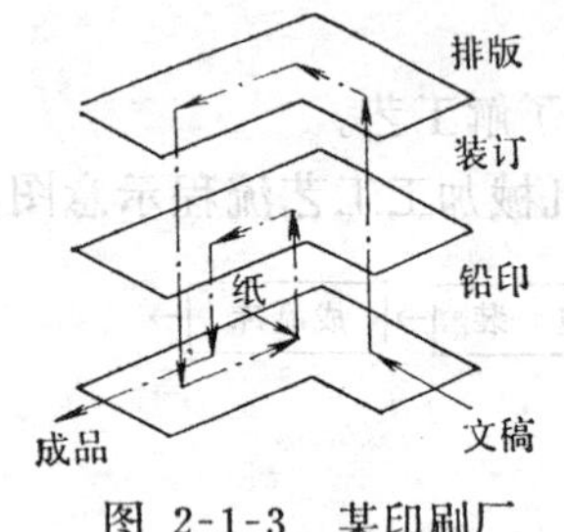

图 2-1-3　某印刷厂的工艺流程

多层汽车停放库房则属于另一种类型，亦可归类于公共建筑。

在设计中具体选用那种布置方案，需要根据工艺要求、生产设备、运输量以及建设地段的具体情况等多方面因素综合考虑确定。

二、工　部　组　合

工艺流程中的工序，体现在生产组织上就是各种不同的工部。根据工艺流程进行工部组合时，既要满足工艺要求，又要为建筑设计的合理性创造方便的条件。

工部组合应保证工艺流程短捷，尽量避免不必要的往返。特别是尽量避免上下层之间的往返，以减少垂直运输量，减轻货运电梯的负荷。为此，同一工部不宜布置在不同层，以免造成生产管理的不便。

某些工部采用比较重的设备或者有吊车运输，另有些工部，使用的原材料多，运输量大；还有些工部，加工过程中用水量大，有湿过程，地面比较湿；再者，工部中有振源，对其它工部产生有害影响，所有上述工部宜布置在底层，避免布置在楼层上。这样布置可以减轻楼面荷载，减少垂直运输负荷，简化土建处理，并降低建筑造价。

生产性质特殊，有共同技术要求的工部，例如要求空调等，则宜尽可能集中布置，与一般工部，特别是人流大的工部，有明确的分区，以减少干扰，缩短技术管线，并便于管理。

散发有害气体或有火灾、爆炸危险的工部，要予以特别的注意，应将其布置在厂房的边角或是走廊的端部，主导风向的下侧，以减轻和缩小对其它工部的危害。

辅助工部一般布置在厂房的边角等非主要生产面积上，靠近其所服务的生产工部。由于辅助工部一般对厂房高度要求不大，无特殊要求，有时将其附建在厂房的一侧或与生活用房间布置在一起。

第二节　生产环境与平、剖面设计的关系

在工厂企业中，要获得高质量的产品，提高劳动生产率，除具有先进的设备和生产管理体制外，还必须具有良好的劳动生产环境。对于工人来说，就是指有良好的劳动条件和完善的福利设施，在工作场地具有为生产所需的足够空间、照度和良好的通风换气条件，而对于生产的对象——产品来说，厂房则必须具有满足生产该产品的物质条件，如一定的温湿度、洁净度、防振、防磁等。随着科学技术的迅猛发展，要求在一定生产环境中进行生产的产品日益增多，某些工业部门，例如电子工业，精密仪器制造业等，必须在特定的人为环境中进行生产，否则难以保证产品质量。例如，二次世界大战期间，美国在未采用洁净技术前，生产10个陀螺导航仪平均要返工120次，而采用洁净工艺后，返工量下降到两次。又如日本50～60年代发展了半导体集成电路外延扩散工序，由于采用不同标准的洁净室，产品合格率大不一样。如采用100级，合格率近100％，1000级—近74％，10，000级—65％，100,000级—不到60％。其它如精密仪器仪表等产品的微型化，含尘量与温湿度的微量变化，都会对产品的精密度产生巨大影响。这些都说明了生产环境对保证产品质量的重要意义。

工厂中生产环境设计所涉及的内容比较多，本节仅就近年在工厂中应用比较广泛的恒温恒湿、洁净环境的设计，做简要的讲述。

满足一定温湿度要求的恒温室和保证一定洁净度的洁净室，既可以布置在多层厂房，也可以布置在单层厂房。但是由于采用恒温恒湿和洁净技术的工业企业，采用多层厂房的比较多，所以将这部分内容纳入本篇。

一、恒 温 室 设 计

空气温度的变化会引起产品和零件的温度变化，导致零件的尺寸产生变化，因而影响产品的精密度。在精密机械制造业、电子、仪表、光学仪器、高级印刷等工业中，产品的误差常以微米计，即使空气的微量变化，都会影响到产品的质量。因此，对生产房间的温湿度必须加以控制。凡是对于空气从温度、湿度、清洁度和气流速度加以控制的房间称作恒温室或空调室。室外空气经过空气处理室除尘、降温或加热、加湿等，使达到一定温度和湿度后，用鼓风机通过送风管道送到恒温室内，然后通过回风管将污浊空气部分排除、部分抽回与室外新鲜空气混合，经过空气处理室再循环使用。

空气调节以温度和相对湿度二个参数做为指标。恒温室所要求的温度和湿度标准各用两个数字控制：一为温度(湿度)基数，指恒温室设计时所规定的空气温度（湿度）如18℃、20℃等，相对湿度60％，50％等；一为空调精度，即室温（湿度）允许波动的范围，如±1℃、±0.5℃、±0.1℃等，相对湿度波动范围±5％，±10％等。

不同的工艺对温（湿）度基数和空调精度有不同的要求。如计量室以20℃为常年基数，一般计量室为20°±2℃、20°±1℃等，而基准室则为20°±0.1℃。精密机床则常采用随季节变化的温度基数，冬季为17℃，夏季为23℃，春秋季为20℃。

（一）平面布置

当厂房内有数个恒温室时，应尽可能地将其集中布置在一起。集中布置可以减少恒温

室的外围护结构面积，有利于节能和保证恒温室的温度和湿度。集中布置还可以减少空调管道的长度。

集中式布局可以有下列几种布置方式：

1.水平集中式

将恒温室集中布置在同一楼层内，如图2-1-4*a*所示。如此布置，恒温室管理方便，但当其隶属于几个不同的工部时，可能使工艺流程不得不采取往复式的布置。另外，恒温室的朝向可能不尽理想。

2.垂直集中式

将恒温室布置在多层厂房上下重叠的各层位置上（图2-1-4*b*），这样可以避免水平集中布置的缺点，选择厂房的有利朝向布置恒温室。

3.混合集中式

综合上述水平和垂直集中二种形式而出现的布置方式，如图2-1-4*c*所示。

4.地下室

在地下水位比较低的地区，可将恒温室集中布置在地下室，如图2-1-4*d*所示。地下室内温湿度比较稳定，特别适宜布置空调精度高的恒温室，例如计量室中的基准室、光栅刻度室等的空调精度都为±0.1℃。将其布置在地下室容易达到这一指标。

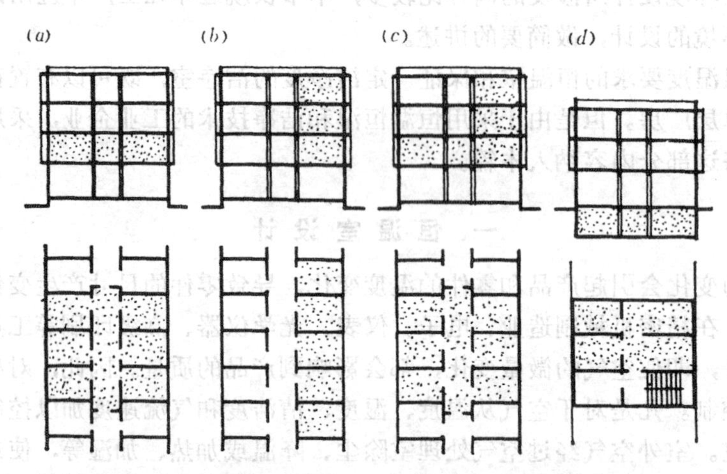

图 2-1-4 恒温室集中布置的几种形式（剖面与平面）

(*a*)水平集中式；(*b*)垂直集中式；(*c*)混合集中式；(*d*)地下室

另外，恒温室还可采取分散的布置方式。当恒温室面积小，数量不多，对空调要求不同时，采取集中式布置，反而可能造成管理不便。在这种情况下，采取分散式布置是适宜的。

恒温室的位置以北向为宜，避免东西向，以减少太阳辐射热对外围护结构的影响，从而降低空调费用。

恒温室的布局，根据其空调精度的不同，可采取套间的布置方式。即将高精度的恒温室布置在低精度的恒温室内，利用低精度的恒温室做为高精度恒温室的套间，如图2-1-5*d*、*e*所示。

精度要求相同的恒温室宜相邻布置，这样便于配置空调管道。

为了减少出口对恒温室内温湿度的影响，在入口处设置缓冲区。门斗和走廊，以及穿套布置的恒温室（图2-1-5）都可以起到缓冲区的作用。

空调精度为±0.1°C～0.2°C的恒温室，在实践中均不直接临外墙布置，如必须靠外墙时，应设套廊，如图2-1-5*b*、*e*所示。

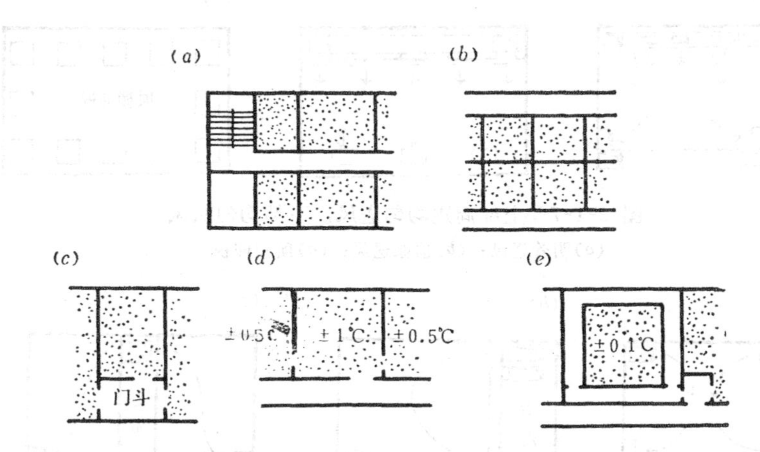

图 2-1-5 恒温室入口缓冲区布置举例

(*a*)内走廊；(*b*)沿外墙设走廊；(*c*)门斗；(*d*)穿套布置；(*e*)设有套廊的精度为±0.1°C恒温室

精度为±0.5°C的恒温室不宜设外窗，如必须设外窗时，则应朝北。

（二）恒温室的气流组织

恒温室的气流组织是保证恒温室生产环境的重要手段，与建筑布局有着密切的关系。恒温室一般采用下列几种气流组织方式：

1.上部孔板送风，下部均匀回风（图2-1-6）

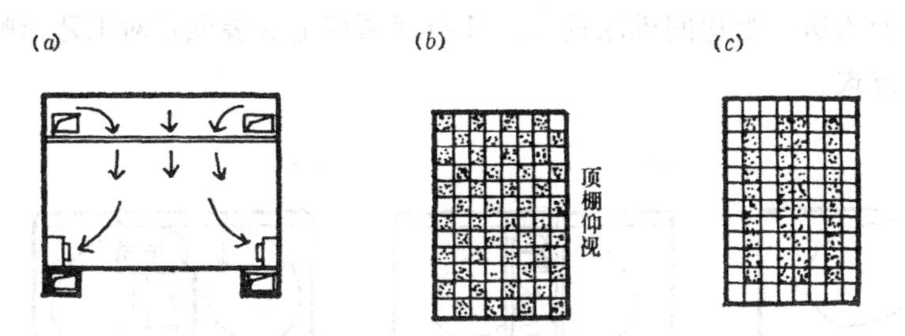

图 2-1-6 上部孔板送风、下部均匀回风

(*a*)孔板送风；(*b*)交错排列；(*c*)条形排列

孔板送风是利用顶棚作为送风静压箱，空气在静压作用下，通过设置在顶棚上的细孔，大面积地向室内送风。顶棚离地面2.5～3.5米左右；其上的细孔直径多为4～5毫米，这种送风方式的特点是射流的扩散和混合较好，射流的混合过程短，工作区的气流速度和区域温差都很小。由于造价高，用在小于±0.5°C的恒温室比较合适。回风口可均匀地布置在房间的下部，离地面0.5～1.5米之间，并装可调节百页。

2.上部周边均匀送风，下部均匀回风（图2-1-7）

送风管围绕着房间，在靠近墙体处做周边式布置。一般做吊顶，送风口布置在顶棚上，也可做成明管布置。送风高度一般离地面3.5～4米，送风口设计成带导叶片的条形风口（即均匀送风），送风口风速在 2 米/秒左右。回风方式和上述方式相同。气流比较稳定，适用于接近正方形的房间。

3.上侧均匀送风，下侧回风（图2-1-8）

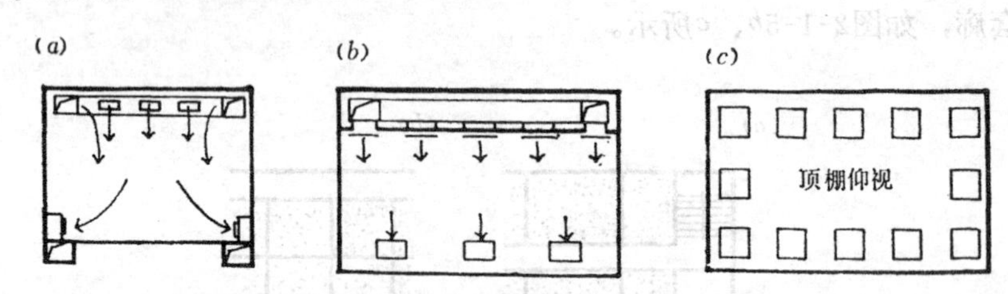

图 2-1-7　上部周边均匀送风，下部均匀回风

(a)明管送风；(b)顶棚送风；(c)顶棚仰视

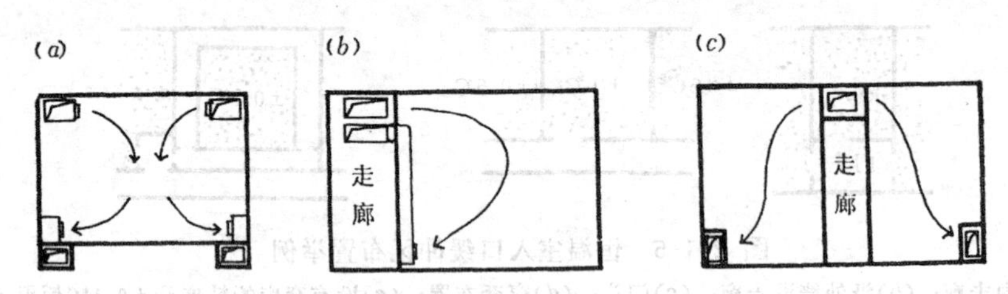

图 2-1-8　上侧均匀送风、下侧回风

(a)明管送风；(b)明管回风；(c)工作台回风

送风管分两条在房间上部两侧布置，高度一般为3.5～4米。适用于狭长房间。回风口布置在下部两侧离地面0.5～1.5米处，精度±1℃的房间采用这种方式可以满足要求。

4.上侧送风，上侧回风（图2-1-9）

对于一般层高和面积都不大的恒温室可采用单侧上送上回方式。送风口离地面3.5米左右，均匀地向对面吹送。当房间进深较大，且中部顶棚上安装风管对工艺影响不大时可采用双侧上送上回方式。

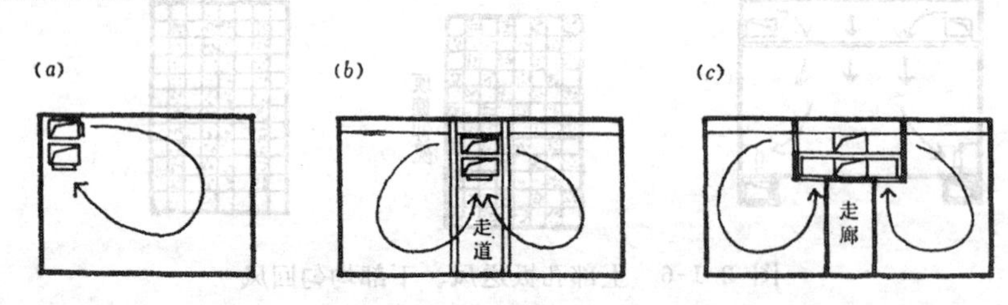

图 2-1-9　上侧送风、上侧回风

(a)单侧上送上回；(b)双侧上送上回；(c)暗管上送上回

（三）空调机房的布置

空调机房的位置，一般布置在恒温室附近，靠近其负荷中心，以期缩短风管长度，减少冷热能损耗，节约投资。但是，由于鼓风机有振动，还应远离防微振、防噪声的恒温室，必要时可利用变形缝将机房与恒温室分开。

空调机房可根据恒温室的面积、服务距离以及工艺要求，采取集中和分散两种布置方式。

当恒温室面积比较大且集中布置时，空调机房可相应地集中布置。在这种情况下，风管末端总长不宜超过60～70米。当超过这一长度时，则需另设空调机房。

集中布置机房，管理方便，但有时导致延伸管道长度，如恒温室分层布置时，还需设置竖向管道井用以安置风管。

在多层厂房中，空调机房可根据恒温室在各层的分布情况，按空调系统分散布置在各层。例如手表厂主厂房中的自动车车间、动件车间、静件车间、装配车间均要求空调，空调机房即可按照各车间的需要，按空调系统分层设置空调机房。

当恒温室精度≥±1℃且面积不大，空调机组的振动和噪声不影响生产时，采用的小型空调机组可直接放在恒温室内或与恒温室相邻的房间内。

空调机房的大小，根据空调机组的尺寸确定。

对于空调精度要求不高的恒温室，还可采用安放窗式空调机的方式保证室内温湿度。

二、洁净室设计

洁净室目前不仅广泛应用于精密仪器、精密机械、电子工业，而且已开始应用于生物制药、日用化妆品及食品工业等方面。洁净室内的洁净空气环境为现代化的高精度、高洁净产品的制造和包装创造了条件。

（一）空气洁净度级别

所谓洁净度是指洁净空气环境中空气含尘量多少的程度。含尘浓度高则洁净度低，含尘浓度低则洁净度高。

含尘浓度有两种表示方法：一是单位体积空气中含浮游尘粒的数量（个/升或个/呎^3）一是单位体积空气中所含浮游尘粒的重量（毫克/米^3）。目前多用前一种方法评价。

洁净室根据室内单位体积空气中所含尘粒的数量或重量确定洁净室的洁净度级别。如为生物洁净室还应考虑生物洁净级别。

洁净室的洁净度级别各国都不相同，许多国家都参照美国标准确定，或直接采用这一标准。

表2-1-1所列为我国洁净室级别及国际（美国）标准对照表（包括生物洁净级别）。

我国与国际（美国）洁净室标准对照表　　表 2-1-1

我国标准		国际（美国）标准				
等级名称	≥0.5μ尘粒浓度（个/升）	等级名称	≥0.5μ尘粒浓度		生物粒子	
			个/英尺^3	个/升	浮游量（个/升）	沉降量（个/米^{2}周）
3级	≤3	100级	≤100	≤3.5	≤0.0035	12900
30级	≤30					
300级	≤300	10000	≤10000	≤350	≤0.0176	64600
3000级	≤3000	100000	≤100000	≤3500	≤0.0884	323.000
30000级	≤30000					

注：国际上目前已出现10级的甚至0级的高标准洁净室。

（二）尘源及防尘净化措施

建筑设计中为了要断绝尘源，就有必要对灰尘的来源进行分析，以便采取相应的措施。生物粒子往往附着在尘粒上，部分凝集成团。

洁净室灰尘的来源大体可归纳为二个方面：

1）内部产生的灰尘，如生产过程中产生的灰尘，建筑材料的剥落，设备磨损和转动产生的粉尘等。

2）外部的灰尘，通过不同的途径进入洁净室内，如由工作人员、物料、设备、工具、空调送风系统带进的灰尘以及由门窗围护结构的缝隙钻进的灰尘。

针对灰尘的来源，可以采取下列防尘措施：

1.人身净化

工作人员的服装及皮肤经常携带和散发大量灰尘。工作人员进入洁净室之前，都必须按照不同的洁净标准更衣换鞋进行人身净化处理。有生物洁净要求时还要进行消毒。

工作人员净化程序可参照下列二个图式（图2-1-10）：

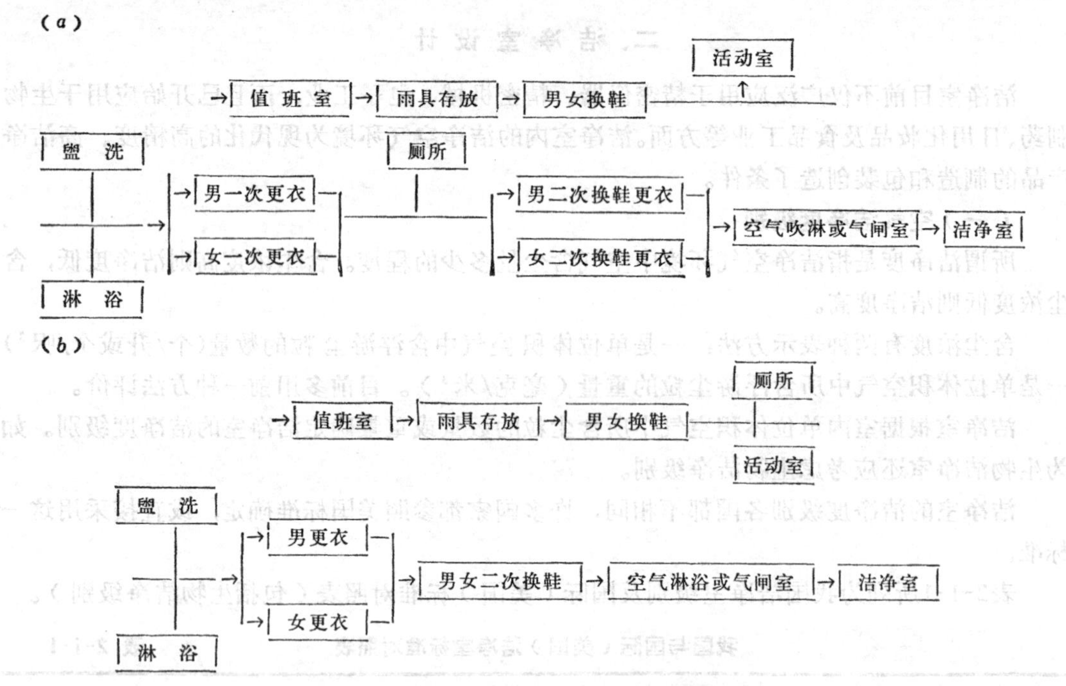

图 2-1-10 人身净化程序和生活用室的设置

(*a*)两次换鞋两次更衣；(*b*)两次换鞋一次更衣

为了减少洁净室内的含尘量，洁净室内的工作人数须适当控制，洁净度越高的工作室，人员数量及进出越应当严格控制。

2.物料净化

凡进入洁净室的一切物料，如原材料、设备、工具、半成品等都应清洗进行净化处理。一般物料设有单独出入口，与人流出入口分开设置。如物料出入频繁时，在清洗后宜设转手库。物料经过双层密闭的传递窗或带有空气幕的传递窗送入洁净室。

3.空气的净化及气流组织

送入洁净室的空气都需要净化处理。目前广泛采用过滤的方法。使用的设备就是过滤器。

过滤器按效率高低分为低效、中效和高效三种。一般情况下，低效过滤器可以满足空气的粗净化要求；中效过滤器与低效过滤器配合可以满足空气的中净化要求；高效过滤器与低效、中效过滤器配合，可以满足空气超净化和生物洁净的要求。

图2-1-11为三级滤尘系统。新风先经过预过滤，主要滤除粒径5微米以上的尘粒；新风、回风混合后，经风机进行中过滤，这时主要滤除1～5微米的尘粒；最后在送风口前再进行高效过滤。

洁净室的气流组织十分重要，在采用一般空调系统的情况下，气流是紊流状态，所以一般空调方式称作紊流式或乱流式。紊流式可以保证室内温度均匀，但不能使室内的尘粒完全从排风口排出，所以用于洁净度不十分高的洁净室，要求超净的洁净室则常用平行流（层流）式的气流组织。

所谓"层流式"即送入室内的洁净空气在室内工作区整个截面上以规定的送风速度沿同一方向通过，再回风。这种气流方式可避免室内污染物因气流紊乱而交叉污染，使室内具有较强的自净能力（所谓自净能力是指受污染的洁净空间在空气净化系统或局部设备开机或运行中，从某一个高的含尘浓度降低到稳定的含尘浓度的能力），从而保证极高的洁净度。

层流式洁净室按气流方向可分为垂直平行流（层流）式和水平层流式两种，见图2-1-12所示。

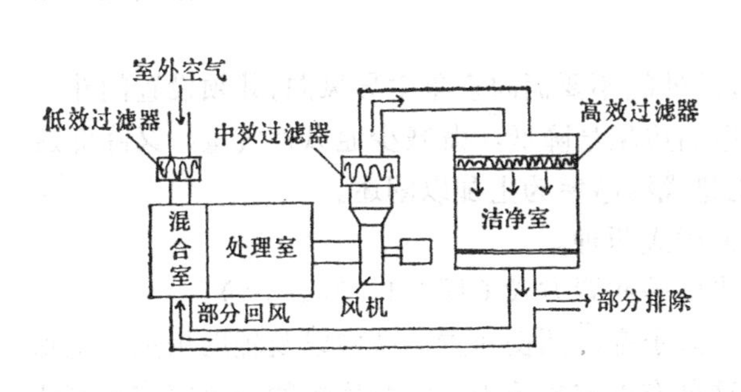

图 2-1-11　三级滤尘系统

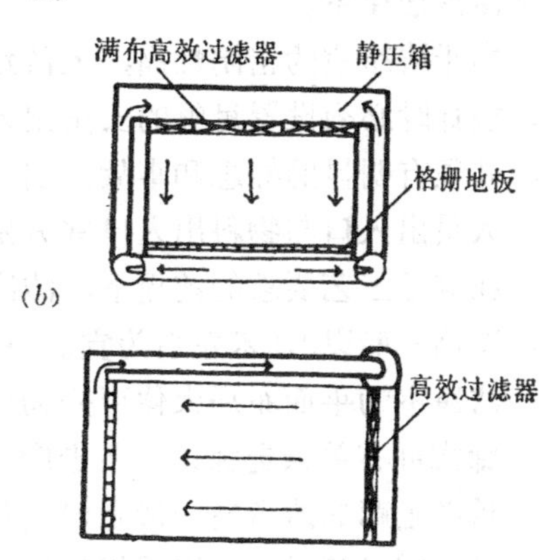

图 2-1-12　洁净室的气流组织方式

(a)垂直层流式；(b)水平层流式

垂直层流式是整个顶棚满布高效过滤器做为送风口，下部整个地面架空，装设搁栅地板做为回风口。由于气流方向和尘粒重力方向一致，各种操作都由层流的气幕隔开，有利于保证室内的洁净度。

水平层流式是把一面墙做为送风口，高效过滤器满布或局部布置在这面墙上，与其相对的另一墙面全部或局部做为回风口，气流沿水平方向移动。在这种气流组织中，当空气由一侧向另一侧流动时，含尘浓度逐渐增高，因此它适用于有多种洁净度要求的工艺流程。它比垂直层流容易布置灯具，造价低。

此外，还有一种在洁净室内设置洁净工作台的气流组织，洁净室用以满足初级或中级净化要求的工艺生产，而洁净工作台则用以满足超净要求的生产。

4.建筑防尘措施

建筑防尘主要是使洁净室成为一个密闭空间，尽量减少或取消对洁净室不利的门窗等建筑缝隙，防止室内墙面、地面和顶棚产生灰尘。为使密闭的洁净室空间能防止外界灰尘进入，最有效的措施是在洁净度高的房间不设直接对外的门窗或设置面向走廊的密闭窗，而由走廊再设开向对外的密闭窗，这样既可避免室外大气中的灰尘进入洁净度高的车间，又可使工人操作时心理感觉比较舒适。此外，还应保证洁净室处于正压状态，门向内开启。

防止室内建筑构件产生灰尘的办法就是要合理地选择墙面、地面及顶棚的材料。材料要求质地坚硬耐磨，不起尘，表面光滑易清洗，室内表面及构配件应尽量减少凹凸和缝隙，以免积滞灰尘。此外还应考虑防静电要求。

（三）建筑布置

洁净室的布置原则与恒温室基本相同，不过，在防尘方面要求更为严格。

工艺布置应紧凑，尽可能地控制洁净室面积。洁净室建筑造价及投产后管理费用昂贵，节约建筑面积即可大大节约投资。在不影响工艺流程的情况下，应把洁净度要求相同的房间集中布置，以便合理地布置空调系统。

洁净室之间的物料运送路线要尽量短捷，以减少途中的污染和人员流动产生的灰尘，并通过传递窗递送零件。

洁净室的人流组织应首先通过洁净辅助区进行人身净化，然后从低洁净度洁净室流向高洁净度洁净室。

由于洁净室的密闭性高，人流路线往往比较长而且曲折，一旦发生事故，容易造成伤亡，设计时必须设置足够的安全出入口和报警设施。出入口至洁净室的所有工作地点要近便，并须有明显的标志和事故照明。

人员出入口与物料出入口宜分别设置，其外门不要面向全年主导风向，并须设置门斗。

在满足工艺要求的前提下，洁净室的净高应尽量降低，既减少通风换气量，又降低造价，净高一般以2.5米左右为宜。下面以土建式洁净室为主加以阐述。

洁净室的平面布局大体可分为廊式和大厅式两种。

廊式可有单条走廊、二条走廊和三条走廊等布置方式（图2-1-13*a*,*b*,*c*）。

单条走廊的洁净室一般是建筑物中有一条走廊，两侧布置洁净室以及辅助用室，走廊兼走送、回风管道，可以采用自然采光。这种布置方式适用于洁净度低的洁净室或无窗洁净室。

在二条及三条走廊布置方式中，洁净室的窗子可不直接开向室外。在三条走廊方案中，其中一条可兼做技术走廊，架设全部管线。这两种布置方式可以采用包括层流在内的各种气流组织，因而可布置各种不同洁净度要求的洁净室。

大厅式洁净室（图2-1-13*d*）平面是由方形或接近方形的柱网组成。柱网尺寸一般为6×6或6×7米。根据工艺布置可设置固定的或可移动的装配隔墙。在大厅内，也可安装装配式层流洁净室。气流组织可采用上送下回的方式，即天棚上均匀地安放高效过滤器，回风口均布在地面上，通过地面下的地沟或技术夹层回风。在大厅中，房间可按工序依次套间布置，平面组合有较大的灵活性。当前，这种平面型式的应用日趋广泛，是洁净厂房今后发展方向之一。

洁净室的造价昂贵，它的建筑造价和日常运行费用比一般厂房高出许多倍，设计时应仔细研究工艺要求，合理确定洁净室的洁净度级别，选择合理的布局及技术措施，在满足生产要求的前提下，力求控制面积。因此，出现了隧道式和管道式层流方案。

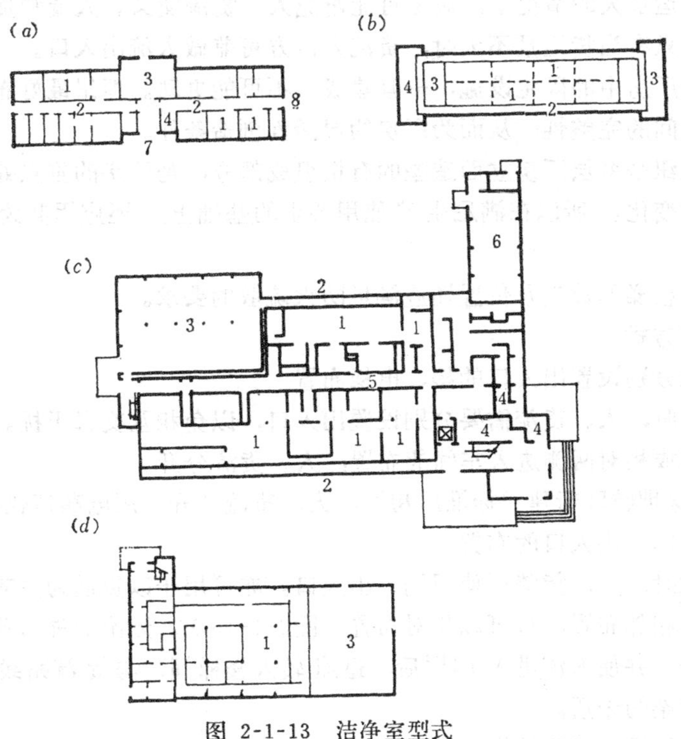

图 2-1-13　洁净室型式

(a)单廊式；(b)双廊式；(c)三条走廊式；(d)厅式

1—洁净室；2—技术走廊；3—空调机室；4—生活室；5—洁净走廊；6—辅助用房；7—人流；8—货流

第三节　交通运输枢纽及生活辅助房间布置

在多层厂房中，不仅有水平交通运输，并且增加了垂直交通运输，以保证各层车间之间的联系。

在多层厂房中生产的产品和设备体量一般都比较小，重量比较轻，水平运输工具多采用手推车或运输带；而各层之间的垂直交通运输则主要通过楼、电梯来解决。楼、电梯经常布置在一起组成交通运输枢纽。由于工人上下班都是通过楼、电梯，为了使人流路线短捷，生活辅助房间多布置在楼、电梯附近，因此设计时，二者的布置最好同时考虑。随着生产技术的发展，有的企业层间运输开始采用垂直运输带装置（参见图3-1-3）。

一、交通运输枢纽布置

（一）布置原则

交通运输枢纽的布置是否合理，对于厂房的人流和货流组织有着直接影响，它在一定程度上决定了人、货流的流向和工部的组合，同时影响着立面造型，所以对于交通运输枢纽的布置要给以足够的重视。

首先，它的位置要保证人、货流通畅近便，避免曲折迂回，在电梯前须留有货运回转堆放场地，以免堵塞交通。

其次，在货运量大的情况下，应尽可能避免人、货流交叉。人流和货流宜分别有自己的单独出入口。只有当货运量不大时，货流入口方可兼做人流出入口。

楼、电梯是厂房中的固定设施，一旦建成，不可能更动。枢组最好布置在大空间的边侧，以保证大空间的完整性，从而为厂房的灵活性创造条件。

垂直交通枢组是多层厂房立面造型的有机组成部分，是厂房的重点处理部位，可使立面造型生动富有变化。所以在满足生产使用要求的基础上，还应用其为立面处理创造条件。

除此之外，楼梯的数量及位置还应满足防火疏散的要求。

（二）布置方式

1.人、货流分别设置出入口的楼、电梯布置

当货运量大时，人、货流需要分别设置出入口，以免相互交叉干扰。图2-1-14为人、货流从厂房相邻或相对两侧进入车间的布置，人、货流分开。

图2-2-9为深圳特区新建"标准厂房"，人、货流分开，用电葫芦代替电梯。

2.人、货流同一出入口的布置

货运量不大时，人、货流可使用同一出入口。亦可用于以货运为主兼做人流疏散。此时，楼电梯可以相邻布置，也可以相对布置（图2-1-15）。无论那种布置方式，电梯前均须留有缓冲区带，并使人流进入门厅后，迅速转入楼梯间，与货流路线适当分开，减小人、货流交叉混杂的矛盾。

此外，电梯可设在三跑楼梯中间，人、货流利用同一出入口（图2-1-15*a*、*b*）。

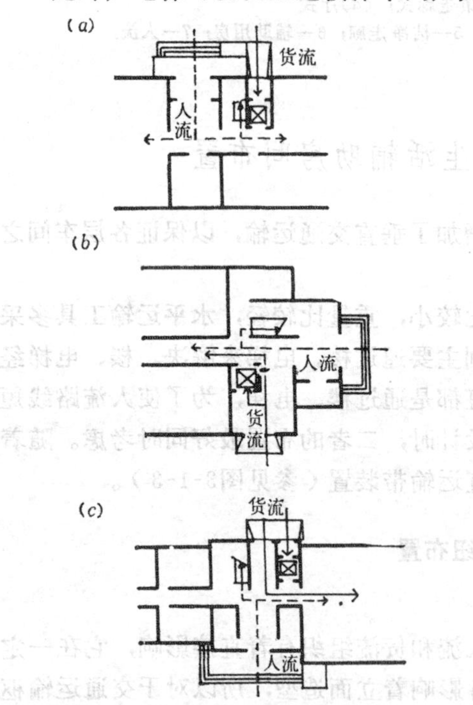

图 2-1-14 人货流从厂房相邻两侧边，进入厂房的布置举例

(*a*)楼、电梯相邻布置；(*b*)、(*c*)楼、电梯相对布置

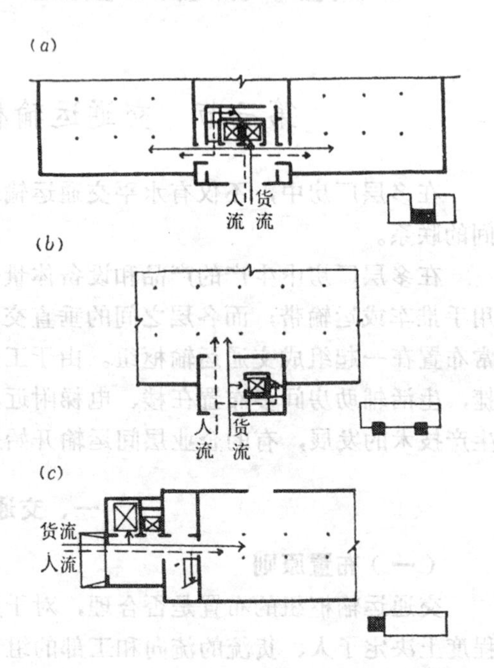

图 2-1-15 人、货流同一出入口布置举例

(*a*)、(*b*)楼、电梯相邻布置在一起；(*c*)楼、电梯相对错开布置

（三）电梯间

电梯间是由电梯井、电梯厢及机器房三部分组成。

电梯井内装有导轨，电梯厢沿导轨上下移动，电梯井下有缓冲坑，坑内设有缓冲器，以免电梯厢发生事故下沉时引起撞击。

机器房是供按放曳引装置和控制设备（电动机、卷扬机、配电盘等）的房间。机器房通常布置在电梯井的顶上，机器房的净高一般不小于2.5米。上机器房的楼梯可采用一般楼梯、钢梯或直爬梯。

（四）楼梯间的防火间距

楼梯间或安全出入口位置的确定除满足工艺要求外，还应满足防火规范的要求。即由楼梯或安全出入口至厂房内最远点的距离，需根据不同的生产类别、建筑耐火等级，按照防火规范的规定，满足安全疏散的要求。

由厂房内最远工作地点至外部出口或楼梯间最大的距离见表2-1-2。

厂房内最远工作地点至安全出口最大距离

（耐火等级为1～3级）　表 2-1-2

生产类别	耐火等级	多层厂房（米）
甲	一、二	25
乙	一、二	50
丙	一、二 三	50 40
丁	一、二 三	不限 50
戊	一、二 三	不限 75

二、生活辅助房间布置

在多层厂房中除布置各生产部门外，为了保证生产的正常进行，还需设置各种辅助和生活用房，例如存衣室、厕所、盥洗室、淋浴室、休息室以及行政、技术管理办公室等，用以满足工人在生产中的生活福利和生产管理的需要。

（一）生活辅助房间的组成和设备

生活辅助房间的组成是以生产工艺的卫生特征为依据，按照国家制定的《工业企业设计卫生标准TJ36—79》确定的。在此标准中将工业企业生产的卫生特征分为四级，不同的级别，生活间有不同的组成，见表2-1-3。设计时应参照选用。

在高精密类生产以及食品、医药等生产中，虽然不一定散发大量的有害物质或粉尘、气体等，但是为了保证产品的质量，要求在特殊的生产环境中生产，对洁净度有一定的要求，工人进入车间时必须有足够的洁净度，全身要进行除尘净化，这类生产的生活间设置不同于常规的生活间，需做特别设计。

生活间的设备与设计方法，和民用建筑中同类房间有很多相似之处，只是具体人数和使用上有差别，例如，浴室、盥洗室及厕所均按车间最大班工人总数的93%计算。

1.存衣室

存衣室内存放工人的便服和工作服以及雨伞、雨鞋等，按卫生标准设置（参照表2-1-3）。卫生特征1级与净化程度要求高的车间，工作服和便服要分室放置。2级或其它级别的可同室分开或同室存放，3级以下的可与休息室合并设置或在车间内适当地点存放工作服。存衣室的面积根据卫生标准规定的人数计算方法和采取的存衣设备确定。目前在我国常用的存衣设备如图2-1-16所示。

生产卫生用室按卫生特征分级 **表 2-1-3**

卫生特征级别	有毒物质	粉尘	其它	需设置的生产卫生用室（最低限）
1	极易经皮肤吸收引起中毒的剧毒物质（如有机磷，三硝基甲苯，四乙基铅等）	—	处理传染性材料，动物原料（如皮毛等）	车间浴室，必要时设事故淋浴，便服及工作服应分设存衣室，洗衣房，盥洗室
2	易经皮肤吸收或有恶臭的物质，或高毒物质（如丙烯腈，吡啶，苯酚等）	严重污染全身或对皮肤有刺激的粉尘（如碳黑、玻璃棉等）	高温作业，井下作业	车间浴室，必要时设事故淋浴，便服及工作服可同室分开存放的存衣室，盥洗室
3	其它毒物	一般粉尘（如棉尘）	重作业	车间（或厂区）附近设集中浴室，便服与工作服可同室存放，盥洗室
4	不接触有毒物质或粉尘，不污染或轻度污染身体（如仪表，金属冷加工，机械加工等）	—	—	浴室（可在厂区或居住区内设置），工作服（可在车间适当地点存放或与休息室合并），盥洗室

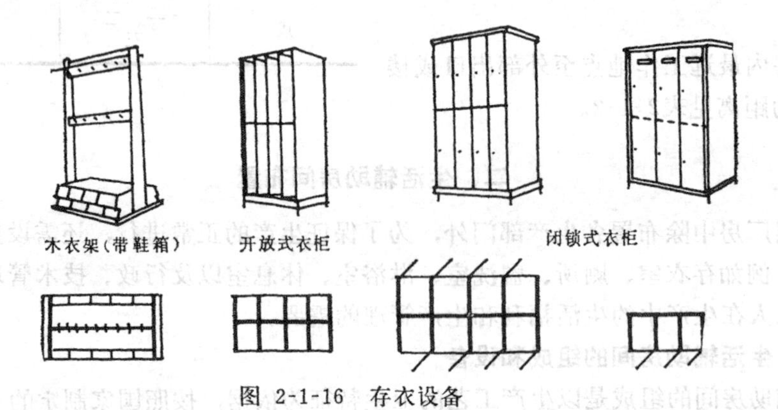

图 2-1-16 存衣设备

衣钩及开放式衣柜的周转率大，数量可略高于最大班在册人数（约增加25%），占用房间少，可节约建筑面积；但需要专人管理，使用不便，往年采用的很少。随着第三产业的普遍开展，和便于上下班的管理，这种方式可能有所增加。

闭锁式衣柜的数量按在册工人总数设置，保证每人专柜，占地面积比较大。但是由于不需设专人管理，工人使用方便，在工厂中，采用这种设备较为普遍。

为了保证存衣室有比较好的采光和通风，衣柜多垂直于外墙布置。存衣室的过道不宜小于1.2米，便于通行和更衣。图2-1-17为存衣室布置示例。

2.车间浴室

女浴室和卫生特征级别1～2级的车间浴室应采用淋浴设施而不得设浴池。其它级别的男浴室全部采用淋浴还是部分改用浴池，要看地区习惯而定。

每一淋浴器的服务人数可按表2-1-4选用。卫生特征级别较低的车间，其入浴设施可男女隔日供应，以节省建造与管理费用。

每一个淋浴器占用面积0.9×0.9米。相对布置时应留出1.5米以上的通道。单面布置时应留出0.9米以上的通道。换衣间设长椅和简易存衣设施。按每一淋浴器设2～3个座位设计，空间大小应便于更衣和走动。

在北方地区，为了避免冷凝水损坏墙壁和对入浴者造成冷感，设有 6 个以上淋浴器的淋浴室与外墙之间需用过道隔开。

淋浴器及洗面池龙头使用人数 表 2-1-4

车间卫生特征级别	每一淋浴器使用人数	每一洗面池使用人数	备注
1	3～4	20～30	1.设浴池时，浴池面积每一平方米可按1～1.5个淋浴器换算
2	5～8		2.南方炎热地区，卫生特征 4 级的车间浴室，每一淋浴器的使用人数可按13人计算
3	9～12	31～40	3.淋浴室内一般按4～6个淋浴器设一具洗面池龙头
4	13～24		4.接触油污的车间，有条件时洗面池应供应热水

在可能条件下，宜将淋浴室、盥洗室、厕所、妇女卫生室相邻或靠近存衣室布置，以便使管道集中。

图2-1-17所示为国外某厂将存衣室、盥洗室、淋浴室集中布置的例子。

3.盥洗室与厕所

盥洗室与厕所的卫生设备及其设计原则与民用建筑相类似。其位置距离作业地点不宜过远。盥洗室的计算方法（洗面池龙头数）见表 2-1-4，厕所大便蹲位数及小便器数见表2-1-5。

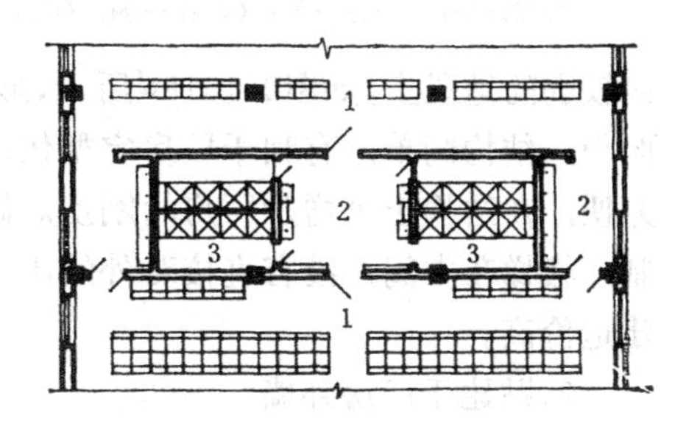

图 2-1-17 国外某厂存衣室、盥洗室、淋浴室集中布置的示例
1—存衣室；2—盥洗室；3—淋浴室

4.其它用室

工业企业根据生产特点和实际需要可设置休息室、食堂、车间医疗室和妇女卫生室等。

休息室可兼做会议、吸烟、进餐用室等，有时也可用于存放衣物。这种一室多用的做法比较经济，某些工厂常常采用（卫生特征 3 级以下企业）。

大便蹲位、小便器使用人数 表 2-1-5

使用人数	大便蹲位数 男厕	大便蹲位数 女厕	小便器数
100人以下时	每25人设一个	每20人设一个	男厕所内，每个大便池应同时设小便器一具(或0.4米长的小便槽)。水冲式厕所内，应设洗污池
100人以上时	每增50人增设一个	每增35人增设一个	

食堂位置要适中并避开有害因素的影响，亦可根据情况集中布置在厂前区。

最大班女工数在100人以上的车间设立的女工卫生室不得与其它用室合并设置。当最大班女工数为100～200人时，应设冲洗器一具。大于200人时，每增加200人设一具。在40～100人时，可在女厕内设一单间，设简易的温水箱及冲洗器。

（二）生活辅助房间的布置方式

生活辅助房间的位置须结合总平面人、货流方向统一考虑。要力求使工人进厂后经过生活间到达工作地点的路线近便、安全，避免与货流路线交叉，不要妨碍厂房的天然采光和自然通风。

生活辅助房间可归纳为下列几种布置方式：

1.布置在厂房内部——端部、一角、侧边或中部，如图2-1-18所示。

这种布置方式的特点是生活辅助房间的结构与主厂房相同，构件类型少，构造简单。在其位于厂房的一端或一角的情况下，当工艺变更或设备更新需要改变厂房布局时，可以把这些房间移走变成生产面积，因而具有比较大的灵活性。缺点是生活辅助房间的楼板荷载比较轻，但却布置在楼板荷载比较大的生产地段上，空间利用得也不充分。所以在这种布置中，生活辅助房间的造价高，不经济。布置在一侧的作法大致相同。

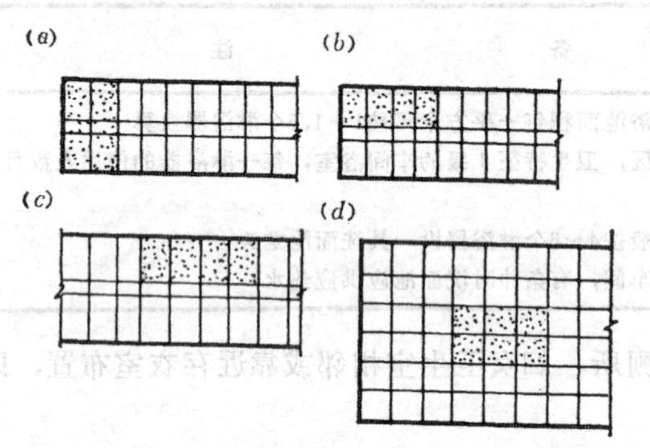

图 2-1-18　布置在厂房内部的生活间
(a)在端部；(b)在一角；(c)在一侧；(d)在中部

当厂房宽度大时，生活辅助房间与交通运输枢组组合在一起布置在厂房中部光线较弱的地段上，如图2-1-18d所示，形成生活辅助用房区带。这样布置，不占用有效的生产面积，结构简单，有利于厂房定型化，不影响车间的采光与通风，与四周的生产部分联系方便，在结构上可增加厂房的刚度。缺点是分割了厂房的大空间，工艺灵活性受到一定限制，楼梯在中间，没有直接对外的出口，对防火疏散不利，楼层高度与生产部分相同，土建造价高。

2.贴建于厂房外墙

这种布置方式不分割也不占用有效生产面积，为工艺布置带来较大的灵活性；在结构上自成体系，不影响主体结构的类型，有利于厂房定型化。其位置选择也比较灵活，并可使立面处理丰富而有变化。由于采用与厂房不同的荷载和层高，土建造价也比较低。缺点是平面外形复杂，对抗震不利，可能局部影响厂房的天然采光。

其位置可根据具体情况贴建于厂房的端部或侧面（图2-1-19及图2-1-20）。贴建于厂房侧面位置适中，但影响厂房的采光和通风。贴建于端部，可避免上述缺点，但当厂房比较长时，与生产部分联系不便。

图 2-1-19　贴建于厂房端部的生活辅助房间布置举例

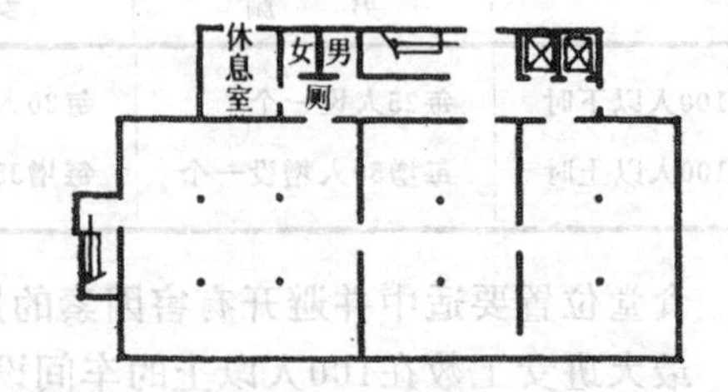

图 2-1-20　贴建于厂房侧部的生活辅助房间布置举例

在这种布置方式中，生活间与厂房的层高不相同，可采取错层的布置方式。根据厂房与生活间的高度，二者的高度比例可为1:2，2:3，3:4，3:5。

3.布置在厂房不同区段连接处（插入体）

生活辅助房间以插入体的方式布置在厂房不同区段上，可以与门厅、行政办公用房组合形成厂房的主要出入口，设于厂房的一端或不同区段交接处（图2-1-21）。

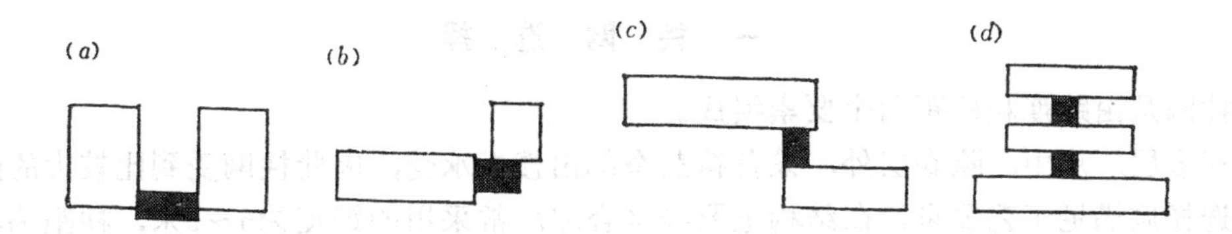

图 2-1-21　生活辅助房间布置在厂房不同区段连接处

这种布置方式的平面布局与立面造型都比较灵活生动，易于满足城市规划和建设的要求，在实践中，采用这种布置方式的实例比较多，但它给结构带来了复杂性。

4.独立式布置

将生活辅助房间单独布置，以廊或楼梯间与车间相连（图2-1-22）。这种布置方式不占用生产面积，结构自成体系，造价低，体型富有变化，但占地面积较多。

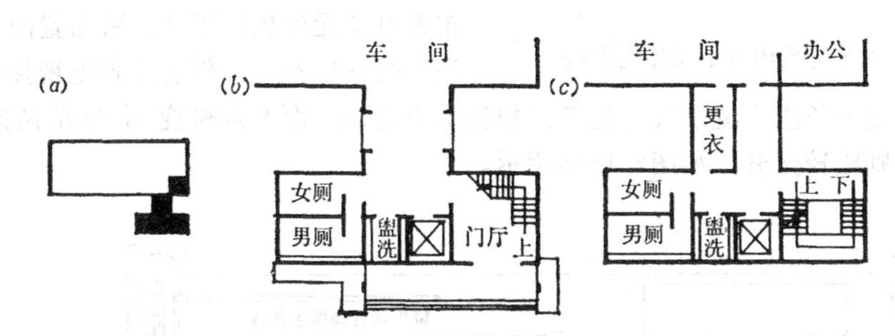

图 2-1-22　独立式生活间布置

(a)生活间与车间关系示意；(b)一层平面；(c)二层平面

（三）穿过式生活间布置

在洁净厂房中，为了满足洁净度的要求，在生活间布置上也采取了相应的措施。在洁净厂房中，必须采用穿过式生活间。在一般洁净度的厂房中，工人进入车间前，先进入生活间换鞋更衣，然后进入车间（图2-1-23）。在洁净度高的车间，工人则必须经过人身净化后，才准许进入车间，生活间则需根据换鞋更衣的次数进行布置。图2-1-24所示为根据人流路线布置的超净车间生活间布置实例。

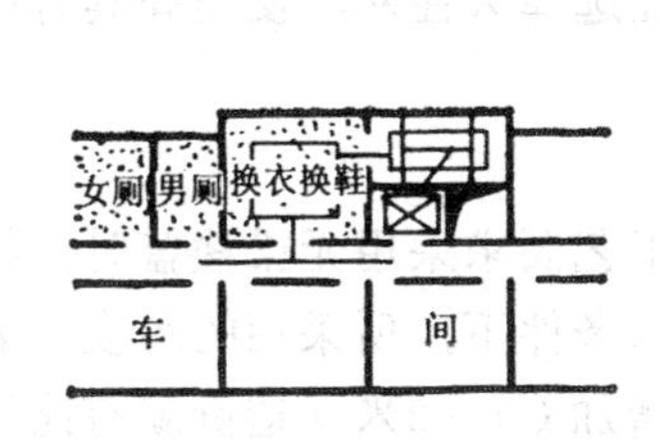

图 2-1-23　一般穿过式生活间布置

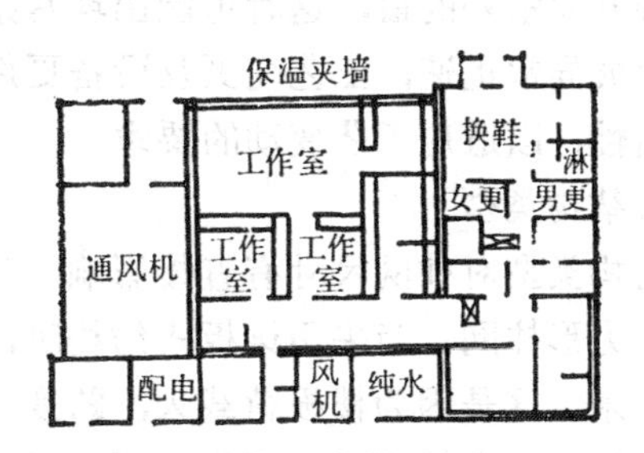

图 2-1-24　一次换鞋一次更衣的超净车间生活间布置

第四节 柱网选择与结构选型

一、柱 网 选 择

柱网是由跨度和柱距两个要素组成。

在多层厂房中，除底层外，设备荷载全部由楼板承受，因此柱网受到比较大的限制。柱网选择应满足工艺要求，在结构上要经济合理。常采用的跨度为6～9米，柱距为3.6～6米。近年来由于新材料、新结构的发展以及适应灵活性的需要，跨度有增大的趋势。在我国已采用到12米。

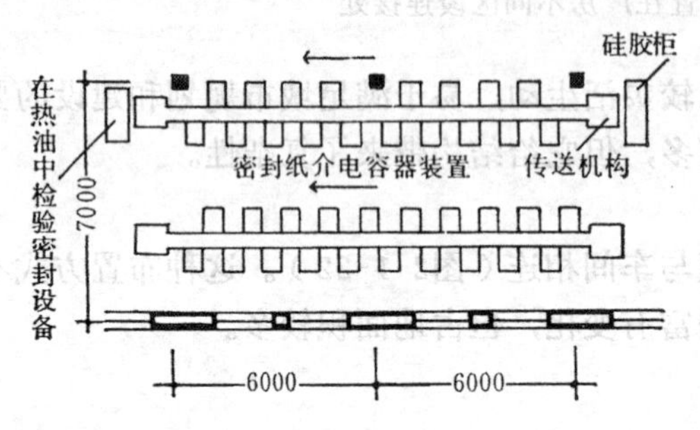

图 2-1-25 7米跨度内电子元件生产线

（一）影响柱网选择的因素

1.生产工艺及设备

生产工艺及设备大小、布置是影响柱网选择的首要因素。不同的产品和工艺流程因其所需要的设备布置不同，对于柱网有着不同的要求。例如在7米的跨度内，布置电子元件生产工艺，可布置两条生产线（图2-1-25）。但若布置电视接收机装配线，则只能布置一条生产流水线，生产面积利用不充分，而9米跨度可布置两条生产线，面积利用得则比较充分，如图2-1-26所示。

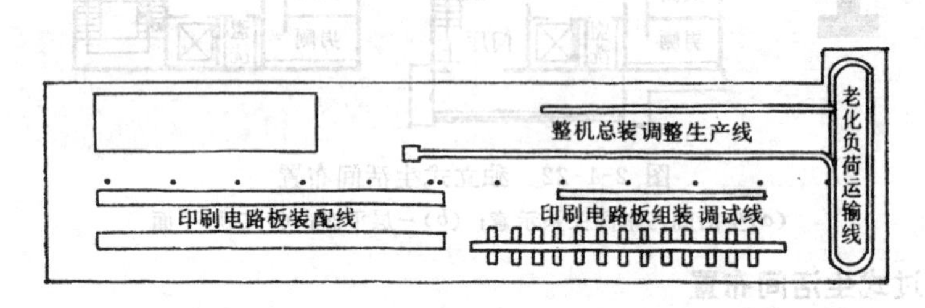

图 2-1-26 9米跨度内电视接收机生产线布置

2.生产特点

某些工业部门如光学仪器厂、电子元件厂等要求在分隔的房间内进行生产，以免相互干扰，那么在选择柱网时就要考虑这些特点。某些生产对于温湿度及洁净度有要求，不宜有直接开向室外的窗，这时可能出现两条走廊或三条走廊的平面形式。又如，近年来电子工业发展异常迅速，工艺变更及设备更新比较频繁，则宜选择大柱网，使空间具有比较大的灵活性，以适应工艺变动的要求。

3.结构类型

结构类型对柱网尺寸有直接影响。当楼面荷载大或工艺要求采用无梁楼盖时，柱网最好采用方形柱网。当采用梁板式结构时，在目前建筑技术条件下，所采用的跨度一般多不超过9米，这是因为楼板荷载大，跨度及柱距尺寸稍有增加（1～2米）造价就有比较大的变化。因此确定柱网时，不仅需要从工艺上分析是否合理，往往还需要从结构上进行技术经济比较，综合考虑确定。

（二）柱网型式

多层厂房的柱网（图2-1-27），其常用的组合型式可归纳为下列三种类型：

1.廊式柱网

廊式柱网的特点是在厂房的中部或两侧设置走廊，作为交通运输空间或是用以敷设工程技术管线，沿走廊布置生产房间，如图2-1-13a及2-1-28所示。

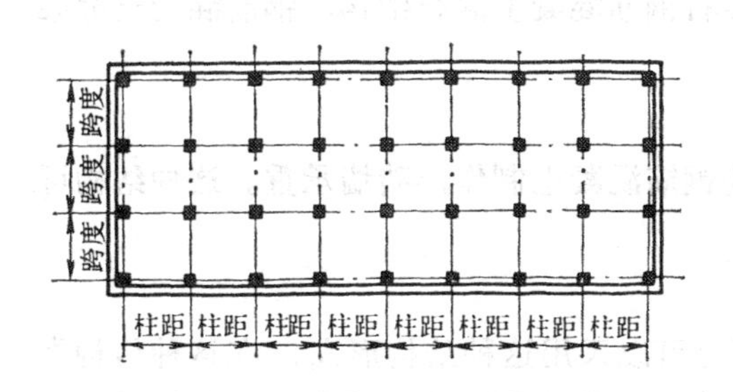

图 2-1-27 多层厂房的柱网组成

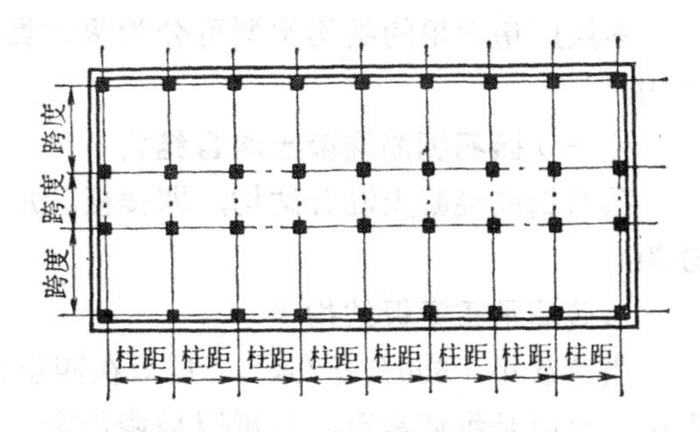

图 2-1-28 廊式柱网的多层厂房

这种柱网型式，可以根据生产需要，将厂房生产面积方便地分隔成大小不等的生产空间，避免相互干扰，具有较好的生产环境，联系方便。走廊上部，可集中敷设各种工程技术管线，不占用生产空间，并便于隐蔽。因此，内廊式柱网采用比较普遍。

这种柱网尺寸种类比较多，早期多为（ 7 + 3 + 7 ）× 6 米，为建筑构配件统一化带来了困难。《厂房建筑模数协调标准GBJ6—86》对于廊式柱网尺寸有明确的规定。此外还有沿外墙两侧设双廊或悬挑外廊的柱网型式。

2.等跨式柱网

等跨式柱网是由数个相等的跨度连续组合形成的柱网型式，见图2-1-27所示。这种柱网没有廊式柱网中的固定通道，可以根据工艺流程及各工部所需面积的大小在柱网的任一部位设置通道，便于组织大空间，为工艺变更及设备更新提供了方便条件。因此，这种柱网具有比较大的灵活性。等跨式柱网适用于生产工艺需要大空间的工业企业，如工具制造工业、纺织工业、轻工业以及电子、仪表工业等。

等跨式柱网，在一般厂房中跨度可采用6米、7.5米、 9米和12米等。在国外可达到18米。在我国，由于受到天然采光的限制，当跨度为 6 米时， 一般不超过 6 跨， 7.5米和 9米时，不超过 4 跨，即跨度组合的总宽度一般不超过36米。在人工照明的无窗厂房，则不受跨数的限制。

3.不等跨柱网

不等跨柱网是由不相等的跨度或由不等的跨度及廊道跨度组合而成。所以出现这种柱网型式往往是为适应工艺布置的需要而确定的。这种柱网型式既可以为生产提供宽敞的大空间，又可以根据需要提供敷设技术管线的廊道，柱网组合比较灵活。缺点是构件类型比较多。在这种柱网中跨度多取 6 米。图2-1-29所示为天津市长城无

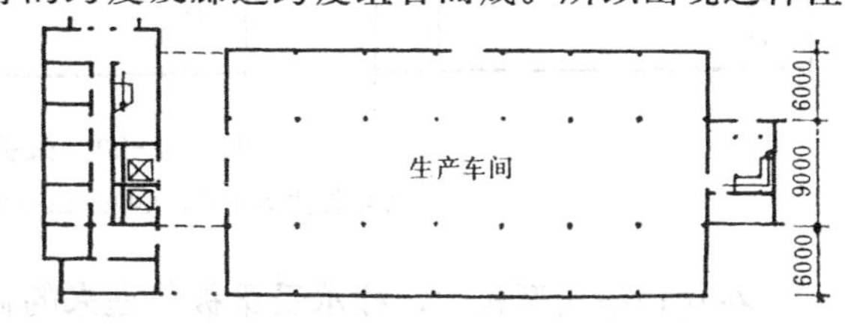

图 2-1-29 天津长城无线电厂彩色电视总装楼

线电厂彩色电视总装楼，该厂为了满足电视机装配线的需要采用了不等跨的柱网。

二、结 构 选 型

在实际工作中，结构选型一般由结构专业负责。但是由于它与工艺布置、建筑处理及室内观感有着密切的联系，建筑设计人员应具备这方面的基础知识，以便在平面空间组合中给以综合考虑。

多层厂房常用的结构类型可分为两大类：砖石钢筋混凝土混合结构，钢筋混凝土框架结构。

（一）砖石钢筋混凝土混合结构

砖石钢筋混凝土混合结构，即楼板和屋盖为钢筋混凝土制作，砖墙承重。这种结构可分为：

1.砖墙承重梁板结构

当荷载小于500公斤/米²，层数在四层以下时可以采用这种结构形式。在这种结构类型中，可以是纵墙承重，也可以横墙承重。纵墙承重，横向刚度差，但具有较大灵活性。横墙承重，纵向刚度好，但厂房由横墙分隔成小间，工艺布置灵活性小。

2.砖砌外墙承重内框架结构

这种结构适用于楼层荷载500～1200公斤/米²的厂房。与框架结构相比，它能够节约钢材和水泥，但层数不宜超过5层。

（二）框架结构

框架结构是目前多层厂房最常用的结构型式。这种结构型式，构件截面小，自重轻，厂房的层数、跨度都无严格限制，门窗大小及位置都比较灵活。墙体仅做为填充墙起隔离围护的作用，所以应选择轻质材料，以减轻厂房的荷载。

常用的框架结构有梁板结构和无梁楼盖两类。此外，还有门式刚架结构和大跨度桁架式框架结构等。

1.梁板框架结构（图2-1-30）

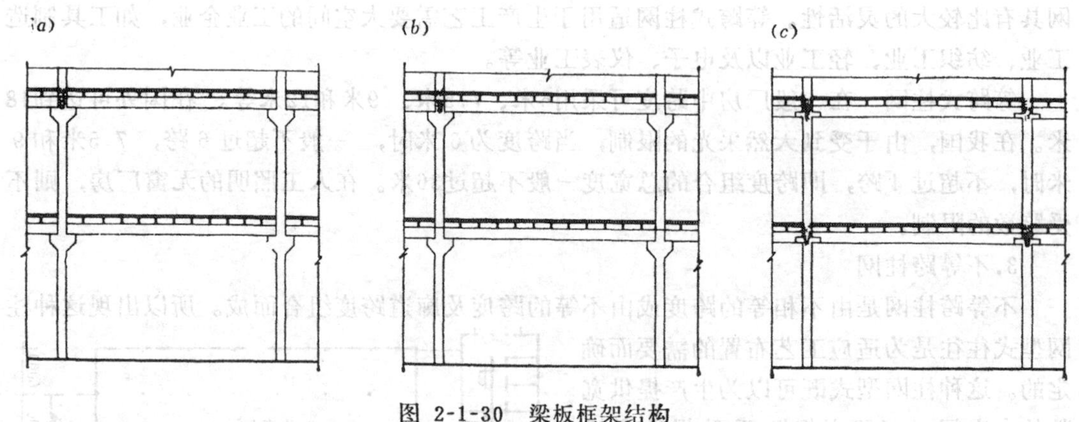

图 2-1-30 梁板框架结构

(a)长柱明牛腿；(b)短柱明牛腿；(c)长柱暗牛腿

在这种结构型式中，柱承受梁板传递来的荷载。柱有长柱、短柱、明牛腿、暗牛腿之分，板可用空心板、槽形板或T形板。梁则一般采用叠合梁，以减少结构高度。这种梁的下部是预制装配的，其上部则在现场叠浇混凝土，如图2-1-31所示，图中h根据楼板的厚度确定。为了保证楼层的整体性，在浇注叠合梁时，同时在楼板上浇注一层结合层，其厚度为50～80毫米。

长柱框架结构，柱子长度是整个厂房的高度，在每层的横梁下伸出牛腿或设置暗牛腿，柱子上没有接头，刚度较短柱好；但柱子长度受施工条件的限制，一般不超过30米。短柱按楼层高度设置，因此采用短柱框架结构时，厂房高度不受限制。短柱与梁的搭接，与长柱相同，有明牛腿和暗牛腿两种方式。明牛腿方案中，梁柱连接构造简单，用钢量少，但室内不够整齐美观，伸出的牛腿容易积灰。暗牛腿方案的梁柱连接比前者复杂，用钢量多，但室内平整美观，要求防尘的洁净厂房多采用这种结构方案。公共建筑中常见的等跨梁板框架结构与此相似。

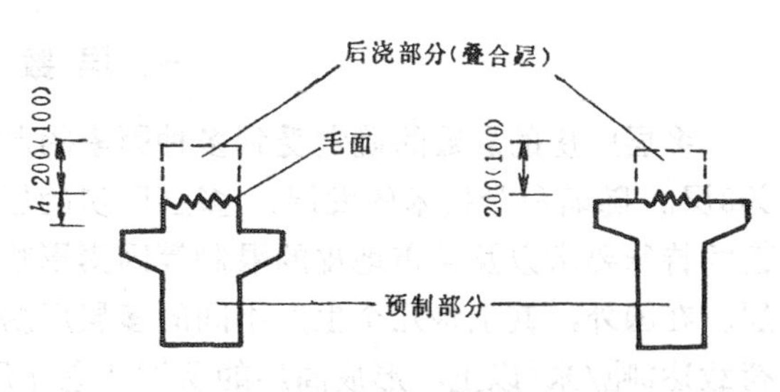

图 2-1-31 梁板框架结构的叠合梁

2.无梁楼盖框架结构（图2-1-32）

无梁楼盖框架结构也是多层厂房经常采用的一种结构形式，适用于楼板荷载超过1000公斤/米²的厂房。印刷厂和仓库多采用这种结构。由于在这种结构方案中的板是双向受力，宜采用方形柱网。这种结构类型的优点是天花平整美观，为充分利用厂房内部空间创造了条件。

装配式无梁楼盖的承重骨架是由柱子、柱帽、柱间板和跨间板等构件组成。柱子四周伸出牛腿支承柱帽，在柱帽四周凹缘上搁置柱间板，作为骨架的水平构件，在柱间板的凹缘上再安放跨间板。如为整浇结构，在炎热地区，可将边柱外形成的空间围在室外，形成遮阳外廊，提高造型效果。

3.大跨度桁架式结构（图2-1-33）

当工艺要求厂房大跨度及须设置技术夹层安放通风及各种工程管线时，可采用平行弦桁架。在桁架上下弦上各铺一层楼板或轻钢骨架吊顶，上层为生产车间。而在夹层内既可安放工程管线也可做为生活辅助房间。

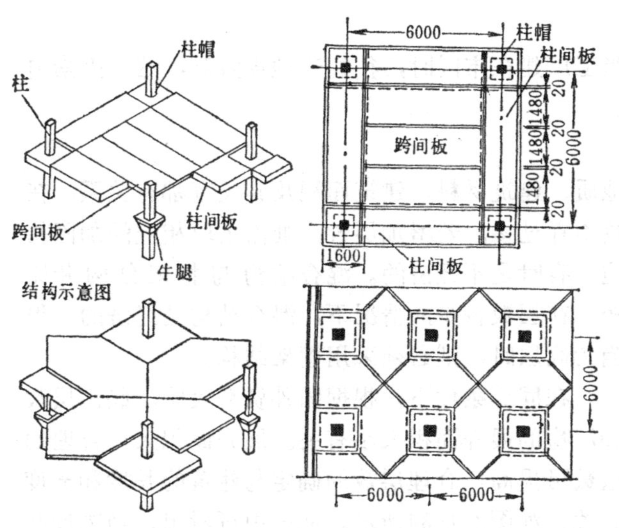

图 2-1-32 装配式无梁楼盖结构的组成

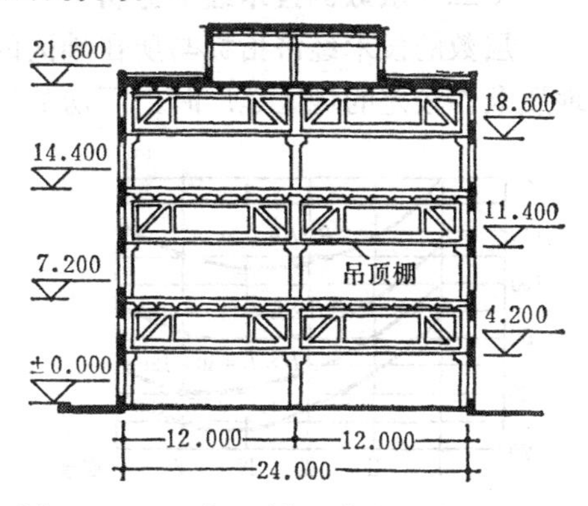

图 2-1-33 采用平行弦桁架的多层厂房

除了上述结构类型外，在多层厂房中采用的还有门式刚架，施工方法用滑模、升板等的结构类型。

第五节　层数、层高与宽度的确定

一、层数的确定

多层厂房的层数的确定受到多种因素的制约。在我国建设实践中，初期的多层厂房多为3层。随着科学技术的发展，多层厂房的层数有所增加。目前4～5层居多，但是由于工艺的特殊要求以及城市地皮的限制等因素影响，6层以上的厂房逐年增加，个别厂房已达12层。在国外，甚至将几个生产不同的多层厂房集中在一幢大楼内，层数高达几十层，楼面荷载达2吨/米^{2}以上，形成高层的所谓“立体厂房”。所以确定厂房层数时，要根据实际情况具体分析确定。

（一）生产工艺要求

工艺流程及其各生产工部所需面积的比例等影响建筑层数的确定。如前所述，有的工厂的工艺流程是自上而下、靠材料自重进行运输，材料的运行过程，和加工的工序确定了层数。在多层厂房中布置的各主要车间面积的相互比例对厂房层数也起着重要作用。例如手表厂的主厂房主要是由自动车车间、动件车间、静件车间、装配车间四大车间组成的，所以国内手表厂大多为4层。又如某些工厂，大型设备多，要求布置在底层，在这种情况下，需要位于底层的面积的大小对厂房的层数也起左右作用，亦可采取底层面积加大，上面几层小的方案。

（二）城市规划的要求

按生产的卫生特征分类，工业企业大约有40％左右可布置在市区和近郊区，当厂房建在城市干道上或广场附近时，厂房的层数应满足城市规划的要求。例如某手表厂按工艺要求应建成4层，但是为了满足城市建设方面的需要，建成了六层（图2-3-6）。在我国的大城市中，如北京、上海等地，沿城市干道建设了不少多层厂房，对城市面貌起了很好的作用。

此外，城市用地紧张，地价昂贵，当工厂建在市区时，往往受地皮限制，这一因素迫使厂房向高空发展，增加了厂房的层数。

（三）层数的技术经济分析

层数的技术经济指标与所在地区的地质、建筑材料、建筑面积及其长宽都有关系。在地质条件较差的地区建厂时，厂房的层数不宜过多。若增加层数，则需采取相应的加固措施，有时是不经济的。混合结构与框架结构相比较，在层数较少的情况下，混合结构是经济的，但当为高层时，则必须采用框架结构。

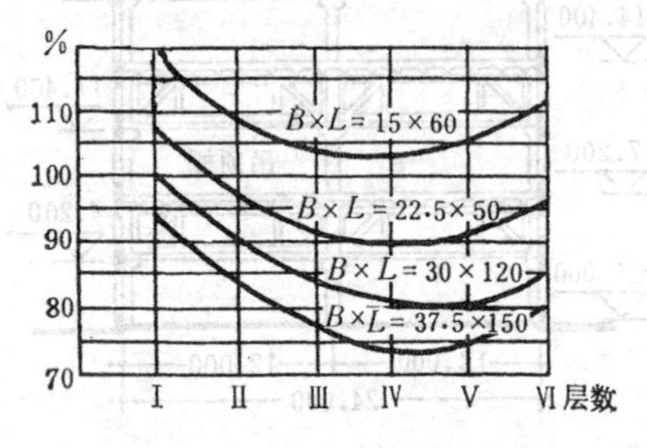

图 2-1-34　厂房层数对造价影响

在同等条件下，根据国外资料表明，经济层数和厂房的展开面积大小有关。展开面积大，合理的层数可提高。合理层数的确定与建筑的长度和宽度有关，如图2-1-34所示。从图中可看出，当宽度和长度增加时，经济层数有所增加，以四层为最经济。但是无论在那种情况下，层数增加到六层时，造价都是增加的趋势。

但是，当地价昂贵的条件下，上述结论则需结合当地的地价另做评价。

二、层高与宽度的确定

多层厂房的层高与宽度同生产工艺、采光、节能、通风和建筑造价都有密切关系。

（一）生产工艺及设备

工艺布置及设备大小和排列对厂房的层高和宽度起着决定性作用。在厂房设有吊车和大型设备的情况下，厂房的高度必然相应增加。一般厂房的层高多在4.8米左右，但在有吊车的情况下，厂房的层高都在6.0米以上。而设备的排列则决定了厂房的宽度，例如，印刷厂的大型印刷机双行排列时，要求厂房宽度为24米，大型印染机双行排列时则要求30米。在确定厂房的总宽度时还应与柱网的选择结合考虑。

（二）采光

在多层厂房中，天然采光主要靠外墙上的侧窗来解决，因此厂房的宽度在自然采光的条件下，受采光的制约。表2-1-6为多层厂房单侧采光允许进深表。

多层厂房单侧采光允许进深表（米）　　表 2-1-6

开间（米）	窗高（米）	窗宽（米） 1			1.2			1.5				1.8				2.1				2.4			
		Ⅱ	Ⅲ	Ⅳ	Ⅱ	Ⅲ	Ⅳ	Ⅰ	Ⅱ	Ⅲ	Ⅳ	Ⅰ	Ⅱ	Ⅲ	Ⅳ	Ⅰ	Ⅱ	Ⅲ	Ⅳ	Ⅰ	Ⅱ	Ⅲ	Ⅳ
3.0	1.5	2.5	3.2	4.7	2.9	3.5	5.3	2.7	3.3	4	5.9	3	3.5	4.4	6.5	3.3	3.9	4.8	6.9	3.5	4.2	5.3	7.5
	1.8	3	3.9	5.6	3.5	4.3	6.3	3.3	3.9	4.9	7.2	3.7	4.3	5.3	7.9	4	4.8	5.9	8.4	4.3	5.1	6.3	9
	2.1	3.6	4.5	6.6	4	5	7.3	3.8	4.6	5.6	8.3	4.3	5	6.2	9.2	4.7	5.5	6.8	9.7	5	6	7.3	10.7
	2.4	4.1	5.2	7.5	4.6	5.8	8.4	4.4	5.2	6.5	9.5	4.9	5.8	7.2	10.5	5.4	6.3	7.7	11.1	5.8	6.8	8.4	13.6
3.3	1.5		3.1	4.5	2.6	3.3	4.9	2.6	3	3.8	5.6	2.9	3.3	4.1	6.2	3.1	3.6	4.5	6.5	3.4	3.9	4.8	7.2
	1.8		3.7	5.4	3.2	4	5.9	3.2	3.7	4.6	6.7	3.5	4	5	7.5	3.8	4.4	5.5	7.9	4.1	4.8	5.9	8.7
	2.1		4.3	6.3	3.7	4.7	6.9	3.7	4.3	5.4	7.9	4.1	4.7	6	8.7	4.4	5.1	6.4	9.3	4.8	5.6	6.9	10.1
	2.4		4.9	7.2	4.3	5.4	7.9	4.2	4.9	6.1	9	4.7	5.4	6.7	10	5	5.9	7.3	10.5	5.4	6.4	7.9	11.5
3.6	1.8			5.2	3	3.8	5.6	3	3.5	4.3	6.4	3.3	3.9	4.8	72	3.7	4.3	5.2	7.7	3.9	4.6	5.6	8.2
	2.1			6	3.5	4.5	6.6	3.5	4.1	5.1	7.4	3.9	4.5	5.6	8.3	4.3	4.9	6.1	9	4.6	5.3	6.6	9.5
	2.4			6.9	4	5.1	7.5	4	4.6	5.9	8.5	4.4	5.2	6.5	9.5	4.9	5.6	7	10.2	5.3	6.1	7.5	10.9
	2.7			7.7	4.5	5.8	8.4	4.4	5.1	6.5	9.4	4.9	5.8	7.2	10.6	5.5	6.3	7.8	11.4	5.8	6.8	8.4	12.2
3.9（4）	1.8			5	2.9	3.7	5.4	2.8	3.3	4.2	6	3.2	3.7	4.6	7	3.3	4	5	7.5	3.8	4.4	5.4	7.9
	2.1			5.8	3.4	4.3	6.1	3.2	3.9	4.8	7	3.7	4.3	5.3	8.1	4	4.7	5.8	8.7	4.4	5.2	6.1	9.2
	2.4			6.6	3.8	4.9	7.1	3.8	4.4	5.5	8	4.2	4.9	6.1	9.2	4.5	5.4	6.7	9.9	5	6	7.1	10.5
	2.7			7.4	4.3	5.5	7.9	4.2	4.9	6.2	9	4.7	5.5	6.8	13.3	5	6.1	7.4	11	5.6	6.6	7.9	11.7
	3.0			8.2	4.8	6.1	8.9	4.6	5.5	6.9	10.1	5.2	6	7.6	11.5	5.6	6.8	8.2	12.2	6.2	7.4	8.9	13
6.0	1.8			3.9			4.4		2.5	3.3	4.9	2.4	2.9	3.6	5.4	2.9	3.4	4.3	6.2	3.2	3.7	4.5	6.7
	2.1			4.5			5		3	3.8	5.6	2.8	3.3	4.2	6.3	3.4	4	5	7.3	3.7	4.5	5.2	7.9
	2.4			5.2			5.8		3.4	4.3	6.4	3.2	3.8	4.9	7.2	3.9	4.6	5.7	8.4	4.2	4.9	6	9
				5.8			6.4		3.8	4.9	7.2	3.5	4.3	5.4	8	4.3	5.1	6.4	9.4	4.7	5.5	6.7	10
				6.5			7.1		4.2	5.4	8	3.9	4.8	6.1	8.9	4.8	5.6	7.1	10.5	5.2	6.1	7.4	11.1
				7.1			7.8		4.6	5.9	8.8	4.3	5.2	6.6	9.8	5.2	6.2	7.8	11.5	5.7	6.7	8.2	12.2
				7.7			8.5		5	6.5	9.6	4.6	5.7	7.2	10.6	5.7	6.7	8.5	12.5	6.2	7.3	8.9	13.3

（三）工程技术管道

在精密性生产的多层厂房中，需要设置空调管道，这些管道的断面一般比较大，为了保持空间的整洁，有时还需要吊顶棚。因而影响了厂房高度的确定。此外，在空调的房间内，层高还要满足新风和室内空气混合时空气层的高度要求以及恒温区的高度要求，图2-1-35所示为恒温室空气层的分布。H_1为恒温区，约为1.7米；H_2为新风和室内空气的混合区，约1.5～2.0米；H_3为结构和通风管的高度，约1.0～1.5米。

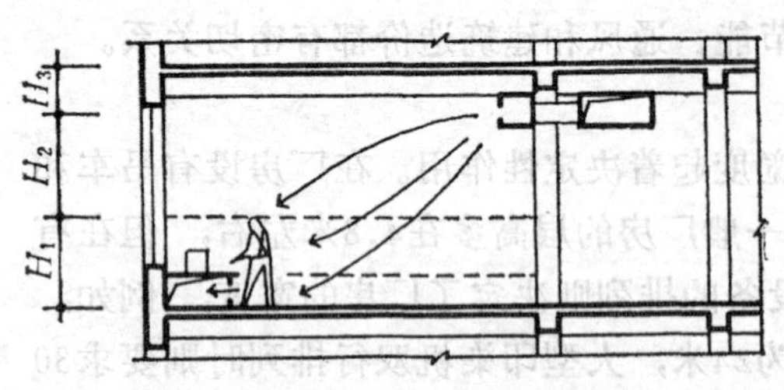

图 2-1-35　恒温室空气层的分布

（四）技术经济分析

层高和宽度与土建造价有关，图2-1-36至2-1-37表明不同层高和宽度与造价及材料消耗的关系。从图2-1-36看出，单位面积的造价是随着层高的提高而增加，每增加0.6米，造价提高8.3%。图2-1-37所示，当厂房宽度增加时，而承重结构和围护结构的造价却随之降低，这是因为宽度增加，生产总面积增加，而墙体和窗子面积增加不多。当厂房宽度由12米加大为18米时承重结构和围护结构造价反而降低15%，但宽度由36米增加到42米时，造价仅降低2.5%。当宽度由12米增至24米的范围内，经济效果尤为显著。所以适当增加厂房宽度，可获得比较好的经济指标。

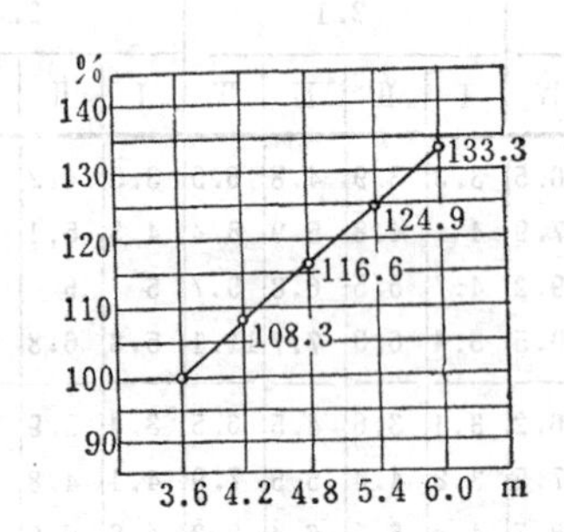

图 2-1-36　厂房层高对单位面积造价的影响

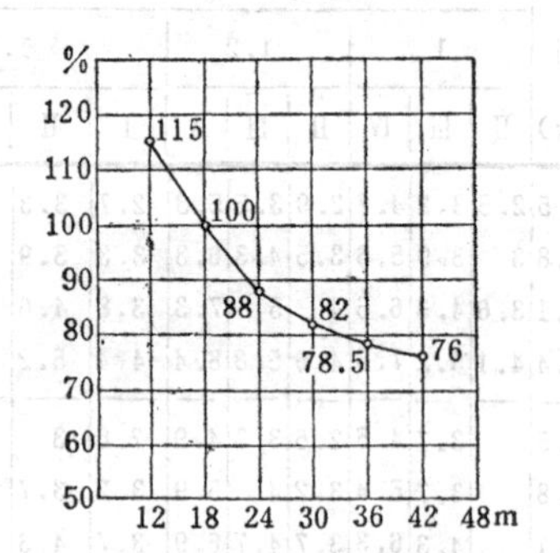

图 2-1-37　厂房宽度对承重和围护结构造价的影响

目前我国常用的多层厂房宽度在18～36米之间，大于36米的宽度由于受天然采光的制约，采用的尚少。

层高的确定，在考虑上述要求基础上，还要满足统一化要求。多层厂房的层高一般在3.9～6.0米之间。当有吊车时，还需适当提高。

第二章 多层厂房的统一化与体系化

为了适应建筑工业化的要求，提高构件工厂化的程度和施工速度，随着多层厂房建设数量的增加，对于多层厂房的定型化和统一化提出了迫切的要求。鉴于在过去对多层厂房的建筑参数没有明确的统一规定，中国建筑科学研究院曾于1974年召开了多层厂房定型化工作会议，在会上明确了多层厂房定型化以电器、仪表、机械、轻工业、电子和仓库等六个工艺类型为主，并要求尽快地将多层厂房的建筑参数统一起来。近几年，受国家委托的单位就多层厂房工业化建筑体系开展了研究和设计工作，已将成果纳入《GBJ6—86》之中。

第一节 建筑参数的统一化与定位轴线

一、建筑参数的统一化

建筑参数的统一化是多层厂房定型化的基础。为了把种类异常繁多的建筑参数统一起来，对于采用装配式框架结构的多层厂房建筑参数做了如下规定。

1.跨度

跨度参数的统一化是厂房定型化的关键，减少跨度参数的类型，可以有效地减少构件类型。按照《模数协调标准GBJ6—86》有关规定，多层厂房的跨度（进深）应采用扩大模数15M数列，一般等跨式时采用6.0、7.5、9.0、10.5和12.0米，以适应不同工艺流程的需要（图2-2-1）。

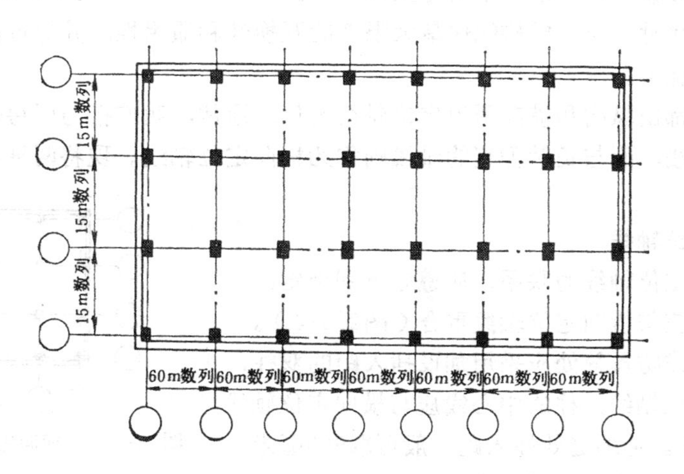

图 2-2-1 跨度和柱距模数数列

在廊式柱网中，跨度可采用扩大模数6M数列，一般采用6.0、6.6和7.2米；走廊的跨度应采用扩大模数3M数列，一般采用2.4、2.7和3.0米（图2-2-2）。

2.柱距

厂房的柱距（开间）应采用扩大模数6M数列，一般采用6.0、6.6和7.2米(图2-2-1)。

3.层高

在已建多层厂房中，层高的种类繁多。根据厂房建筑统一化规定，厂房各层楼、地面上表面间的层高应采用扩大模数3M数列（图2-2-3）。一般采用3.9、4.2、4.5、4.8米等，在4.8米以上宜采用5.4、6.0、6.6和7.2米等6M数列。但是在一幢厂房中，楼层高度不宜超过两种，以免增加构件类型。

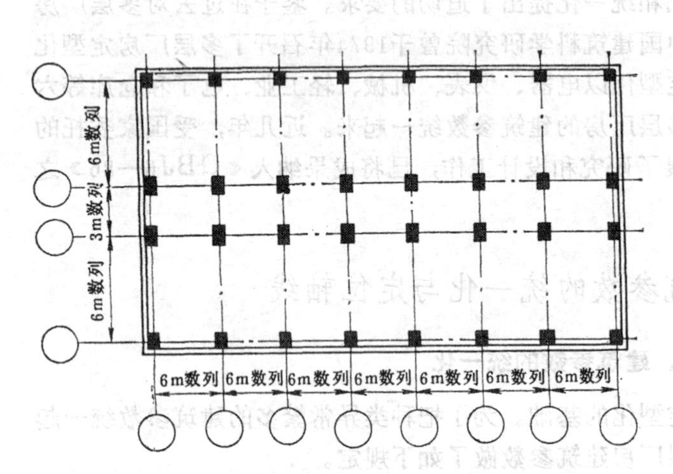

图 2-2-2　内廊式厂房跨度和柱距模数数列

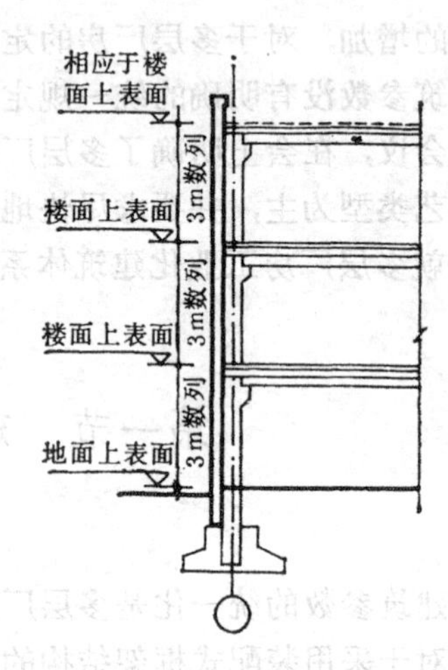

图 2-2-3　多层厂房层高模数数列

二、定 位 轴 线

定位轴线是确定建筑物主要构件的位置及其标志尺寸的基线，它应符合模数制的规定，并与统一化的建筑参数一致，以便采用定型化构件。

在划分定位轴线时，应考虑构配件最大限度的互换性和通用性，并尽可能地减少构配件的规格，以简化施工。

任何一幢厂房都由纵向和横向两组定位轴线定位。通常，我们指与厂房长轴平行的轴线叫做纵向定位轴线，而与长轴垂直的轴线则称为横向定位轴线。现将两种定位轴线的划分方法分述如下。

（一）横向定位轴线

墙、柱与横向定位轴线的联系，应遵守下列规定：

1.柱的中心线应与横向定位轴线重合（图2-2-4）。

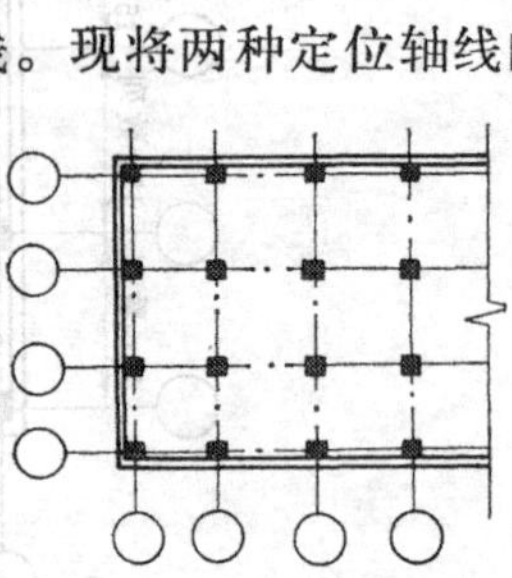

2.横向伸缩缝或防震缝处应采用加设插入距的双柱，并设置两条横向定位轴线，柱的中心线应与横向定位轴线相重合（图2-2-5）。伸缩缝处插入距一般可取900毫米，若为防震缝时，则根据实际需要确定。

图 2-2-4　横向定位轴线的划分

3.内墙为承重砌体时，顶层墙的中心线一般与横向定位轴线相重合（图2-2-6）。

4.当山墙为承重外墙时，顶层墙内缘与横向定位轴线间的距离可按砌体块材类别分别为半块或半块的倍数或墙体厚度的一半（图2-2-6）。

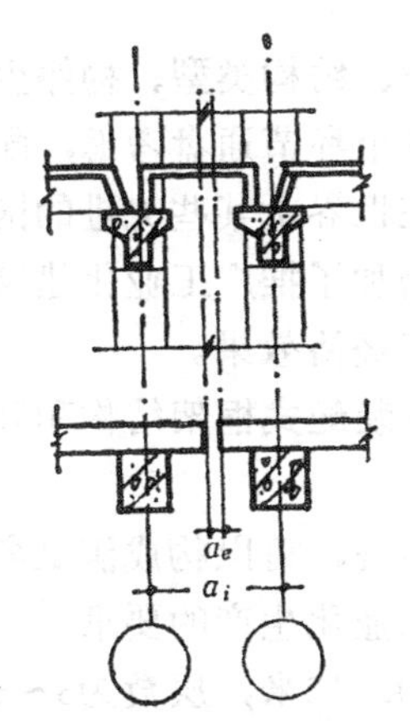

图 2-2-5　变形缝处定位轴线划分

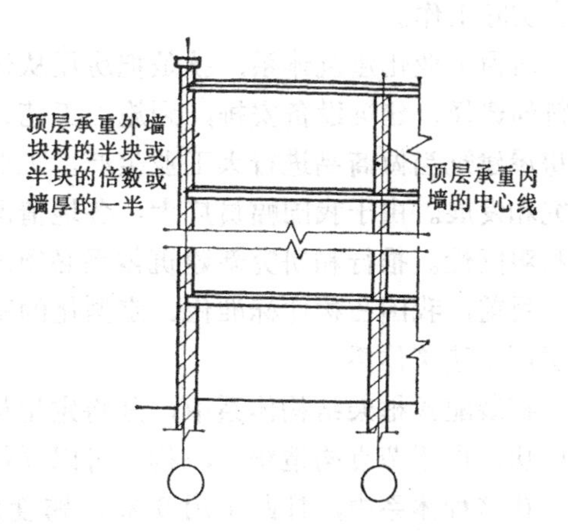

图 2-2-6　承重墙的定位轴线

（二）纵向定位轴线

墙、柱与纵向定位轴线的联系，应遵守下列规定：

1.顶层中柱的中心线应与纵向定位轴线相重合。

2.边柱的外缘在下柱截面高度（h_1）范围内与纵向定位轴线浮动定位（图2-2-7）。

边柱与纵向定位轴线之间设置浮动值，而不做硬性规定，这是因考虑到影响边柱定位的因素比较复杂，如多层厂房的层数、层高、楼面荷载、起重吊车设置的情况、自然条件以及城市规划部门对厂房立面的要求等，对边柱与纵向定位轴线的联系，都会产生影响，难以做统一的规定。该浮动值可根据具体情况确定，它可以等于0，即纵向定位轴线与边柱外缘相重合，也可以使边柱的外缘距纵向定位轴线50毫米或50毫米的倍数。

3.有承重壁柱的外墙，墙内缘一般与纵向定位轴线重合，或与纵向定位轴线相距为半块或半块砌材的倍数（图2-2-8）。

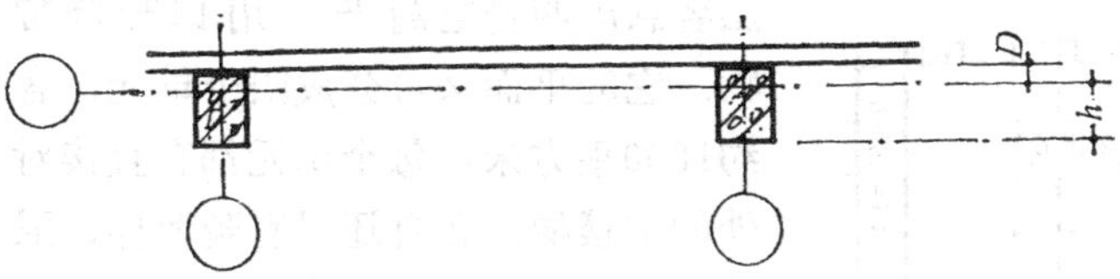

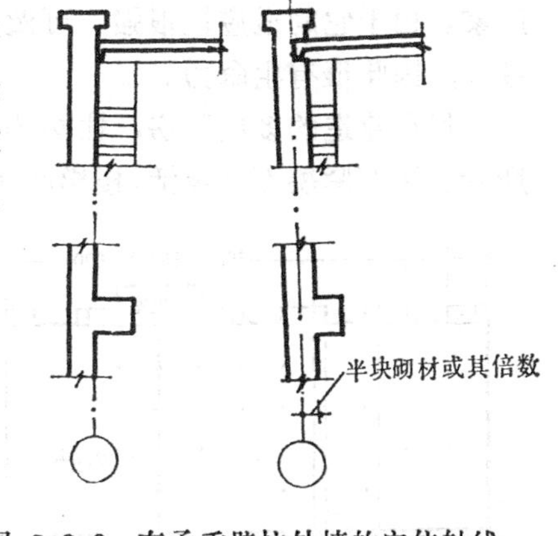

图 2-2-7　边柱与纵向定位轴线的联系

图 2-2-8　有承重壁柱外墙的定位轴线
(a)较大的壁柱；(b)较小的壁柱时

第二节　多层厂房建筑体系化与通用厂房

一、工业化建筑体系

为了加速建筑工业化的进程，摆脱建筑业落后的面貌，在70年代后期，我国开始了厂房建筑体系化的研究和探讨，其中包括多层厂房工业化建筑体系的研究，并在这方面做了不少实际工作。

所谓工业化建筑体系，就是把房屋从建筑的空间组合、结构类型、构件生产及运输、材料的选择、建筑设备安排，到施工工艺、施工机具等各个环节通盘考虑，配套解决，即把房屋建筑当做商品进行大工业生产。工业化建筑体系在世界上某些先进的国家都在大力研究和发展。由于我国幅员广大，各地情况不尽相同，增加了推广工业化建筑体系的复杂性和艰巨性。推行和研究新建筑体系必须因地制宜，注意经济效果。

目前，我国在构件标准化、定型化的基础上，编制了装配式框架结构和升板结构两种多层厂房建筑体系。

在装配式框架结构体系中，是将定型构件进行不同组合，可以构成满足各种不同要求的厂房，由于节点构造统一，构件可以互换，能够满足工业化生产的要求。

在这种体系中，柱距采用6米，跨度采用6，7.5，9，12米，层数为3～6层。确定层高时，为了减少柱子的规格，在6米以下为600毫米的倍数，6米以上为1200毫米的倍数。底层层高采用4.8，5.4，6.0，7.2米，7.2米层高考虑有≤3吨的悬挂吊车。楼层层高取4.2，4.8，5.4，6.0米，楼面荷载分500，750，1000，1500公斤/米²四种，根据上述参数，组合各种多层厂房。

对于楼、电梯垂直交通运输枢纽，它是体系中的重要组成部分，由于变化比较多，单独设计了定型单元，供设计时参考与选用。

二、通 用 厂 房

近年来，在我国，为了适应开发经济特区的需要，首先在这些地区建造了一批通用厂房，也称作“标准厂房”。这些厂房是由房产公司投资建造，然后作为成品出租或出售给厂家。由于它的适应性很强，可做多种用途，厂家买到后，只要根据需要稍加改造，即可投产，因此很有生命力。

目前建造的多层厂房，柱网为6.6×6.6米，4层，总建筑面积16000平方米，见图2-2-9所示。平面紧凑而又灵活，楼梯间兼做入口，不设门厅，也没有走廊，平面系数达到88.3%，正面人流出入，背面做货运交通，每层各悬出四台电葫芦，用以升降货物。它的平面又可分成四个单元，各约1000平方米，每个单元都有直接对外的主楼梯，各自还另有疏散梯、卫生间、电葫芦、消防及配电设备等，所以能整座出售给大厂，也可以分层分单元出售给小厂，灵活通用。

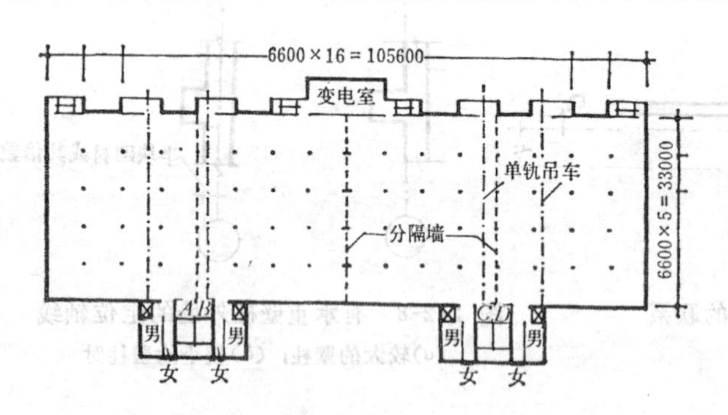

图 2-2-9　通用厂房（深圳特区实例）

上述通用性厂房的产生虽未以工艺流程为原始设计依据，也是综合考虑了该类地区当前发展与供求的实际情况而设计的，反之，如果过分强调工艺使用条件，其出租（售）性必然受到限制，影响其技术经济效益。

出租性工业建筑是一种灵活组合、适应范围广泛的综合建筑（单体或建筑组群），可按需要并联或独立使用，特别适用于生产工艺经常调整、产品轻型、生产过程安静不污染环境而劳动和技术都需要是密集型的类型，建设当中只建承重及围护结构，简化内部装修和设备，设置统一的能源、上下水及动力、生活服务等系统和交通运输系统，为租购用户留有充分选择余地。

具有很大通用性的出租厂房，早在五、六十年代在西方一些工业发达的国家，如英国、瑞典等即已开始兴建使用。如五十年代瑞典斯德哥尔摩工业区所建的三层出租厂房（图2-2-10），生活、管理及交通枢组布置在厂房中部，可分租给1～5家工厂。出租厂房的类型不拘一格，它可由若干相同的多层厂房单元组合成各种不同的体型。荷兰某出租厂房为并列的单元组成（图2-2-11），而英国的某出租厂房则是多层塔式厂房与单层厂房的组合体（图2-2-12）。

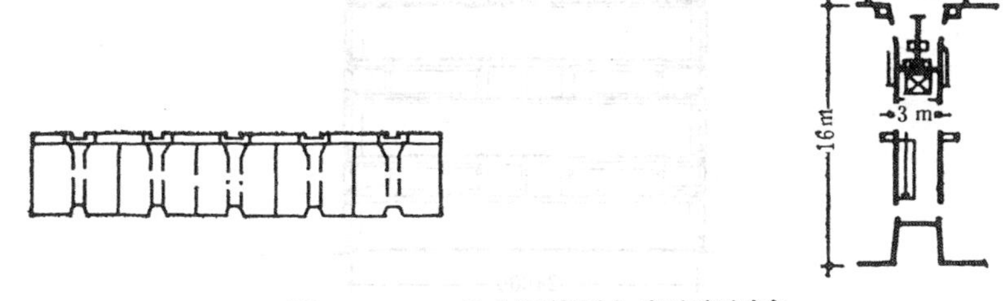

图 2-2-10　瑞典斯德哥尔摩出租厂房

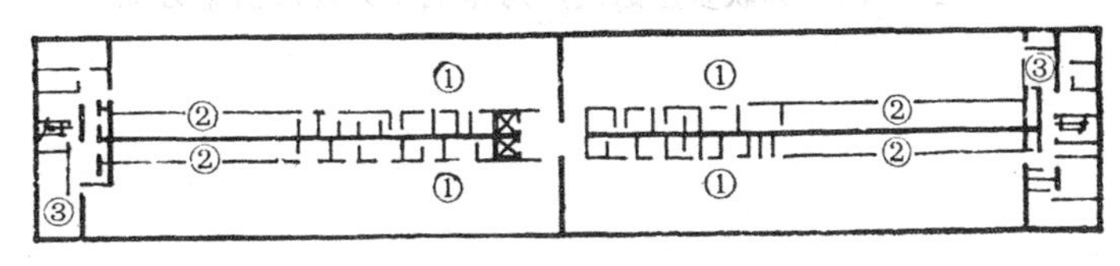

图 2-2-11　荷兰出租厂房

①车间；②仓库；③管理用房

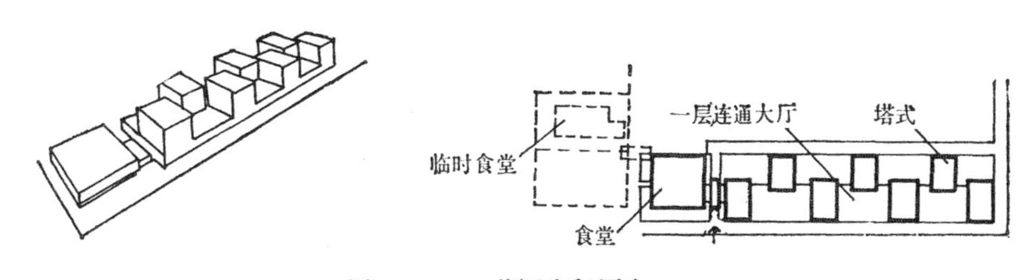

图 2-2-12　英国出租厂房

随着建筑、结构、施工和垂直运输技术的发展，以及城市用地日趋紧张，在现代大城市中，多层厂房的层数日益增加，七十年代以来，在英国、香港等地，兴建了一批“工业大厦”这种工业大厦有的高达二十多层，集中的工厂达数十家。大厦内部空间能够适应不同部门的生产及工艺更新的需要，具有最大的通用性。在我国，上海、北京也开始出现相类似的6～8层的工业大厦。

至于一般厂房，虽是按照一定工艺流程等具体条件设计的，但从扩大生产、技术改造、产品改型与工艺变更等适应工业现代化要求来看，也应在设计之始适当考虑通用性与适应性要求。对此问题，苏联曾进行了多年研究。图2-1-33及图2-2-13所示是利用桁架间层覆盖大跨度多层通用厂房的两个不同的例子。间层用做技术夹层，整个厂房进深宽度只有1～2

根柱或没有中间柱，通用灵活，值得我们借鉴。最近，我国研制的9×12米大柱网整体预应力拼板建筑结构，通过了鉴定。上海色织四厂是采用的（20＋20）×7.2米部分预应力钢筋混凝土多层框架，主车间6层，附属为12层。在这方面既体现了工厂预制、现场预制和采用定型模板现场浇灌相结合，也贯彻了根据工艺要求和经济合理的原则，采用预制装配或机械化现浇并满足扩大柱网提高其通用性与灵活性这一技术改革与发展的途径。

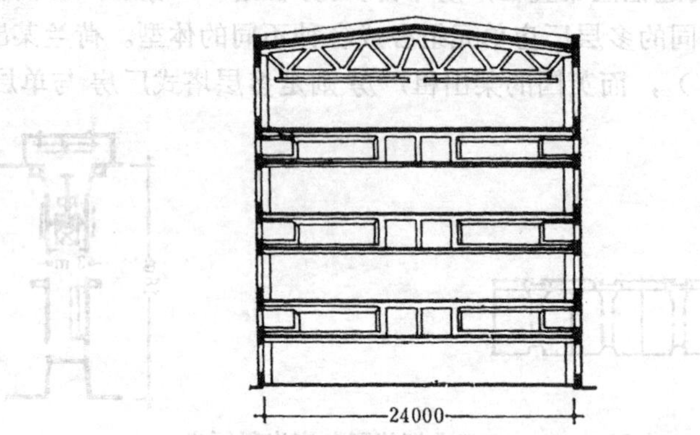

图 2-2-13　苏联多层通用厂房举例（大跨薄壁梁方案）

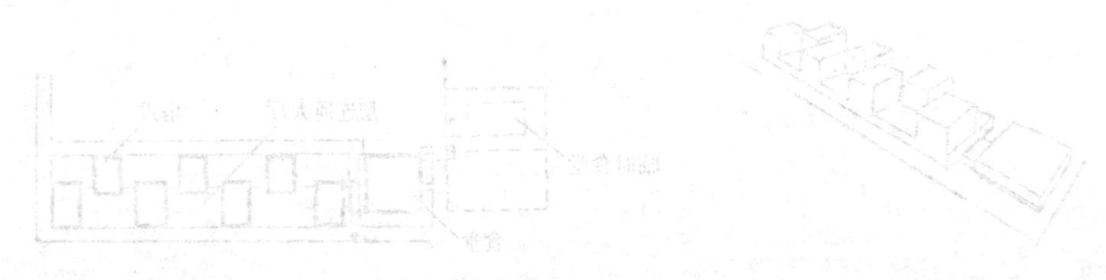

第三章　多层厂房的建筑艺术处理

本章内容主要讲述多层厂房的立面设计，它不仅是个体建筑的形象问题，实际上，在进行总平面设计组合建筑群时，已经对其体型，体量等做了初步考虑。由于多层厂房的建筑特点以及多数布置在市区或近郊区，直接影响城市面貌，对于立面设计更有必要给以应有的重视。

工业建筑的体型和立面处理在不同程度上决定于生产工艺，因此在做厂房的立面设计时，一般建筑构图原则的运用必须与内部的生产使用要求统一起来，用简练的手法表现工业建筑的性格和特色。至于厂房内部空间（环境）处理与艺术效果当然也在很大程度上影响到常年在其中工作的工人的精神与心理，也必须给予充分的关注。

第一节　体　型　组　合

体型组合是立面设计首先考虑的问题。由于在多层厂房内，一般多布置了工厂的主要生产车间，所以无论在其功能上，还是在建筑体量上，都是该厂的主厂房或主要项目之一，左右着工厂建筑群的空间组合，它的体型设计，既要反映功能的需要，还应考虑全厂建筑构图的完整与统一以及与周围环境的谐调；正确表现建筑物本身的特征，做到形式与内容一致；恰当地确定体型和各个部分的比例；合理地选用材料和结构；适当地注意装饰和色彩。

一、体型组合与生产特征

工业建筑是为生产服务的，多层厂房的体型组合必然与内部的生产特征有着密切的联系。生产工艺的起伏变化，高低错落等各种不同的工艺流程及设备，使建筑物形成了各种各样的体型组合。图2-3-1为马德里普纶合成纤维厂。它的工艺流程是竖向布置的，原料首先提升到溶解塔的顶层，然后逐层向下加工至底层成为合成纤维出厂，高耸的溶解纺纱塔构成了这组建筑的特征。有的热电站也有类似的特征。

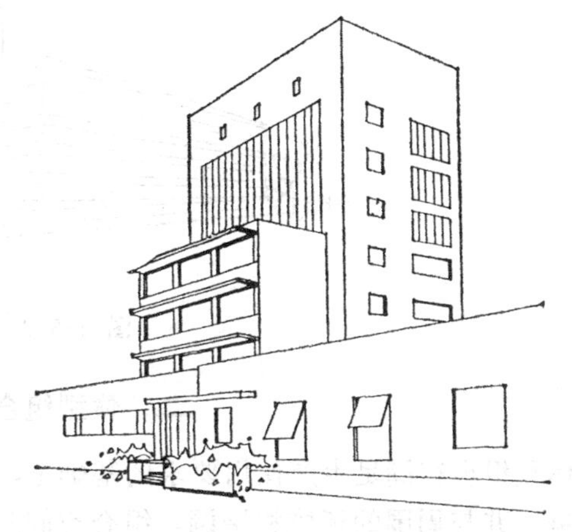

图 2-3-1　马德里普纶合成纤维厂

图2-3-2为西德某精密仪器厂设计竞赛方案，由于一些设备布置在单层，与多层部分的生产又有密切的联系，形成单多层组合的体型。

另有些类型的生产，如轻工业、电子仪器工业等，设备比较轻，各生产车间的工艺布置灵活、空间变化不大，体型则比较规整简洁。图2-3-3为国外某制鞋厂的体型组合。

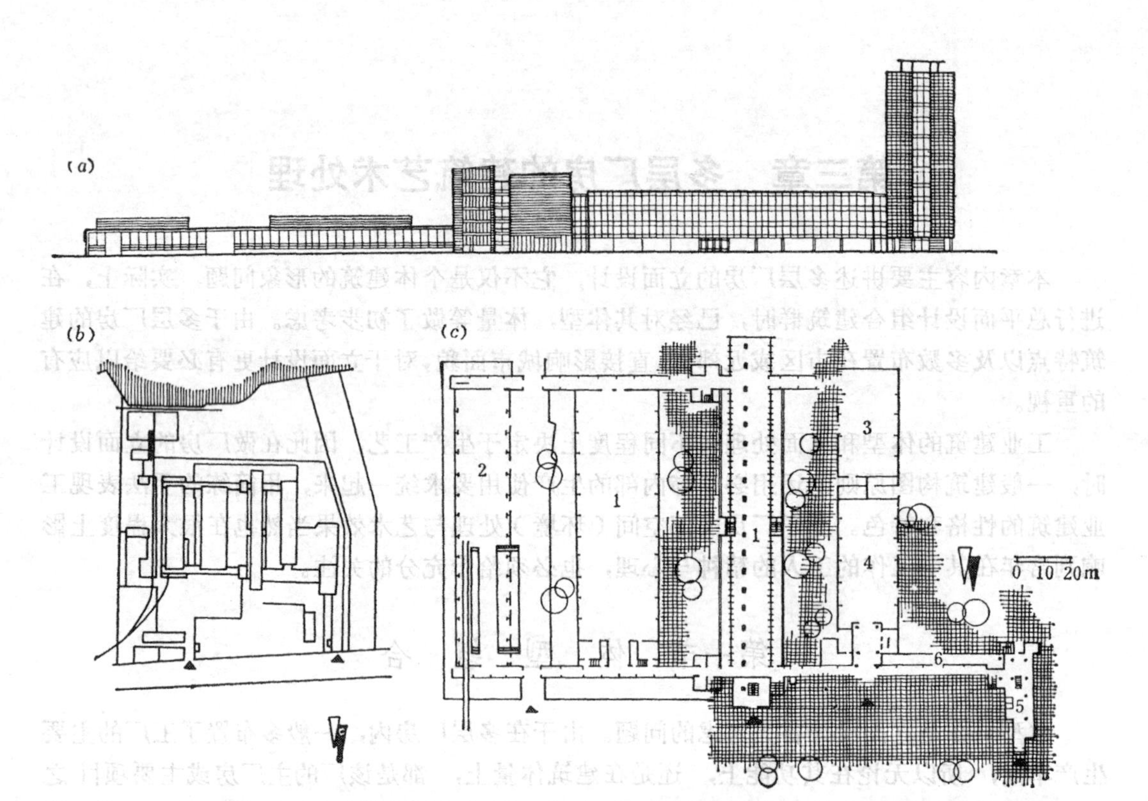

图 2-3-2 西德某精密仪器厂设计竞赛方案

(a)立面图；(b)总平面图；(c)厂房平面图

1—生产车间；2—仓库；3—实习工厂；4—食堂；5—行政办公楼；6—实验室

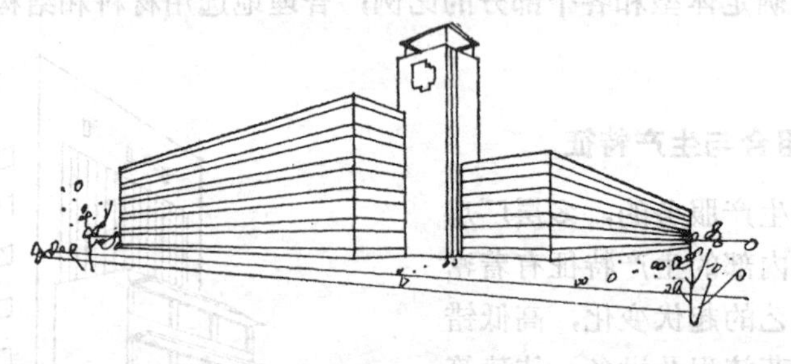

图 2-3-3 制鞋厂透视

二、体型组合与建筑构图

体型组合在满足生产使用要求的基础上，还应运用建筑构图的一般规律，组织完整的建筑群，并与周围的环境相谐调。组合空间时，在突出重点，强调中心的同时，建筑体型宜简洁，但须避免单调枯燥，使变化富于统一之中，并使建筑的体量和外形与其围合的空间呼应。图2-3-4为建筑体型与厂前广场空间的组合举例。外部空间的组合与变化，建筑起着主导作用，道路、绿化及美化设施、建筑小品等也是不可缺少的要素。

图2-3-5为莫斯科压力计仪表厂，它位于城市三角地带，考虑与周围环境配合而产生的体形变化。

屋顶上部的水箱间，休息活动空间所需的构件在体型组合中也占有一定的地位。

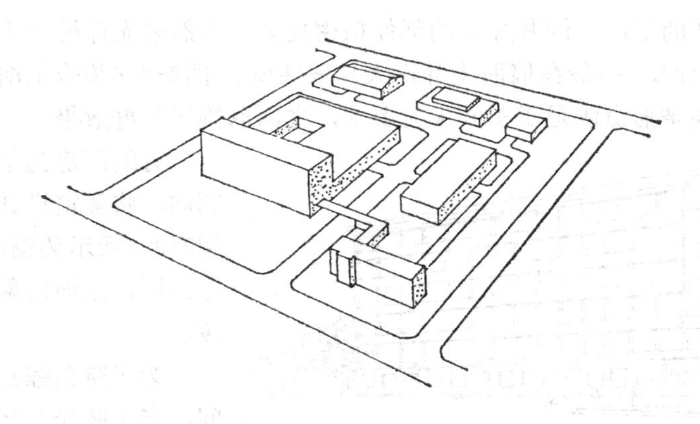

图 2-3-4 建筑体型与外部空间的呼应

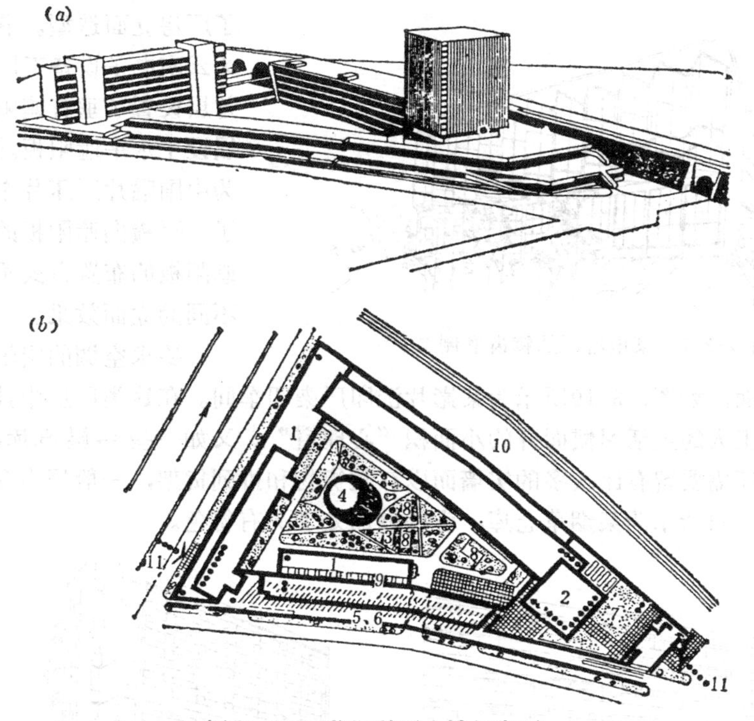

图 2-3-5 莫斯科压力计仪表厂

(a)工程完成阶段全貌；(b)该工厂总平面

1—生产厂房；2—技术中心；3—厂区街心花园；4—休憩场地；5—汽车停放场地；6—汽车停放棚；7—厂前区；8—运动场；9—上部采光口；10—铁路；11—人流方向

第二节 墙 面 处 理

多层厂房墙面处理是在体型设计的基础上进行的，它是立面设计的重要部分。

一、采光通风的影响

不同的生产工艺，对采光通风有着不同的要求，因此对墙面，甚至屋顶上部的处理，影响较大。

一些精密性生产的工厂，因其加工的部件精密度高，天然采光标准为Ⅰ、Ⅱ级，须在明亮的环境中进行生产，一般在墙面上开设大片玻璃窗。图2-3-6为哈尔滨手表厂主厂房的墙面处理，大片的带形窗满足了车间采光要求，立面取得了较好效果。

图 2-3-6 哈尔滨手表厂主厂房

有的厂房为了争取窗子的好朝向，将侧窗设计成锯齿形，如图2-3-7所示为锯齿形侧窗的某电器厂，立面形象新颖、生动活泼。

图 2-3-7 某电器厂的锯齿形侧窗

为了避免强烈的阳光射入车间，产生眩光，经常采用设置水平或垂直遮阳板的措施，它丰富了厂房立面造型。图2-3-8所示为云南电子设备工厂主厂房，在首层设置了垂直遮阳板，以上各层设了水平遮阳板。图2-3-9所示为中国唱片厂压片车间，它采用了水平横向遮阳板的处理方式，遮阳板的布置方式不同，产生了不同的立面效果。

要求空调的密闭厂房，经常有大片的实墙面，如图2-3-10所示为某影片洗印厂染印车间。在这类厂房中，即使开窗，也仅是为了适应工人的生活习惯而开的小面积"心理窗"。又如一些多层仓库，采光要求低，在使用时还需要留有比较多的实墙面以存放货物和排列货架，一般用高窗解决采光的需要，如图2-3-11所示为某烟草仓库，它的墙面处理另有特色。

图 2-3-8 云南电子设备厂

图 2-3-9 中国唱片厂压片车间

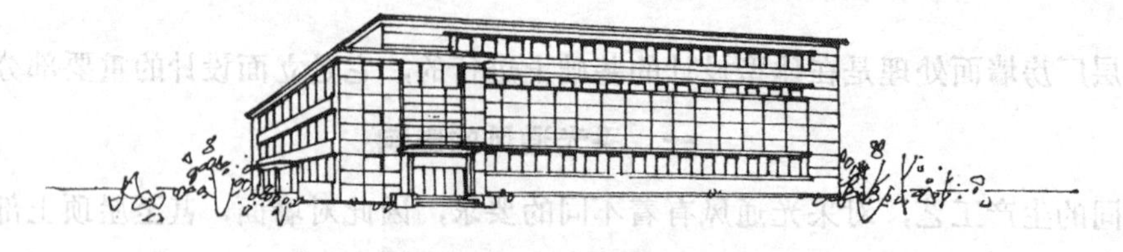

图 2-3-10 某电影片洗印厂染印车间

图 2-3-11 烟草仓库的立面处理

二、结构形式与建筑材料的影响

墙面处理与结构的形式有着密切的联系。多层厂房大多为框架结构，梁柱与墙体、窗面的相互位置不同，立面造型亦有所不同。图2-3-12为一暴露框架结构的实例。另有些厂房柱子突出于墙面以获得挺拔的竖向划分，如图2-3-13所示。

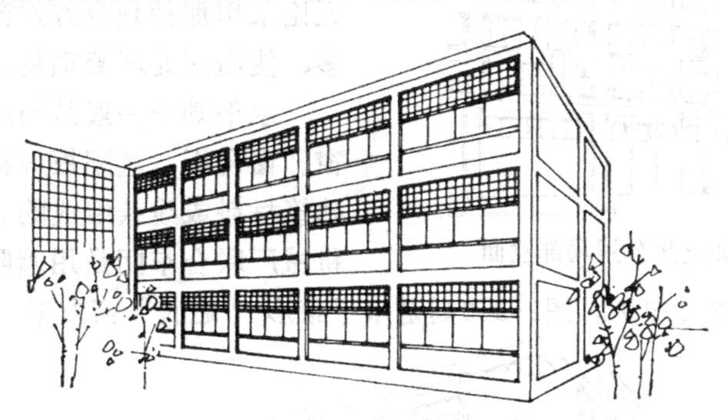

图 2-3-12 暴露框架的多层厂房实例

图 2-3-13 柱子凸出墙面的北京照相机厂生产车间

图2-3-14为某制药厂透视，顶层为悬挑的结构，立面随着结构形式的改变而出现了比较活泼、别具一格的立面造型。

处理墙面经常以不同建筑材料的质感和色彩，来丰富立面造型，如砖墙、粉刷饰面，板材、玻璃、砌块等等。图2-3-15为一漂染工厂的局部立面。为了使车间获得扩散光，厂房采用了大片空心玻璃砖做墙面，并设部分可开启的玻璃窗，用以解决厂房的通风。玻璃

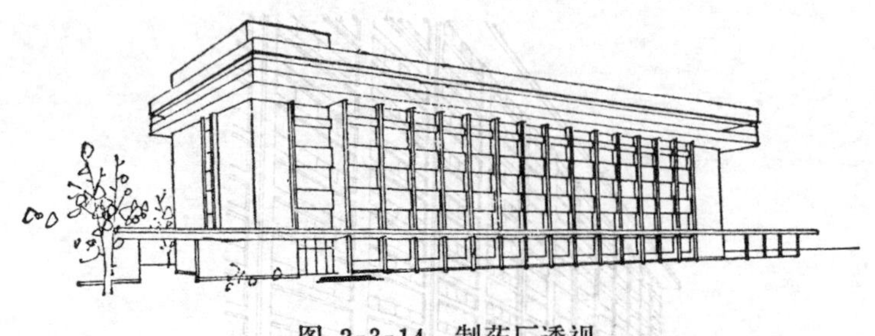

图 2-3-14 制药厂透视

砖半透明的质感，与透明的玻璃窗，大小、形状都形成强烈的对比，使人感到清新简洁，富于变化，它们又同端部的实墙面，形成虚实对比，是墙面处理得比较好的实例。

图 2-3-15 漂染上浆车间局部立面

三、门窗组合

门窗组合的形式、比例是墙面处理时应注意推敲的问题。图2-3-15的例子已说明它的影响。多层厂房的墙面划分结合门窗组合形式可有垂直、水平、混合式。但无论采用那种划分方式窗子形式都不宜太多，使墙面处理繁琐复杂。

水平划分一般是用墙体连系梁、带形窗、窗台板、遮阳板等构配件以及不同的建筑材料或线条组成的。图2-3-16某电影机械厂联合车间是用遮阳板构成的水平划分（参见图2-3-8及图2-3-9）。图2-3-6则是水平带形“通长”窗方案。水平划分令人感到舒展、大方简洁。

图 2-3-16 某电影机械厂联合车间

垂直划分的墙面不仅可用布置在墙体外侧的框架柱实现，也可用窗面变化、竖向遮阳板或砖砌竖向线条形成。图2-3-7及图2-3-14即是这类例子。图2-3-13及图2-3-17均是利用框架柱形成的竖向划分，图2-3-18为利用竖向遮阳板形成的竖向划分。高耸部分的长边侧是水平遮阳板，作法结合了朝向要求。竖向划分高耸挺拔，当拟表现厂房的宏伟或高大时，竖向划分容易获得较好效果。

混合划分形式既有横向线条又有竖向线条，是二者交织形成的。可以用横向和竖向遮

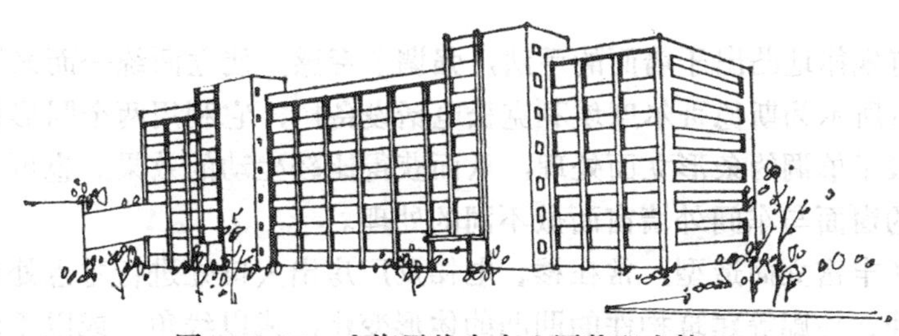

图 2-3-17　上海无线电十八厂装配大楼

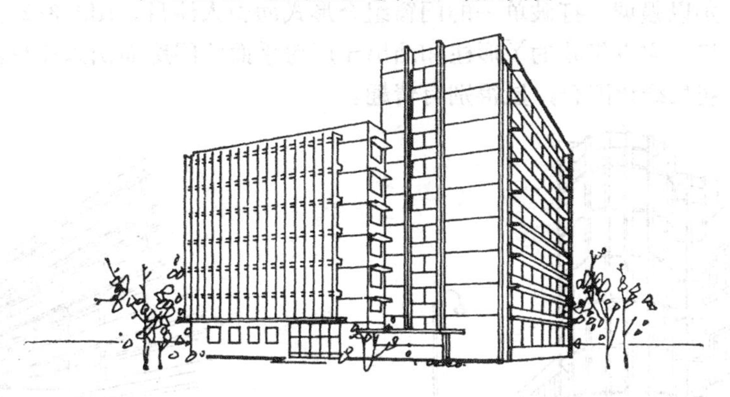

图 2-3-18　上海广播器材厂彩色电视机车间

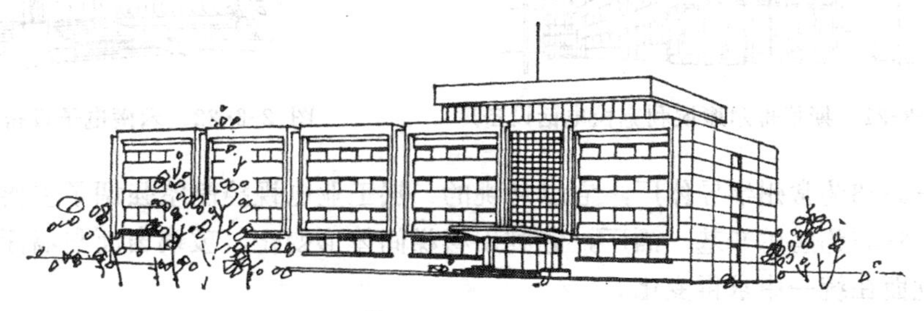

图 2-3-19　苏州手表厂

图 2-3-20　国外某打字机厂

阳板组合，（图 2-3-18及图 2-3-20）也可用柱及连系梁等其他方式组合（图 2-3-14 和图 2-3-19）。

四、重 点 处 理

多层厂房的体型与墙面设计以及门窗组合趋向于简洁规整。为了避免呆板单调，常采用楼、电梯构件有规律地凸出于墙面的手法，强调节奏感，使立面统一而又活泼生动，富有变化。图2-3-21所示为斯德哥尔摩埃利克松电话设备厂，它利用两个圆形楼梯间凸出于墙面的方法，打破了单调的条形立面处理，从而获得比较生动的效果。也可将布置在侧面的生活辅助用房的窗面与车间外墙窗面做不同的处理。

此外，为了丰富立面造型，常在楼、电梯及厂房出入口处进行重点处理。在这些部位可用雨罩、门斗、柱廊等建筑构件的凹凸的体形变化，或以线角，或以不同的建筑材料的质感和色彩，加以强调，打破单一的门窗组合形式而引人注目。图2-3-22为云南电子设备厂的主要出入口，它以粗壮的Y形柱和凸出于厂房平面的门廊而引人注目，该主要入口与门前的步阶、花坛绿化配合，显得别有情趣。

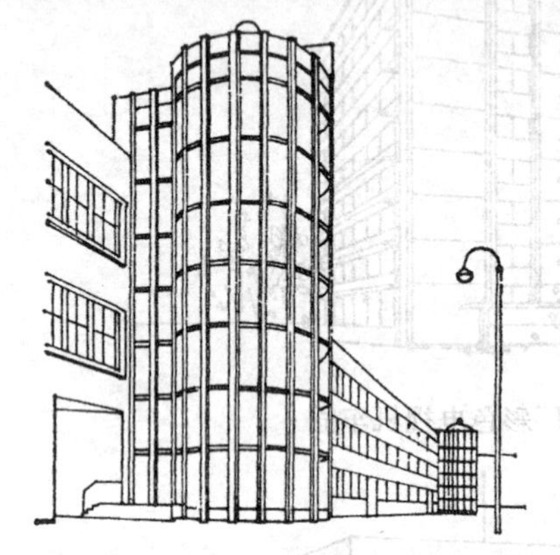

图 2-3-21　斯德哥尔摩埃利克松电话设备厂

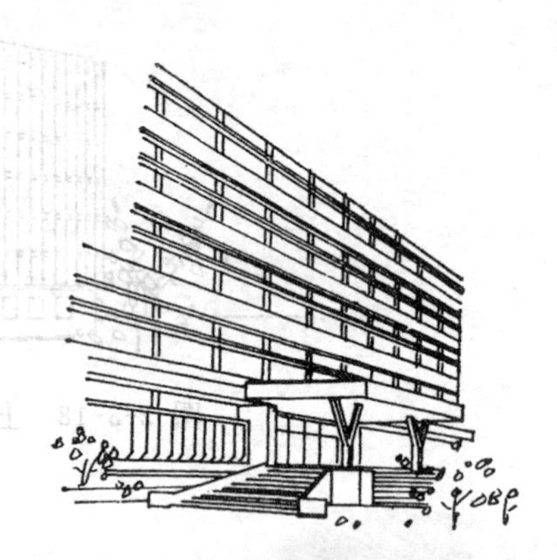

图 2-3-22　云南电子设备厂主要出入口

图2-3-23为常州半导体厂，它以悬挑的二层工业电视控制室强调了主要出入口。

图2-3-24为赫尔辛基一酒厂，它利用楼梯间体形变化，玻璃窗面与墙面的虚实对比，使建筑立面在统一中求得变化。

图 2-3-23　常州半导体厂

图 2-3-24　赫尔辛基国营酒厂

第三篇　单层厂房建筑设计

在前几篇章中，已经分别论述到多、单层厂房的各自应用范围与特点。由于工业生产的产品和工艺差异较大，有许多生产不仅选用的设备、机具高大，工件与产品沉重，而且在生产工艺过程中往往散发大量余热、烟尘和侵蚀性介质等有害物质；有些要求保持恒温恒湿，甚至防尘防菌；有的还有防爆、防振、防辐射等特殊要求。凡此种种单靠建造多层厂房往往难以实现，为此从国内外的工业生产现状来看，还有很多工业生产需要在单层厂房中进行，它的生产工艺过程也往往比多层类型的复杂一些。它们在工艺布局、平面空间处理、建筑结构、交通运输、采光、通风，以及消除上述危害或建立理想的环境与微小气候等诸方面均有自身的规律和特征。正因如此，开发商品化的租售性单层厂房的困难和限制也较多。

仅就建筑结构方面，单层厂房具有难以取代的下列一些特点：

（一）厂房的面积及柱网尺寸较大　一般平面结构型式的厂房，柱距为6～12米（局部可达24米，甚至更大），跨度可达60米以上；采用空间结构的厂房跨度可达90米或更大。有些还可根据生产工艺特点设计成多跨连片、面积达10余万平方米以上的厂房。如适当扩大柱网，组成灵活车间，更能适应生产设备更新或改革工艺流程等现代化要求。

（二）厂房构架和地面上下的承载力较大　重大型生产设备和加工件的置放较方便，有些生产还需要在地面上设地坑或地沟；选用的起重运输工具多样化；某些生产常常需要一定数量的大吨位吊车（甚至几百吨）；结构构件往往巨大而沉重，对施工安装技术条件的要求亦比较高。

（三）内部空间较大，需要开敞　有些巨型产品需用高大设备加工和起吊运输，车间高度可达40米以上，能通行大型运输工具，如火车，重型拖曳工具，甚至在排架柱列上设置多重吊车，远非一般多层敞厅式厂房可比拟。

（四）屋面面积大、横剖面形状复杂　连跨或成片的联合厂房需利用屋盖“高低错落”或设置各种天窗来解决天然采光和自然通风问题。同时，对屋面排雨雪、防水的构造处理等要求亦比较高。

上述情况表明，要搞好单层厂房建筑设计，必须掌握基本设计原理和设计手法，以获得理想的设计，使其在总体布置中联系合理，与周围环境、地形地势协调；厂房的体型、立面和内部空间处理恰当，平面空间布局及各项建筑参数（跨度、柱距、长度及高度等）选用合理；承重结构和围护构件型式及其构造方案因地制宜并能兼顾扩建。总之，能充分体现“坚固适用、技术先进、经济合理”的原则要求，为工人创造良好的卫生条件与理想的生产环境。

第一章　单层厂房平、剖面设计

平、剖面设计主要解决以下几方面的问题：1)合理确定厂房的平、剖面型式，以满足工艺流程的要求，并创造良好的生产环境；2)选择适宜的柱网和车间高度，使之满足生产设备布置的要求，并为结构方案的经济合理、生产工艺的变革和发展提供方便条件；3)保证车间内部人流、交通和物料运输通畅简捷；4)合理布置辅助生产、行政管理及生活福利用房。

多类型与多部门的工业生产可以说“无所不包”，即或按建筑方案、原料和产品的类型等的共同性，也可归类为几百种，每一类型根据规模大小又可以是“重、厚、长、大”和“轻、薄、短、小”，甚至向机器人这类高技术发展的多种型式。所以平、剖面型式和规模非常广泛多样。但是不外乎为两大类：单幢分建的（1～3跨）和多跨大面积的。后者又有整片连跨和分离组联的两种。过去年代多用单幢分建的方案，由于难以组织大规模的流水作业，增加车间之间的运输，占地大，外围结构和工程管网太长等一系列缺点，只限于小型企业。近现代科学技术的发展，要求将生产上类同，防火防爆及卫生上矛盾不大的许多车间与工部（段）集中在一起，优先选用合并型式的联合厂房，即车间组合体的大型厂房，甚至“一厂一房”（或双层厂房）。现代工业技术允许在一个大面积的屋盖下面布置全部的生产（主要的和辅助的）与生活用室。

不可拘泥于成规，近现代工业的发展在某些生产类型中，企业的规模也发生了变化，除传统企业保持大面积外，许多企业因为“船小好调头”，便于适应日新月异变化的需要，趋向于中、小企业多。随着产品结构的变化，这种趋向也影响到工业布局和运输型式。

第一节　生产工艺与平、剖面设计的关系

生产是人、设备与物料（原材料、工件、半成品等）三要素的部分或全部移动所形成的。多数平面布局正是从研究其中哪一个移动开始的。不过一般多是移动物料，因为它比较容易流动。任何生产都大致可以分为：加工成形（改变工件形状）、工艺处理（改变工件材性）和装配（往主件上组装其它元件）三种。平面布局及工作岗位根据这三种生产方式可以有固定点布置、机群布置与流水生产线布置三种形式。理想的平面布置多为上述几种方案的混合型或改进型，目前，有时在一个现代化的车间中，很难区别其布局究竟属于哪种类型。

产品的产量不同，也要求不同类型的平面布置。理想的平面布置还要适当满足产量的季节市场供求浮动，当然不宜考虑过多。工艺和管理工作的先进与否是设计好坏很重要的因素。譬如，工料供应及时就可减少库房堆场的面积等等。一个好的设计就是在工艺师最佳协调各种因素的基础上获得的，决不可“只见物不见人”，只关心降低成本而不关心人的因素——舒适的劳动环境。

建筑师所作的设计也是一种“产品”，即使所作出的方案比任何人都高明，也与任何商品一样，必须满足“用户”的需要。为此，尽管是经过方案比较，坚信自己的设计是正确可靠的，但也必须承认它应是集体协调的产物。建筑走向社会化，促使设计人员走出

去，争取全部有关人员合作，甚至吸收他们参加设计。这样虽可能使前期工作的周期拉长但节省了设计后期再去说服用户接受设计的工作，或者花费大量时间来修改他们不予通过的那部分设计，这样反而会加快设计进度，提高质量，争取时间早日完成工作。

一、平面空间组合与工艺流程

在单层厂房里，工艺流程基本上是通过水平生产运输来实现的，因此，生产工部的布置基本上能反映出工艺流程的顺序。由于在同一层内布置各工部，各种因素的制约就更严格。

从图3-1-1所引用的金工装配车间的生产工艺流程的例子可以说明各个生产工部的联系和重要性。

根据工艺要求，金工装配车间一般包括机械加工和装配两个主要生产车间（工部）。机械加工（金工）车间的任务是对铸、锻件等毛坯进行车、铣、刨、搪、钻、磨等加工过程，使成为机器产品中的零件（如齿轮和轴等）。装配车间则是将加工好的零件按一定生产程序组成部件（发动机等），或进一步将零件进行总的装配成为机械产品（如汽车、拖拉机等）。此外还有热处理，表面处理（电镀，喷漆等）等中间工序。机械加工装配二工序在全车间中所占的生产面积较大，甚至独立形成车间，为此，对平面的组合也常起决定的作用。一般有如下三种组合形式：

1.直线布置：即装配工段布置在加工工段的跨间延伸部分（图3-1-2a）。毛坯由厂房一端进入，成品则由另一端运出，生产线为直线形。零件可直接用吊车运送到加工和装配工段，生产线路短捷，连续性好。这种方式适用于规模不大，吊车负荷较轻的车间。采用这种布置的厂房平面可全部为单跨或联缀为平行跨，具有建筑结构简单，扩建方便的优点。但当跨数较少时，会形成窄条状平面，厂房外墙面积大，地形利用不理想，土建投资不够经济。

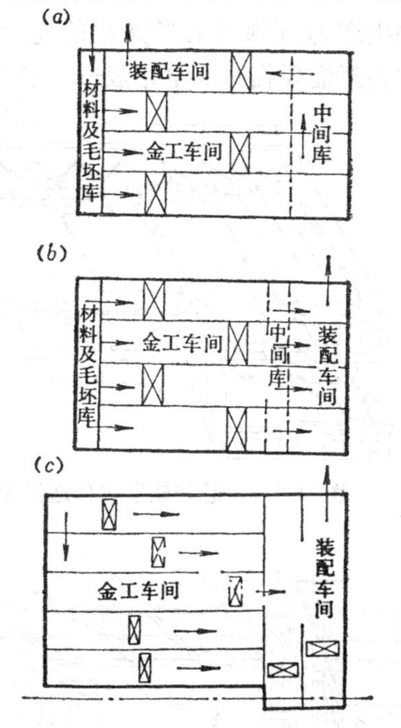

图 3-1-2 金工装配车间平面组合形式示例

(a)直线布置；(b)平行布置；(c)垂直布置

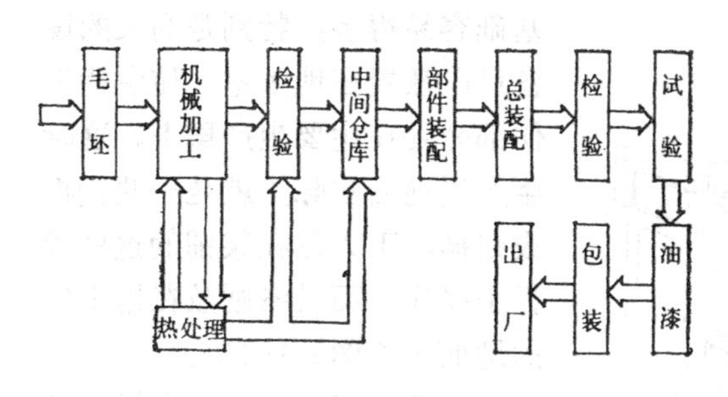

图 3-1-1 金工装配车间工艺流程

2.平行布置：即加工与装配两个工段布置在互相平行的跨间中，零件从加工到装配的生产线路呈L形，运输距离较长（图3-1-2b），须采用传送装置、平板车或悬挂吊车等越跨运输设备。这种形式同样具有建筑结构简单，便于扩建等优点，适用于中、小型车间。

3.垂直布置：即上述二车间（工段）布置在相互垂直的跨间（图3-1-2c）。零件从加工到装配的运输线路较短捷，但须设有越跨的运输设备（如平板车、辊道、传送带等）。装配跨中可设吊车或传送装置进行运输与组装。在加工车间中可将较重、较大的加工件布置在靠近材料入口和成品出口的一侧，而较轻、较小的工部件加工工段可设在另一侧，以便相对地缩短重型部件的运距。

这种垂直布置形式，虽建筑结构较为复杂，但由于工艺布置和生产运输有其优越性，故广泛用于大、中型车间。

辅助工部的位置应尽量靠近其所服务的对象。还要使车间“灵活性”不受限制，并且便于实现现代化和布局与设备的更新。为了避免占用主厂房的高大空间，也可将它们布置在边跨的披屋中；或与行政办公、生活福利用房等组合在一起，分层布置在这类房间的底层。具体以与生产流程相适应而又不妨碍生产运输的连续性为主。

有时为了适应厂房分期建造，以及使辅助用房所服务的生产工段距离不致过远，常将辅助工段集中于一个跨间，形成一个条段嵌插在厂房的中心地段。插入体多为二层（或附设地下室及技术夹层），底层用作生产辅助工段并留出通道，仍可保持生产线的连续性，楼层则布置生活管理等辅助用房（图3-1-18）。但是，有些大面积类型的生产不允许中断而车间又有许多上述这类房间又不便或无法都集中在一栋“生活”楼中，这时往往采用分散布置方式，将它们安排在吊楼、夹层、柱间上空平台等这类空闲部位（图3-2-32）。

有些生产为了保证工艺流程的连续性，从相邻车间运进的部件采用空中走廊形式运入，有些甚至需要临时高空存放——悬空仓库。这就需要根据工序间的情况设置高架的运输通廊。如汽车厂车身压制车间输往底盘总装车间的车身运输链（参见图3-1-3）。

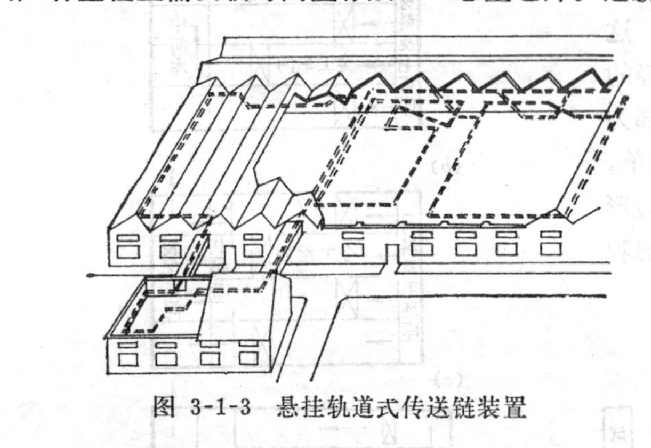

图 3-1-3 悬挂轨道式传送链装置

某些工艺要求建造地下室或地面下的技术层，如大型冲压设备要求专用的基础及边角余料的收集装置。全部挖开建造地下室做基础要比在地面上挖坑做独立基础容易得多，特别是高大的设备可以放置在地下室，使它的工作部分处在主要生产层上。这时生产层地面实际上就是一些钢板或格栅，工人站在架铺的这些钢板上操作，而设备则放在地下室的地面上（图3-1-4）。

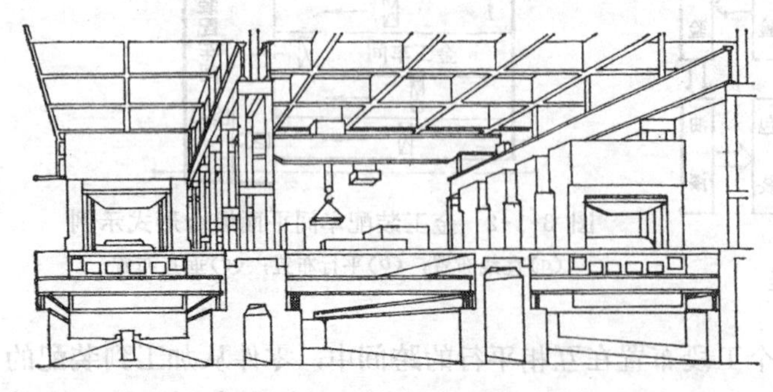

图 3-1-4 冲压车间（带地下室层的现代厂房剖面）

相反，当工艺要求在设备的上空有足够的空间而又允许建造作业平台来完成某些较轻便的工作时，比如，重机制造和造船车间，产品本身及大型起重设施不允许内部设有地下室，其平面空间布局又是一种方案。自然也影响到辅助工部的位置和布置的方式。在车间内部类似这样的凹下或升起的生产及辅助用的库房、地坑、料斗、浇铸坑、废钢拆包、工作平台，以及技术管线和某些运输机具的地沟铺设等这类生产工艺技术要求都直接涉及到平面空间组合。如大型电解铝车间布局就有地上、地下不同层两种处理的形式，地上造价高但利用技术平台下侧的外墙开口和平台格栅孔板通风有利于改善室内环境条件（图3-1-5）。

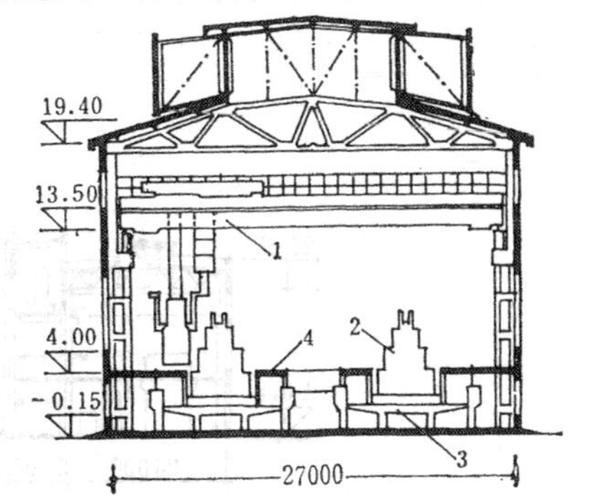

图 3-1-5　铝电解厂房剖面（地上平台方案）

1—桥式吊车$Q=150$T；2—电解槽；3—槽基础；4—平台格栅地面

这样就出现了一些名为“单层”实为所谓的“两层厂房”。

两层厂房与用于同一类型生产的单层厂房相比，具有很大的优越性，顶层可为加大柱网。由于取消地下室和地沟，显著地减少隔墙、屋面和其它工程的建造费用，比较合理地布置主要工艺设备、缩短工序之间的联系，并为生产现代化的更新、改善创造条件，因而能节约用地、降低初次投资和日常维持费用。

图3-1-6为两层厂房中工艺流程流向典型示意。从图中可以看出这种厂房的总跨数（宽度）有一定限制，是介于单、多层之间的一种形式。

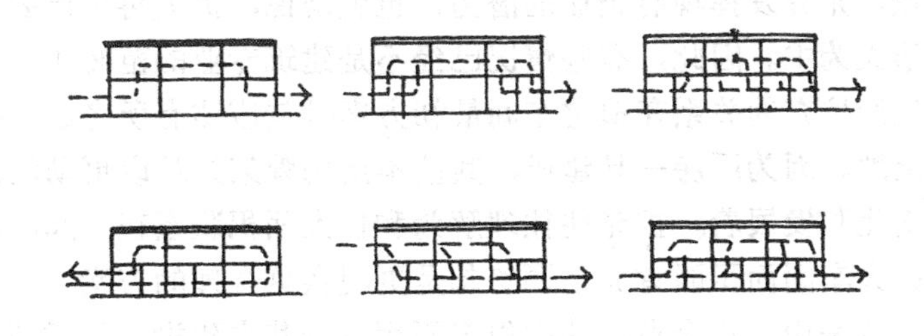

图 3-1-6　两层厂房工艺流程示例

在这类厂房的底层中，布置仓库、生活间、通风室、变电及配电设施、泵站、电瓶车库、机修以及主要工艺和卫生技术的公用设施；顶层安排主要生产部分。当车间有重型设备和重大件生产时，亦可利用底层安排。

带有技术层的空调车间实际也是一种两层厂房的“变异体”。如近年引进的一些项目，大多是这种作法：上海中美合营施贵宝药厂、天津中日大塚药厂、咸阳彩电显象管厂、无锡江南无线电器材厂等。

某些生产流程对剖面上的平台层次安排、天窗型式及其布置与朝向（定向采光、热源布置等）、跨数多少和高低都有一定要求，甚至严格限制，超过对平面设计的要求。

最典型的例子是设有多层平台的厅式布置的化工车间和热电站主厂房跨间的形式。甚至单、多层混合，剖面轮廓高低错落（图3-1-7）。有时纵长向的高度也有变化。它们既是生产流程的需要也是生产特征的要求。

经常有结合总图地形地势的需要（重点式竖向设计方案），将厂房设计成阶梯形的方案，或者部分设计成两层厂房，底层为车库等储藏设施，上部为较轻型的生产车间。虽然这类车间布置在两个标高上，但布置在标高较低部位的厂房下面的半地下室式的底层亦可与上层分别设立从室外地面上进出的车行出入口，而不需要大量挖填土方。

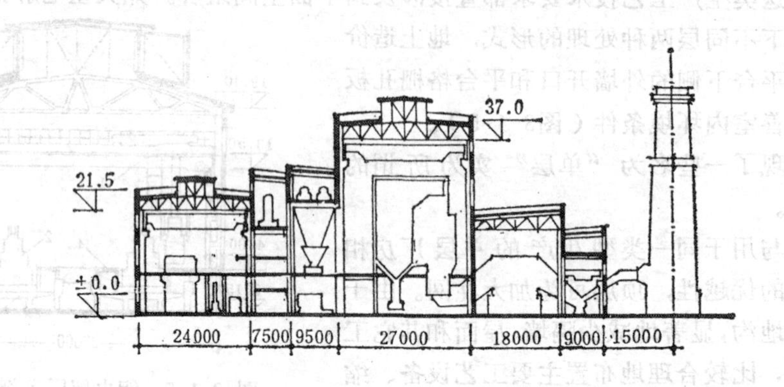

图 3-1-7　按工艺流程形成的不等高不等跨的热电站主厂房（剖面示例）

二、平面空间组合与扩大再生产

经验证明，今后发展生产，不能过多地依靠建新厂、扩大基本建设规模，而是应该更多地依靠现有企业，充分发挥现有企业的潜力，也就是说，扩大再生产要逐步由外延形式为主转向以内涵形式为主。因此，有些情况已经不是建筑专业的范畴了。

平面形式与生产扩充的关系在拟定车间最初方案时就应该有所考虑，也就是说在订计划的时候要留有余地。因为厂房一旦建成，其基本结构骨架是难以更动的，而车间内部的生产却是在不断变化和发展着。扩充往往理解为和扩大面积联系在一起，其实改进工艺，采用先进技术不扩大车间面积而首先是调整却是更现实更合理的方案

当前我国大量的是中、小企业，其中很多不用进行基本建设，只需要采用微型计算机进行技术改造，就可提高产品质量，增加产量，取得显著的经济效益，改变企业的落后面貌，这是加速传统产业改造，推动传统工艺革新的一条捷径。我国现有300多万台机床，大多是普通车床类型，如弃之不用或换成新的，一时很难实现，国家投资也无这么大的力量。用微电脑改造，是用小改革出大效益的最佳途径。当然采用新技术改造也不是无止境的。扩大柱网的通用厂房对于适应各种现代化的更新与改造均是适应的。

如果扩充和发展联系到车间面积扩充，则需要先在总图上预留地段（也可利用两车间之间的空间扩建），并在车间平、剖面设计和方位上考虑这种要求。（例如边跨设天窗等）或者将原有生产的一部分移出另建新厂房，再在原车间内改进与调整。

在许多工厂或车间采用并排安装几台相同的或相似的设备的方案，正常情况下，一部分设备充分运转发挥更高的效率维持整个车间的生产，另一部分则留作扩充的备用线（或预留地段），将来扩大生产时，其它部分略加调整或采取加班加点、提高效率的方案来适应全套生产的需要。如备用的物料流和库场、总装线等。汽车、拖拉机总装往往预留一条备用线。有些车间，如酸洗工部的酸洗设备不够理想，有些零件又必须经过二次酸洗才能洗净。则可在下一工序前建立零件的储备，利用加班加点来完成第二次酸洗任务，等等。

以上这些既属于设计的改建与扩充方式，又是设计的适应性与通用性的问题。

第二节　交通运输与平、剖面设计的关系

既然单层厂房的工艺流程基本上是通过水平生产运输来实现的。那么，生产工部和其它辅助工部的平、剖面布局就必须同时考虑物料的水平和空间移动，二者相互制约。

物料运输在许多情况下，不能千篇一律地用地面上的“托盘加叉车”或电瓶车来解决。由于运输是不直接创造价值的，所以首先是选择经济合理的工序，再配以理想的运输方式。虽然从管理上说，物料移动越少越好，但并非绝对如此。有时增加某些物料移动（如传送带），反而会更充分地利用人员、设备和空间。其最主要目的是减轻工人强度，提高生产水平、降低成本。设计者的任务是减少那些不经济、不必要的物料运输，选择与整个生产良好配合的运输方式和路线，以达到降低总生产成本的目的。

为此，工艺师和建筑师均应为物料（包括人员）合理流动考虑足够的空间，选用最佳的运输机具和必要的贮存地盘。出入口和通道的数量与宽度，与在地面上移动的人、物流和运输工具的外廓尺寸及流动路线的多寡有很大关系，并应满足消防疏散的安全需要。

一、起重运输工具及其对平、剖面设计的影响

选用的物料流程若与通道或其它障碍物交叉，在实际生产中经常采用地下运输或充分利用上部空间悬吊运输工具（图3-1-9）。车间内的“立交”必要时可把一部分物料流设在厂房外面。沿厂房外墙或穿过屋顶的运输方式有许多优点，相邻车间供应关系密切时经常见到（图3-1-3）。

有些运输设备在不用时可折迭放置或移走，腾出面积以作它用（轻型检修吊车）。集装箱笼也是这样，不用时套迭或堆置起来，可以节省面积。影响平面空间布局最大的地面运输是铁路车辆，应考虑其外廓界限与吊车死区等来布置线路。

众所周知，车间内的物料流并不总是利用地面上的通道和工具来进行的。根据生产工艺的要求，车间内部要选用某些能适应生产设备、工人和工件三要素需要的运输设备类型（图3-1-8及图3-1-9）。

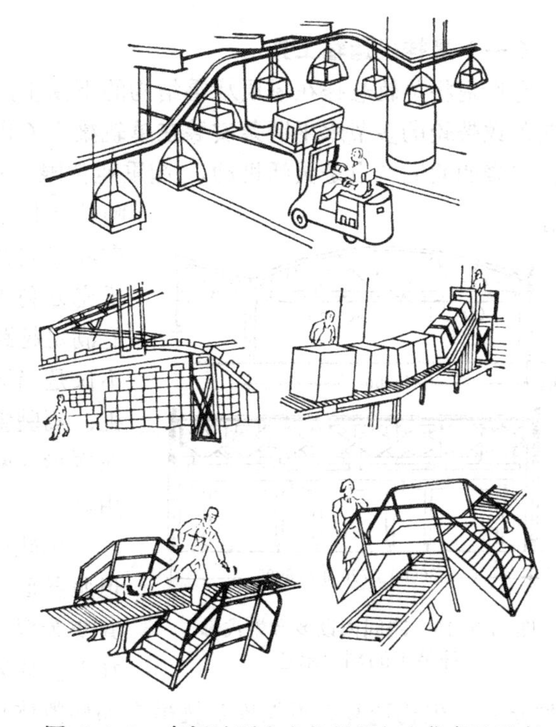

图 3-1-8　车间地面上空物料流与人货交叉示意

图 3-1-8 说明了可以充分利用空间布置物料流及其与地面人、货交叉的解决方式。

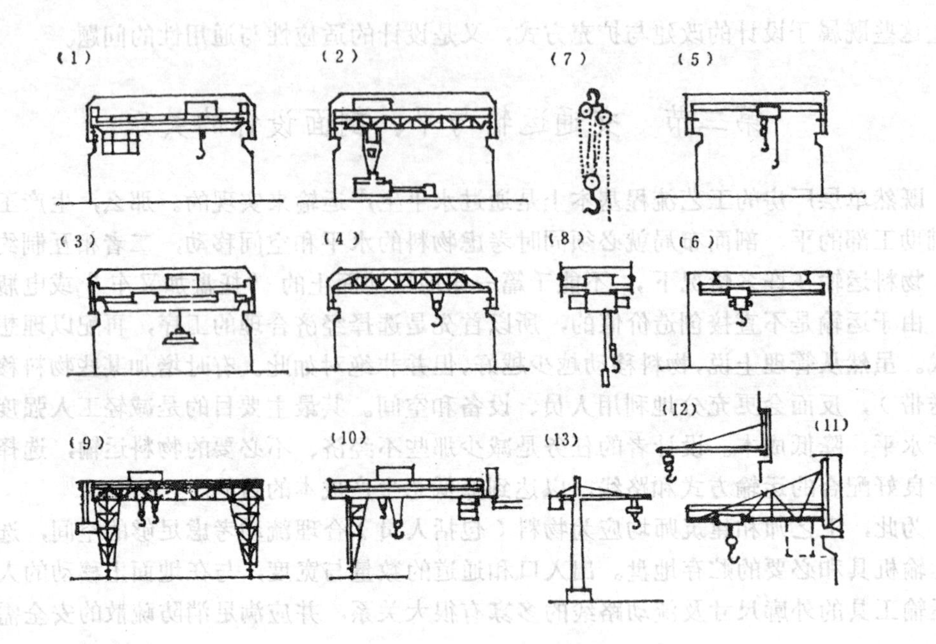

图 3-1-9 各种型式的起重运输机械

(1)电动桥式吊车；(2)桥式加料吊车；(3)桥式磁盘吊车；(4)电动梁式吊车；(5)手动梁式吊车；(6)梁式悬挂吊车；(7)手动链式葫芦；(8)电动葫芦；(9)龙门式吊车；(10)半龙门吊车；(11)悬臂移动式吊车；(12)固定旋臂吊车；(13)独立式旋臂吊车

（一）悬挂式运输工具

它们是将单轨悬挂在屋顶承重结构的下弦上，或者安装在单独架设的梁柱上，分别将电葫芦或带轮的多节水平链条安装在单轨梁上（借助于机械枢纽站）沿其走向“水平”移动。二者的共同特点是灵活机动，起重吨位限制在0.1～5吨或更大些。吊链（图3-1-3）吨位小但吊载点多，可以不断地运送工件。既可单向环形闭合往复移动，又可多向甚至升降移动。由于充分利用空间，避免地面通道的(图3-1-8)拥挤，能满足越跨、层间和车间之间运输。已如前述，它不仅是当运输工具使用，而且往往是车轮、发动机、驾驶室及汽车其它部件的悬空式仓库。更适合在方形柱网和灵活车间、大流水轻、中件的生产中应用。

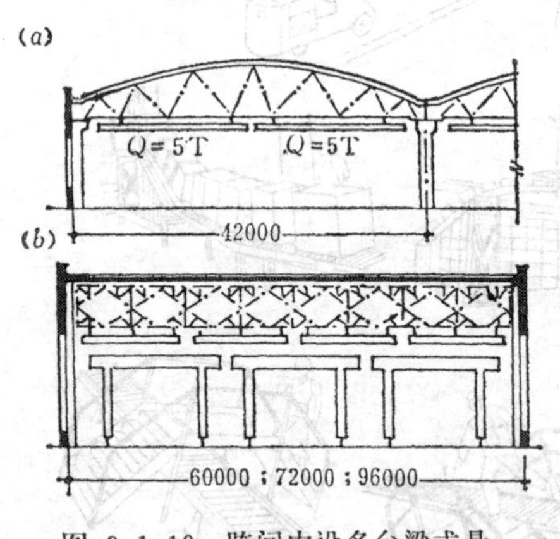

图 3-1-10 跨间内设多台梁式悬挂吊车的剖面示意

单轨吊车的轨梁可任意变向分岔，调度灵活，但服务面狭窄，为了加大服务范围可设附加梁，使其变为双吊点或多吊点的梁式悬挂吊车（图3-1-10）。它基本上保留了单轨吊车的特点。虽可纵横越跨运行，但构造复杂不能象单轨吊车那样整体任意升降。国内某些厂试用微机控制其越跨、分岔运输取得成功。

（二）梁式和桥式吊车

工件重量增大时，往往需要改用在柱列吊车梁上行驶、占用空间较大的柱承式高架吊车（图3-1-9）。

梁式吊车是将悬挂在屋架上的轨道改为在支承于柱上的吊车梁及轨道上行驶的一种起重运输工具型式。吊车跨度大（12米以上）、服务范围广，起重吨位为1～5吨，和悬挂吊车一样，可在地面操纵。运输频繁时应设上部驾驶室。吨位加大改用桥式吊车。

桥式吊车的起重量为5～500吨，甚至更大些。对冶金、机械、矿山各种专业均有配套型号。它是由两组成对桥桁架缀组成的上部设可横向移动的起吊行车，吊挂设备有软、硬钩之分，可根据生产工艺和物料型式的不同来选用，往往还有主副钩之分。可用于室内外，适用面广，是大中型车间内外最常用的起重运输设备。其缺点是：自重和用钢量较大，吊车的重量由吊车梁传给厂房的承重柱，增加柱和基础荷载；由于级别的不同，运行及刹车引起的震动和冲击等作用也不同，要求增加厂房结构的刚度和设立必要的结构支撑系统。尤其在地震区更应采取必要的措施。

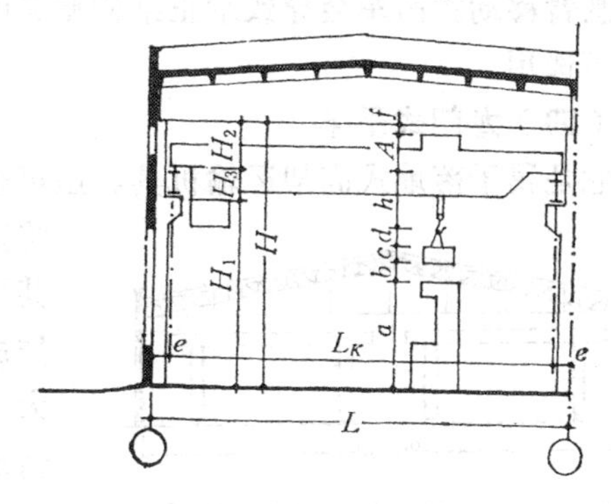

图 3-1-11　横剖面中与桥式吊车有关的各主要尺寸

图中各项名称如下含义：
a—生产设备、室内分隔墙或检修时需要的高度；b—吊车吊载工件运行时安全超越高度，一般为400～500毫米；c—被吊工件的最大高度；d—吊钩吊运工件的缆绳最小高度，按最大工件长宽尺寸而定；h—吊钩至轨顶点的最小距离，由吊车规格表中查出；A—吊车轨顶至上部小车顶面的净空尺寸，由吊车规格表中查出；f—屋架下弦至吊车小车顶面之间的安全间隙；是建筑限界与起重机限界之间规定性的安全要求，主要考虑吊车和屋架制作及安装的误差，屋架的最大挠度以及厂房可能不均匀沉陷。国家标准《通用桥式起重机限界尺寸》中根据起重量大小分别定为300、400、500毫米为下限制。如果屋架下弦悬挂有管线与其它设施时，须另设必要尺寸。e—吊车轨中心至挂列纵向定位轴线的距离

桥式吊车外形尺寸占据的空间较大，增加了厂房的净高和净空（图3-1-11），在设计时以地面、吊车轨顶和屋架下弦（或柱顶）三个标高为控制标高，并使其保证行驶安全和符合建筑统一化模数0.3～0.6米的倍数要求。各项尺寸关系见图所示（$b\geqslant$500毫米）。

《厂房建筑模数协调标准》（GBJ6—86）中对钢筋混凝土结构的柱子又提出了对柱的支承吊车梁的牛腿顶面标高要符合$3M$模数化要求，埋入地下部分的长度也要满足模数化尺寸。

由于构造上的需要，在跨间的平面空间的两侧和两端部形成一个行驶和操作不便的“死角和死区”，如与大型车辆配合装卸应充分考虑这一点。可以利用这些部位安排辅助生产与生活设施。

以上两种吊车的轨道均沿跨间纵向铺设，吊车桥架只能单向行驶，无法超越，故只能用在生产线与跨间方向一致的跨间。每一吊车服务长度以不超过40～60米为宜（级制不同）。如特殊需要，可将吊车分上下两层布置，重吨位的一般多设在下层，否则应采用其它类型吊车和地面小车共同完成。多跨跨间运输可用其它转运工具横移到邻跨，如地面平车、横移设施、旋臂吊车等。有时也可根据需要在一个跨间内将桥（梁）式吊车一端悬吊在屋架下弦上，另一端支承在柱上的两台桥（梁）式吊车。

无论有无吊车，跨间高度应按高于其它型设备的工艺设备的高度确定，但不宜因此而使车间各跨均提高（纵长方向亦同）。设备过大时，宜充分利用通道上空运输工件适当控制车间高度。此时，经常将高大设备（操作件空间）往地面下布置（浇铸坑、井式加热炉

等也属此类），或在这种设备上增建局部高出部分或利用屋架与天窗的空间。

（三）悬臂吊车和旋臂吊车

二者的共同点是悬臂，不同点是前者沿车间纵长方向、在单一跨间内运输，补充或满足桥式吊车死区的吊运需要；后者则系固定在“支柱”上（或地面上）作180°的旋转与吊运，可供邻跨局部柱间的需要（图3-1-9）。

悬臂移动式吊车会导致承重结构截面明显增大，因此只能作为特例以及有足够的根据时方可选用。

（四）龙门式吊车

它是属于落地式高架运输机具。虽可解除厂房结构各种荷载，但行驶不够灵活，增大跨宽，安全感差，过去多用于室外，只是近年才将其引用到车间内。为了扩大地面工作范围，有时也作成：单肢高架、半龙门式的。如果厂房跨度特大，吊车所服务的工段过多，可在整个跨宽上根据情况设2～3台这种吊车，由图3-1-10、12中可以见到。这种吊车在地震区比桥式吊车安全可靠。

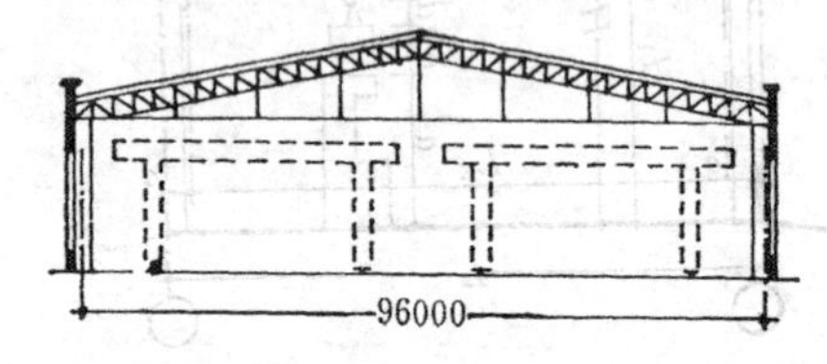

图 3-1-12 冶金机械类通用厂房用数台龙门式吊车的方案

正是由于龙门式吊车和桥式吊车占用厂房空间过大，有些生产和贮放物料的库房在条件允许时应尽量将其移到室外布置。

以上仅简单介绍一些对车间平、剖面影响较大的起重运输设施，它们都是生产中常用类型。现代机械制造厂运输作业的机械化（机械手、遥控的地面上的及悬挂式运输、定点自控送货箱）及仓储机械化（码垛机、遥控的运货箱笼）是比较理想的，它们对车间的平面空间布局远不同于庞大笨重的桥式和龙门式这类运输设施。

其它型式的传送装置在近代工业生产中也经常选用。如上海某钢厂设有高空与地面上下的传送设备，从卸运码头到堆场，由堆场到有关车间，车间内外全厂联成一片自动化运输网体系，由电子计算机控制，保证了大运输量的连续性和地面交通的正常通畅。

二、车间出入口及内部通道

车间出入口的位置与数量还要与厂内道路系统、厂区大门、物料出入方向、生活间以及工作地点等联系方便。内部通道应保证人物流动路线最短而又安全，频繁流动路线应避免交叉和迂回。

通道有纵向和横向，或纵横混合的布置方式。

纵向通道沿跨间方向布置。在机械加工车间中一般每跨间设一道，可居中，也可稍偏，根据设备排列情况而定。跨度较大、机床排列行数较多，有时需设两条通道。

横向通道是指通道与厂房跨间方向垂直，并贯穿相邻的许多跨（往往是贯穿整个厂房）。横向通道的位置，在较大的厂房中，对安全疏散起重要作用。设计中应考虑各工作地点到出入口有方便的通道，其疏散距离应不超出防火安全的允许范围。但横向通道的布置，要十分注意避免切断生产流水线，必要时，可局部架设天桥通道（图3-1-9）。

在多跨厂房平面中，车间内通道必然是纵横相连的，并且是整齐笔直的。除特殊需要外，一般不应有拐弯、尽头等现象。

出入口和通道的宽度，应根据生产运输工具（外形、加上安全界限的尺寸）的类型和行车宽度、车间的生产性质、人流量等决定（图3-1-13）。通道应用异色材料镶边或显示其边界，以免乱堆放物料和行车越界。

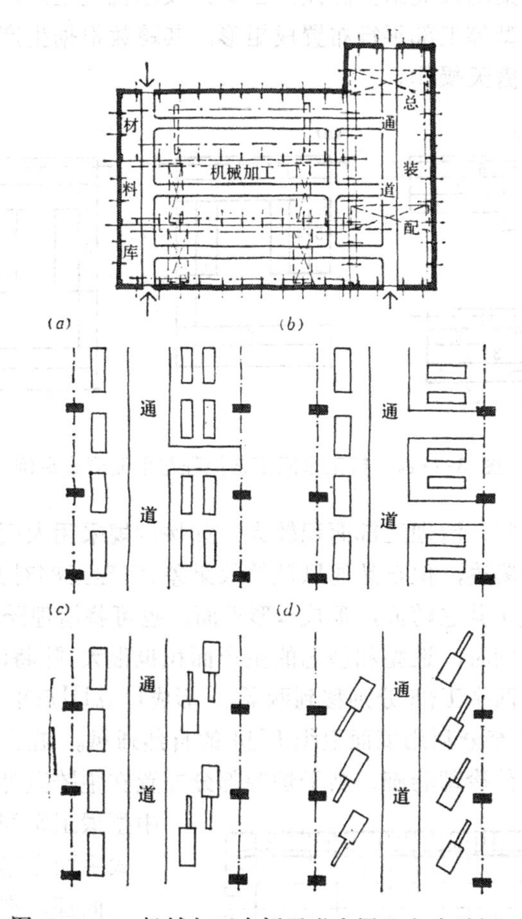

图 3-1-13 机械加工车间通道布置及宽度举例

第三节 生产特征与平、剖面设计的关系

某些工业在生产过程中散发出的烟、热、尘雾、有毒气体和挥发蒸气，噪声及振动等，对室内外环境和工人健康十分有害。也有一些生产需要恒温（湿）、防尘、无菌等严格的生产技术条件，以保证产品质量和维护设备。这些生产特征对厂房的平、剖面型式和规模都不同程度地产生影响。因此应在建筑设计中根据不同情况与工艺、设备人员共同协商予以妥善考虑。

有些设备和生产允许露天隔离或半开敞布置，对于保持良好环境和降低工程造价，以及日常管理费用有很大效益，应该提倡和创造条件实现。

一、热加工类型生产对平、剖面布局的影响

散热排尘是这类车间平、剖面设计中的主要矛盾之一。例如铸、锻中心的各主要车间；

电解铝、冶炼等的主要车间。

图3-1-14为符合铸工车间工艺流程的几种平面布局的形式。它属于烟、尘、热等较严重的类型，对环境的污染比较突出。因此，当单件或小批量生产，机械化程度不高时，通常可将原料、浇注、造型等工部平行布置成矩形，其跨数根据生产规模不同，可分为两跨、三跨或单跨。部分工作露天操作。

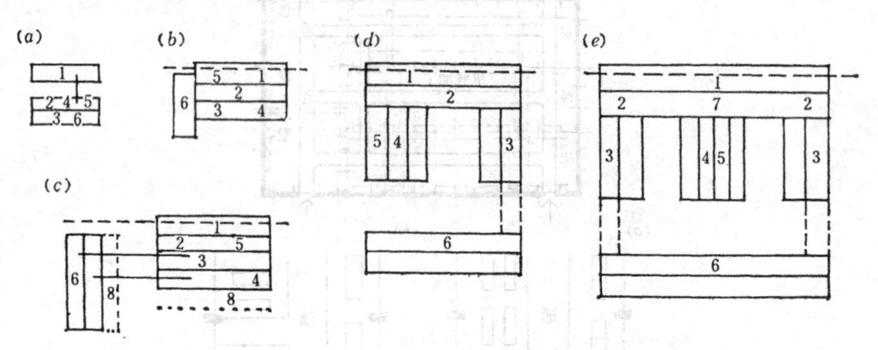

图 3-1-14 铸工车间工艺流程与平面形式举例

中型以上的铸工车间，清理工部面积较大，如按常规采用大面积矩形平面且超过三跨时，虽然生产工艺流程紧凑，但自然通风散热效果差，清理工部对其它工部的影响也较大。为此，应将清理跨垂直于其它跨间，形成L形平面。也可将清理跨完全与主跨脱开。当小件大批量生产的大型车间时，造型和型芯的生产面积也很大，除将清理工部移出主厂房外，还要将砂处理与造型这两个工部分别移到两翼，形成Ц或Ш形平面，既要便于工艺流程和热源疏散，同时也可充分利用墙面组织厂房的自然通风。在南方地区更为重要。甚至将熔化、连续传动的铸件冷却巷廊、烘干炉等部分布置在主跨以外的半开敞式副跨中。大中型锻工车间也往往采用这种分离组联式平面方案。

同理，在联合厂房中，少数热加工或有害工部（热处理、电镀、油漆等）在平面布局时也分别根据各自特点适当集中或分散布置在下风向并予以隔离，以减少对相邻工部的污染（图3-1-15）。

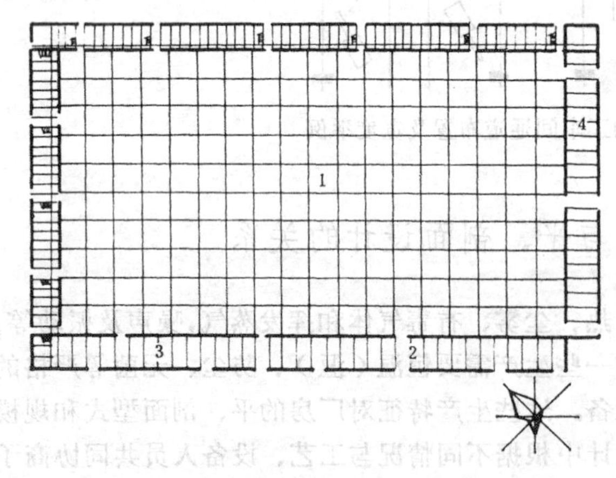

图 3-1-15 有害工部（段）的布置示例

1—机加工工段；2—总装配工段；3—电镀工段；4—热处理工段

室内空间高度除满足生产与起重运输设备要求外，还要适应卫生和通风的需要。屋顶剖面轮廓还与屋面选材和排水方式有关，例如，炼钢等车间不允许屋面漏水导致钢水爆炸事故和影响产品质量。这类车间要求采用长坡面外排水的单坡或两坡顶。

二、恒温（湿）生产环境对平、剖面布局的影响

现代工业生产对产品质量与生产环境的要求越来越高，例如，夏季过热引起汗渍对某

些产品的锈污；工人在闷热的环境中生产效率不高，这些普通道理已为人们所认识。至于一些特殊产品和国外引进的现代化生产项目则更多地采用恒温恒湿这类空气调节设备来保证。这种厂房宜采用联跨整片式平面，以减少空调负荷（图3-1-16）。

纺织印染类的共同特征是各主要车间都要求有独立的空调系统，以保证不同的温湿度要求。为了避免阳光直射影响内部条件的控制，选用“密闭”形式的北向锯齿形上部天窗。在天窗的天沟下面布置空调支风道，为了简化围护结构构造和减少能量消耗，在主要车间周围布置非恒温的辅助用房和空调机房（图3-1-16及图3-1-17）。

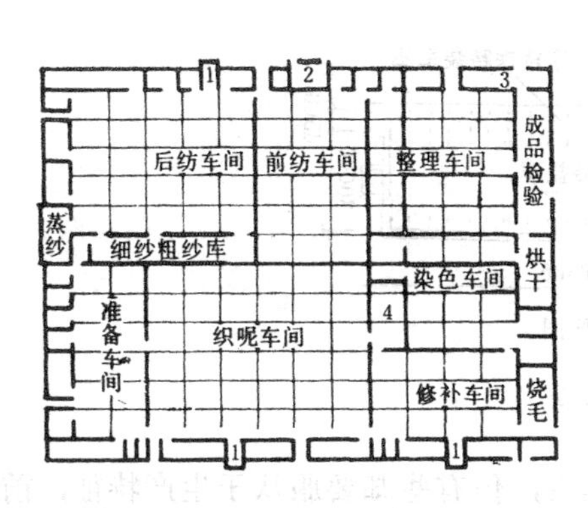

图 3-1-16　毛纺厂平面组合实例

1—空调机室；2—配电间；3—成品库；4—量呢分等

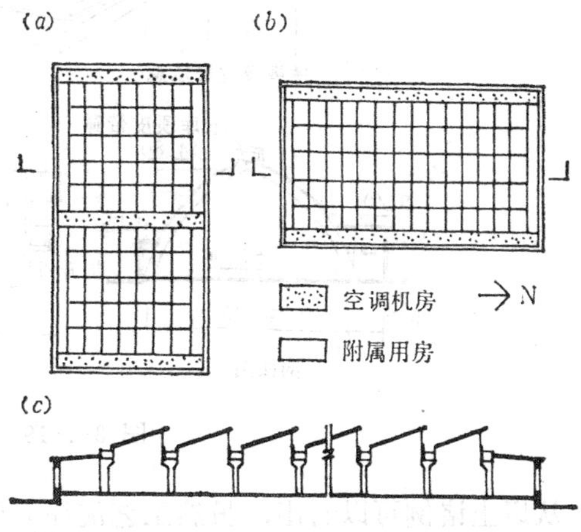

图 3-1-17　纺织厂平、剖面布置形式示意

单面送风的支风道的最大长度一般不宜超过70～80米，否则不易保证均匀送风，为此，天沟一般为双向外排水，厂房总宽度控制在140～160米左右。

根据天沟和锯齿形天窗朝北的关系，空调机房和总风道布置在东西两边的附属房屋内，因此厂房平面多为南北长、东西短。若总平面用地不允许这样布局，或生产规模较大、天沟过长，可在厂房中间嵌入一条附属房间（图3-1-17）。车间内部局部设有单轨吊车。这类车间的高度主要取决于生产净空和卫生要求，一般不宜低于5.0米。

级别更高的某些恒温恒湿类车间往往采用上部带技术阁楼的无窗大面积密闭厂房（图3-1-18）。

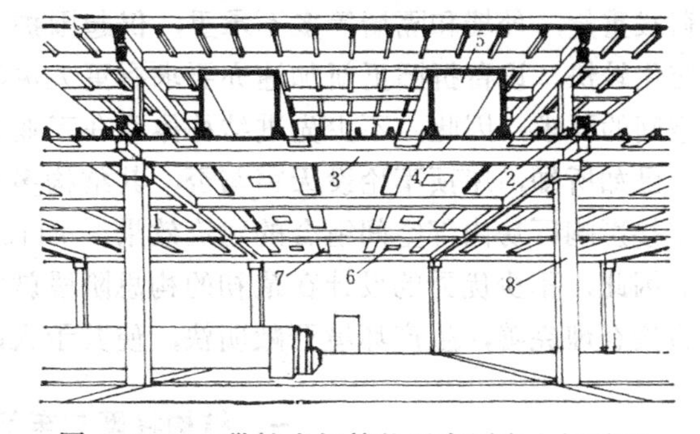

图 3-1-18　带技术阁楼的无窗厂房内部透视

1—屋架；2—阁楼顶棚梁；3—铺板；4—屋面板；5—通风道；6—送风口；7—灯槽；8—柱子

三、其它特征与类型对平、剖面布局的影响

有时由于工艺及生产特征二者的需要，将厂房作成不同高度和不同形式。如图3-1-7所示热电站主厂房，甚至部分设备开敞布置；又如所熟知的采矿车间，地面和屋顶都不等高。在水平和竖向联系上也都有各自的特征和要求。

某些散粒状材料，如食盐、尿素、原糖、粮仓等散装仓库及一些矿石库，若采用一般单层厂房的平、剖面形式，便会浪费建筑空间；故这些仓库的剖面常按粒状材料的自然堆积角及其运输的特点进行设计，形成拱形的剖面（图3-1-19）。

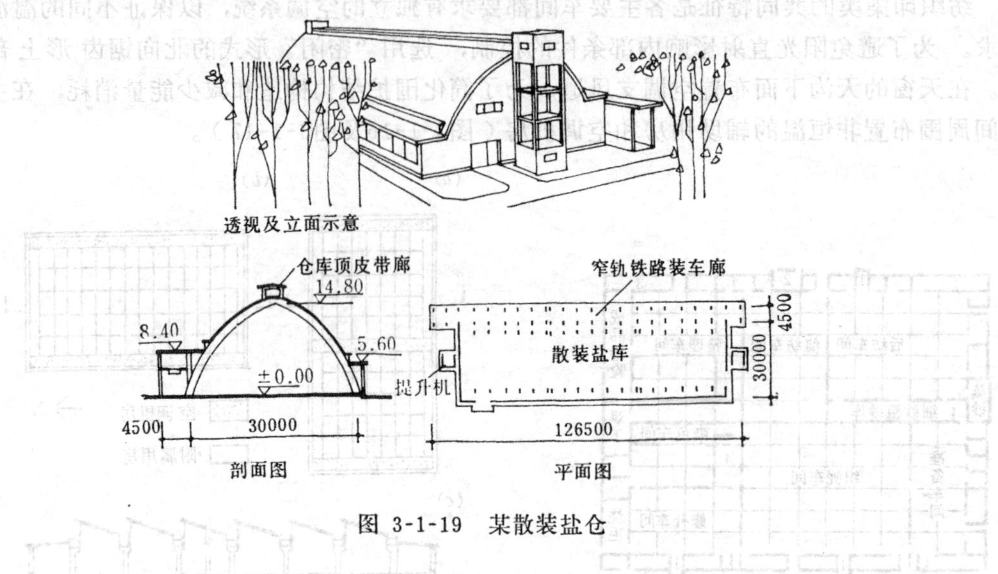

图 3-1-19　某散装盐仓

从以上诸例可以看出，虽然工艺流程需要布局紧凑，但有些却要服从于生产特征，前几例要求对外“开放”，分离组联；后者则要求“密闭”、集中、整片连跨，各有特点。

第四节　结构与平、剖面设计的关系

与多层厂房对比，单层厂房因工艺等的需要，其跨度和高度都较大，屋盖和柱子所承受的荷载重量，外墙和隔墙等多不承重，仅起围护作用。此外，近代工业建筑因生产工艺革新变化较快，设备折旧更新加速亦要求有更大灵活性，这些都对厂房结构提出减少柱子加大空间的要求，因此，不少先进结构体系在工业建筑中被采用。

已如所知，屋顶不论设天窗与否，其结构多暴露在室内，不另设吊顶。屋盖的选型不仅直接影响厂房内部空间组合的建筑效果，而且往往是决定厂房外部形体组合的重要因素。因此，不少优秀的设计在最初的构思阶段就将工艺、建筑等综合起来考虑，以达到整体方案合理完善，生产环境开敞明快，使其予人以较深刻的印象。

一、结构柱网与车间高度的选择

柱网尺寸的选择，应根据生产工艺、建筑材料、结构形式、施工技术水平、经济效益以及提高建筑工业化程度和建筑处理上的要求等多方面的因素来确定，简言之，即坚固适用、技术先进、经济合理、施工方便这几项原则。

跨度尺寸的确定　首先是根据工艺要求来确定。厂房跨间内布置生产设备一般有以下几种形式：1）当设备较大时，常将设备布置在跨间的中部，如水压机、水(汽)轮发电机、大型锅炉等等，两侧空间留供交通运输或运行、组装、检修之用（图3-1-7所示热电站主厂房例）；2）当生产设备很大，而且设备前后又需要大量生产辅助面积时，为了避免厂房采用过大跨度，常将设备布置在相邻两跨的中间，而结构采取特殊的布置方法（图3-1-20）；3）当主要设备为中小型时，常在跨间的中部或一侧布置交通运输通道，通道两侧布置生产设备（图3-1-13）；4）有时设备量大而操作上又允许采用较小柱网，则可将设备布置在连续的几个跨间内，两侧和中间在不同跨间布置主要通道（如纺纱车间的细纱间，图3-1-21）。

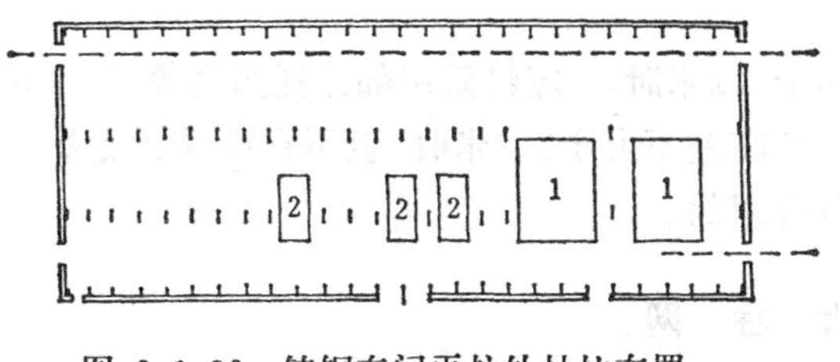

图 3-1-20 铸钢车间平炉处抽柱布置

1—平炉；2—电炉

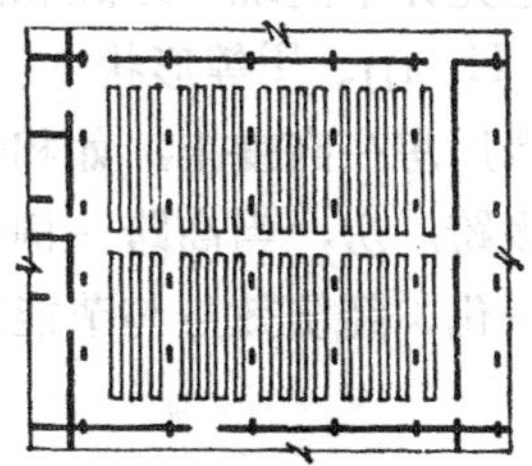

图 3-1-21 纺纱间的设备与通道的布置示意

从以上的简单介绍中可以看到厂房的跨度，12米对于小型设备一般已能基本满足生产要求，中型设备需要18米；大型设备则需24米，国家制定的《模数制》与《模数协调标准》，以6米作为跨宽倍数，18米以下允许以3米为倍数。

经济效益主要取决于两个因素：一是厂房的单位面积造价和材料的消耗；再是厂房面积不变的情况下，例如跨数由15米×6变为18米×5，面积不变但节省了一组起重运输工具和大量的建筑构件，同时也有利于灵活布置车间内的生产设备。

柱距大小 取决于设备布置方式及其外廓尺寸、以及加工件大小、内部起重运输工具型式等多种因素。如生产线顺跨间布置时，柱距和设备关系不大（图3-1-20这类少数大型设备除外），特别是边列柱。此时柱距主要取决于所选用的结构型式与材料，以及构件标准化的要求。

一般采用6米作为基本柱距。这种柱距使用的屋面板、吊车梁、墙板等构、配件已经配套，积累了较成熟的设计施工与制作经验。为了加大厂房平面上设备布置和生产流线的灵活性与机动性，近年柱距有的扩大为12或18米。在工艺有特殊要求时，也可6米与12米柱距同时混合使用，或局部抽柱，上部用托架梁承托6米间距的屋架。有条件时也可采用12米屋面板等构件。图3-1-22所示为托架（下承式）方案举例。

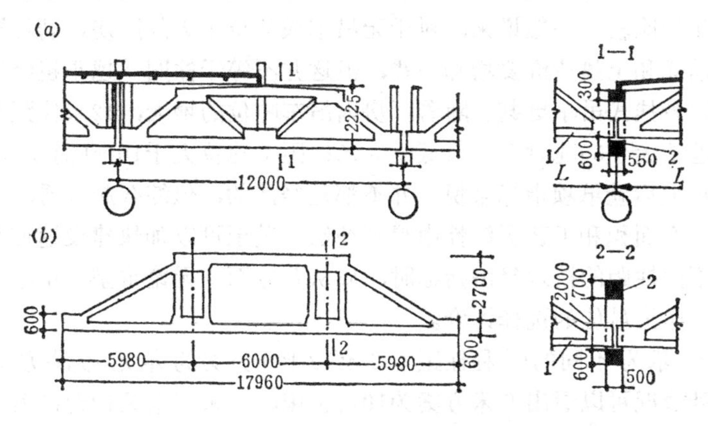

图 3-1-22 12～18米柱距（6米屋面板）的托架梁方案举例

已如前述，车间高度不仅应满足工艺要求，还要考虑内部起重运输工具和卫生标准的规定。卫生标准要求，最低高度不小于3.5～4米，每一工人不少于15米³空间和不少于4.5米²面积。无论是跨度、柱距、高度，它们均应符合建筑结构构件统一化的模数规定0.3～0.6米的倍数要求。最佳方案是等跨等高的、规整的平行多跨组成的矩形平面；从工艺出发也允许不同统一跨间和高度的几部分组拼成相互垂直的多跨矩形或其它形状的平面（如L、П、Ш、T等形状）。

采暖厂房在高度上，如相邻跨有高差且小于1.2米时，应将低跨部分提高到等高；不采暖的多跨厂房，当高跨一侧仅有一个低跨，且高差不大于1.8米时，也不宜设置高度差。这从统一化、经济效益与节能等几方面考虑是合理的。

二、扩 大 柱 网

根据近年来国内外厂房扩大柱网的经验，可将其主要特点归纳如下。

（一）充分利用车间的有效面积

由于机床设备与柱子之间要保持一定的安全距离，以保证操作和检修。在6米柱距的厂房中往往为了躲开柱子而少布置一台设备。

（二）有利于设备布置和工艺变革、简化平、剖面形式

柱距扩大使工艺流程的布置有较大的灵活性，便于技术改革、设备调整与更新，以适应扩大生产的要求，如采用悬挂式运输工具更可灵活布置生产线，因此，在改变其流向时不受柱距限制，并可简化厂房平面形式；柱子减少后，能取得生产环境空间开阔、明敞舒适的效果。

（三）有利于重型设备的布置及重大型产品的运输

现代工业生产对重大型产品的生产，继续向高、大、重方向发展，工艺往往要求越跨衔接处的柱距扩大为12米，并有大吨位电动平板车通过。

（四）有利于减少柱和柱基础的工程量，技术经济效果好，特别是重型车间，常遇到大型设备基础与厂房柱基相互冲突的情况

扩大柱距不仅可减少这种情况的出现，而且对节省工程量和缩短工期都有显著效果。特别是地基软弱、土质条件差的情况，其经济技术指标尤为突出。

由于结构荷重和厂房高度以及所用结构型式等方面的情况复杂，在技术经济指标方面不易获得很准确的比较。一般说来，对于无吊车或吨位不大的厂房，若柱距由6米扩大到12米，则材料消耗和土建造价要增加一些，但这并不等于柱网“越小越经济”。桥式吊车对柱距的影响比悬挂式吊车更甚。随着厂房内吊车吨位的增大，12米柱距与6米柱距的材料用量比值接近（大于50吨时），或低于6米柱距（吨位大于100吨时）。

虽然柱距扩大后就单项指标来说，并不都是经济的，但综合起来看，所增加的造价可以从其节约的生产面积和工艺灵活性中得到补偿，甚至可以加快建设速度和来日的技术改造，所以对比不同柱距的技术经济指标时，应从各方面（无论重型，中小型生产）加以综合，全面分析，作出最佳的选择评价。

图3-1-23所示为不同的两种柱距（6及12米）方案的单元布置方案（中型机床为例）。从第一种情况可以看出6米方案为10台机床，12米方案为12台；第二种情况是6米方案为9台，12米方案为11台。这种对比方案如以某拖拉机厂发动机车间为例则得如图3-

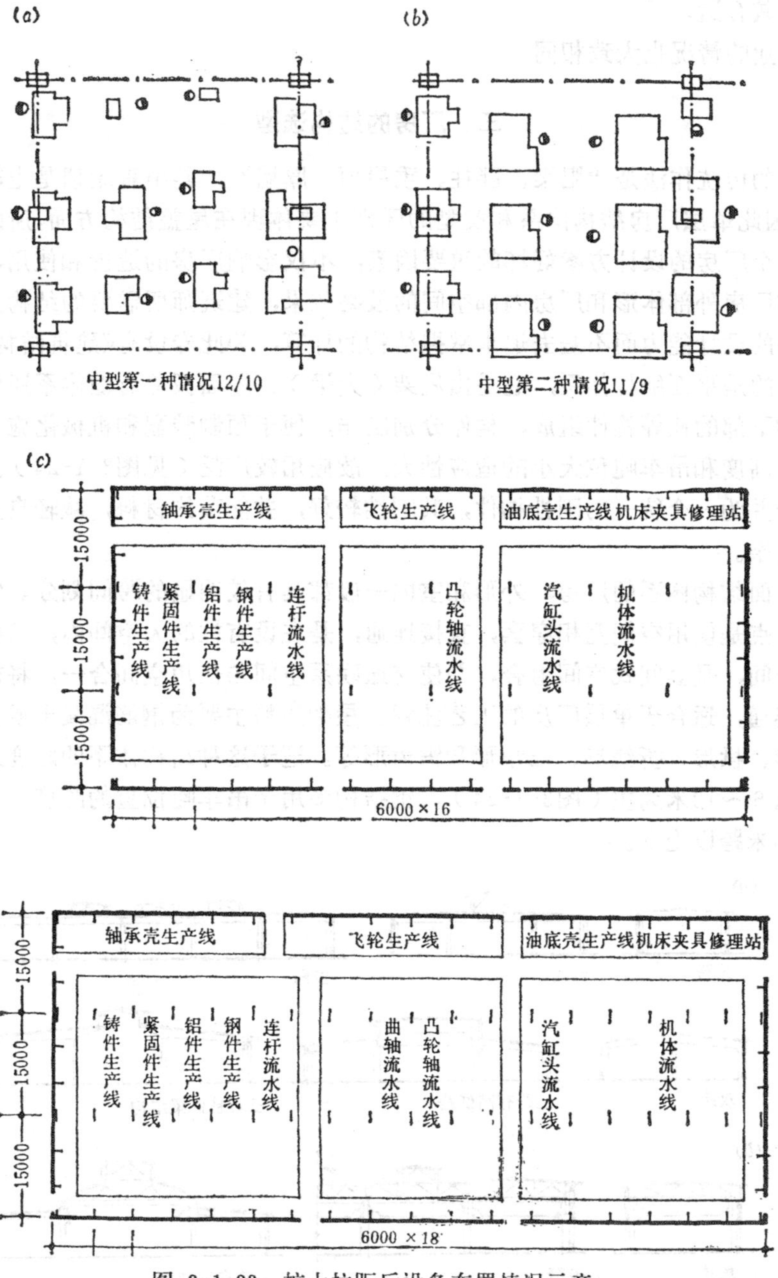

图 3-1-23 扩大柱距后设备布置情况示意

1-24c的效果。尽管12米柱距方案土建经济指标差一些，材料消耗大，单位面积造价高些，但车间面积利用充分，生产流水线易于灵活组织，如扩大到整个车间，由于12米柱距方案比 6 米方案设备布置合理，节约了面积，整个建筑造价反而得到降低的效果。因此单元柱网增加的土建面积造价完全可从节约的车间总建筑面积中得到补偿。扩大柱网方案充分说明便于设备更新和调整生产，改变工艺流程（包括改变运输方向），提高厂房面积的利用系数，节约投资。因此，经过经济比较及施工条件等方面综合考虑后，可适当扩大柱网，并使其接近正方形，对一般具有中小设备的金工装配 车间来讲， 以采用 12×12 米，12×

18米柱网比较合适。

其它行业的情况也大致相同。

三、厂房的结构选型

多年来的传统作法是"肥梁、胖柱、重屋顶、厚墙"，其中重屋顶是上部荷载，所以最为主要。因此单层厂房结构体系和类型的区别主要体现在屋盖结构方面，所以它的选型常常是决定整个厂房的设计方案好坏的重要因素，不仅影响厂房的造价和使用，多数情况下还直接影响厂房外部体形和厂房内部空间的最终效果，建筑师所需要的结构知识，主要是要具备结构的设计能力而不是去追求掌握结构的计算，为此专设有《建筑结构选型》课。

最常用的是平面结构体系，它是由屋架（大梁）、屋面板（有檩体系还包括檩条），支撑系统和下部的柱等构件组成，构件分别制作，便于预制装配和机械化施工，而且对厂房的跨度、高度和吊车吨位大小的适应性大，故应用较广泛（见图3-1-24）。刚架是将屋架和柱子合并为一个统一的刚性构件，其刚性较好，并能节约材料，减轻自重，但制作和吊装稍嫌复杂。

采用平面结构体系的厂房，外形和室内一般都具有较明显的跨间划分。它的平面空间组合形式特点是使用空间互相穿套，直接连通，是在设有柱的大空间内，沿柱网把空间划分成若干跨间，是套间式空间组合，并使交通联系空间与使用空间合一，将被柱网分隔的空间直接连通，适合于单层厂房的工艺流程。屋架用料主要为钢筋混凝土或型钢。常见的形式有梯形、拱形、折线形、三角形和锯齿形等。适于这种结构体系的跨度尺寸为36米以下，柱距以 6 ～12米为主（图3-1-24）。钢结构多用于吊车吨位重的跨度大的大型和重型厂房（如30米跨以上）。

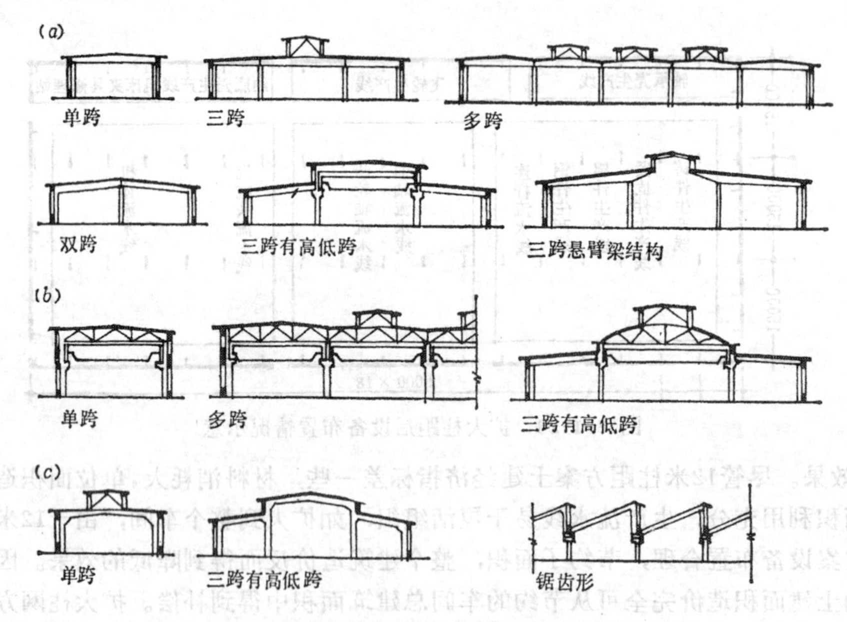

图 3-1-24　采用平面体系屋盖结构的厂房剖面示例

随着建筑科学技术的发展，厂房屋盖结构可采用各种空间结构。这为无吊车的大柱网厂房的建造创造了条件。其中多数是将屋盖的承重结构和围护结构合在一起，充分发挥材料的受力性能，因此能大大地减轻结构的自重，为扩大柱网、组织大空间厂房创造了有利的条件。

空间结构的屋盖形式可以分为折板、薄壳、悬索、网架等多种，型式不同，其剖面形状也随之而异。

1.折板结构　它是由许多狭长的薄板以一定的角度互相整体联系而成的一种板架合一的空间结构。它刚度大、受力合理，整体性好、造型新颖、施工方便（图3-1-25）。采用较多的是三角形截面和梯形截面的钢筋混凝土平行折板，其跨度一般在30米、波长在12米以内。我国推广较多的是折叠式预应力V形折板，其跨度为6～21米，波长为3米，倾角为30°～38°。

采用折板结构的厂房剖面，其跨间式结构的特点是屋盖部分只有横隔板而不设屋架，空间较为简洁。两跨之间可留出一条采光通风的通廊，兼作排水沟，也可将折板搁置在不同高度的跨间上，利用高差处设置采光通风口。这种结构可解决轻型悬吊动荷载。

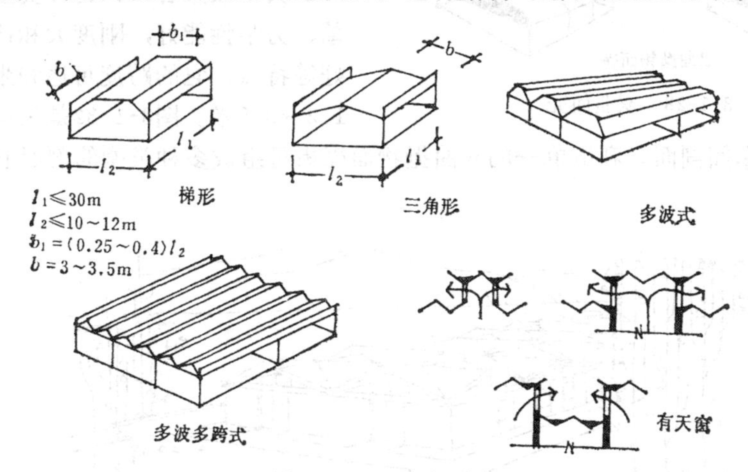

图 3-1-25　折板结构

2.薄壳结构　常见的薄壳结构有单曲面壳和双曲面壳。

单曲面壳包括长薄壳和短薄壳（图3-1-26）。图3-1-27是某玻璃厂的主要车间，同时采用了长短两种薄壳形式。图3-2-6所示锯齿形厂房也属于这种结构方案。

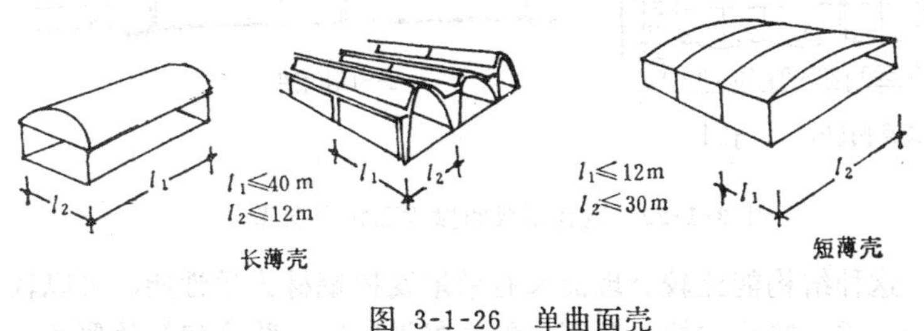

图 3-1-26　单曲面壳

图 3-1-27　采用长短两种薄壳的某玻璃厂透视

双曲面壳可以分为劈锥壳、扁壳、扭壳和抛物面壳（图3-1-28）。采用双曲面壳的单层厂房，其柱网一般接近正方形，纵横方向的剖面形式相同，无明显的跨间划分，内部空间开阔敞亮。图3-1-30是我国某港口的转运仓库，采用了组合型双曲抛物面扭壳，矢高为3,834米，边缘构件为跨度23米的人字形拉杆拱，并利用仓库四周扭壳的拱架设置采光窗，解决了内部的天然采光和通风问题。又如图3-1-30所示是英国某橡胶厂采用双曲扁壳的实例。

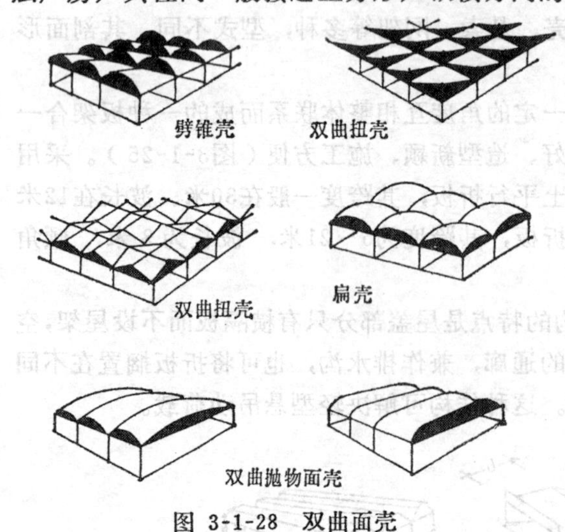

图 3-1-28　双曲面壳

某些地方曾经推广的装配式预应力双曲抛物面壳板（也称马鞍形壳板，图3-1-31）具有板架合一、构件类型少，结构简单、力学性能好，刚度大和技术经济指标好等特点，它的跨度可达30米，壳板宽度1.2～3.0米。图3-1-32是采用马鞍形壳板屋盖的某油枕车间剖面。利用单一的双曲抛物面壳板可组成多种类型的剖面形式，见图3-1-33。

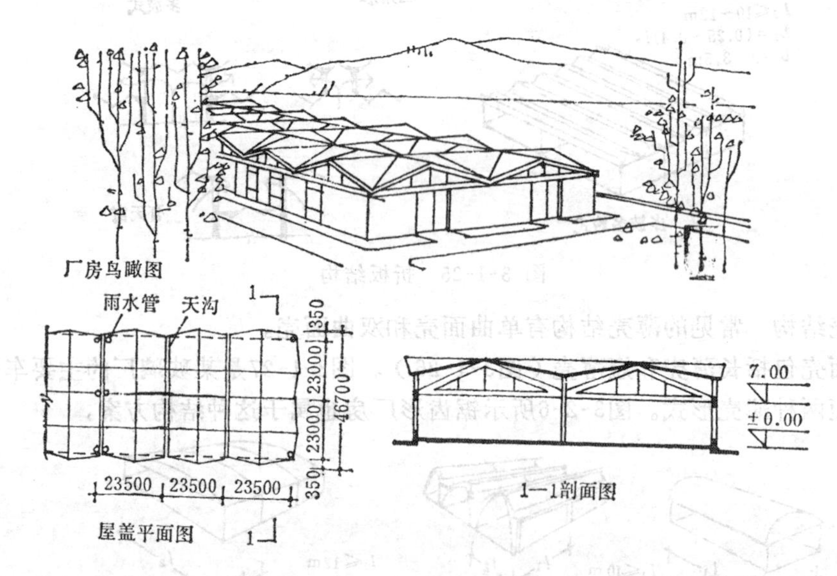

图 3-1-29　组合型双曲抛物面扭壳仓库

3.悬索结构　这种结构能比较合理而又有效地发挥钢材力学性能，可以较大限度地节省材料，减轻结构自重，减少立柱，从而能够很好地解决大跨度建筑的要求。在单层厂房中采用的悬索结构一般为单向悬索和混合悬挂屋盖（图3-1-34）。

图3-1-35是我国已建成的某拖拉机厂齿轮车间，采用的是装配式伞形混合式悬挂结构，柱网为12×12米。它由悬挂索、薄壳屋面板、支柱、天窗等组成。四块壳板组成一伞，在每个柱头上用8根拉索系紧，利用屋面板边缘的板肋，支承天窗或中间板。壳板中心矢高300毫米，板厚15毫米。

上述各种空间结构宜用于一般大跨度的冷加工和库房等生产车间，不适用于吊车重量大、高低跨错落复杂的高温车间。

除列举的几种屋盖结构形式外，在单层厂房和库房中，常见到网架与大跨度落地拱式结构屋盖（图3-1-19）。

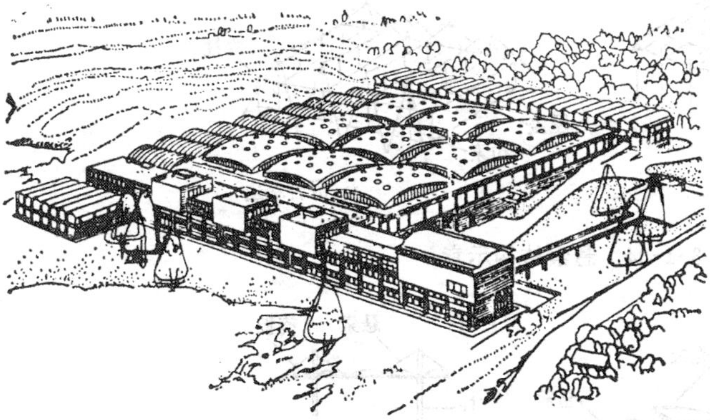

图 3-1-30　英国伦敦某橡胶厂鸟瞰

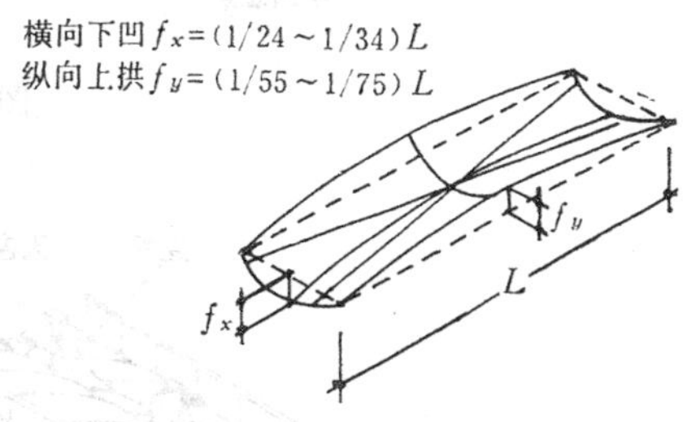

图 3-1-31　马鞍形壳板

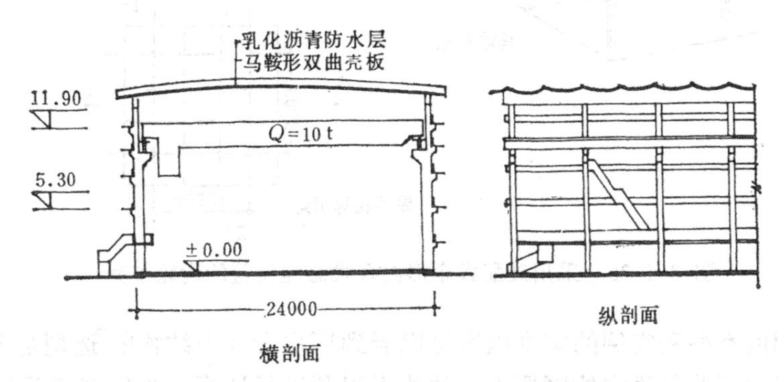

图 3-1-32　采用马鞍形壳板的某油枕车间

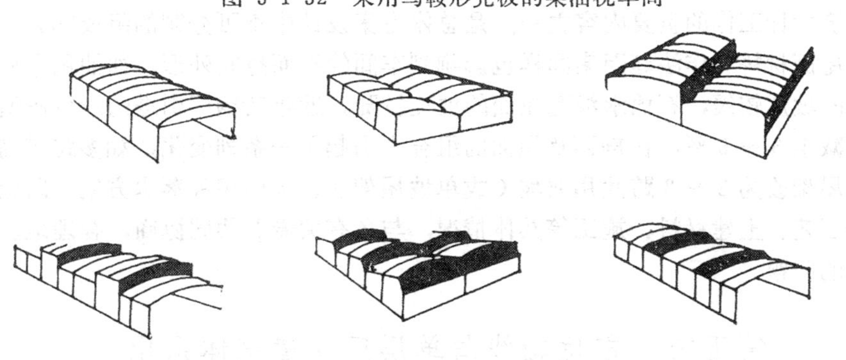

图 3-1-33　双曲抛物面壳板组成的不同形式

最近十几年，随着网架系统在公共建筑中的大量出现，在唐山齿轮厂、天津药用玻璃厂等项目中得到赞许和应用。网架结构是三维空间体系，本身受力很合理，具有良好的稳定性和整体性，安全储备高，结构刚度大，对承受地震荷载非常有利。它是由许多比较小的、形状和尺寸都标准化的构件所组成。与其它结构相比，矢高仅为跨度的1/10、1/14，具有很好的经济效益。

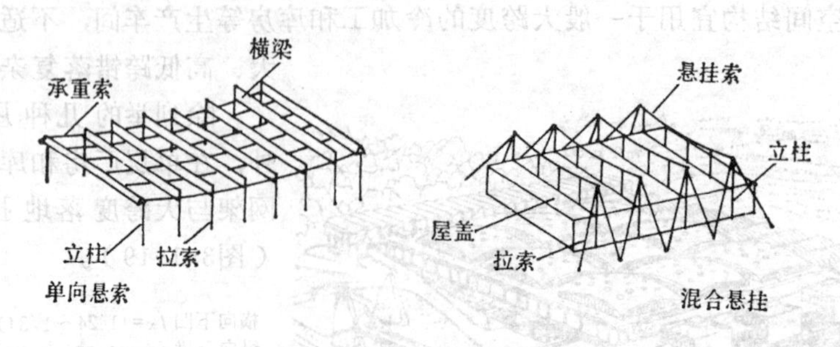

图 3-1-34 悬索结构示意

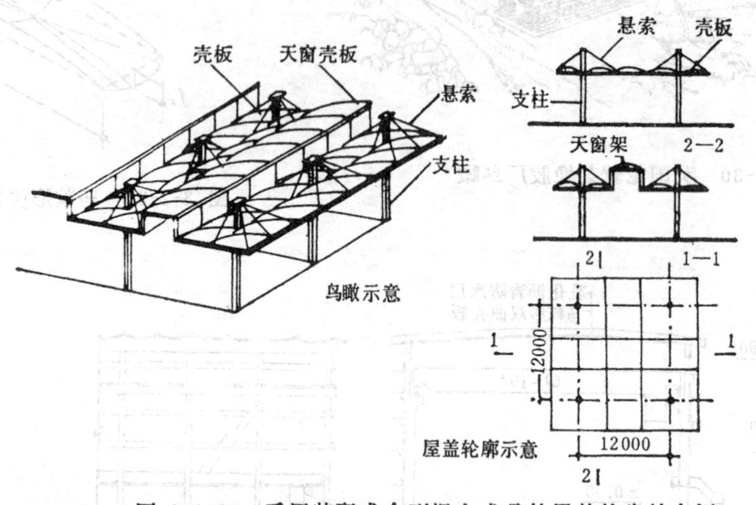

图 3-1-35 采用装配式伞形混合式悬挂屋盖的齿轮车间

从以上介绍的类型和实例的丰富内容可以看到厂房设计中结构的选型是极重要的工作，它不应是只由工艺师确定柱网要求，结构工程师进行计算，与建筑师无关的工作，相反，它是建筑设计工作的重要内容之一，是总体方案设计中不可分割的组成部分。

此外，屋面材料与作法等因素同样也影响到车间的平面空间外形，如油毡卷材屋面和压型长钢板的坡度较缓，石棉水泥瓦屋面的坡度较陡。近年某钢厂引进的彩色压型钢板屋面，坡度可减至 3 ～ 5 %，在剖面及屋面的组合上引起了一系列变化，如多跨等高方案可每跨间双坡屋架改为 2 ～ 3 跨共用双坡（或单坡屋架）、大面积外落水方案。因此，建筑师应该结合工艺、土建材料、施工等具体情况，与各有关专业共同协商，合理地、综合处理好这方面的问题。

第五节　定位轴线与单层厂房建筑体系化

一、定 位 轴 线

已如前述，定位轴线是确定厂房主要承重构件位置及其标志尺寸的基准线。也是厂房施工放线和设备安装定位的依据。设计装配式或部分装配式钢筋混凝土结构和混合结构厂房以及编制厂房建筑构、配件标准设计图集时，为了使厂房建筑的主要构配件的几何尺寸达到标准化和系列化，以利于工业化生产，促进工业建设多、快、好、省地发展，需要遵照执行国家标准《厂房建筑模数协调标准》GBJ6—86的有关规定。此标准是由机械工业部会同有关单位，在总结原《厂房建筑统一化基本规则》TJ6—74的实践经验和理论研究的基础上，从我国现有的技术经济水平出发，考虑到未来发展的需要，补充修订制定的。只是当设计钢结构厂房、现浇式钢筋混凝土结构厂房、生产工艺对厂房有特殊要求的厂房以及采用新技术、新结构和新材料的厂房或者按此标准进行设计，在技术经济上会产生显著不合理的厂房时方可不受其某些规定的限制。

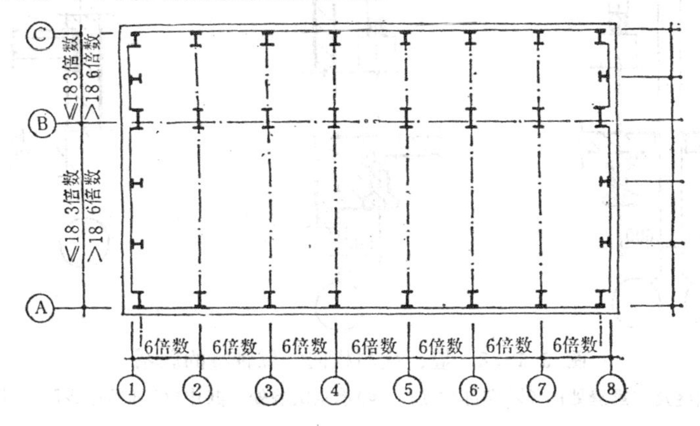

图 3-1-36 单层厂房平面柱网及定位轴线划分示意

通常，我们把平行于厂房长度方向的纵向定位轴线，在建筑设计图中用带圈的文字按顺序Ⓐ、Ⓑ、Ⓒ……等自下而上进行编号。厂房纵向定位轴线间的距离是跨度。当跨度≤18米时，应采用扩大模数30M数列，即9、12、15米等；跨度＞18米时，应采用扩大模数60M数列，如24、30、36米等。但工艺布置有明显优越性时，也可采用扩大模数30M数列，如27、33米等。垂直于厂房长度方向的横向定位轴线，在设计图中用带圈的数字按①、②、③……等自左向右进行编号（图3-1-36）。厂房横向定位轴线间的距离为柱距。除厂房山墙处抗风柱柱距宜采用扩大模数15M数列外，一般柱距应采用60M数列（图3-1-36）。

（一）横向定位轴线

1.中间柱与横向定位轴线的联系

中间柱的横向定位轴线，一般是沿屋架（屋面梁）和柱的中心线通过（图3-1-37）。即通过厂房纵向构件（如屋面板、吊车梁、连系梁、基础梁和墙板等）的标志长度的端部。这样可使墙、柱和横向定位轴线的联系能够保证厂房的建筑结构和构造简单、施工方便，并有利于建筑构、配件的通用和互换。

2.横向伸缩缝处柱与定位轴线的联系

厂房的横向伸缩缝、防震缝处应采用双柱、双屋架及两条横向定位轴线。柱的中心线应自定位轴线向两侧各移600毫米，两条定位轴线间的插入距离即所需设缝的宽度（图3-1-38及图4-1-15）。其横向定位轴线间的距离仍和一般柱距相一致。

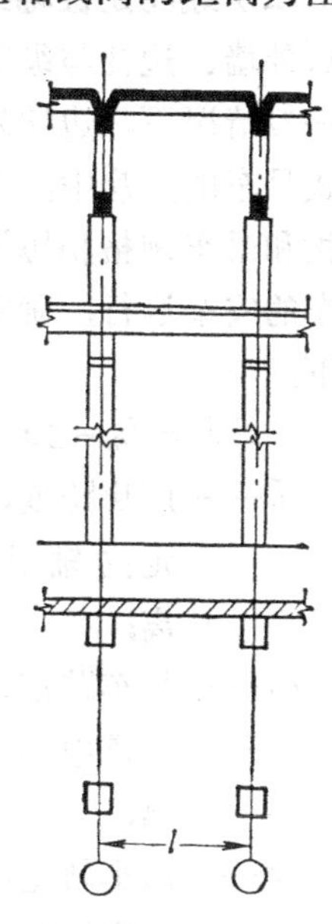

图 3-1-37 中间柱的横向定位轴线

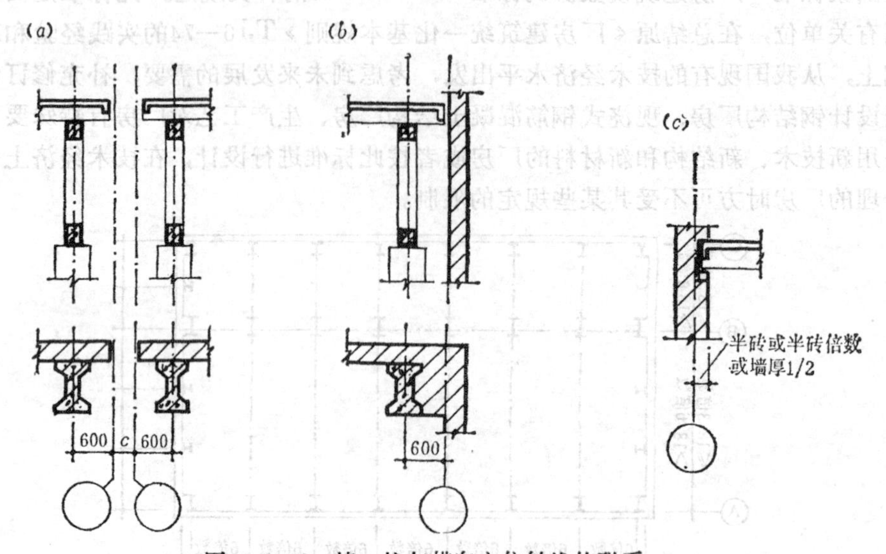

图 3-1-38　墙、柱与横向定位轴线的联系

(a)伸缩缝及防震缝处；(b)端部柱处；(c)承重山墙处；其中(c)伸缩缝或防震缝宽度

3.山墙与横向定位轴线的联系

山墙为非承重墙时，墙内缘应与横向定位轴线相重合，并与屋面板的端面重合形成"封闭"。端部柱的中心线应自横向定位轴线向内移600毫米（图3-1-38b）。这种划分法有助于变形缝部位双柱和山墙抗风柱的设置。对于砌体承重山墙，墙内缘与横向定位轴线间的距离，应按砌体的块材类别，分别为半块或半块砌块的倍数或者墙厚的一半而定（图3-1-38c）。

（二）纵向定位轴线

1.外墙、边柱与纵向定位轴线的联系

一般情况下，边柱外缘和厂房外墙内缘宜与纵向定位轴线相重合（图3-1-39a）。在有桥式吊车的厂房中，为了使厂房结构和吊车规格相协调，以保证吊车的安全运行，确定两者关系如下：

$$L = L_k + 2e$$

式中　L——厂房跨度，即纵向定位轴线间的距离；

L_k——吊车跨度，即吊车轨道中心线间的距离；

e——吊车轨道中心线至厂房纵向定位轴线间的距离。一般为750毫米；当构造需要或吊车起重量大于50/10吨时宜为1000毫米。

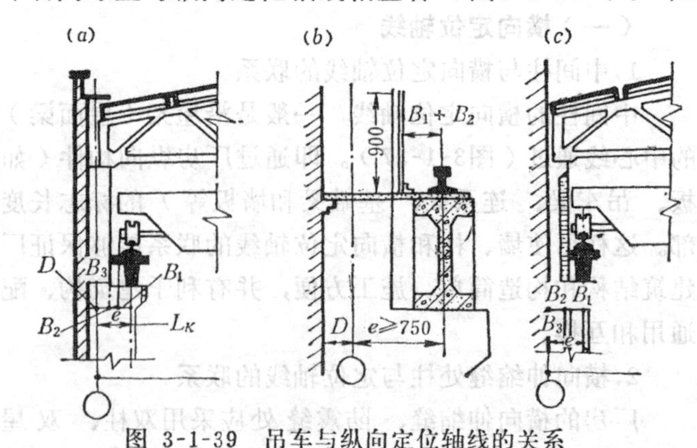

图 3-1-39　吊车与纵向定位轴线的关系

(a)吨位≥30/5吨的普通吊车；(b)重级工作制及吨位较大的吊车；(c)上柱截面与轴线和e值的关系

从图3-1-40c中可以看出，e值是由厂房上柱的截面高度B_3，吊车端部尺寸即轨道中心线至吊车外边缘的构造长度B_1，和为了使吊车安全运行，其外边缘至上柱内缘的侧方安全间隙B_2等因素所决定的。上柱截面高度由结构设计确定，常用尺寸为400和500毫米。对于普通起重量的吊车，其B_1和B_2值可参考表3-1-1选用。

吊车端部尺寸及最小安全间隙值 　　**表 3-1-1**

吊车起重量(吨)	≤5	5～10	15/3～20/5	30/5～50/10	75/20
B_1(毫米)	186	230	260	300	350～400
B_2(毫米)	≥80	≥80	≥80	≥80	≥100

注：各厂产品略有出入，目前应按国家标准《通用桥式起重机 限界尺寸》(上海起重机运输机械厂主编)选用。

为了保证吊车的安全运行，其在跨度方向的侧方间隙安全尺寸应符合下式要求：

$$B_2 = e - (B_1 + B_3) \geq 80\text{毫米}$$

具体设计中，由于吊车起重量、柱距或构造要求等原因，边柱外缘和纵向定位轴线的联系可有下述两种：

（1）封闭式结合

是指纵向定位轴线、边柱外缘和外墙内缘三者相重合，上部屋面板与外墙之间便形成了封闭式结合构造。这样的轴线叫做封闭式轴线（图3-1-39c）。它适用于无吊车或只有悬挂式吊车以及柱距为6米、吊车起重量≤20/5吨的厂房。这种情况下，其相应的参数为：$B_1 \leq 260$毫米；$B_2 \geq 80$毫米；$B_3 \leq 400$毫米；$e = 750$毫米

此时$B_2 = e - (B_1 + B_3) = 750 - (260 + 400) = 90$毫米

说明满足最小安全间隙要求。

采用这种轴线划分方法，在厂房屋面坡度不大的情况下，可以用整数标准屋面板。适当调整板缝即可铺设到屋架的标志端部（定位轴线处）。因此，屋面板与外墙间没有缝隙，不需另设补充构件。具有构造简单、施工方便和造价经济等优点。

（2）非封闭式结合

当厂房的柱距≥6米，吊车起重量≥30/5吨或上柱截面高度$B_3 \geq 500$毫米时，则不能采用上述封闭式轴线。而需在边柱外缘和纵向定位轴线间加设联系尺寸（D），即把边柱外缘自定位轴线向外推移一个距离。这样就构成和钢结构厂房轴线划分相似的非封闭式轴线（图3-1-39a、b）。联系尺寸应为300毫米或其整倍数；当围护结构为砌体时，可采用50毫米或其整倍数。

由于加设了联系尺寸D，通常外墙内缘也随之离开了定位轴线。也就是说其上部与屋面板（铺至定位轴线处）边缘之间出现了一条间隙，形成了非封闭式结合构造。一般可通过墙顶砌体向内出檐、加铺屋面补充小板或结合外檐构造增设檐沟板等措施使之封闭起来。这种构造既增加了施工作业量又加大了厂房占地面积。

无吊车或设有小吨位吊车的厂房采用承重墙结构时，其承重墙的内缘与墙体纵向定位轴线间的距离，一般为半砖的倍数，或使墙的中心线与纵向定位轴线相重合；带有承重壁柱的外墙，其内缘一般与纵向定位轴线相重合，或与纵向定位轴线间的距离为半砖或半砖的倍数（图3-1-40）。

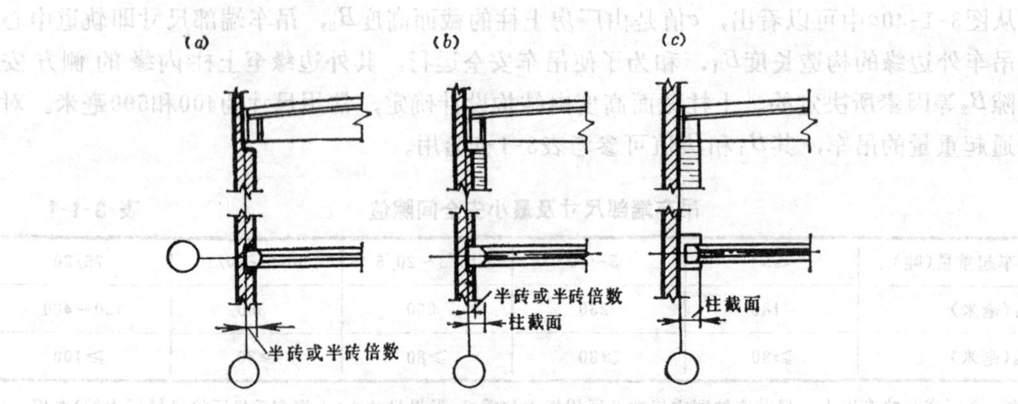

图 3-1-40　承重墙与纵向定位轴线的联系

(a)无壁柱时；(b)、(c)有壁柱时

2.中柱与纵向定位轴线的联系

（1）无伸缩缝时等高厂房的中柱轴线

不需要设纵向伸缩缝的等高厂房的中柱，宜设置单柱和一条纵向定位轴线，柱的中心线宜与纵向定位轴线相重合（图3-1-41a）。上柱的截面高度应保证两侧屋架必需的支承长度。

当由于相邻跨内的桥式吊车起重量、厂房的柱距较大或构造要求等原因需设插入距时，中柱可采用单柱设两条纵向定位轴线。插入距A应符合3M，柱中心线宜与插入距中心线相重合（图3-1-41b）。

（2）设变形缝时等高厂房的中柱轴线

等高厂房需设纵向伸缩缝时，可采用单柱并设两条纵向定位轴线。伸缩缝一侧的屋架或屋面梁应搁置在活动支座上（图3-1-42）。

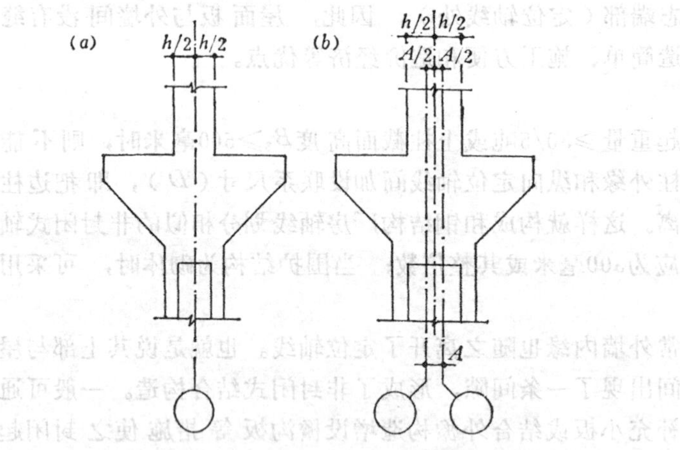

图 3-1-41　等高中柱与纵向定位轴线的联系

(a)无插入距的等高中柱；(b)设插入距的等高中柱

h—上柱截面高度；A—插入距

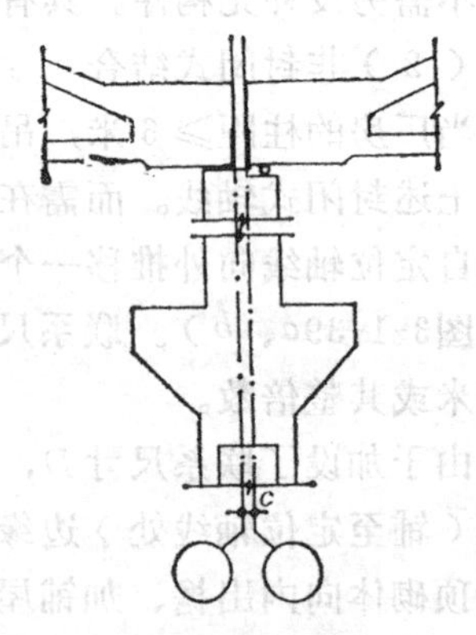

图 3-1-42　设纵向伸缩缝的等高厂房中柱

c—伸缩缝间距

当等高厂房需设置纵向防震缝时，应采用双柱和两条纵向定位轴线，其间的插入距等于防震缝宽度或者防震缝宽度加联系尺寸（参见图3-1-43c、d）。

（3）无伸缩缝时的平行高低跨轴线划分

高低跨处采用单柱时，高跨上柱外缘和封墙内缘宜与纵向定位轴线相重合(图3-1-43a)。

当上柱外缘与纵向定位轴线不能重合时，应采用两条纵向定位轴线，其插入距与联系尺寸相同（图3-1-43b），或等于墙体厚度B（图3-1-43c），或者等于封墙厚度加联系尺寸（图3-1-43d）。

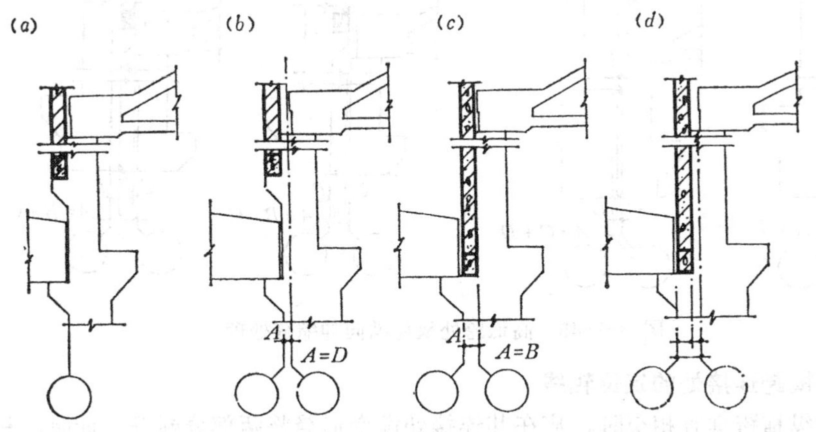

图 3-1-43　无伸缩缝的单柱高低跨轴线处理

(a)单轴线同时封闭高低跨间；(b)双轴线插入距为联系尺寸；(c)双轴线插入距为墙体厚度；(d)双轴线插入距为联系尺寸加墙厚

B—墙体厚度

（4）设变形缝时的平行高低跨轴线划分

高低跨处需设伸缩缝而又采用单柱时，低跨的屋架或屋面梁可搁置在活动支座上，高低跨处应采用两条纵向定位轴线，其间设置等于伸缩缝宽度的插入距；或设置伸缩缝宽度加联系尺寸、伸缩缝宽度加封墙厚度、伸缩缝宽度加封墙厚度再加联系尺寸等的插入距（图3-1-44）。

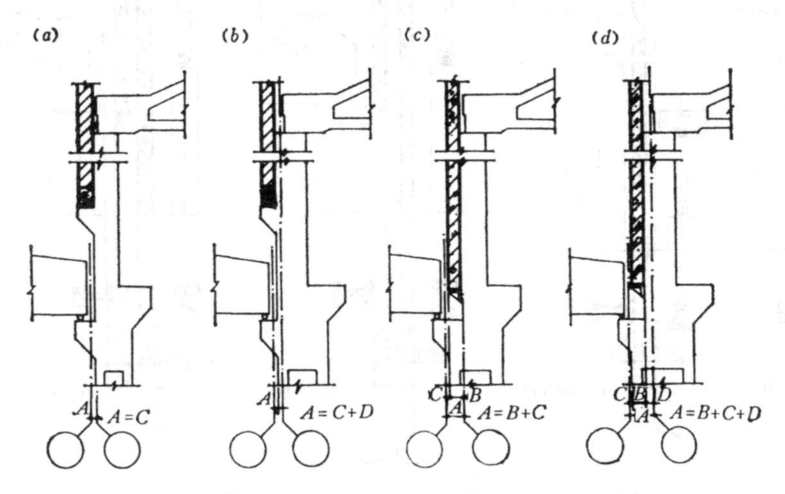

图 3-1-44　高低跨处单柱纵向伸缩缝处理

当高低跨处采用双柱时，应采用两条纵向定位轴线，柱与纵向定位轴线的定位关系可分别按各自的边柱处理。即其间加设的插入距可以是伸缩缝宽度、伸缩缝宽度加联系尺寸、伸缩缝宽度加封墙厚度以及伸缩缝宽度加联系尺寸再加封墙厚度等（图3-1-45）。当需设置纵向防震缝时，也应设在此处，即把伸缩缝改成防震缝处理。

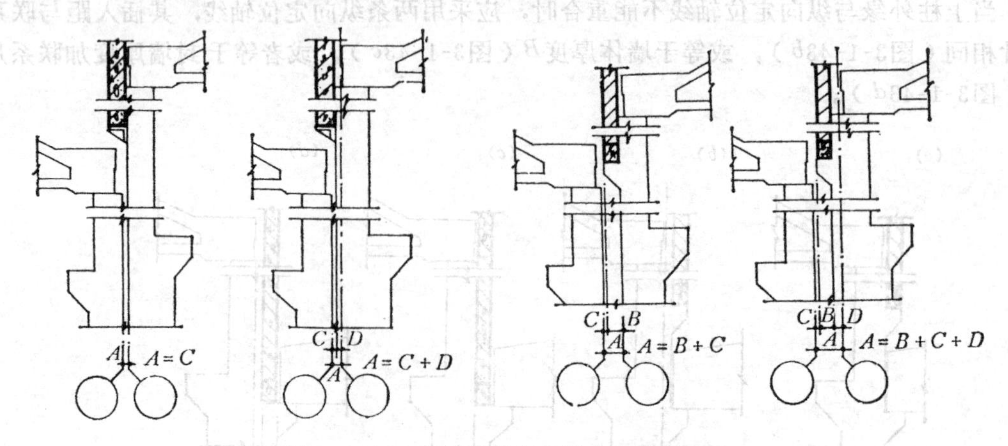

图 3-1-45 高低跨处双柱纵向伸缩缝处理

（三）纵横跨连接处的定位轴线

当厂房为纵横跨垂直相交时，应在其连接处设变形缝将两部分断开。此时，相连接的两部分，应采用双柱并按各自独立的结构体系考虑其定位轴线后，再将其组合起来。相连接部位的两条定位轴线间还应加设伸缩缝或防震缝（图3-1-46）。这种情况下，定位轴线的编号应以跨数较多部分为准统一处理。而不必按跨度和柱距顺序分别编号，以免数字编号混乱。

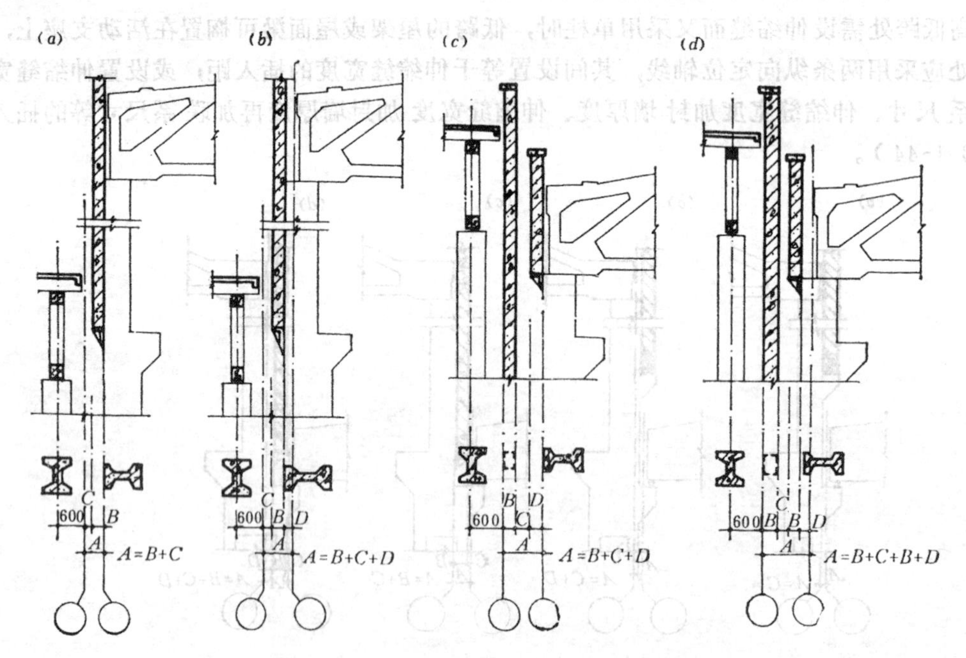

图 3-1-46 纵横跨连接处的定位轴线划分

当厂房山墙比侧墙低，且长度大于或等于侧墙时，可采用双柱单墙处理（图3-1-46 a、b）。外墙为砌体时，插入距为变形缝宽度加墙体厚度或变形缝宽度加墙体厚度再加联系尺寸；外墙为墙板时，插入距为墙板吊装所需净空加墙体厚度或墙板吊装所需净空加联系尺寸再加墙体厚度（当墙板吊装所需净空小于变形缝宽度时仍应用变形缝宽度）。

当厂房山墙比侧墙短而高时，应采用双柱双墙（至少在低跨柱顶及其以上部分用双墙并妥善处理两墙的依托关系）处理（图3-1-46c、d）。外墙为砌体时，插入距为变形缝宽度加双墙体厚度或变形缝宽度加双墙厚度再加联系尺寸。外墙为墙板时，插入距为墙板吊装所需净空加双墙板厚度或墙板吊装所需净空加联系尺寸再加双墙板厚度。

（四）托架或托架梁的定位轴线划分

扩大柱距如无条件选用长度等于柱距的超长屋面板时，需要设托架或托架梁承托中间屋架。目前采用上承式托架的方案符合建筑工业化的要求，其定位关系如下：

1.屋架或屋面梁的两端底面应与托架或托架梁的顶面标高相重合；托架梁的两端面应与横向定位轴线相重合；两端底面应与柱顶标高相重合；

2.托架或托架梁的纵向中心线应与厂房纵向边列柱定位轴线平行，并自纵向定位轴线内移150毫米；在中柱处，纵向中心线应与纵向定位轴线相重合；当中柱设有插入距时，其定位规定与边柱处相同，纵向中心线自两纵向定位轴线各自内移150毫米。

（五）露天跨的定位轴线划分

1.与厂房相连的露天跨，其连接部位靠厂房边柱的外伸牛腿支承露天跨吊车时，按单柱单轴线处理（图3-1-47a）。

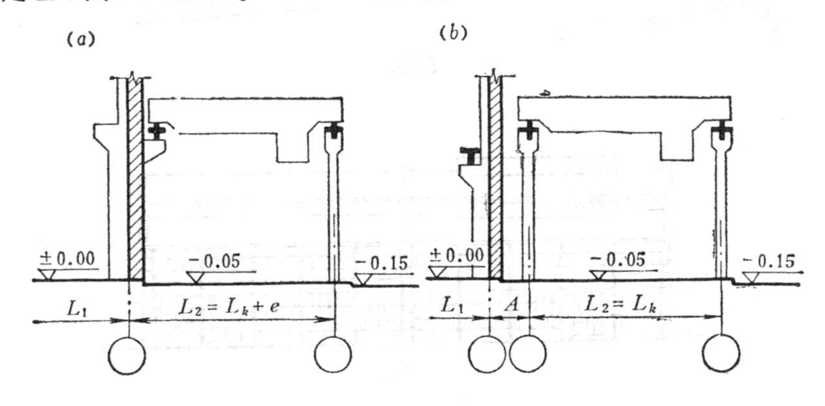

图 3-1-47 露天跨的定位轴线划分

2.与厂房相连的露天跨单独设柱时，露天跨一般按柱中心划分其定位轴线。厂房部分仍按上述原则确定其定位轴线，再把两者组合起来，两条定位轴线间应加设插入距A（图3-1-47b）。

二、单层厂房建筑体系化

为了采用现代工业生产方式来建造厂房。单层厂房同样也要搞建筑体系化。已如多层厂房建筑体系化所述，它是先把各种型式的厂房按其相应的建筑参数进行分类。再把同一类型的厂房作为工业产品，在设计标准化的前提下，把厂房建造的全部过程，按照统一模式来完成。从而使该类型厂房作为一个完整的工业产品，通过工业化生产方式成批地生产出来。这样不仅会加快单层厂房的建设速度，降低造价，还将有效地改善劳动条件，大大地提高劳动效率。

为此，单层厂房的建筑设计也必须满足工厂生产的条件。其结构型式应简单、建筑构配件类型要少，并应有较大的通用性和互换性；厂房的平面和空间组合应具有“通用”和“灵活”的特点，以满足多种生产工艺的功能、地区特征和建筑艺术要求。通常，一个“体系”形成后，可相对稳定推广使用一段时间，以便总结经验，创造出新的更加先进的体系。

在单层厂房建筑体系方面，一般可归纳为以下两类：

（一）建筑专用体系

在一些资本主义国家里，多数的工业企业为垄断资产阶级和厂商所经营。他们按照自家的利益和社会需求，结合当时当地市场上所能供应的材料规格和技术条件，拟定出自己的厂房平面与空间组合，制定建筑构配件等的设计和生产模式，建立相应的规格尺寸和荷载范围，从而形成能适应一定的生产使用要求的独具一格的单层厂房建筑专用体系。以此作为成套工业产品向市场出售甚至商品性厂房整体出售。

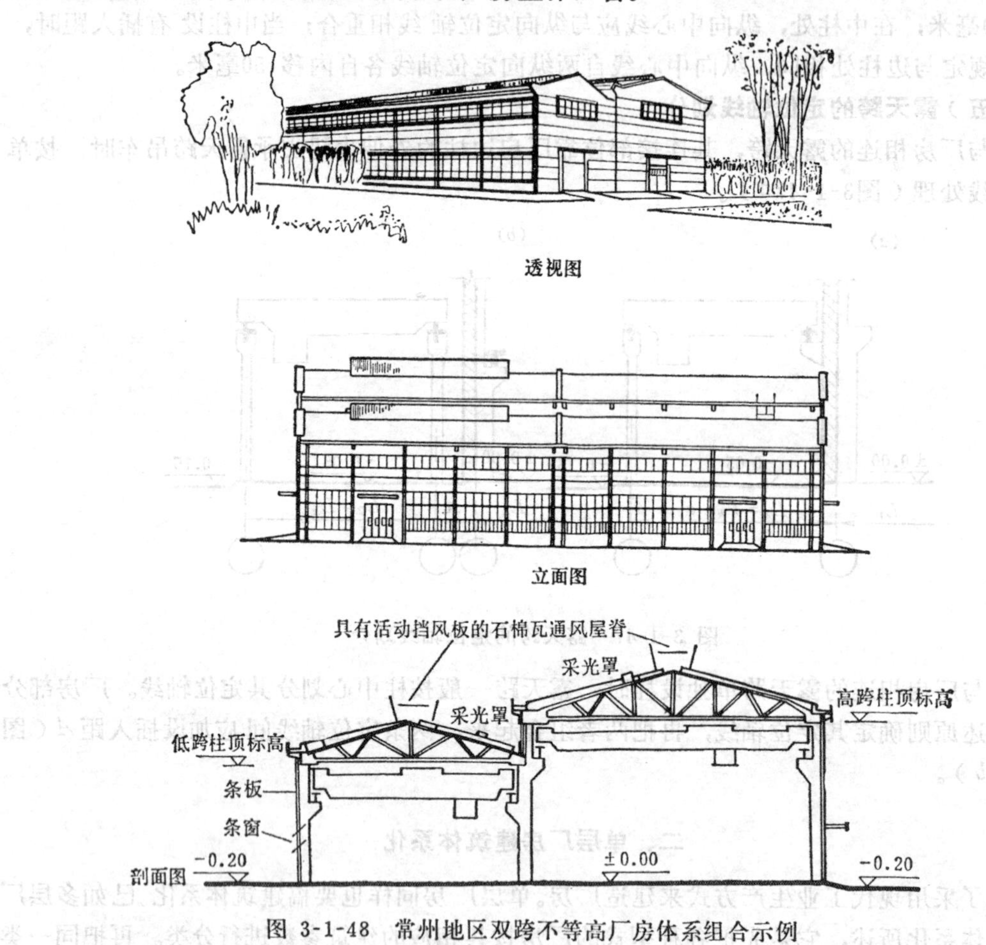

图 3-1-48　常州地区双跨不等高厂房体系组合示例

（二）建筑通用体系

这是一种在国家标准化、定型化基础上发展起来的，可以组合成多种类型厂房，能适应更广的生产使用范围的具有扩大参数的单层厂房建筑通用体系。如我国常州地区的体系化厂房和武汉地区的双T板体系，以及苏联和波兰等东欧一些国家的厂房建筑体系大多属于这一类型。例如常州的硅酸盐条板排架结构建筑体系是以12、15、18和24米跨度的单跨为基础，结合 3 *M*的柱顶标高， 6 *M*的轨顶标高和吊车起重量≤30/5吨等建筑参数，可组合成单跨、双跨等高、双跨不等高和三跨不等高四种结构型式的厂房达322种之多。图3-1-48为其中的一种组合型式示例。

再如波兰的《*FF*》（意指工厂的工厂）体系，是针对波兰占全国50%以上的单层厂房的跨度都是18米这一现状，专为18米跨度建立的厂房通用体系。它适应于柱网为18×6米、18×12米，高度为4.8～12米（按1.2米进级），起重量为5～20/5吨的桥式吊车或3.2吨的悬挂式吊车的各类单层厂房的需要，而建筑构配件规格仅十几种（图3-1-49）。除预制承重构件外，还包括不同型号的门、窗、天窗和用于屋面排水的内外沟槽等围护构件。

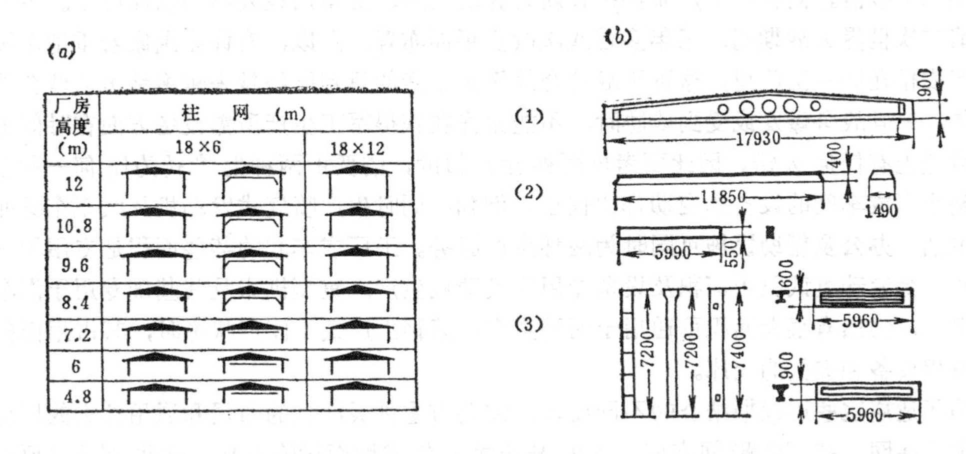

图 3-1-49 《*FF*》工业建筑体系（波兰）

(*a*)《*FF*》建筑体系，单层厂房的尺寸方案；(*b*)《*FF*》建筑体系装配式钢筋混凝土结构主要型号构件；1—薄腹双坡梁；2—Π形屋面板，保温墙板；3—矩形柱

匈牙利的ELVAZ体系是一种既可用于单层厂房的墙板及屋面板，又可用于多层厂房楼板等构件的综合多功能方案❶。

三、厂房的通用性与适应性

企业的生存主要取决于产品对市场需求的应变能力和生产的技术水平。特别是传统工业受新技术革命和国内外市场的冲击与影响，更要求在耗费不大的情况下尽快地实现技术改造与现代化。

技术改造包括生产设备和生产技术的改造，也包括适应这一要求的厂房的技术改造，后者主要是适应性与通用性的问题。

设备折旧与更新二者在我国早已提到日程上来，过去多年倡导的“用30年代设备生产出当代产品”的口号已遭到摒弃。引进新技术，用其改造原有企业和用于新企业是当前迫切需要认真对待的问题。

国内有些新建企业也曾出现在建造过程或投入使用后不久就发现工艺和技术不够先

❶ ELVAZ体系摘引自《混凝土及加筋混凝土》1983年4期。

进，或生产纲领（品种或任务；传统的“重、厚、长、大”为现代的“轻、薄、短、小”所取代）变动需要重新调整与扩建的情况。

美、日、苏等国实践证明，生产设备和工艺变更与更新，平均周期最多为8～10年，最短的甚至1～2年，更甚者是还未建成就已经显得落后了。土建的变更和更新平均周期也要适应这一要求。厂房具有较大的通用性与适应性，可以使厂房投入使用后不久因工艺改变要改、扩建的不合理现象减至最少，使厂房的理论可用年限与实际的物理老化年限二者相近。

美国集成电路生产，原材料、设备、工艺，每三年更新换代一次，电子计算机从诞生到现在已是第五代了；30年来它的体积缩小到三万分之一，价格降低到万分之一，运转速度增加三十多倍。同样一个产品都在日新月异的发展，更不用说要增加新品种了。英国某厂在第二次世界大战期间，三年多曾八次改变平面布置。所以，有许多国家着重把军民两种生产安排在同一工厂里，这种平战结合的军民生产的思想已经越来越多地被某些企业所接受❶，一旦战争爆发或受到威胁时，不能允许在获得军工生产所需设备方面在时间上或资金数量上有任何差错。因此要考虑两种生产目的，需要由两种生产转为任何一种生产时，整个厂或车间的设备的变动都比较小。例如，同时生产喷气式发动机及汽车车身冲压件，生活、办公及辅助设施可同时为两种生产服务。工厂或车间的某些面积是专用于一种生产的，如发动机试验用面积及设备专用于发动机生产；重型机床及其基础专用于汽车生产。但是，仍然有很大面积可通用于两种生产；某种生产处于停产状态时，其占用面积可作为备用设备和夹具的仓库。

为了适应这些远近期结合的不同要求，需要有这种灵活性的布局和通用性大的厂房建筑。扩大柱网、统一各跨间高度、改用悬挂式吊车或地面运输机具，这些都是必要的条件。为此屋架外形最好是平行弦、节间距相等的交叉式屋架，以便在任一部位安装变向吊车和等距的“浮动”天窗，使获得的光线大致保持各向均匀。隔墙最少并尽量采用标准构件组拼。地面也应该是通用的，取消设备基础（甚至柱基础），加厚加强地面承载能力，地面加厚至150～300毫米，柱部位地面加厚150～200毫米形成基础。技术电缆和其它生产上必需的工程管线应预留若干插座和接头，以便接通等等。

当然采用移动式工装、轮式传送带、活动货架、机动而又易搬动的无基础标准化设备、车间平、剖面布局取消插入体等，都是使车间“灵活”的必要条件。总之，应使固定构件减至最低限度。

通用厂房的设计应是成套的标准设计，便于推广与出售，实际当中，以“一变应万变”的设计方案是不存在的。通用厂房最适合的是工艺较为简单的工厂，如多数消费品工厂。因为它采用标准设计、标准构件及标准施工方法，能满足多种生产工艺对它的要求，不仅便于“转产”，甚至适应“出售与转让”的可能。应运而生的有特区中出现的这种性质的“商品”厂房，性质和要求与多层通用标准厂房相似。

两层厂房的通用性和灵活性的设计原则与作法介于多层与单层厂房之间。图3-1-11及图3-1-50分别为苏联设计的大跨冶金机械类通用厂房和两层通用厂房方案举例。

---

❶ “军民结合、平战结合、军品优先、以民养军”。

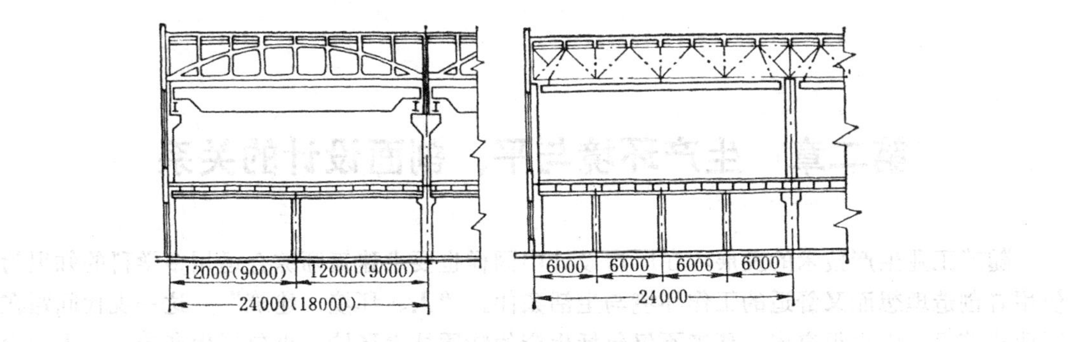

图 3-1-50 两层通用性厂房方案示例

第二章　生产环境与平、剖面设计的关系

随着工业生产技术的发展，在厂房设计中同样也要求建筑师综合运用多学科的知识为使用者创造理想而又舒适的工作环境与生活条件。"人、环境、建筑"，这一现代问题在工业建筑设计中也很突出，环境不仅包括生产的物质技术环境，也包括生产者——人的生理和心理环境。作为生产主体的人在生产中占有极重要的地位，因此，绝对不应单纯理解为隔热、保温、防寒这类围护结构的问题，而是在许多生产中往往还要求有理想的生产条件，或有不同的生产性污染要求改善。环境设计既要创造也要保护生产环境的必要条件，是保证生产正常进行和产品质量的重要因素。也是保证工人身心健康和安全的必要措施。因此不仅要求有良好的采光照明、采暖防寒、通风降温，而且要有开阔的空间、合理的运输方式、良好的室内工况和内外景观，使工业环境也成为生活的一部分。

这些内容有许多已分别在有关部分阐述过，因此仅就采光、通风、洁净、防噪声等这类问题予以论述。

第一节　厂房的采光与照明

大面积厂房仅仅靠侧窗天然采光、其照度难以满足生产对它的要求，特别是精细和精密工作，不仅某些加工件的精度，如刻度和光洁度等难以保证，甚至影响产品质量的划痕和工件内疵也不易发现，更甚者还会影响工人视力健康。这些要求正是限制侧部采光的多层厂房应用的条件。

单层厂房同样也存在这一缺点，甚至更严重，但它可以用其它办法来补救。昼间生产主要用天然采光（用天窗加强），这样可以节约能源。

少量有特殊要求（恒温和洁净度高的生产）的厂房可设计成无窗厂房。不少生产因加工精密度较高，往往在采用天然采光的同时在机床操作部位辅以局部人工照明。

一、天然采光设计的质量

包括合理的采光强度和均匀的照度，正确的投光方向以及避免眩光等。

1.采光强度　它是用照度为衡量标准的。照度的大小直接影响工人对工件的识别能力、生产效率及其视力条件。照度过大导致建筑造价与采暖费用的增加，甚至产生耀眼的反效果，因而要根据工艺要求和地方光候特点参照采光标准选用采光洞口的大小及其位置。

2.均匀的照度　如照度分布不均匀会因频繁适应光照条件而引起视觉疲劳或增加人工照明费用。采光口的类型、位置及其朝向，以及透光材料（玻璃类型）等都会对照度的均匀度有直接影响。

3.合理的投光方向　物体形象的真实感往往和光的投射方向有很大关系。光的投射

方向不合适，常常会隐蔽了加工对象的立体感，使这些物体给人以平面的感觉以至难以识别，或其阴影影响正常工作，因此必须根据工作特点合理考虑光的投射方向。

4.避免眩光　眩光是由于亮度过高或对比过强所引起的不舒适感。它不仅影响生产效率及质量，还易因此发生安全事故，因此厂房设计中应尽量避免阳光直射。

二、天然采光的方式与选型

单层厂房中常见的天然采光方式有三种：侧部采光、顶部采光以及这两种结合的综合采光（图3-2-1）。

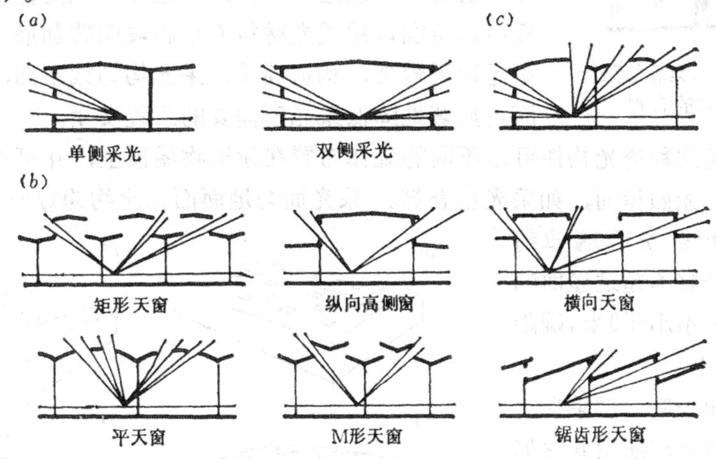

图 3-2-1　天然采光方式

（a）侧部采光；（b）顶部采光；（c）综合采光

侧面采光是通过外墙上的窗口进行，它的造价较低，光线方向性强，但均匀度差，只适合于总宽度不大的厂房。单面侧窗的照射深度为窗高的1.5～2倍，因此可根据厂房具体情况选用单侧或双侧采光，初步确定窗面位置及试选其大小，然后经采光计算核定。

侧窗的照度分布和窗的位置有关。高侧窗对远窗点的照度较好，低侧窗相反。采用较小采光面积又想获得均匀照度时往往采用加宽高侧窗和高低窗相结合的方案。

对于有高低跨的厂房，当条件许可时，往往可利用它们之间的高低差设置（大于1.2米以上）高侧窗，代替上部天窗采光，虽不利于构件统一化，但可省去天窗架及简化屋盖构造。调整跨间组合往往还更有利于构件统一化。从图3-2-2所示的二个例子调整前后中可以看出设计原则的灵活性在很大程度上与设计人员的技巧与运用有很大关系。

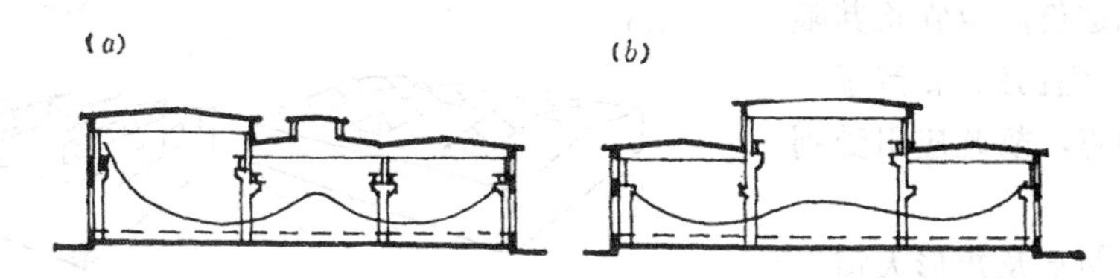

图 3-2-2　调整高低差处利用高侧窗采光的厂房剖面示意

（a）调整前的方案；（b）经与工艺师协商调整后的方案

同样，小跨多坡顶厂房与大跨双坡顶的对比和选用，还要考虑到构件统一化，施工技术、上部排水与采暖空间大小，以及采光通风等的技术效益与经济效益。

在有桥式吊车时，布置侧窗位置时应避开吊车梁的遮挡，一般尺寸见图3-2-3。

顶部采光是通过设在屋顶上的采光口（采光板等天窗）来解决的。实践中常用的天窗形式有：（图3-2-4）

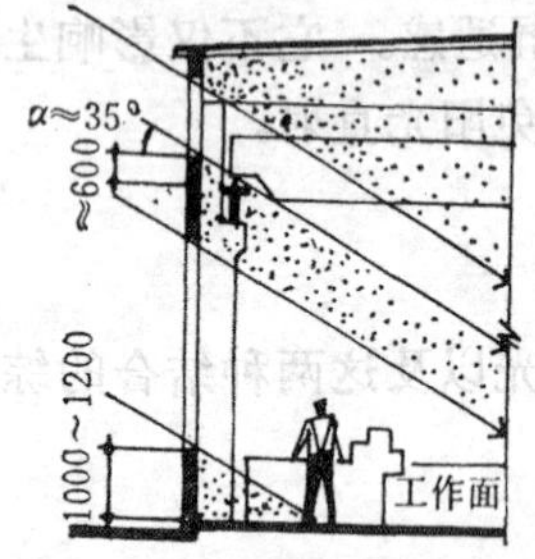

图 3-2-3 吊车梁等的阻挡和高低侧窗的布置

1.**平天窗及三角形天窗** 它是设置在屋面上的水平或接近水平的采光面，其形式有采光板、采光罩、采光带式等。最简单的作法是用与屋面板同类型的透光构件代替屋面板（波形瓦、压型钢板等）的有檩方案。南方近年建造的厂房和库房有一些就是这种作法。也可以在无檩方案的大型屋面板中预留洞口用透光材料（空心玻璃砖加筋）填充。由于它不需设天窗架，构造简单，采光均匀效率高，布置灵活，从而可显著地降低采光所需要的工程费用。

点式和板式这种透光构件可以不同的规律布置在建筑物屋顶上，并可相互紧连在一起形成不同形状的光照屋面，如采光屋脊等。采光面与地面面积比约为1/5～1/25。从防火安全考虑，如用有机玻璃罩封时，其总面积最好不超过屋面的15%，排列间距不小于3米，端距应保证2.2米以上。

这类采光面一般只供采光之用，如有通风需要应配用其它形式“天窗”或将其从屋面上升起在侧部另设通气开口。

采用这种天窗形式应防止阳光照射、积尘、雨雪的渗漏与遮挡，玻璃结露和破碎的安全措施。

为了改进平天窗可将屋脊式平天窗玻璃面升起呈三角形双坡面布置，开口大小不变。单纯加大采光面的高度和倾角虽有利于排雨雪和尘垢，但无助于采光效果，徒然增加造价，故宜将其限制在45°以内。它仍然保留了一部分平天窗缺点，故此应用受到局限。

2.**梯形、M形及矩形天窗** 将三角形天窗脊部向两侧拉开加顶盖封闭而形成梯形天窗（60°角），窗面扶直则为矩形或M形天窗。这几种天窗都需要用沉重

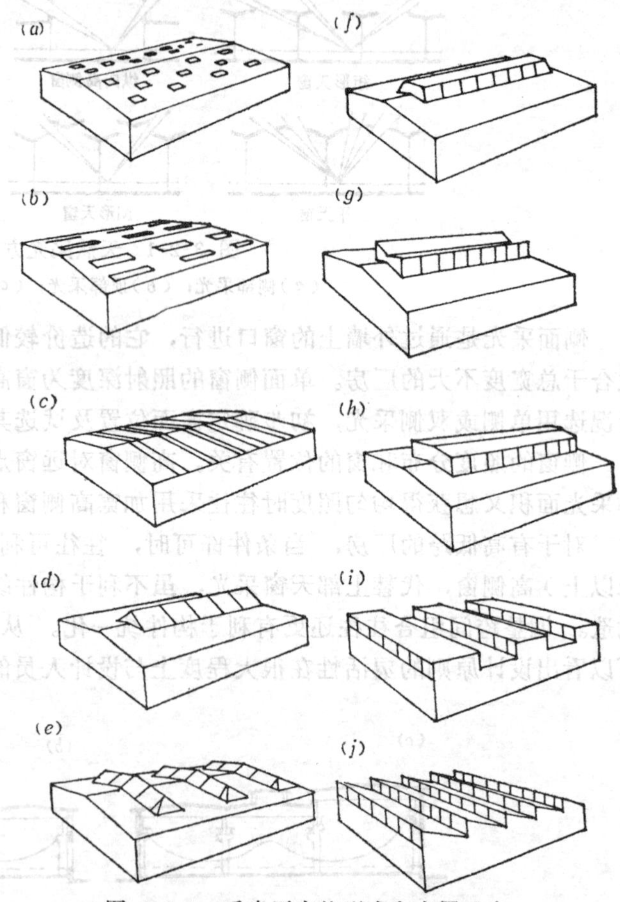

图 3-2-4 采光天窗的形式和布置示意

(*a*)平天窗（点状布置）；(*b*)平天窗（块状布置）；(*c*)平天窗（横向带状布置）；(*d*)三角形天窗（纵向布置）；(*e*)三角形天窗（横向布置）；(*f*)梯形天窗；(*g*)M形天窗；(*h*)矩形天窗（纵向布置）；(*i*)矩形天窗（横向布置）；(*j*)锯齿形天窗

的天窗架承受上部屋盖（目前很少用透光材料作顶盖，虽然它有助于采光效率，因其是变相的高架平天窗）和天窗的荷载，等于在上部又建了一小栋长长的建筑物，所以构造复杂，造价较贵。

这几种属于上升式天窗，采光性能相似，如南北向布置天窗面则可适当避免直射阳光。M形的通风效果好，采光反射率高（1.2倍），但需设上部天沟以免过多地冲刷玻璃面。也可上部垂直、下部倾斜分别发挥其通风和采光的作用，但构造更趋向复杂。

同理，在同一天窗宽度范围内单纯增大天窗高度对采光效果影响不大，因此天窗跨与厂房跨之比为0.4～0.6（有时为了构件统一用0.3），天窗高宽比值控制在0.3～0.45之间。相邻天窗的轴距与工作面到天窗下槛距之比宜控制在2:1左右，以保证必要的均匀度。

此类天窗宜用于中等精密工作的厂房，为了使车间获得适量的通风效果，可用中悬（80°开启角）或上悬（30°开启角）窗扇。上悬钢窗扇如采用特殊悬挂铰可开启到70°角。

3.**锯齿形天窗**　一般如将上述M形天窗的二分之一，双向扩宽到整个车间跨宽则形成这种天窗。坡度大，卷材屋面易流淌，但反光效果好，朝北可避免直射阳光，照射较远而光照稳定均匀。因此，同样的采光面积，不仅效果比矩形天窗高而且照射面大。这种天窗单面设透光面属定向采光形式，设备布置应与窗面协调，使高大而长的成排机器垂直窗面（图3-1-22及图3-2-5）。

在大跨度车间中选用这种天窗形式时，宜利用承重屋架（或大梁）设多排天窗，以保证照度均匀（图3-2-6）。

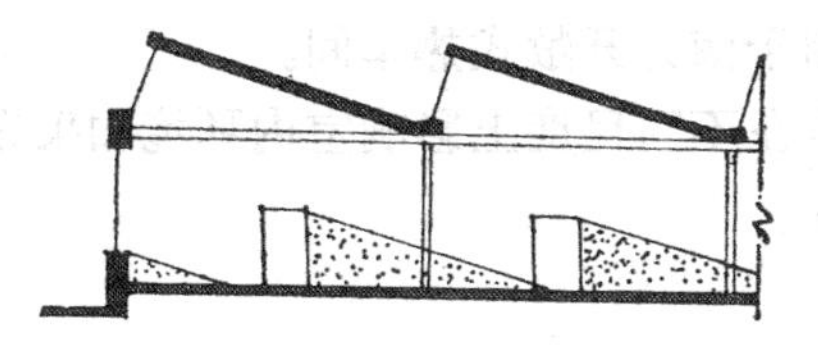

图 3-2-5　高大设备与窗面的关系（平行）

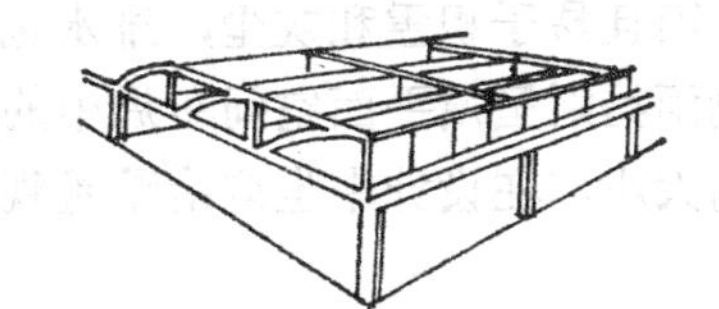

图 3-2-6　大跨间范围内采用多齿形天窗的方案

锯齿形天窗适用于机械加工车间和纺织主厂房这类需要采光条件稳定和方向性强的项目，特别是需设空调风道的车间。

4.**下沉式天窗**　如将凸出屋面的上升式天窗局限包孕在屋架范围内，利用屋架杆件承托天窗扇，部分屋面板置放在屋架下弦杆上，就会形成不同形式的几种下沉式天窗（图3-2-7）。

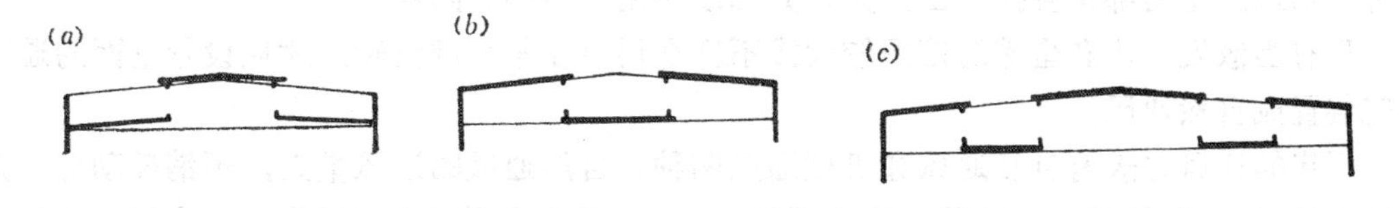

图 3-2-7　纵向下沉式天窗的举例

（a）两侧下沉、采光面外向；（b）中部下沉、采光面内向；（c）跨间内设两条下沉式天窗

由于屋盖的局部下沉形成天窗面朝外和向内的两种方案。采光面内向的采光差但通风效果好，朝外的则相反，因此，有时结合工艺流程与设备布置将不同朝向开口面在采光与

通风方面给予分工，可获得较好效果。这两种天窗造价低，但构造复杂，特别是部分杆件裸露，对于防雨雪和温度变形、结构受力有诸多不利影响，因此主要用于南方温热地区。

以上几种天窗形式是按其纵向横截面形状来分析的。有些可横向布置，使厂房纵长轴与窗面垂直，形成横向天窗。

5.横向天窗　常见的主要为矩形截面的，它与纵向矩形天窗相似，亦有下沉式和上升式两种。上升式的需另设天窗架，凸出正常屋盖，用材料多，造价高，虽有所应用，但近年不多见。如隔1～2柱距（以避开相邻天窗互相遮挡为前提）将屋盖移至下弦上，则形成下沉式横向天窗。它不需要另设天窗架，对跨度大、屋架高的车间比较合适。造价比纵向矩形天窗低，采光系数的平均值较好，但由于照度值沿纵向变化和桥式吊车移动，对司机视力和生产流水线的遮挡频繁有一定影响。

这种天窗更适用于厂房东西轴短的情况，由于采光面内向，当小坡和平行弦这两种屋架时，通风效果好，优于常用的梯形和拱形两种屋架。后者的上弦陡斜，因此窗扇规格多、构造复杂，开启不便；屋面凸凹导致修理困难，必要时应增设上弦外露的纵向支撑，以保证应有的刚度。

6.井式天窗　根据以上两类天窗（开口内向）的演变，将下沉式天窗沿纵长隔断，分成多个下沉的井口，并沿井周侧分设采光与通风面，组成采光通风两用天窗。

多跨时往往在横向上形成锯齿形、矩形，和M形天窗的综合剖面。

跨数不多时，经纵向窗扇射进的光线达不到工作面上，为此多采用横向采光、纵向通风的开口作法，这样也便于和热源布置协调。应指出的是，设有窗扇时，采光通风均不够理想，而且易于积雪和灰尘，排水也有困难，故多用于南方开敞式热车间。

遮雨挡雨虽属平面空间布局中的从属问题，但也在不同程度上影响室内环境和采光通风口的大小，在设计中也应给予重视（图3-2-21等）。

第二节　厂房的自然通风

保证车间生产环境的理想措施之一，是防止有害物的散发，但这往往是不可能的，局限和减弱是可行的，最有效的办法是隔离和限制这种有害源的扩散范围，如隔离布置产生这种有害物的设备与工段。设备露天布置虽是很重要的措施，但不能将所有有害源都这样布置，而且露天方式也需要采取局限、除尘、回收、净化这类环境保护措施。所以最有效的办法是提高设备的密封性，对它们采取局部化的措施和安装就地抽出的装置。用这种手段将有害物从产生的部位直接排出并先将其加以净化、中和和回收。

只有当散发气体和尘雾的范围较大或不完全局限在某个部位时，才应设置全面的通风换气装置或自然通风。

厂房的通风方式有自然通风和机械通风两种。自然通风的通风量大，不消耗动力。如设计合理，是一种简便而又节能有效的通风方式，故在单层厂房中广泛应用。多层厂房只能用在顶层或用侧窗来保证。当采用自然通风还不能满足生产使用要求时，才辅以机械通风或采用更高级的空气调节。它们对于保证室内环境是不可缺少的，而自然通风是有效的节能措施，首先应考虑它的可行性。

一、自然通风的形成

自然通风是利用室内外空气的温度差所形成的热压作用和室外空气流动时产生的风压作用使室内外空气不断交换。它和厂房内部工况（散热量、热源位置等）及当地气象条件（气温、风速、风向和总图方位等）有关。设计平、剖面和创造理想环境时，必须综合考虑上述两种作用，妥善地组织厂房内部的气流，以取得良好的通风降温效果。

1.热压　热加工车间在生产过程中散发大量的余热，适宜用热压来组织自然通风，其通风量主要取决于室内外的气温差和进、排风口之间的高度差。在同样的散热量和进、排风口面积的条件下，若能增大进、排风口之间的高度差，便可提高厂房的通风量。因此热加工车间的进风口宜布置低些，窗台高度常低至0.4～0.6米；排风口则宜布置高些，故一般须设天窗或高侧窗排风。

吹向作业地带的新鲜空气量主要取决于下排低侧窗，故应是全部能开启的。大门的通风效果显著，需强烈通风的地段，可考虑增设通风大门。以热压作用为主进行自然通风的热车间，外墙中间高度处一般不宜设通风口，因其靠近自然通风的中和轴，通风效率不佳。如采光要求在中间高度处设侧窗时，一般可作成固定的玻璃窗面。当然应适当考虑窗面清拭问题。

寒冷地区的进风低侧窗，宜分上下两排开启，夏季用下排窗进风（图3-2-8*a*）；冬季关闭下排，用上排窗进风，以免冷风直接吹向工人身上（图3-2-8*b*），上排窗的下缘离地面高度，一般不宜低于4.0米。

2.风压　风压的产生是由于迎风面气流受阻，速度减小引起静压力增大，形成正压；气流顺建筑物边缘流动，由于通道变窄，流速加大，静压变小，在背风面、与风压平行的两侧及屋面气流飞跃处形成负压。由此形成的风压差，使厂房迎风面窗口进风，背风面的窗口或天窗口为排风。因此，确定厂房的进、排风口时，须了解在一定风向影响下建筑物各面的正负风压区及风压系数，才能正确选择进、排风口的合理位置（图3-2-9），迎风面的天窗口虽属正压但上下部位有所不同。

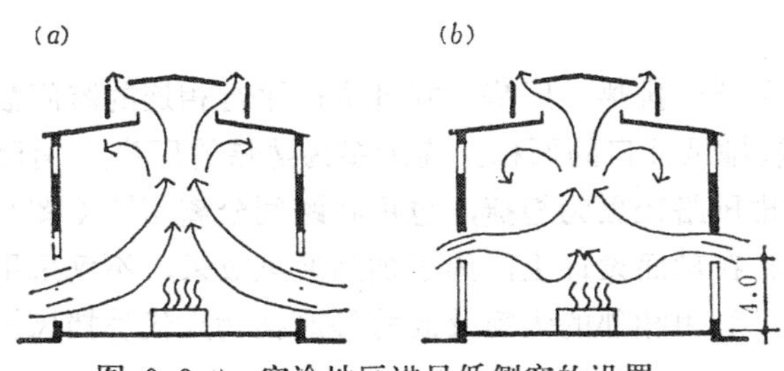

图 3-2-8　寒冷地区进风低侧窗的设置

（*a*）夏季进风；（*b*）冬季进风

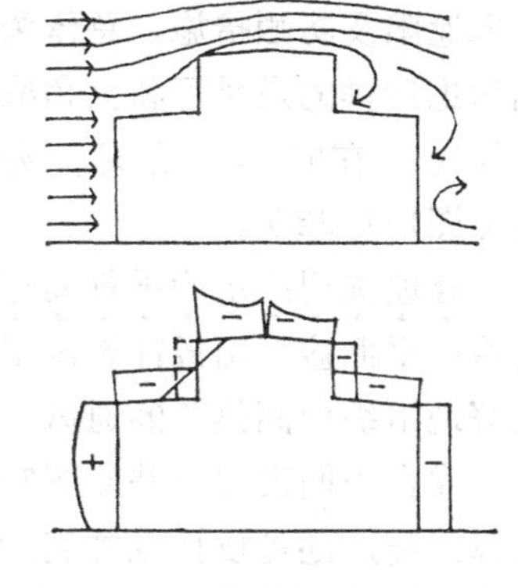

图 3-2-9　风压在厂房剖面上的分布和作用

3.热压与风压同时作用　由于风向和风速经常变化，当风吹向厂房时，自然通风的气流状况比较复杂。在厂房迎风面的下部进风口和背风面的上部排风口，热压和风压的作用方向一致，其进风量和排风量比热压单独作用时大（图3-2-10）。在厂房迎风面的上部排风口和背风面的下部进风口，热压和风压作用方向却相反，其进、排风量比热压单独作用时小，当风压小于热压时，迎风面的排风口仍可排风，但排风量减小（图3-2-10*a*），若风压等于热压时，迎风面的排风口停止排风，只能靠背风面的排风口排风；若风压大于热压时，迎风面的排风口不但不能排风，反而会灌风，压往上升的热气流，形成倒灌现象，使厂房内部卫生条件恶化（图3-2-10*b*），这时，须根据风向来调节天窗的开与关，即关闭迎风面的天窗扇而打开背风面的天窗扇。这样，管理很麻烦，事实上很难办到，而且排风口的面积也因而减少了。因此，对通风量要求较大以及不允许气流倒灌的热加工车间，其天窗应采取避风措施，如加设挡风板，以保证天窗排风的稳定（图3-2-10*c*）。在设有通风天窗的热加工厂房，靠近檐口处的高侧窗一般不宜开启，以免破坏有组织的自然通风。

为了充分利用风压的作用促进厂房的通风换气，有些热加工车间可根据冬季气温的高低选用开敞式通风口的作法，形成开敞式或半开敞式厂房，但应在开口前设挡雨板。

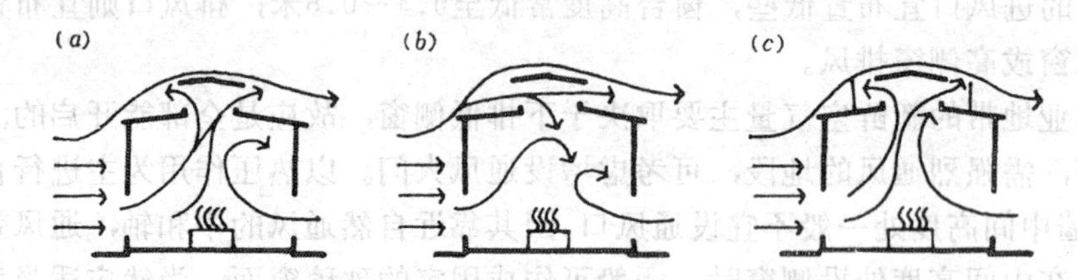

图 3-2-10 热压和风压同时作用下气流状况示意图

（*a*）风压小于热压时；（*b*）风压大于热压时；（*c*）天窗加设挡风板时

二、自然通风的组织

单层厂房（尤其是热车间）自然通风的好坏和平、剖面设计是否合理密切相关，通常应综合考虑以下几方面问题：

1.厂房方位和间距　总图部分已经论述过，厂房进风口面（纵向墙）应正对当地夏季主导风向（或成60°～90°夹角），并尽可能避免西晒。如二者有矛盾时，宜照顾前一要求并采取遮阳及防晒措施。总体为多排行列布置厂房，而间距不大（不小于15米）时，为了适当考虑后排的通风可将夹角减至30°～60°，如山字形平面的厂房，开口部分应朝向夏季主导风向，在0°～45°之间，如有困难则在迎风的非缺口面设有不小于15米²的通风洞口（参见图1-1-22）。

2.合理选用厂房的平剖面形式　为了便于排热、厂房不宜过宽；平行相连的跨间数不宜过多；平面应呈山或Π字形，以增加进、排风开口的面积。连续多为热跨的厂房，有时为了更好地组织中间热跨的通风，使进、排风路径更为矩捷，也可将跨间分离布置（图3-2-11），或在中间设置天井（图3-2-12）。在剖面设计上，为了加强通风效果，不仅采用一般避风天窗，还可设计成加高的女儿墙或利用相邻的天窗及高跨等遮挡物来代替挡风板。

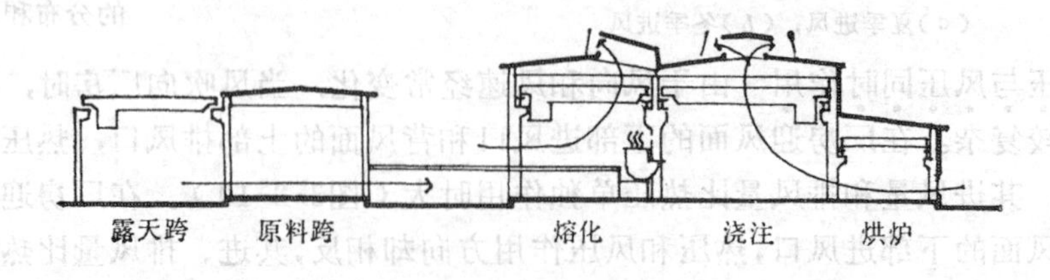

图 3-2-11 将跨间分离成两部分的合金冶炼车间剖面

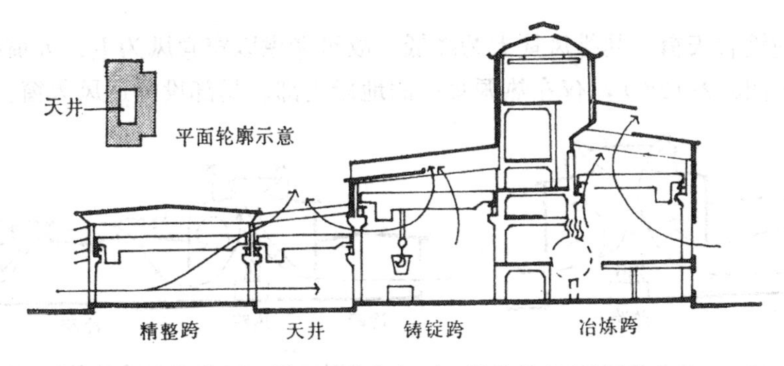

图 3-2-12　中间设置天井的氧气顶吹转炉炼钢车间剖面

3.合理布置热源　首先应和工艺很好地配合研究，如有可能则应把主要热源布置在主厂房的外面，这是解决热车间散热量最经济和最有效的措施。如锻工车间用墙将加热炉跨间和锻造跨间隔开，炉口向内，生产仍很方便（图3-2-13*a*）。如果允许可把加热炉设在开敞或半开敞的边跨间内（图3-2-13*b*），以充分利用穿堂风。

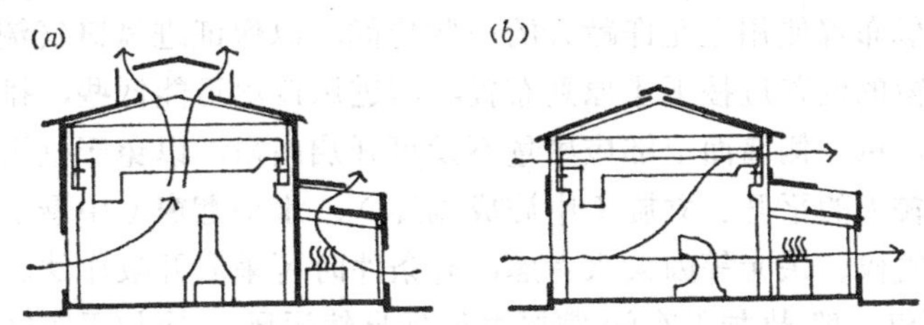

图 3-2-13　将炉子隔离或开敞布置的锻工车间剖面举例
(*a*)用隔墙分隔炉子与锻造跨间；(*b*)加热炉设在开敞的边跨间内

此外，热源位置和排风天窗的相对位置，或和侧窗的相对位置，以及与主导风向的关系，都应细致考虑，以免造成通风不良或工人操作区位于热源的下风向。

当热源必须布置在厂房的主要跨间内时，应将通风天窗布置在热源正上方，使热气流的排出路径短捷，减少涡流（图3-2-14）。

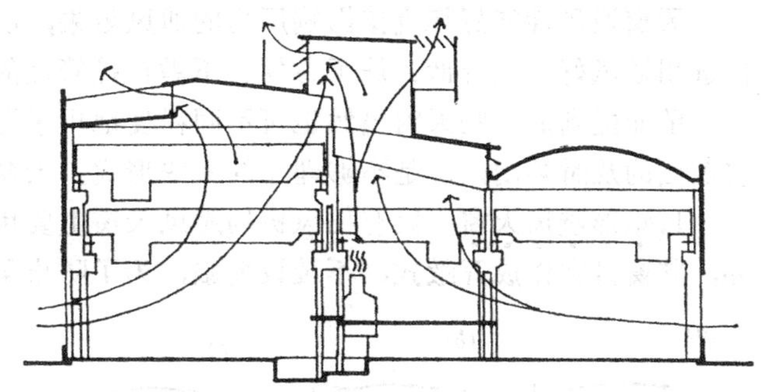

图 3-2-14　正对电炉上方设置偏气楼的铸钢车间剖面

在冷、热跨并联的厂房中若冷跨为边跨时，则冷跨不必设置天窗，以使进入厂房的新鲜空气，穿过冷跨直接奔向热跨，再从热跨顶部的天窗排出，可获得较好的通风效果（图3-2-15）。当跨数较多时，如工艺条件允许，宜将冷、热跨相间隔设置，并适当提高热跨的高度，利用较低的冷跨天窗进风（图3-2-16），这就会形成“活跃”式通风剖面。冷热跨之间应设置距地面约3.0米的悬墙，使进入的新鲜空气流经热跨的作业地带，再经热跨的天窗排出，并须防止上升的热气流侵入冷跨。

4.进、排风口大小和穿堂风的利用　对于内部无大型热源、散热量不大、厂房的宽度较窄（一般在24米以内）的中、小型热车间来说，由于在风压的作用下，穿堂风所占比重较大，即使设有天窗，其排风量大为降低。故可考虑以穿堂风为主、天窗排风为辅来组织自然通风（图3-2-13a），仅在热源集中的地段上部、局部设置通风天窗。

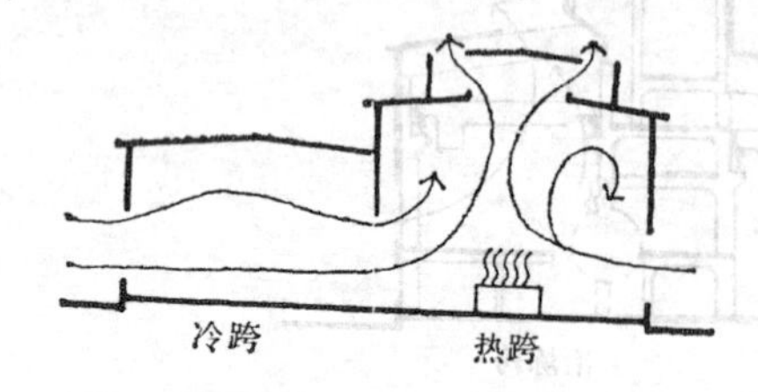

图 3-2-15　冷热跨相邻时的的气流组织

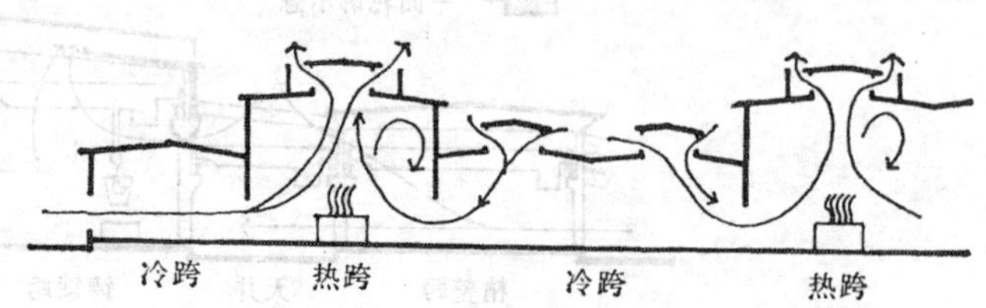

图 3-2-16　冷热跨多跨并联相间配置时的气流组织

以穿堂风通风为主的厂房，相对两侧的进、排风窗的开启面积应尽可能大些，一般不宜小于侧墙面积的30%，同时，进、排风两侧墙面尽可能少设毗连式辅助用房，厂房内部则宜少设实体隔断，使穿堂风畅通。平面布置上难以避免辅助用边房时，应将辅助用室布置在楼层上，底层布置使用上允许敞开的一些房间，以保证进风口气流畅通地流向主跨。

进、排风窗的位置应按下述原则布置，即进风口尽可能低些，排风口则尽可能高些，如用上部天窗排风，侧墙面上部应尽量不设可开启高窗，以免干扰天窗正常排风，下部低窗应选用开口较大的平开、立旋（中旋成侧旋）、水平翻窗（中悬）等窗扇，具体可按车间热量，地区气候、采光等因素来考虑，有条件时可采取开敞作法。

同理，不仅一般热加工车间需要组织好自然通风，冷加工车间的室内环境也不应忽视。一般利用风压和穿堂风，单侧进深最远可达40～50米，因此厂房宽度不宜超过80～100米，即或这样，中部天窗的进、排风仍可能产生紊乱，难以保证中部几跨的稳定排风效果。

三、通风天窗的选型

天窗通风性能好坏直接影响厂房的通风效果，所以应根据生产特点和不同地区具体条件选用通风好、造价低、施工方便、不需自控管理的通风天窗形式。

前面提到的一些天窗虽然也可不同程度地用于通风，但渗漏雨雪并需根据风向变换调整窗面的及时启闭，却是不够理想的一些形式。天窗形式中通风效果较理想的有两类：

1.矩形避风天窗　设有挡风板的避风天窗主要用于热加工车间，除寒冷地区采暖车间外，其窗口常作成开敞式，不装设窗扇，为了防止飘雨，须考虑挡雨设施。

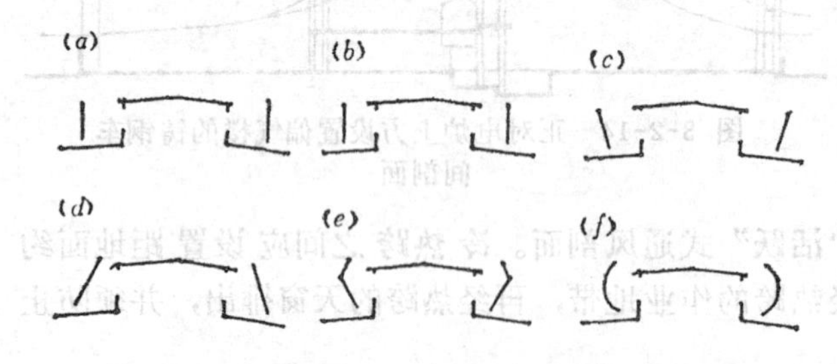

图 3-2-17　挡风板形式举例

（1）挡风板　挡风板的形式可以是垂直的、倾斜的、折线形和曲线形等几种（图3-2-17）。向外倾斜的挡风板可使气流大幅度飞跃，增强窗的抽风能力，故其通风性能较好。折线形挡风板和曲线形挡风板的通风性能介于外倾与垂直挡风板之间。内倾挡风板使水平口减小，并易产生涡流现象，故通风性能较差，但有利于挡雨、防风。宜用于散热、排烟量较小的厂房。

挡风板距天窗檐口的距离（l）与天窗垂直口高度（h）的比值，根据试验，当$l/h=0.6$时，局部阻力系数（ξ值）剧增，排风效率较差；当$l/h>2.0$时，局部阻力系数变小并渐趋稳定（图3-2-18）。说明挡风板离天窗太近，会降低排风效率；距离过远，对天窗的排风效率无甚裨益，并使挡风板支架加重，增加材料和造价。故l/h一般在0.9～1.8范围内为宜，设计实践中常用的l/h值：当天窗挑檐短时，可采用1.1～1.5；当天窗的挑檐较长时，可用0.9～1.25。

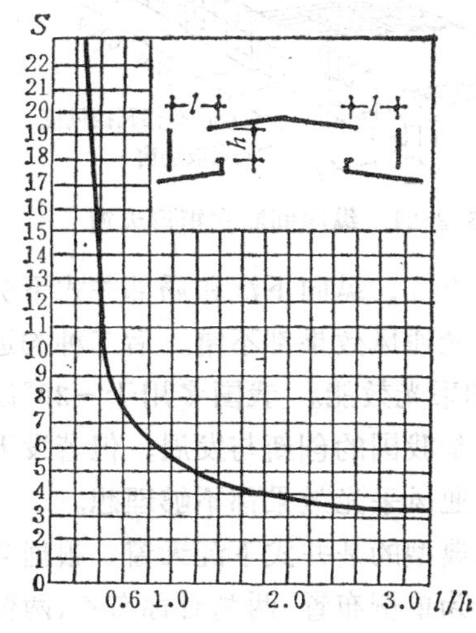

图 3-2-18　挡风板距离与天窗通风性能的关系曲线

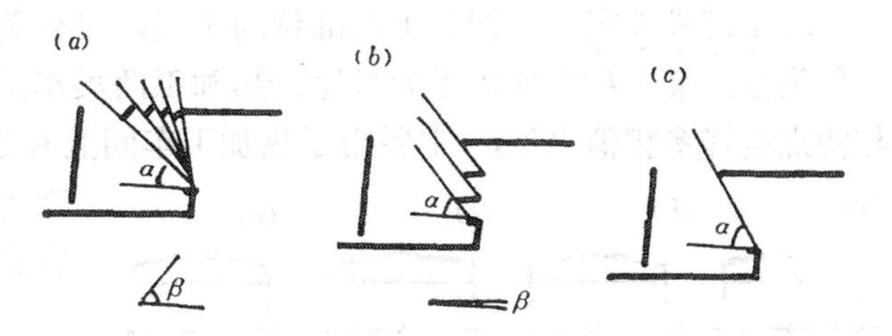

图 3-2-19　天窗挡雨方式

(a)水平口设挡雨片；(b)垂直口设挡雨片；(c)大挑檐挡雨
其中α—挡雨角；β—挡雨片与水平的夹角

挡风板与屋面之间留50～100毫米缝隙，以便排水；积雪地区可适当提高，此时，天窗侧板最好作成Γ形，使从挡风板加大的缝隙吹进的少量气流在水平窗台下形成涡流，不致吹入天窗内而影响天窗排风；同时，还有助于天窗排风性能的提高。挡风板的两端也应封闭，以免灌风，纵长每隔30米也应设横隔板，保证风变向时正常排风。挡风板分隔的空间应设有出入用小门，供检修、清灰和扫雪时进出之用（图4-3-30）。

（2）挡雨设施　挡雨方式可分为水平设挡雨片、垂直口设挡雨片和大挑檐挡雨三种(图3-2-19)。挡雨方式和挡雨角（以α表示）不同，对天窗排风性能产生的影响也不同。

在挡雨角相同情况下，垂直口设挡雨片方案不如其它二种通风效果好。

水平口设挡雨片时，挡雨片与水平的夹角（β）越大，天窗的通风性能越好，以垂直的最好，但挡雨片的数量相应增加。夹角宜大于$\beta\geqslant60°$。若水平口设倾斜的挡雨片时，挡雨角（α）越小，天窗通风性能会越降低；但挡雨片为垂直（$\beta=90°$）时，挡雨角（α）的大小和挡雨片数量的多少对天窗的通风性能影响不大，因气流流动的方向和流经的断面没有多大改变。同理，大挑檐式挡雨的挑檐长度对天窗通风性能的影响也不大，但要保证挡风板距天窗檐口有合适的距离（见图3-2-18表）。

挡雨片的间距和数量，可用作图法（图3-2-20）逐点求出。挡雨角的大小，应根据当地的飘雨角（雨滴下落方向与平面的夹角$\alpha=30°\sim45°$）及生产工艺对防雨的要求确定。

垂直口设挡雨片时，挡雨片水平夹角（β）越小、数量越少，则天窗通风性能越好，但夹角不宜小于15°，以满足排水无倒流之虑。

天窗加了挡风板和挡雨片，可解决天窗口风的倒灌和飘雨问题，但遮挡光线；兼有采光要求的天窗，虽可采用透明挡雨片，但污染较快，采光效率不大。故采用挡风板及挡雨片的厂房，采光可用侧窗或平天窗来解决。此外，也可采用纵向间断式矩形天窗（图3-2-21）。由于采光口与通风口分离可减少玻璃的污染程度，并简化了挡风板的构造。可用于散热量和灰尘较小的热加工车间，兼作采光用。

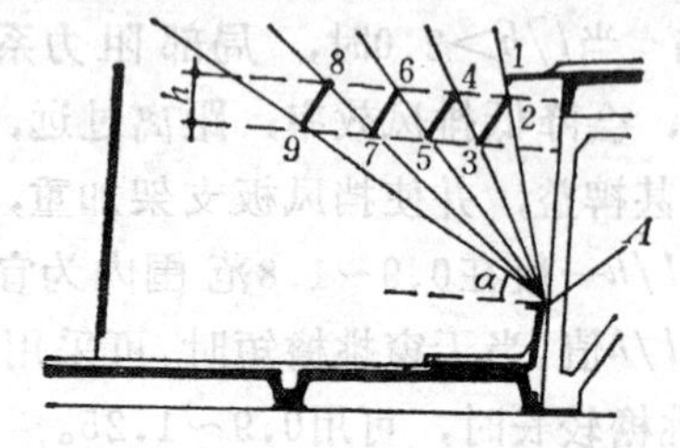

图 3-2-20 水平口挡雨片的作图法

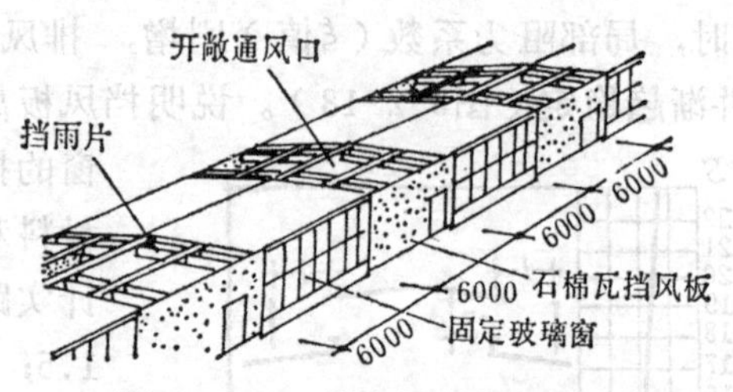

图 3-2-21 纵向间断式矩形天窗

2.下沉式天窗 根据其下沉部位的不同，可分为横向下沉、纵向下沉和局部井式下沉三种类型。第一种主要用于大型冷、热加工两类车间，采光通风效果都不错。后二种构造与特点有许多相似之处，主要用于热加工车间兼有通风和采光效能。我国多用于－20°以南地区，是我国的创新与发展。但若设天窗扇时，通风采光效果都不够理想。

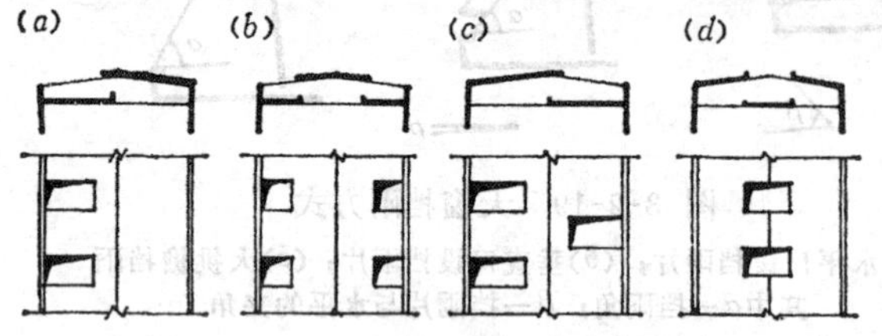

图 3-2-22 井式天窗基本布置形式
(a)单侧布置；(b)两侧对称布置；(c)两侧错开布置；(d)跨中布置

比较典型的是井式下沉天窗。根据其位置可分为单侧布置、两侧对称布置、两侧错开布置的边井式和跨中布置的中井式两大类等几种(图3-2-22)。多跨时可演变拼组成多种。具体采用何种布置形式，应根据生产工艺对通风与采光的要求、热源布置、结构型式、厂房跨数、排水及清灰等要求来决定。

井式天窗水平口（井口平面的净面积）与竖直口（纵横向竖直排风口面积之和）的面积比值大些，则天窗的通风性能较好。两侧对称布置时其比值宜大于0.9；两侧错开布置时则宜大于1.1。跨中布置时，因有四面竖直口，水平口与竖直口的面积比值较小，故其通风性能不如边跨布置的好。为此，6 米柱距的厂房，单柱距设置井式天窗时，上述比值往往较小。为了扩大水平口面积，有时可采用相邻两柱距联合设井的布置方式，其中一个屋架裸露在外。

在布置井式天窗时，应将其喉口正对热源，使排气路程短捷、气流通畅 。

无论那一种下沉式天窗都是屋架上弦的屋面纵向不连续，纵向刚度较差，因此应在结构和构造上加强，尤其对横向下沉式天窗更应着重加以解决。

应当指出的是，天窗在有些车间是不允许兼用于采光与通风的，如电解铜车间在含有硫酸的冷凝水的作用下，屋顶结构的构件会遭到破坏，为此要设置有进、排风的通风设备，并将其布置在专设的技术跨内或厂房端部。

通风天窗的形式按以上分析与原理可以有多种多样，不便赘述过多引用。关于采光天窗与通风天窗的构件设计与构造特征将在《构造原理》有关部分另做介绍。

第三节 温湿度、灰尘与菌落的控制

当采用自然通风不能满足生产使用要求或理想环境时，应采取机械通风或更高级别的空气调节来保证。

棉纺织车间中保持适宜温度能使棉纤维中的蜡质不遭破坏，保持棉蜡柔软达到易于松花和分梳的目的；适宜的湿度则能调整棉纤维的吸水能力，减少断头，保证成纱质量；精密件的尺寸精度很高，其制造误差常以微米计，由于配合间隙很小，温度的微量变化，都可能产生精度超差，甚至造成产品报废。诸如此类的工业，有时不仅对温湿度严格，还经常对灰尘加以不同程度的控制。制药、食品等工业对生产环境的生物洁净、无菌还有特殊的限制。

由于上部的采光通风天窗有一系列缺点：引起室内温湿度剧烈波动，窗扇缝隙不严密处可进雨、风和灰尘，开关时易使玻璃窗面扭变和碎裂，掉落玻璃，冬季滴落凝结水，严寒地区过多消耗热能等。因此，在国外一系列上述洁净生产中采用人工照明和强制通风或空气调节的无窗厂房，以保证工作间内没有超浓度的危及生产和工人健康的气体、蒸汽和尘菌。

无窗和无天窗厂房的平面空间布局和结构方案要求规整的外形，统一的高度、扩大的柱网和统一化的承重结构与围护构件。

由于大面积单层布置，车间不仅有精度不同的恒温室（或洁净室），还有一些一般用房和走廊。因此，有这种要求的房间应尽可能集中布置，以利送、回风系统的划分和管理。要求相同或近似的房间宜相邻布置，并以非空调房间或技术走廊包围。低精度室包围高精度（洁净度高）空调室。门的开设应由高级别室开往低级别房间，用正压保持门的严密性。

柱网可根据生产的不同用6×6、6×12、6×18、12×18、6（12）×24，纺织企业由于设备尺寸与排列方式的不同有其专用柱网。车间高度可按有无吊车及级别高低等采用3.6～4.2～10.8米。如果大面积生产厂房中只有一小部分是这类房间，其高度则不必与整个厂房取平，或设吊顶和技术层来降低其高度。

已如前述，恒温洁净类型厂房平、剖面设计中气流组织是重要的一环，因此应尽量充分利用走廊、柱间、顶棚、套间等空间布置风管。

我国为了降低造价和扩大垂直平行流方案的应用范围，将少量高效过滤器竖放在静压箱一侧的上方，在平面上划出一条作为送风的静压间，改进地面回风或改用下侧回风、可以大大简化构造、降低造价和后期的管理费（图3-2-23）。

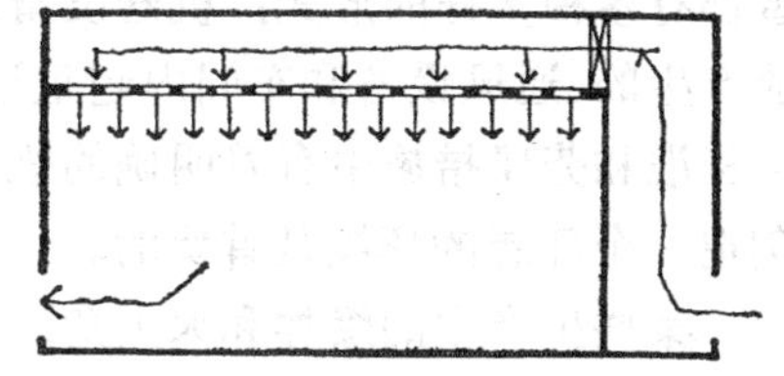
图 3-2-23　改进型侧间送风垂的直平行流顶棚送风方案示意

为了便于改变工艺，宜采用较大柱网、轻质灵活隔断和软吊顶。国内近年引进的彩电显象管和有关元件厂都是这种方案，目前已在大量应用，由于是单层水平布置，所以比较容易解决精密房间的防微振问题。特别是保持温度恒定、高精度、防微震等以位于地下室为最好，但采光照明全用人工方式。为弥补人体生理需要，应创造条件设日光浴室。尽管有这么多的优点，但地下室和无天窗厂房的大量缺点是：“白日上夜班”，必须设人工照明、机械通风或空调，这就需要巨额的日常维持费用。心理和生理有不适感。国内虽有一定量的这类厂房但尚难大量推广。带有适应光谱的各种新型“气体灯”的人工照明与设适量的心理窗和供负离子空气将会大大地改善它。近年应用于单层厂房的上部隧道送风层流方案对平、剖面布局有新的改变（图3-2-24示例）。

这类厂房的屋顶可以是坡顶或平顶。平顶在国外应用较广泛。因为它可以“自修复”。

建造及管理效益较好的是“蓄水屋面”。对于有空调的恒温室甚为优越方便，也可在屋面上部供辅助工艺设备与直升飞机升降使用。国内虽有类似的作法，但尚处于方案试验。

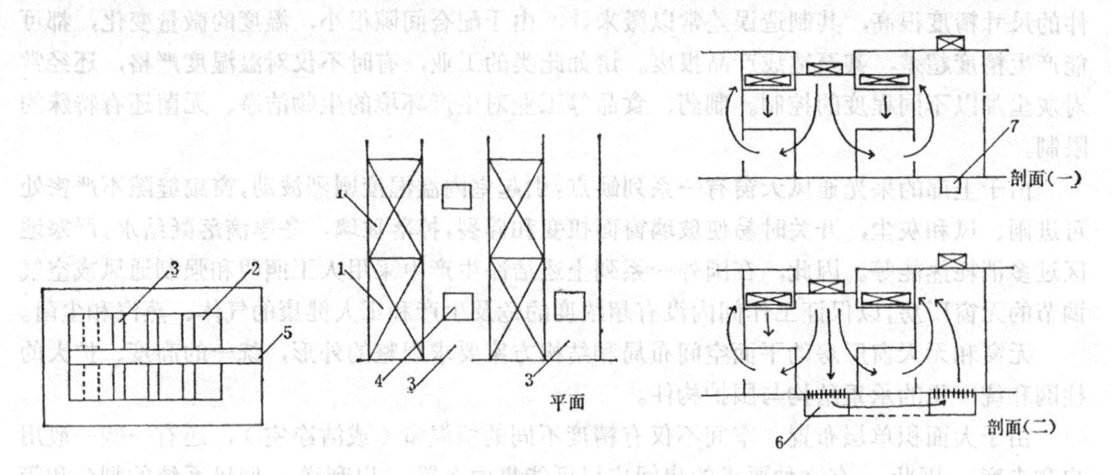

图 3-2-24　隧道式层流送回风的洁净室方案示例

1—层流罩及洁净隧道；2—洁净操作单元；3—公用设施夹道；4—高效过滤器（HEPA）；5—洁净区主通道；6—回风地沟；7—回水地沟

第四节　噪声、振动、爆炸及其防止措施

由于厂房是大面积合并的联合体，所以在车间内工人经常遭受生产中产生的强弱程度不同的噪声和振动，有的严重影响他们的生产效率，引起生理和心身上的噪声疲劳等职业疾患甚至影响到邻近车间。因此防止或降低它们的危害有着特殊的保健的和经济上的意义。二者都有多种多样的形式：机器设备运转和加工工件产生的，气体和液体在管道中流动和排放产生的，通风设备和车间内起重运输工具与机器试验产生的，等等。它们的强度限额在卫生标准和劳保措施中有着明确的规定。因此，除了在人体上采取一些减弱措施外，为他们创造一个理想的环境是首要的。

某些生产中的爆炸和火灾危险也严重地威胁着工人生命和围闭的建筑物的安全，同样应采取预防措施使其尽量不产生严重后果。国内出现的大型亚麻厂粉尘爆炸事件已充分证明措施的必要性。

一、工业噪声的防止措施

首先应在总图设计中考虑，使产生严重噪声影响的生产和车间远离其它需要安静或对噪声敏感的车间和项目；在车间工艺和平面设计中应将其隔离，并使其位置尽可能少地影响内部各相邻工部；即在满足生产流程前提下，辐射强噪声的设备应相对集中，并尽量布置在厂房的一隅，以便于对它控制；在设备和噪声传播的“路径”上采取减噪措施——设外罩和挡板等；在建筑构件上采取隔（吸）声措施——吸声材料、使双层窗面相互不平行以免共振等等。

噪声可防但消除却非易事。需要考虑具体的生产条件：车间（室）的大小与平面布局，噪声源相互间的位置，噪声性质及扩散特征，等等。很自然，在采取某种措施与对策时应考虑经济技术因素。

在隔离的房间内传播的噪声应利用墙、地面、门窗与顶棚等这类隔断的建筑工程防噪声措施，做吸声贴面、“浮筑地面”、设备及管道的隔振消声罩等。在强大噪声设备附近的工作岗位亦应采取隔声措施——操纵室、挡板或设备隔声罩与吸声装修贴面。尽量减少门窗洞口，并用一定厚度的砖或混凝土墙来隔声，甚至采用带空气间层的双墙、双层门窗作法。门窗应防共振设密封条并能关闭严紧。管道穿越墙及隔断构件中的孔洞亦应严加防范。最好采用罩盖或套筒。加的罩与管道内形成的空隙用矿棉等隔声材料填塞形成“隔断”。罩盖与墙之间加橡胶垫等密封，这样的连接措施隔声效能可靠，并能在管道受温度变化时很好地抵消管道的轴向位移（图3-2-25）。

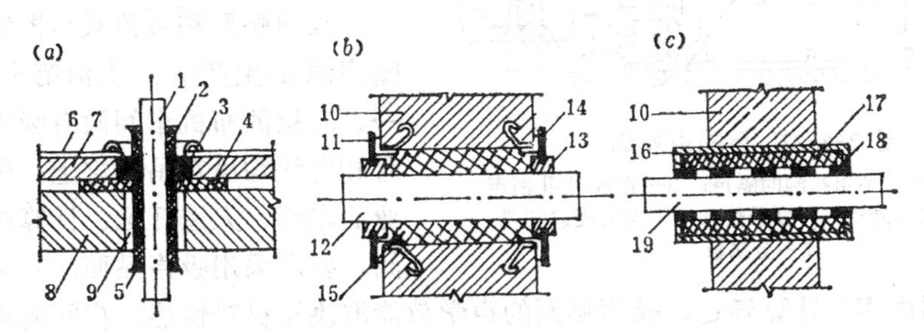

图 3-2-25 管道穿越构件作法举例

（a）穿越楼板；（b）工艺管道穿过围护物；（c）称量设施

1—管路；2—垫；3、4、5—隔声材料；6、7、8—地板作法；9—填充灰浆；10—楼板或墙；11—分段法兰盘罩；12—管构件；13—弹性垫或隔电垫；14—洞口镶边；15—浸灰浆矿棉或麻丝；16—罩壳；17—吸声材料；18—带孔壳罩；19—被隔绝的轴件

操纵小室的上述结构应能保证所需的隔声性能（图3-2-26）。它由轻质材料做骨架与围护层，内部用吸声材料做贴面装修。

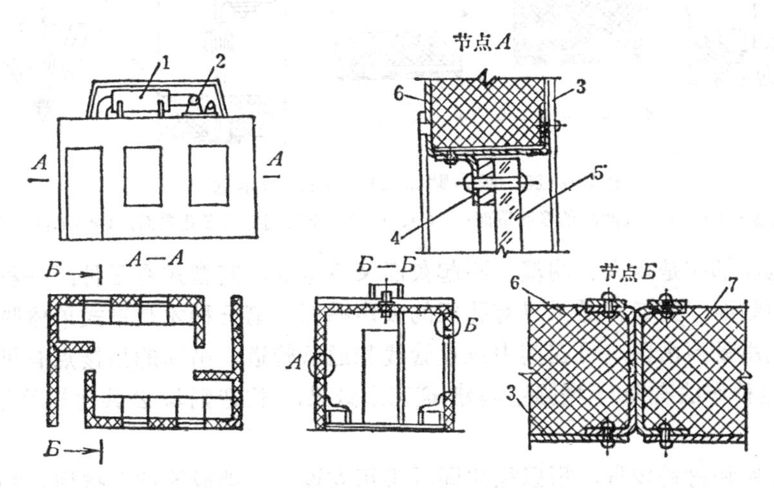

图 3-2-26 操纵小室

1—消声器；2—排风机；3—钢或合金铝板；4—橡胶垫；5—有机玻璃；6—压型外壳；7—隔声材料

噪声大的设备的减噪措施之中，最简便的方法是类似小室的作法，在设备外设隔声外罩——应有观察窗和管道进出孔洞，以可拆装式的为最适用。内中应保持空气循环流通

（图3-2-27）。

这种作法要求隔声外罩与地面加隔离垫，并使其与设备脱开。如可能有振动传至外罩时，常用的措施之一是在外罩上再涂（贴）减振层，其厚度应大于金属外罩厚度1～2倍。

吸声贴面是在所围挡的空间的围护结构内表面装吸声贴面层，或设置专用的吸声消声构件。当声波传至吸声材料及构件上时，相当一部分声能被吸收因而减弱室内声强。

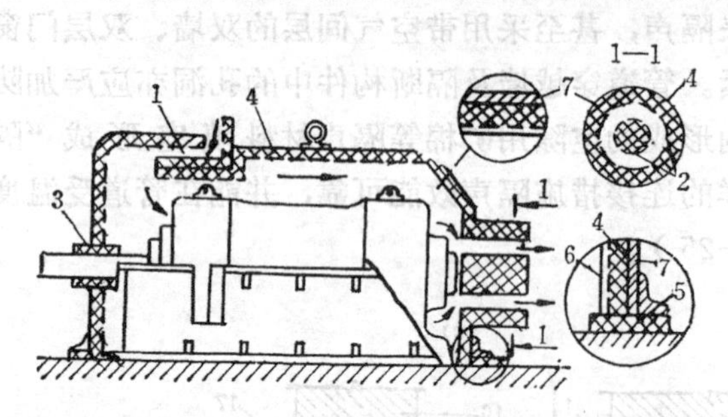

图 3-2-27　隔噪声外罩

1、2—空气循环用孔洞的隔声；3—管道洞孔消声垫；4—隔声外壳；5—橡胶垫；6—压型外壳或网罩，7—金属板

所谓"吸声构件"是指吸声贴面，单体吸声器，消声小室等。

吸声贴面和单体吸声器宜用于多个高噪声源的生产室。上海第十织布厂在第一、二层的布机车间做有吸声吊顶，将风管和电线均设在吊顶之上。国外在纺织工业的车间、人造纤维、计算站等类型的房间，要求采用吸声贴面，其它房间是否需要这样作则由声学计算确定。吸声贴面的声学效能取决于材料性能、房间的吸声特征、以及吸声构件对声源的布置方式等因素。低矮的大面积房间，主要是地面和棚顶，墙几乎不起作用，可以不贴。如房间狭长而高（室高大于宽度），相反，是墙起主要作用。贴面不少于60％的室总表面积可获得比较理想的减噪效果。如果房间的墙及顶棚不便于设这样多的吸声贴面，就应当采用多个罩式单体吸声器（图3-2-28）。

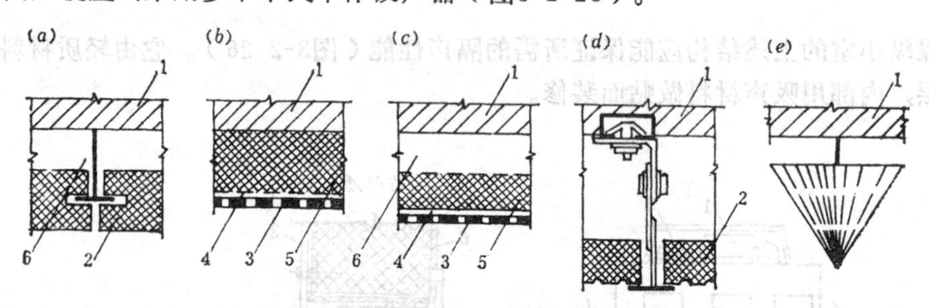

图 3-2-28　吸声贴面与单体吸声器示意

（a）吸声板方案；（b）无空气间隙的多孔罩面；（c）、（d）带空气间隙的多孔罩面；（e）单体吸声构件

上述这类构件都应是耐火、耐湿、不起灰而又卫生的。其型式有三种：一种是直接外露的刚硬性吸声贴面；第二种是另罩有孔板的吸声贴面；第三种才是罩式单体吸声器。

某些场合也用吸声吊顶，可在其中放置管线和通风管道。吊顶的吊接点有可拆卸的和固定的两种，这种作法有助于增强室内建筑艺术效果，构造则与公共建筑的吊天棚相似。

由于吸声构件和材料较贵，所以往往同时采用安设声学挡板的综合措施。挡板可用硬板材在面向声源一侧贴吸声材料，并大于声源的线尺寸1～2倍（图3-2-29）。

某些生产室及辅助房间中的噪声多来自通风机、空压机这类设备。它们不仅影响自身服务房间，甚至通过进、排气网孔而波及到相邻房间，通风机这类噪声源有空气流动时造成的，有由于振动荷载和减振垫不够所引起的机器振动。相邻室的防噪、防振主要是平面布局时将通风机单设在小室内，并参照操纵小室（图3-2-26）作法设吸声层。至于管路上的空气声则采用消声器等减弱。

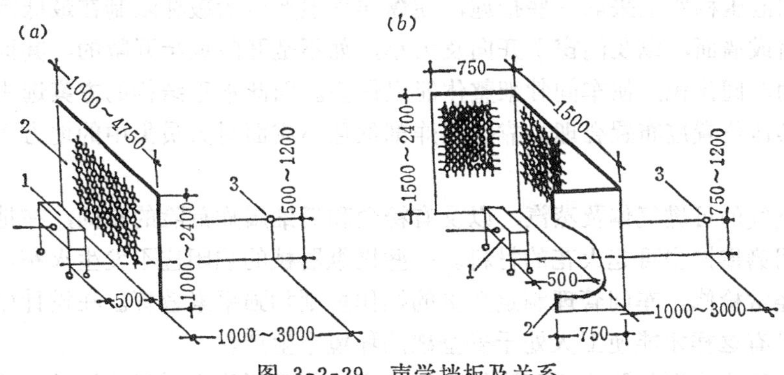

图 3-2-29 声学挡板及关系

(a)、(b)不同的二种型式

1—噪声源；2—挡板；3—计算点

由于上述原因产生的机器设备振动应首先消除振动的产生和构成。

飞机等发动机试验间的强噪声应采用特殊方法解决。

二、防 振 与 减 振

产生振动的工艺设备是振动源，它可以经厂房构件和土壤传至很远。因而影响结构耐用年限。有些工件的加工还将振动直接传到人身（如振动铲锤，钻孔机及振捣器等），引起工人心脏疾患等职业病。所以在这些设备上应采取隔振、减振和消振措施。在平面布置时尽量将其远离怕振的工部和设备。

大型设备应采用隔振垫，它们可以是软木，橡胶金属合件，弹性材料与弹簧等。软木等的耐用性差，弹簧型铜垫耐用可靠，如在弹簧垫下再放置薄橡胶垫或石棉垫更可提高其减振效果。

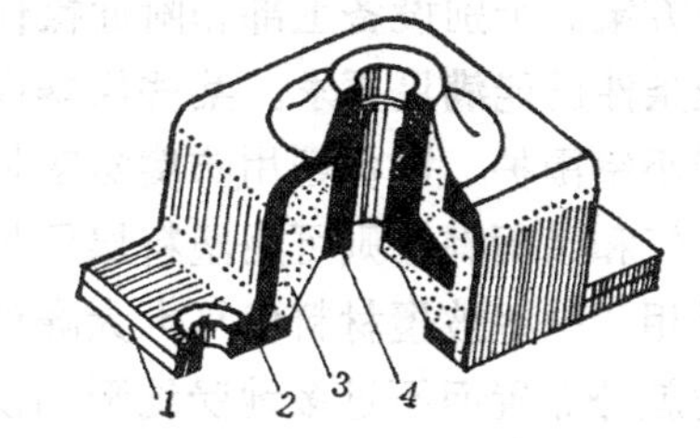

图 3-2-30 *AKCC*型隔振器

1—固定用的金属外壳；2—壳底面；3—弹性件；4—内孔件

经常用焊接的金属橡胶垫（图3-2-30）来做减振器。它是在橡胶硫化过程中使其与金属外壳形成整体的。

因为振动是来自机器、外壳和风管的薄外皮层，因此可在它们外面罩上一层消振层：有刚性的硬塑料和硬涂料层，也有软性的橡胶和塑料。还有石棉板、沥青板、橡胶类材料。它们用胶结料粘贴。无论那种材料，其厚度均应大于所覆盖罩壳厚的1～2倍。

国外常用的橡胶金属消声器可以显著地降低金属切割、破碎、铆接等工作所产生的噪声。

防微振的精密仪器和设备应采取特殊措施设隔振缝，基础加深、加大加厚等等来保证。

三、防爆、防火措施

有些化工类企业和生产车间与库房经常处于爆炸和火灾的威胁之中。它们除在总图布置时须妥善考虑其位置应符合防爆防火、风向这类要求外，车间应选用相应耐火等级的构件和一定量的门窗、出入口，以保证必要的安全疏散。有爆炸危险的车间和工部尚应在围护构件的选材和泄压构件上采取一些措施，使爆炸气浪产生的破坏限制在最低范围内。泄压构件的（屋面或墙面，以及门窗）开向及大小，如不是开敞或半开敞的，其面积不应小于0.05～0.10的车间体积，使车间骨架整体能以保全。因此承重结构的方案选择也应重视。泄压面的具体位置应布置合理，靠近爆炸部位且不应面对人员集中的地方和主要交通。

散发重于空气的可燃气体及蒸汽，以及有粉尘和纤维爆炸危险的车间，在地面的骨料选型中应避免用磨擦撞击可起火花的材料。一些操纵器械的启闭应不发生火花，设备密闭防溢漏，并应经常检修。车间管理制定严格的操作规则加强平素教育。在设计中采取特殊的防爆措施。只有这样才能使工人处于安全感的环境中生产。

大面积纺织厂房类型的防火问题比较难以解决，除采用耐火材料建造外，除尘和设置自动喷水灭火装置是十分重要的措施。

四、设备露天布置

设备露天布置是改善上述所列举的几种情况的最佳措施之一。常常为了减少建筑物的体量和降低建筑结构的重量和造价，改进生产性建筑的平面空间布局、降低其爆炸危害的等级，简化卫生技术系统，根据气候和工艺流程等条件，将某些生产的设备全部或部分地露天布置。例如，石油、化工、冶金、建材、动力、食品等企业的裂化装置，冷凝器、高炉、煤气清洗装置、水泥窑、锅炉、啤酒低温发酵罐等。有些所谓“厂房”是为了遮挡这些设备，不需要人经常在附近值岗，或自动化程度高、只要定时管理的企业均可选用这种方案。个别设备上部和附近操作的岗位设遮雨防晒这类罩设施为工作人员和设备创造遮蔽条件已能满足要求。某些仪器仪表和操作人员都需要为其创造良好环境条件时，可用控制小室围护，设备则用防腐防寒材料（毛毡、软木、微孔泡沫材料等）被覆。如只需要防大气和风雨剥蚀则可用塑料层保护。沉重设备用基础、柱架、或楼盖平台支承。这种作法虽用了一些被覆材料仍可大大降低造价。至于工程量和工期更可因此缩短，同时还能可靠地就势布置而不过多地受地形高低差限制、甚至更加合乎工艺要求，节省日常运行耗费。开敞或露天布置方案大大便利了操作和环境，对于防火、防爆、日常检修、改建等都非常有利，地面上的运输比车间内部的更机动灵活。

自然，由于某些类型设备的改进与现代化，这类项目亦会随之增加，但具体的设备布置方案仍应结合生产特点、地方气候等作技术经济比较，并与不宜露天布置的部分很好地连接。

第五节　生活间设计

设置生活间的目的是为了满足工人在生产过程前后的生产卫生及生活上的需要，以保证产品质量并为工人创造良好的卫生条件与工作环境。它是由生产卫生用室和生活用室两类房间组成。为了生产和管理上的方便及考虑经济效果，往往把车间的行政科组、技术室、小型库房、工具室、磨刀间、机修间等行政办公用房、辅助生产用房和生活间集中布置在同一幢建筑物内。

生活间的设计应与车间同时考虑，当其包括的内容确定后，就要结合总图及车间平面合理选择生活间的位置，然后才能综合考虑其平面布置和层数。

生活间的位置应便于组织人流与货流，避开有害物质、病原体、高温等有害因素的影响，使工人进厂后经过生活间到达工作地点的路线最短，避免迂回和人货流交叉。此外应考虑不影响或少影响车间的通风与采光、便于布置各种管线，合理利用厂区面积、构件定型，不妨碍厂房的扩建以及美化干道建筑造型等因素，从而达到使用方便、经济合理、整齐美观的效果。生活间一般可分为布置在车间内部和外部两大类。布置在车间外部的又可分为毗连式和独立式两种（图3-2-31）。

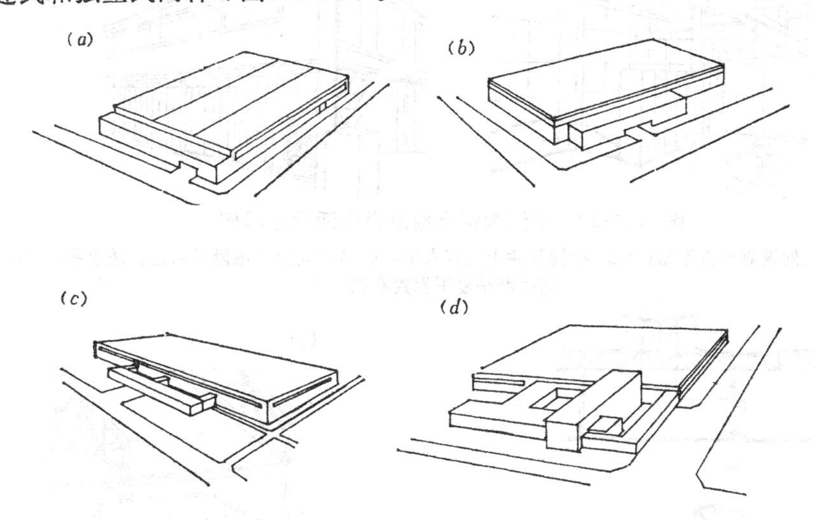

图 3-2-31　生活间与车间的相互位置

(a)端部毗连于车间；(b)毗连于车间纵墙；(c)独立式生活间（有通廊与车间联系）；(d)垂直于车间纵墙，并组成院落

一、车间内部的生活间

根据实际需要和“有利生产、方便生活”的精神，某些生产允许利用车间内非生产面积和空间布置生活间。例如，利用车间内部空间的适当部位（边角部位、入口附近、柱的周围、工作平台脚等）分散设置衣柜、衣架或洗手池等（图3-2-32）。

在一般跨度较大的厂房内，承重结构往往占有较大的空间，当生产上不能充分利用时，可以用来布置生活间及某些生产辅助用房（图3-2-33），为适应将来工艺改变，最好采用轻便简单的装配构件。利用完整的柱网空间来布置生活间是不可取的方案。在大面积厂房中，有时为其和辅助生产用室等房间专设多层的插入体方案，但以不中断、不妨碍生产流程为前提（图3-1-18）。

布置在地下室内的生活间，应考虑与车间各工段的联系方便，并可兼作“人防”用，但用作人防空间构造复杂，须机械通风、人工照明和特设的排水系统，因而造价较高。

二、毗连式生活间

这种布置方式的主要优点是：与车间联系方便，节省外墙面积，亦可将某些不需要高

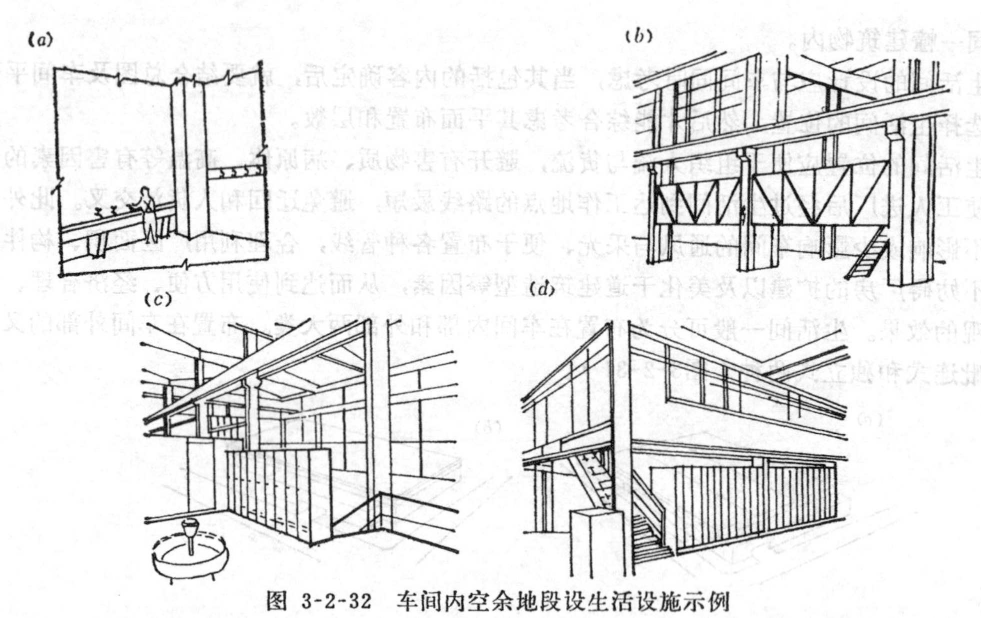

图 3-2-32　车间内空余地段设生活设施示例

(a)出入口边角处设靠墙洗手槽；(b)柱间及柱上设有衣柜；(c)车间空余地段设衣柜、洗手池；d—在车间生产平台下设置衣柜

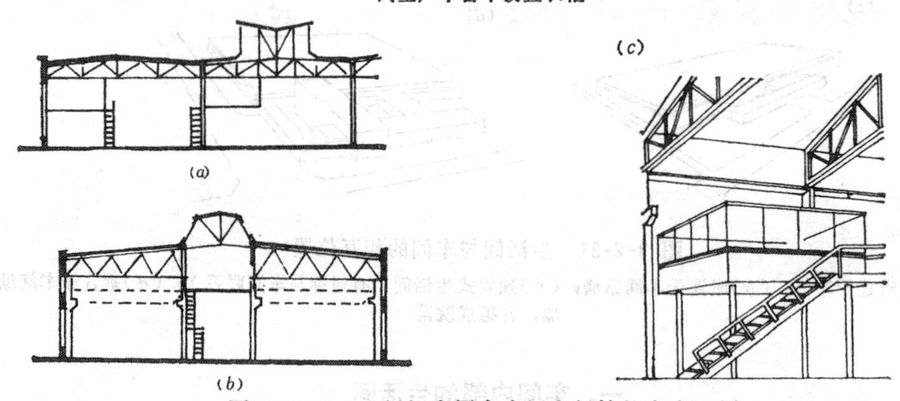

图 3-2-33　生活间布置在夹层和吊楼的方案示例

(a)挂在屋架下的生活间；(b)中跨夹层上的生活间；(c)a图的局部透视

大空间的生产辅助用房纳入，从而节省车间面积，有利于组织行政管理用房；管线短捷，占地经济、严寒地区又可减少冬季热损耗。因此，在一般厂房和净化车间中多用。

此外，这种方案比较容易与总图设计的人流路线取得一致，并可避开厂区运输频繁的不安全和不卫生地带。但是，这种布置方式会影响车间的采光与通风，若车间有较大的振动、灰尘、余热或噪声时，也会对生活间有干扰。再者由于只能在走道一侧布置房间，使建筑的使用面积比例降低，并往往形成很长的走廊，常须增设出入口或楼梯间（图3-2-34及图3-2-36）。

沿厂房端墙布置时，对多跨厂房比较有利，工人可以通过生活间直接到达各跨工作地点，不致跨越生产流水线；不影响车间的采光、通风和扩建，但往往有西晒。当包括在生活间内的房间较多时，可设计成四合院的内天井方案，兼做工人休息园地之用（图3-2-31及图3-2-34a及图3-2-35）。

为了充分利用车间端部桥式吊车不能利用的空间，在端部毗连方案中可将生活间的内

(a)

(b)

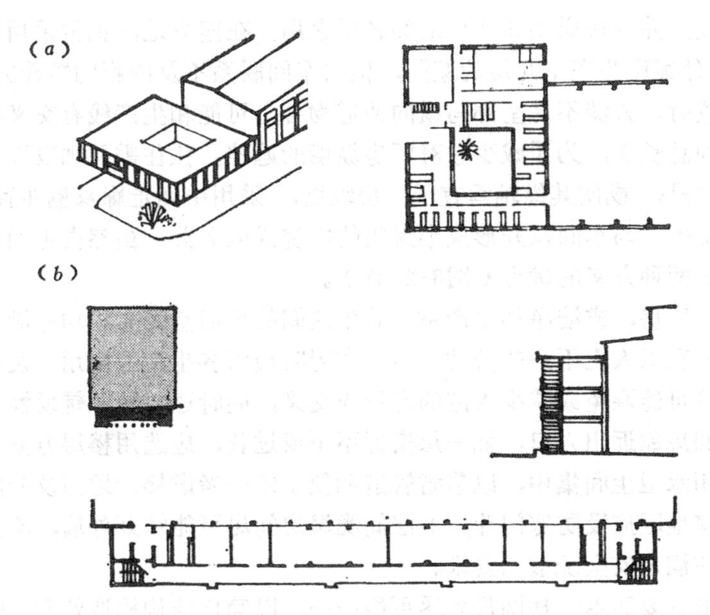

图 3-2-34 毗连式生活间与车间的连接及平、剖面布局示意

(a)端部毗连内天井方案；(b)外廊式生活间

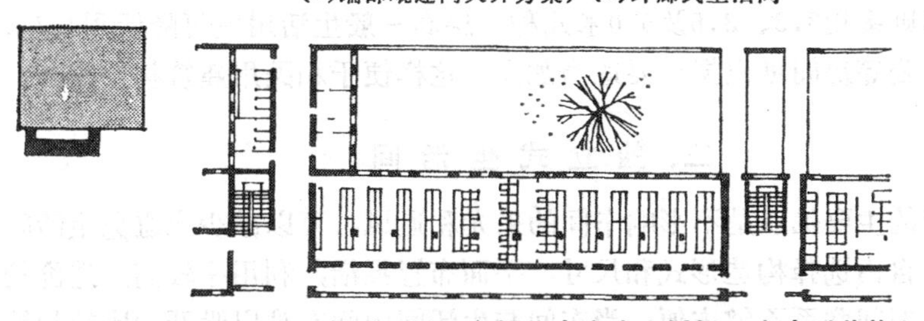

图 3-2-35 某厂生活间实例（内廊式生活间；有内天井的）

(a)

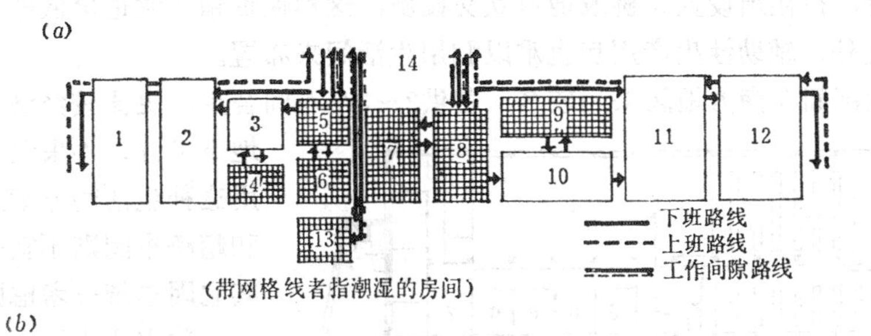

(b)

图 3-2-36 一般厂房生活间主要房间人流示意及平面布置

(a)人流示意图；(b)符合人流线的平面布置示例(无辅助生产室)

1、2—女存衣室；3—女更衣室；4—女淋浴；5—女盥洗；6—女厕所；7—男厕所；8—男盥洗；9—男淋浴；10—男更衣室；11、12—男存衣室；13—女工卫生室；14—车间

走廊改在车间内悬挂，并设扶梯供通往生活间各层之用。在南方地区也常采用外廊式生活间（图3-2-34b），外廊作为底下几层的遮阳，但与车间联系不及内廊的短捷方便。

沿厂房纵墙布置时，人流不易全部与横向通道吻合，可能和生产线有交叉；如生活间过长（大于40%车间总长），为了减少它对厂房纵墙的遮挡，往往需要加设天窗。也可以将生活间分散成2～3段；或使其纵轴垂直于厂房纵墙，采用中间走廊双侧布置房间的方案，必要时可组成院落，与车间拉开形成半封闭的内院或内天井，虽然占地面积多些，却具有毗连式和独立式两种方案的优点（图3-2-31）。

无论是一般生产厂房，或洁净类生产室，其生活间的平面空间布局均应满足生活间中各类房间的功能需要和工人上下班的流动路线。布置时应将各生产卫生用室及生活用室在平面上尽量靠拢。尽可能避免或减少人流的逆行或交叉，同时还要兼顾辅助性生产用房的安排，人流大的房间应靠近出入口，如一层安置不下或过长，应选用楼层方案在平面空间布置上应尽量把各用水卫生间集中，以节省管道和便于统一考虑楼、地面及分间墙等的防水、防潮措施。严寒地区应设防寒门斗，淋浴间类湿房间尽可能躲开外墙，不直接敷设管道。楼梯间的距离应满足安全疏散的要求。

生活间的平面形状要简单，柱网尺寸尽可能统一，以简化结构构造处理。毗连式生活间的房间进深加走廊多选用6.6（6.0）+2.4（或1.8）米，以满足构件统一化和单面采光的最佳条件；开间则多用3.3、3.6及6.0米几种；层高一般生活用室可降低到2.7米，辅助生产用室和行政办公等房间可根据需要适当加高，这样便于和民用建筑构件统一。

三、独立式生活间

独立式生活间的主要优点是不影响车间的采光和通风，可以减少或避免生活间与车间的相互干扰，更可自由选择构造形式和尺寸，平面布置灵活，利用率较高，造价较低。其缺点是占地多，与车间联系不够方便；当车间与生活间中间有难以躲开的比较频繁的铁路或无轨运输时，往往须设置天桥或地道立交设施，这样便抵销了它造价低廉的优点，甚至增加投资。此外，辅助性生产用房也难以利用生活间来布置。

独立式生活间在南方地区采用较多，若供2～3个车间合用，更比较经济。露天生产或地下矿井、不采暖车间等常常选用这种生活间方案。但严寒地区和超净车间则不宜采用，如结合其它因素统一考虑则属例外。

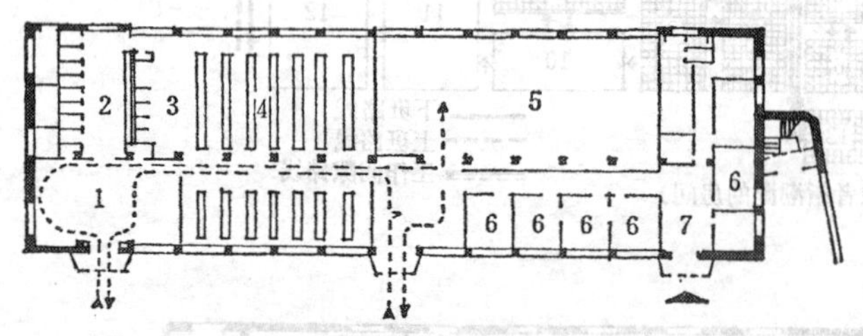

图 3-2-37 国外某机械厂的独立式生活间示例

独立式生活间多为中间走廊两侧房间的布置方式，常用柱网为：开间用3.6和6.0米，进深跨距用6.0+1.8(2.4)+6.0米，6.0+6.0米；或6.0+6.0+6.0米。图3-2-37为进深双跨不等的独立式生活间的示例。

❶ 关于本节内容已在“多层厂房建筑设计”部分有所介绍，同时其设计与构造又接近民用建筑作法，学习时应前后联系。

第三章　单层厂房的建筑艺术处理

正如多层厂房的建筑艺术处理一章所述，单层厂房同样包括建筑总体空间的设计处理、个体建筑的体量、墙面和室内设计与处理手法等内容。虽然它们都有共同的体量组合和构图规律可循，但由于单、多层厂房在城市位置、项目多少以及工艺流程、结构型式和功能要求上存在的差别，其建筑艺术处理也不尽相同。因此建筑设计中需要结合各自的特点，探求其相应的建筑艺术处理手法和规律，而不能墨守陈规、生搬硬套。

第一节　建筑总体空间的设计处理

通常，一座工厂是由多幢建筑物与构筑物所组成。如何处理好它们在总体空间上的大小、高低、前后、左右的相互关系和建筑体量、方位及其空间组合与布置，是工厂总体规划设计中应统一解决和综合处理的问题之一。它不仅影响着一个工厂的厂容厂貌和职工的精神文明建设，甚至对工业区和城市街景也将产生不可低估的影响。那种只顾生产，忽视环境，尤其无视工厂的建筑艺术处理的做法，是不符合我们社会主义时代要求的。

建筑总体空间的设计处理是指在满足生产工艺要求的前提下，对整个工厂领域内的所有建筑物、构筑物的体量、位置和空间组合做综合谐调与全面的规划处理，使它们的外观轮廓整齐、统一；比例适度、匀称；色调明快、和谐；进出自然，起伏有度，共同构成一个有机的建筑艺术群体。由于工厂的类型较多，其总体空间处理也必须因地制宜地，随其生产规模、特点和要求不同而有所区别和变化。例如，在大型冶金联合工厂中，既包括焦化、冶炼、耐火材料、辅助修理、动力与仓库等生产性建筑物与构筑物，又包括各类试验室、科技中心、公共食堂、医疗和厂部办公楼等项建筑。其总体空间设计常结合功能分区来统一布置这些建筑物与构筑物。一般在保证生产使用和管理方面具有最短捷的生产工艺联系和交通运输的前提下，厂房可按先后顺序建造。铁路、道路和各种工程技术管线也可分批、分期地填空补齐。并可根据需要依次建造中央试验室、医疗站、食堂和办公大楼等厂前区建设项目。但其总体空间设计规划则须在建厂初期形成。否则就会搞乱整个厂区建筑群体的布局，甚至会造成各类建筑物、构筑物和工程技术设施之间平面空间上的交叉干扰。如图1-1-13为某现代冶金联合企业总体平面规划示例，其中考虑了色彩分区。

机器制造厂是比较典型的以单层厂房为主的类型。其特点是建筑物与构筑物数量较多，体量又比较规整，而且建筑物高度又都比较接近，因此其总体空间规划常结合生产特点和工艺联系把各类外廓尺度和体量相近的建筑物与构筑物布置在一个比较规整而又相互连通的建筑空间里（图3-3-1）。从而取得比较完整、谐调和舒展的空间效果。

纺织类型的工厂，由于生产工艺联系紧密，常把梳棉（毛）、纺织、印染等车间合并起来，构成一个整片的联合厂房。其生产过程中对车间的温湿度状况有一定的要求，厂房不宜直接对外开窗，通常沿厂房四周布置辅助和生活管理用房，并在厂房顶部开设朝北或东北的锯齿形天窗，以免阳光直射，影响车间内部的温湿度情况，从而形成了纺织厂的总体空间效果（图3-3-2）。

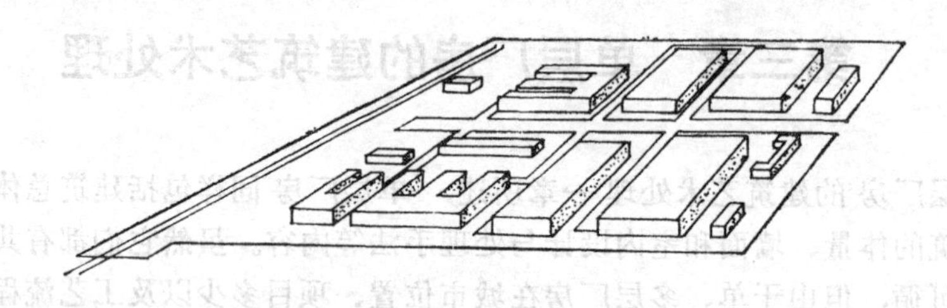

图 3-3-1 分区布置的机械厂鸟瞰

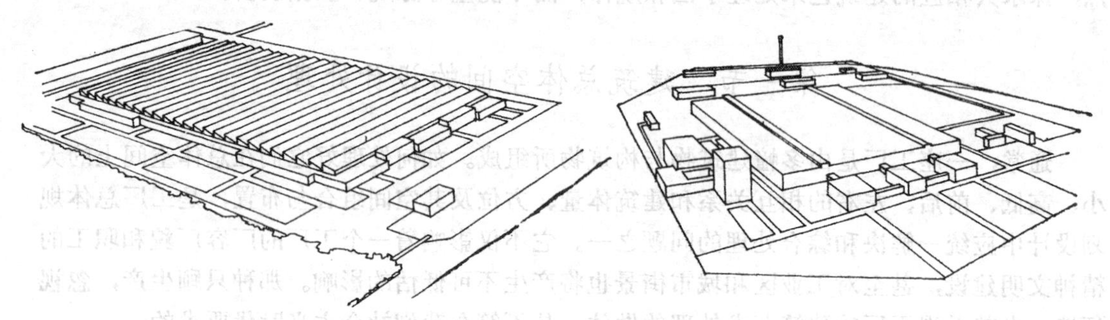

图 3-3-2 纺织厂鸟瞰示例　　图 3-3-3 某机床厂总体空间布置示例

图3-1-30为国外某橡胶制品厂设计实例，为密切生产联系，节约用地，全厂合并为一幢厂房。中央为主要生产车间，由九个19×26米的柱网组成，上部用对应的75毫米厚的九个钢筋混凝土双曲扁壳覆盖，通过壳顶的采光罩（直径1.8米）和设置在边部横隔上的玻璃窗进行采光。除面向厂前广场的主立面敞开外，沿主车间的其余三个面分别由库房、准备车间、生活间和办公用房等相围蔽。而库房与准备车间的屋顶又采用了60毫米厚的钢筋混凝土筒壳屋顶，使其从结构和功能上与主车间有所区别，并在统一的壳体屋面体系中构成对比效果。边部三个突起的更衣室，既与邻近的淋浴间形成高低错落变化，又与侧部的扁壳行列遥相呼应，打破了单层厂房呆板的格调，丰富了全厂的总体空间处理效果。

图3-3-3为国外一个建于工业小区内的某机床厂总体空间布置示例。为适应连续性生产的需要，主要生产车间和辅助用房合并为一个建筑面积为9.9万平方米的大型联合厂房。沿厂前区面临工业小区干道布置了三幢用通廊和主厂房相连的生活、办公楼。既保证了工人和行政管理人员上下班的便利，又可通过其展开的体量与主厂房互为衬托，互相呼应。配合厂左侧有分有合的技工学校和右侧有高低变化的带实验车间和展览大厅的工程实验大楼，使厂前区建筑排列有序，彼此呼应。它们和后部的木工车间、汽车库、能源站、锅炉房及油料、化学品仓库等共同构成一个和谐的建筑群体。

第二节　个体厂房的建筑艺术处理

个体厂房的建筑艺术处理是在全厂建筑总体空间设计的基础上进行的。首先应在满足全厂和个体厂房的内部生产工艺要求，即适用功能的前提下，再通过建筑师的设计构思和处理手法，对厂房的体量、墙面、色彩和室内外环境等作必要的建筑艺术处理，使个体厂房与全厂的总体空间相谐调。

一、厂房的体量设计处理

单层厂房的建筑体量一定程度上要受内部生产工艺的制约，因此不象搞民用建筑设计那样有较大的灵活性。尽管如此，设计中在满足生产使用要求的同时，建筑师还是可以通过恰当的平面与空间组合，对厂房的体量作必要的建筑设计处理，从而获得较理想的厂房体量。

图3-3-4为某中型机械制造厂的第一金工车间，设计者首先通过合理的平面组合把生活间、金工装配和热处理车间三个有机组成部分用小型内庭院使之拉开，并以通廊解决其交通联系。既保证了各部的使用功能（通风、采光和生产工艺等需要），又不致破坏厂房的整体性。上部屋顶又随建筑高度不同作了平顶、扁壳和筒壳等形式变化，使厂房体量的处理灵活而又自然。

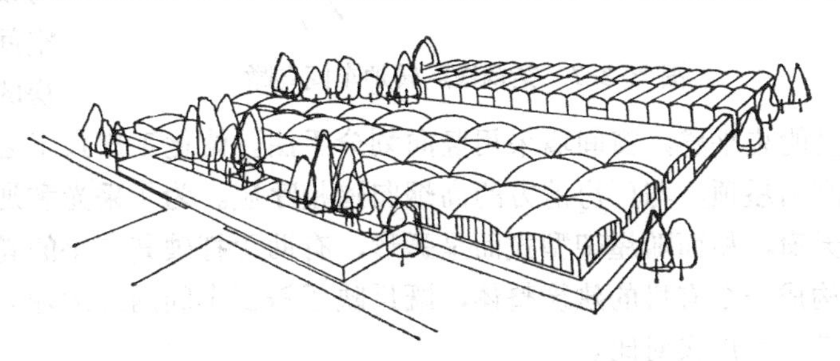

图 3-3-4 某机械制造厂第一金工车间鸟瞰

某厂的第二金工车间（图3-3-5）在平面组合上虽然采用了机械厂惯用的毗连式生活间和整片式厂房的布置形式，由于主体厂房上部做成双曲抛物面扭壳与生活间的单坡屋顶和热处理工部与金工工部间加设的3米宽水平通廊构成了空间变化。其高低跨之间的过渡，变形缝的处理和热处理工部的自然通风也都比较自然，因而使厂房体量不象一般机械厂房那样扁平、呆板、单调，却显得比较新颖、活泼。

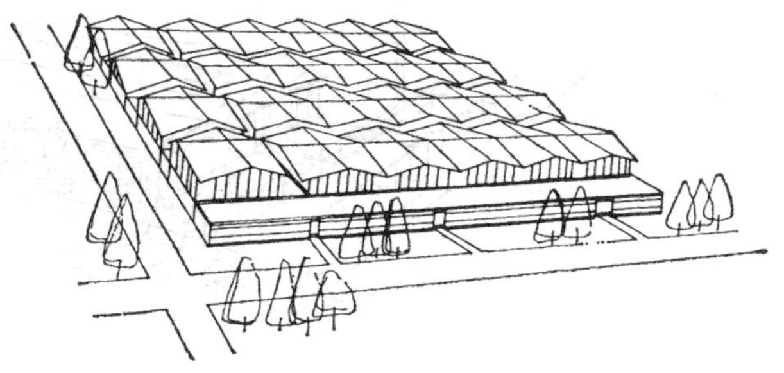

图 3-3-5 某厂第二金工车间鸟瞰

图3-3-6为某重型机器厂的装配车间，由于内部设有起重量为75/20吨和100/20吨的吊车各一台，厂房空间高度较大，虽然是单跨，但厂房体量却显得高大。设计中通过在吊车梁附近设置的连系梁和较宽大的实体横向窗间墙，把高低侧窗分开，以减弱厂房体量的高直感。竖向窗间墙处理成细长比例，并用灰白色的硅酸盐砖和红砖的主体墙面形成对比，以保留其明显的竖直效果和高大的体量，而又具有稳重感。图3-3-6。

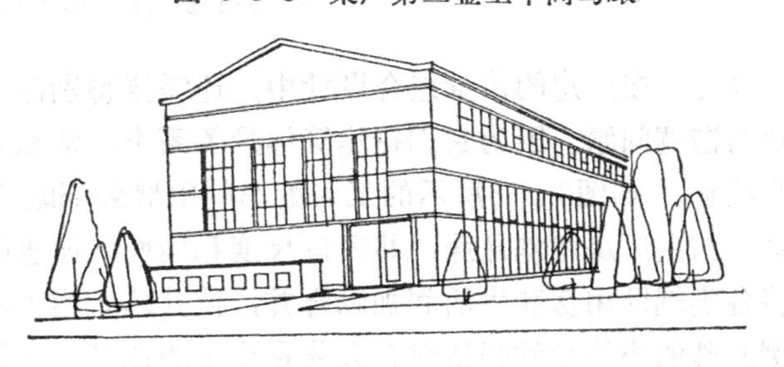

图 3-3-6 某厂装配车间

某些热加工车间的体量组合，受生产工艺的制约不仅要考虑其设备布置和操作要求，还要照顾到建厂地区的特点和环境因素。如某钢铁厂的转炉车间（图3-3-7）的体量组合设计，首先要把炉料跨、炉子跨、铸锭跨和精整跨等几个部位按生产工艺联系组合起来。由于各跨的空间高度不一，特别是后部炉子跨的中间部位按工艺要求需要抬高，这样就形成了厂房前后体量的高低变化。加上为通风散热所设置的内天井、井式天窗和开敞式墙面等建筑处理，使厂房体量的虚实对比强烈，通透开敞，充分反映了热车间的造型特点。

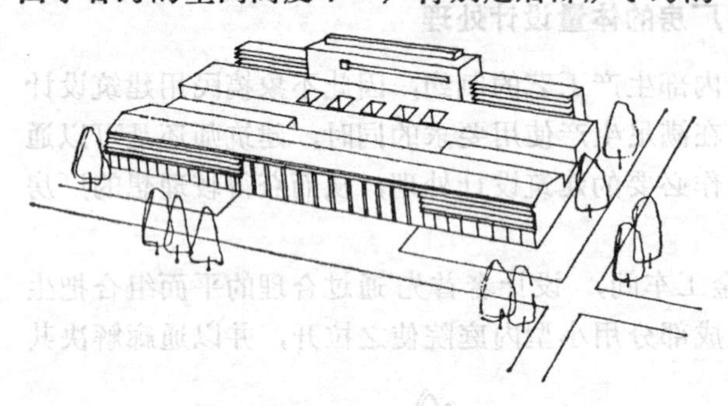

图 3-3-7 某钢铁厂转炉车间鸟瞰

又如某厂铸工车间（图3-3-8）的设计，按生产工艺联系进行平面和空间组合后，由于各跨高差不大，厂房的建筑体量呈扁平状。为改变其体量的扁平感，窗间墙采用竖向划分手法。熔化工部按工艺需要设置了四座冲天炉从体量上高出屋顶，与厂房前方的高烟囱遥相呼应。为了采光和通风，中间的浇注跨增设了突起的天窗，屋面随屋架型式而呈弧形，有助于打破其扁平的轮廓线。它们与外部的露天跨共同构成一个有机的建筑整体，既反映了铸工车间内外运输频繁的功能特点，又形成了建筑体量上的虚实对比。

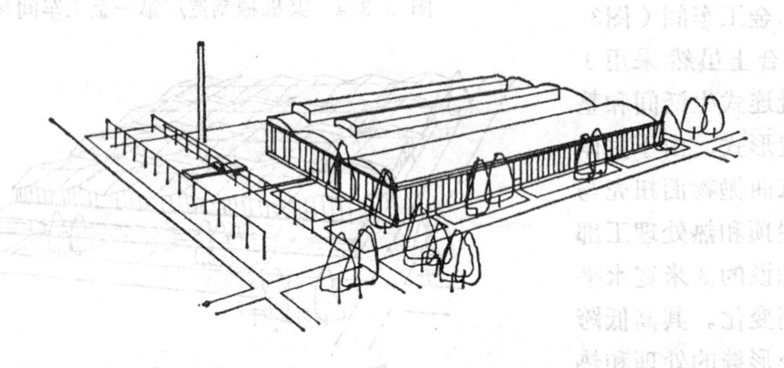

图 3-3-8 某厂铸工车间

同时，在厂房的体量组合设计中，还需要特别注意其与生活间和辅助用房等毗连房屋之间的谐调问题。因为它们在建筑体量关系上，常相差较大，处理不好，将会给人以不谐调的感觉。如图3-3-6所示的某装配车间山墙外部毗连的喷漆和涂油、工具库房，在建筑体量上与主厂房相差悬殊，其窗口尺度和墙面处理也缺少呼应，所以显得不够谐调。一般宜将各类辅助用房和生活间加以合并，使其体量增大，或将其移入车间内部，尽可能不使比例悬殊的小体量勉强依附在大体量建筑的侧部。不得已时，则宜将小体量的辅助建筑布置在主厂房的入口附近。由于小体量建筑在前，大体量厂房稍后，从近大远小的透视角度看，可收到一定的视觉矫正效果。如北方地区常结合防寒需要设置的双重门斗，在其两侧布置一些辅助用房或生活间等，即属于这种处理手法。

此外，还应注意墙面上的门窗尺度问题，因为大体量的主厂房常需要开设大窗口，而小体量的毗连房屋则不必采用相同的尺度。如图3-3-9*a*为某水电站主厂房和毗连式生活间的处理，除建筑体量相差悬殊外，其门窗尺度处理也不适当，因而显得不够谐调。图3-3-9b方案将生活间体量变窄加高，取消其沿厂房主立面的窗洞口，改为实墙面，并将生活间的窗洞口尺度适当加大，在建筑体量和尺度处理上可较前一方案收到较好的效果。

图3-3-10为一个毗连于主厂房纵墙的生活间，由于设置了带形窗与主厂房的高侧窗比例和谐，彼此呼应，格调统一。并有高大的出入口与车间相联系，既突出了重点，又丰富了立面。

当生活间的高度、长度和层数等由于某些原因而不能改变时，也可采取另外一些谐调措施，使其与主厂房尽可能在格调上统一起来。如图3-3-11展示的是生活间与主厂房在建筑体量上比较悬殊的一例，由于把大小不同的两个体量在水平线条的处理上，采用了统一的格调，使小的体量成为大体量的一个有机组成部分，其体量组合就会显得比较自然。反之，图3-3-6就不够好。

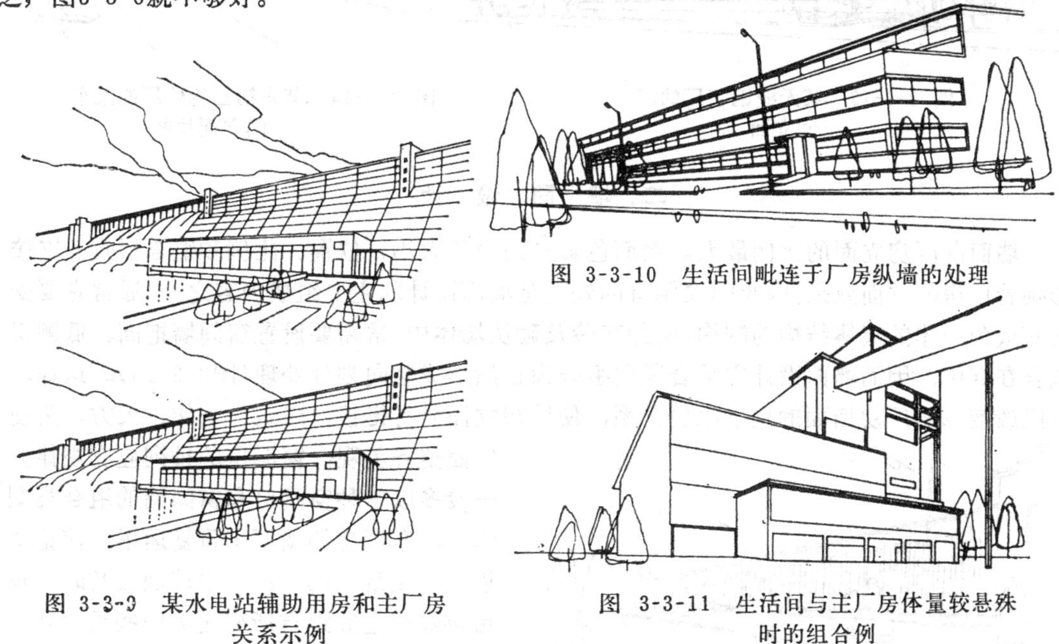

图 3-3-10 生活间毗连于厂房纵墙的处理

图 3-3-9 某水电站辅助用房和主厂房关系示例

图 3-3-11 生活间与主厂房体量较悬殊时的组合例

有时也可利用厂房承重的柱子。壁柱和凸出的垂直墙面等构件的重复排列，构成墙面的竖向划分效果。如图3-3-12所示的某拖拉机厂金工车间立面处理即其一例。

图 3-3-12 某拖拉机厂金工车间

图3-3-13为某无缝钢管厂的车间立面。竖直布置的预应力夹心墙板具有明显的竖直方向感。配合有规律相间排列的竖向组合窗和上部呈波浪形的锯齿形天窗的轮廓线，使墙面

处理虚实对比强烈，立面新颖活泼，变化丰富而又有明显的节奏感。

图3-3-14为某市第三构件厂某车间立面，该厂房采用了粉煤灰墙板，为防风化表面进行了抹灰处理，它与下部侧窗形成明显的虚实对比。凸出墙面的柱列又使墙面的竖向划分效果增强。

图 3-3-13　某无缝钢管厂的车间立面

图 3-3-14　某市第三构件厂的某车间立面片断

二、墙　面　设　计

墙面占厂房立面的比例最大。墙面色彩与门窗的大小、位置、比例和组合形式等直接影响着厂房的立面效果。因此门窗洞口的处理是墙面设计的主要组成内容之一。通常它要受与其成为一体的墙体结构的制约。例如在砖及砌块墙体中，常需要设置窗间墙把高、低侧窗围合在其中，因而墙面设计宜结合竖向组合窗自然形成竖向划分处理(图3-3-14)。这样，可以改变单层厂房墙面的扁平比例关系，使厂房立面显得挺拔、庄重、宏伟、大方。为使墙面整齐美观，窗洞口的排列应有规律。一般多以一种窗洞口和窗间墙的组合类型为准，在厂房的墙面上重复运用，使整个墙面产生统一的韵律。当墙面较长时，也可每隔一定间距有所变化或作些重点处理（包括色彩）构成必要的节奏变化。图3-3-15为某汽车制造厂的主厂房，墙面设计采用了长墙短分的处理手法。以重点处理的窗洞把竖直排列的侧窗成组分隔开，在统一格调中形成节奏变化，是处理较好的一例。图3-3-6的例子是用不同色调的墙面来做重点处理的方案。

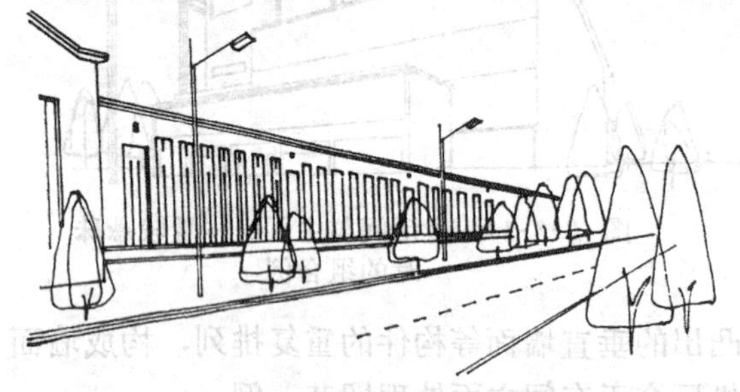

图 3-3-15　某汽车制造厂主厂房墙面处理

然而在钢筋混凝土大型板材墙体中，从受力和构造角度，保留窗间墙已无必要，使窗洞口布置的灵活性随之而异。尤其在水平方向往往可以连片构成带形窗，使墙面上的水平横线条特别醒目，因而墙面设计常做成横向划分处理。使厂房立面显得简洁、明快、舒展、大方（图3-3-16）。

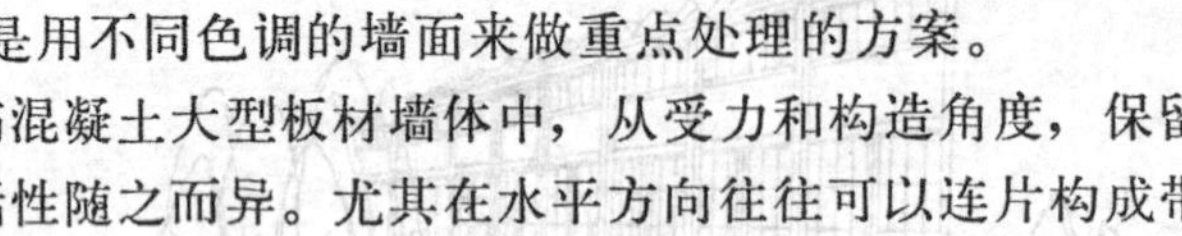

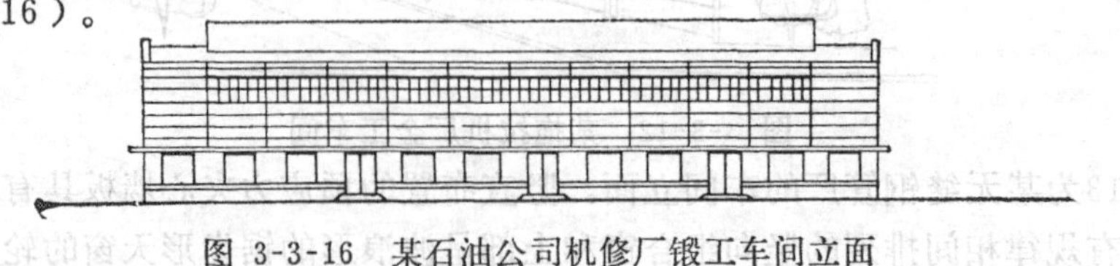

图 3-3-16　某石油公司机修厂锻工车间立面

图3-3-16为某石油公司机修厂锻工车间立面处理例。它是在低侧窗高度范围内为红砖清水墙面，上部为钢筋混凝土大型墙板和带形高侧窗，立面形成明显的水平线条。而且下部红砖墙面和上部的板材墙之间，既有粗糙与光洁的材料质地和色彩变化，又各自包含着墙面与玻璃窗构成的明暗和虚实对比，使厂房的外观显得朴实而稳重，简洁而大方。

图3-3-17为某钢铁公司轧板厂立面处理例。由于该厂处在夏季炎热，冬季较冷的地区，为了满足通风和采光要求，下部 4 米范围内设置了立旋的活动墙板和漏空的花格墙面，以利于夏季通风和冬季御寒，中部为五层钢筋混凝土水平挡雨板构成的开敞式墙面。吊车梁以上为大型板材墙和带形玻璃窗扇，整个墙面为水平划分效果。具有明显的虚实对比和质感变化，立面通透开敞，充分反映了炎热地区热车间的功能要求和设计特点。

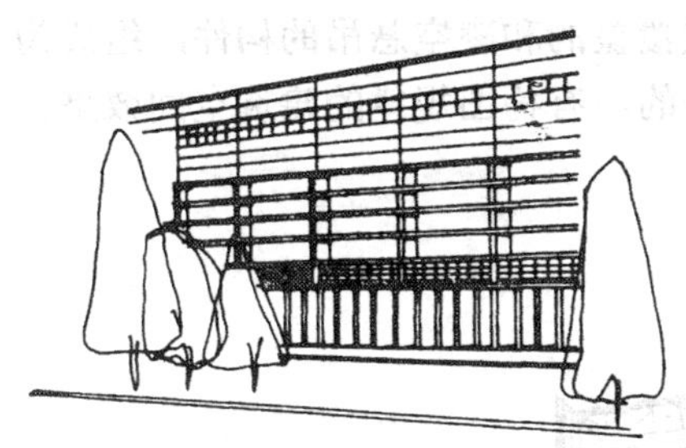

图 3-3-17　某钢铁公司轧板厂

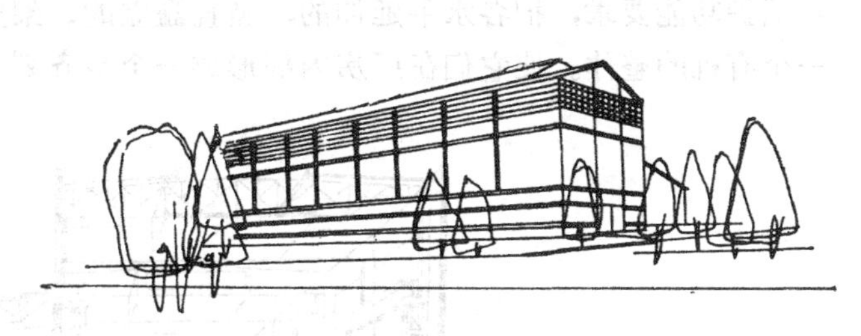

图 3-3-18　某铸锻厂自由锻车间

在设计实践中，时常把墙面设计的水平划分与竖向划分加以综合运用，或者以某种划分为主，而以另一种为辅，兼起衬托作用，从而形成混合划分处理。但这时应注意水平与竖直线条间的关系，力求达到相互渗透，混而不乱，彼此交融，进出有度，以期取得生动和谐的效果。如图3-3-18所示的某铸锻厂自由锻车间，墙面设计通过外露的钢筋混凝土立柱与下部水平连通的侧窗和上部的水平遮阳板间构成混合划分效果，各水平线条的出现，都结合了采光、通风窗口和上部挑檐的功能需要而比较自然，使水平与竖直线条间形成有机结合，彼此渗透，互为衬托。立面处理显得生动、活泼，富有变化。

图3-3-19为某无缝钢管厂立面处理实例。厂房下部配合生活间采用预应力夹心墙板作横向处理，连同上部的水平带形窗，构成厂房的横线条成分。它们与中部竖直预应力槽板墙面组成了明显的混合划分格调。水平与竖直线条之间彼此渗透，进出和谐。立面处理较新颖别致。

图 3-3-19　某无缝钢管厂墙面处理

三、室 内 设 计

室内设计是个体厂房建筑设计的有机组成内容之一。一个完整的现代化的厂房设计不仅要在平面组合和空间布局上满足生产使用功能和人们对内部环境方面的有关生理功能要求，还需恰当地处理好外观造型和室内设计，以满足人们精神的和心理的功能要求。过去，室内设计常被人忽视，厂房的建筑艺术处理往往被局限在体量和外部立面设计方面。事实上，由于有成百上千的工人在其中工作和劳动，如何把厂房的内部空间处理成合乎美学要求的生产环境，将会对工人的政治思想教育——热爱祖国、热爱劳动的情操以激发和提高安全劳动生产效率等——产生积极的作用。

（一）厂房内部空间的类型：

厂房的平面和空间布局常随内部的生产工艺性质和特点不同而异。其形成的内部空间一般可归纳为跨间式、方形柱网式和大厅式三种型式。它们的室内设计特点简介如下：

1.跨间式：其内部空间特点是沿厂房跨间的纵轴方向具有明显的透视轴线(图3-20)。在纵深扩展的空间里，一般是把柱子、吊车梁、屋架（屋面梁）和屋盖结构等自然地暴露在人们的视野里。这是因为它们量大、面广，不宜被统一覆盖或掩饰起来。设计中常结合建筑统一化和标准化要求，配合门窗洞口加以均匀分布、统一排列，重复使用，按其承重和围护功能要求，把各水平延伸的、竖直矗立的、架空覆盖的和凌空悬吊的构件，组成为一个有机的整体。使它们在厂房内部形成一个整齐划一的，有构图规律的建筑空间效果。

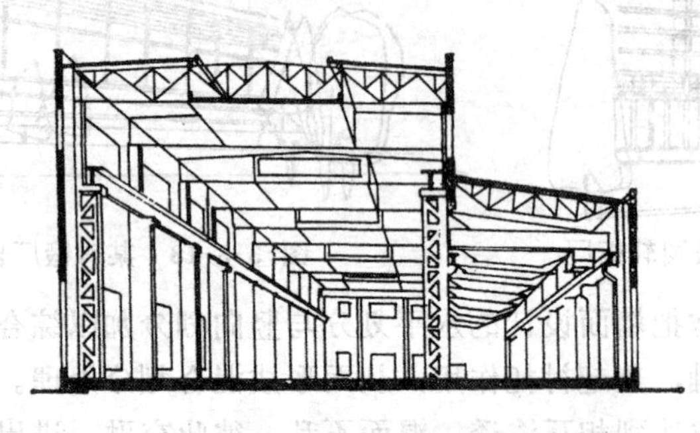

图 3-3-20 某水压机车间内部透视

2.方形柱网式：指厂房跨度和柱距相等或接近的柱网类型。通常其柱网和结构空间单元型式是统一的和相互连通的。其特点是内部空间开阔，没有明显的方向性。当采用较大的方形柱网时，上部结构常选用各种扁壳、扭壳、折板等空间屋盖结构体系，结构空间单元划分明确，减少了柱子、屋架和支撑系统的构件数量。使厂房的内部空间更加开阔、敞亮。如图3-3-21为某拖拉机厂第二金工车间设计方案，柱网尺寸为18×21米（边跨为18×19.5米），屋顶结构采用18×18米的扭壳，沿厂房纵轴方向壳体为连跨，沿横轴方向壳体之间为3米宽的用以采光、通风和排水的水平通廊，其下部采用V形支柱。整个厂房没有明显的透视轴线，结构轻而构件少，内部空间显得开阔明朗，轻巧新颖。

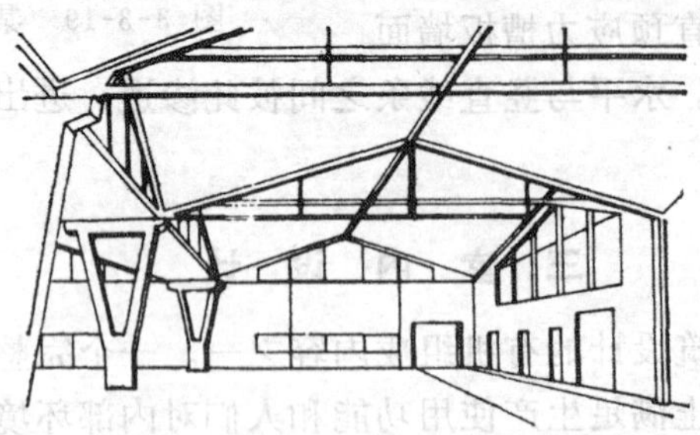

图 3-3-21 某拖拉机厂第二金工车间内部透视

3.大厅式：其特点是跨度宽，高度大，一般不设中柱和没有竖向构件划分，整个厂房构成一个完整的巨大空间。其特点是内部开阔敞亮，宏伟壮观。如图3-3-22为某飞机库建筑，跨度为85米，高20米，采用大玻璃窗使内外空间互相渗透，光照充足，敞亮壮观。

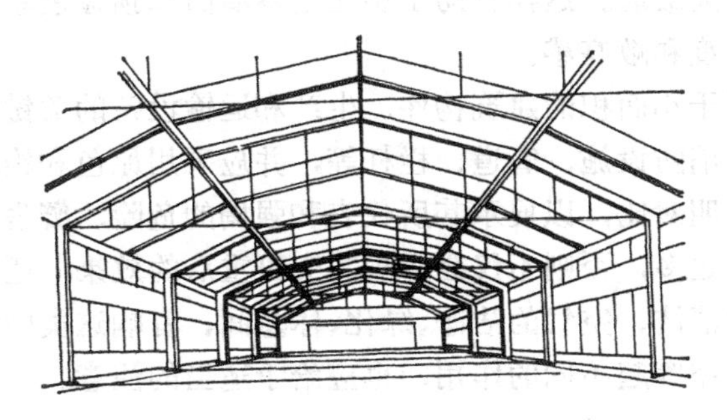

图 3-3-22 某飞机库内部透视

（二）生产设备与工程技术管道的布置

各种生产设备与工程技术管道是工业生产的重要物质手段和工具，也是厂房内部空间需要处理的内容之一。在室内设计中，建筑师需要协同有关设备、工艺及管道工程师一道研究和解决其处理问题。一般应建议生产工艺流程尽可能地沿建筑主要轴线布置，力争生产设备的排列有规律，并和柱网形成某种等距离或错落关系。车间通道宜与厂房的主轴一致，常能增强室内设备布置格调的规律性（图3-3-23）。

车间内的各种工程技术管道不论其为露明或隐蔽布置，均应妥善组织，综合处理，尽力使其组合起来，集中敷设在厂房内部空间的较合宜部位或技术夹层中（图3-3-24）。

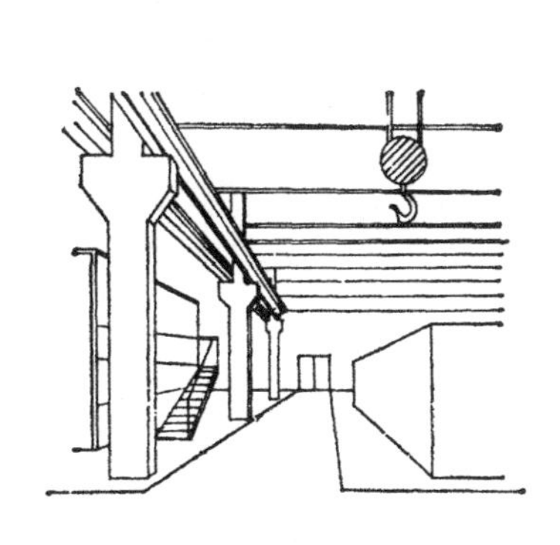

图 3-3-23 通道沿厂房主轴布置

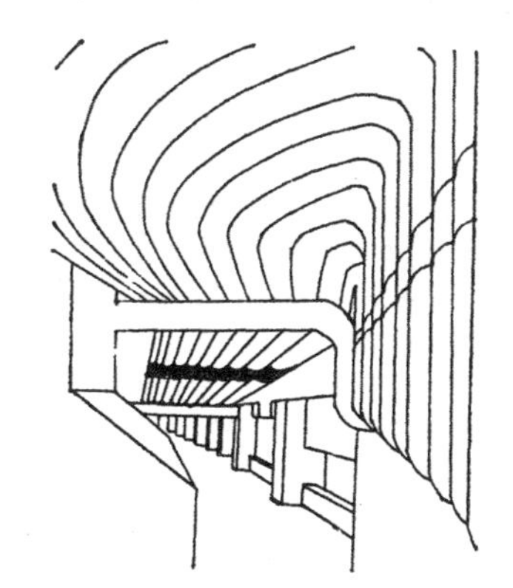

图 3-3-24 管道集中布置在技术夹层里

（三）厂房内部空间的色彩处理

色彩处理是室内设计取得良好建筑艺术效果的有效措施之一。处理得好，可以在一定程度上改善人们的劳动条件和视觉效果，从而减少事故和操作差错的发生率，有利于安全生产。设计中常把厂房内部的色彩按基本色调、辅助色调和重点色调等三种色型加以处理。通常把室内大片面积的墙面、顶棚和大型设备等作为基本色调用冷色处理，以取得内部空间开阔、敞亮的效果（尤其对于比较低矮的厂房，效果会更明显）。并且应使顶棚的色彩明度亮些，处于工人视野范围内的墙体和生产设备的色彩明度宜减弱些，以适应视觉变化的需要。

通常，厂房内部的面积不大的柱表面、小型生产设备和地面等宜采用与基本色调接近或相谐调的辅助色调，使之与大面积的基本色调互为衬托，彼此呼应。并应使地面、墙裙和设备基座的色彩明度为最弱。这样有助于烘托主体墙面和顶棚色彩的明度，并有利于增强厂房内部空气的明晰度和敞亮感。

重点色调一般只用于小面积的建筑构件、生产和运输设备的关键部位。如吊车的司机室和吊钩、电气母线、消防设施、管道、栏杆等，并应采用原色和饱和度高的其它颜色。使其与基本色调形成显明对比，以展示其所代表和强调的危险、警告、注意等信号标志。但重点色调的应用不宜过多，否则不仅会影响其突出重点的效果，还会把色彩处理搞乱。

此外，还有车间的清洁、空气的洁净、绿化、休息间、音响这类问题都在一定程度上对生理、心理和劳动生产率等起不同的作用，也应给予适当的注意。

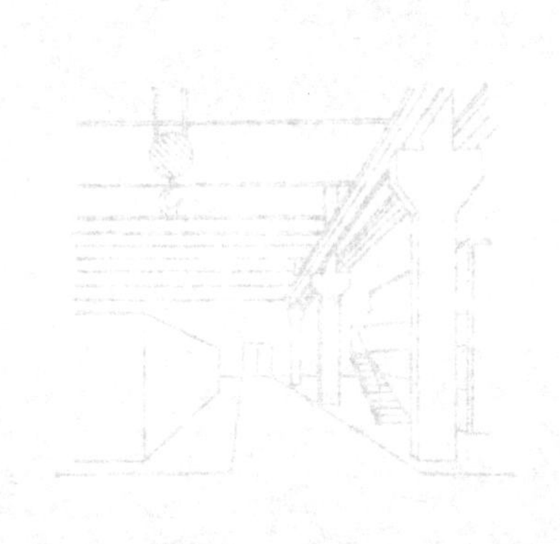

第四篇 工业建筑构造设计

作为建筑设计来说，构造设计虽然从厂房的各个部分的角度是一个局部，但整个厂房却又是由各个部分具体体现的，而施工图——构造设计恰恰是使设计意图实际再现的过程。厂房是由承重结构和围护结构两大部分组成，本篇内容主要指构成围护结构的几部分——内外墙、侧窗与门、屋面及天窗（地面）等这些构件的选型及设计而言。尽管它们是一些个体或部分构件，但却常常能涉及或影响到全面。选型不当或构造节点处理不妥，会影响厂房使用和安全，有时还会造成停产或事故，甚至涉及施工不便。例如，要求处理好隔热防寒的湿度偏高的一些车间（纺织、造纸……），屋面及天窗上部处理不当，冬季会引起大量凝结水滴落和凝聚，夏季屋面（油毡卷材）起鼓破坏。至于生产对它们提出的一些特殊要求就尤其重要。因此，构造设计不仅是技术上可能与优劣的问题，而且与体现"坚固适用、技术先进、经济合理"原则密切相关，是能否保证与创造理想的环境及各部分质量的关键问题。

教材安排上的尝试作法是将一部分构造设计原理的内容与构造分开归纳为单独章节，例如"生产环境设计"，这样虽略嫌有分割脱节之弊，但在几次试用过程中，认为这种编排还是很有特色的。举例分析则以大量性的装配式构件类型为主。具体作法是将单、多层厂房建筑构造两部分合并，这是因为多层厂房建筑构造在很大程度上（无论是承重结构还是围护结构）与公共建筑的内容相似，甚至相同，而且都属于已掌握和熟谙的先行课内容，因此本书以问题比较突出，平素接触较少的单层厂房常用构件的选型与作法为主，适当兼顾多层厂房的个别特殊要求来编写的。我国南北气候差别悬殊，如何因地制宜地利用本书内容考虑地区特点进行设计是十分重要的问题。

"一个正确的认识，往往需要经过由物质到精神，由精神到物质，即实践到认识，由认识到实践这样多次的反复，才能够完成"。尽管多年来，中央和各省市都不同程度地总结和编制了成套的《建筑标准图集》，供设计人员使用和参考，可是一个优秀的设计者不应只限于引用图集拘泥于它的规定，"生搬硬套"，而应根据需要，结合地区气候特点深入生产实际，了解厂房的使用性质和要求、材料供应和施工条件，设计出更切合实际的方案来。这样才可以把群众在长期生产实践中积累起来的丰富经验加以总结与提高，运用所掌握的构造设计的一般原理与规律，有效地进行改革与创新，彻底改变"肥梁、胖柱、厚墙、重屋顶、高天窗、大窗面、厚地坪"，以及选材和作法上的不当，力争开创出一条新的路子。

第一章 墙

墙，特别是单层厂房的外墙，除个别小型厂房采用承重墙外，一般多采用承自重墙或框架墙（图4-1-1）。内墙则和民用建筑的基本相同，而且很少设它，以便空间开阔、便于工艺变动和平素生产活动。

单层厂房外墙与民用建筑和多层厂房的外墙相比较，具有以下特点：

（一）由于单层厂房的跨度、高度和承受的荷载均比较大，又常有振动较大的设备（如吊车、锻锤、空气压缩机等），故常采用排架或框架结构承重，外墙只起围护作用。一般柱网尺寸比较定型（特别是柱距），便于采用定型化、标准化的外墙构，配件；

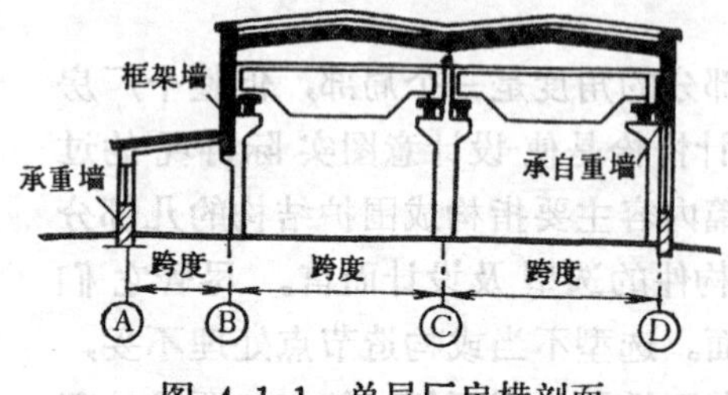

图 4-1-1 单层厂房横剖面

（二）单层厂房在高度（自4.5米起可达30～50米）范围内无楼层限制，外墙面开窗灵活。为了采光和通风可建造大面积的侧窗、带形窗或整片的玻璃墙面，或者不设窗作成半开敞式或全开敞式；反之，为了密闭也可建造无窗的墙面；

（三）为了保证外墙在风荷载和起重运输设备等的作用下，具有足够的刚度和稳定性，需要采取相应的加强措施。如承重的砌体墙常设有壁柱，承自重的砌体墙和各种板材墙均应与排架柱或框架结构有妥善的连结，以及设置圈梁、连系梁和高大的山墙抗风柱等；

（四）除承重或围护功能外，厂房外墙的构造还应满足生产工艺方面的某些特殊要求。例如，有爆炸危险的生产，其外墙要求用轻质材料建造，或开设大面积玻璃窗以利防爆泄压；某些材料的破碎车间为防止碎块飞击，墙体要求耐冲击（有的还需设置围挡以防护墙面）等。

单层厂房的外墙按其使用要求、材料类别和施工方法不同，可分为砖墙、砌块墙、板材墙等。外墙在全部外围结构中的比重取决于厂房平面形状和层数，也是建筑节能的主要方面，因此其类型与作法的选择也至关重要。

第一节　砖墙及砌块墙

我国的建筑工业不断发展，“设计标准化、生产工厂化和施工机械化”程度日益提高。单层厂房的主体结构已绝大部分实现了预制装配化，唯有墙体仍多数沿用砖砌，生产效率低、劳动强度高、施工周期长。而且取土烧砖既耗费能源，又与农业争地，长此下去不仅拖了建筑工业化的后腿，对国家的农业生产也是个潜在的威胁。因此必须加快墙体改革的速度。

近年来，在墙体改革实践中，各地先后研制和应用了诸如粉煤灰混凝土、硅酸盐、加气混凝土等多种类型和规格的砌块，来代替粘土砖墙，取得了一定的技术经济效果。砌块墙的施工方法仍未脱离手工砌筑的传统方式，构造方法基本与砖墙相同。

一、承重砖墙与砌块墙

采用承重砖墙与砌块墙的单层厂房，一般跨度≤15米，吊车起重量≤5吨，高度不宜超过11米。为增加其刚度、稳定性和承载能力，通常平均每隔4～6米间距应设置壁柱。当地基较弱或有较大振动荷载等不利因素时，还应根据结构需要在墙体中设置钢筋混凝土圈梁或钢筋砖圈梁。一般情况下，当无吊车厂房的承重砖墙厚度≤240毫米，檐口标高为5～8米时，要在墙顶设置一道圈梁；超过8米时应在墙的中间部位增设一道；当厂房有吊车、墙体厚度较大时，还应在吊车梁附近增设一道圈梁。

承重山墙宜每隔4～6米左右设置抗风壁柱。屋面采用钢筋混凝土承重结构时，山墙上部沿屋面板应设置截面不小于240×240毫米（在壁柱处宜局部放大）的钢筋混凝土卧梁（垫梁），并须与屋面板妥善连结。承重砖墙与砌块墙的壁柱、转角墙及窗间墙均应按结构计算确定，并不宜小于图4-1-2所示的构造尺寸。墙身防潮层应设置在相对标高－0.05米处。其下部墙体不得使用硅酸盐砖（砌块）等不耐潮湿的材料砌筑。

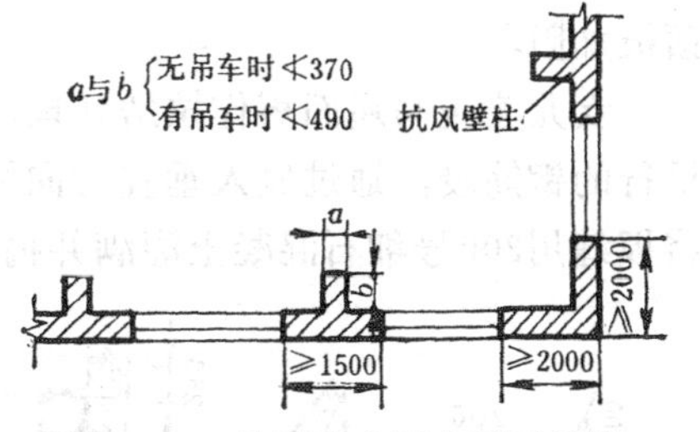

图 4-1-2 砖墙承重厂房平面局部

二、承自重砖墙与砌块墙

对于跨度、高度、吊车起重量和风荷载较大的大、中型厂房，再用砖墙承重，其结构面积将大大增加，而使用面积则相对减少，且承重墙对吊车等所引起的振动荷载的抵抗能力也较差。这时宜将承重与围护功能分开，单独设置钢筋混凝土或钢骨架承重，外墙则作成只起围护作用的承自重墙。可以用砖或各种砌块砌筑，也可由各种预制墙板构成。这里先就承自重砖墙及砌块墙的构造分述如下：

（一）墙和柱的相对位置及连结构造

1.墙和柱的相对位置：厂房外墙和柱的相对位置通常可以有四种构造方案（图4-1-3）。其中a方案为把外墙设置在厂房排架柱的外侧，具有构造简单、施工方便、热工性能好，便于基础梁与连系梁等构、配件的定型化和统一化等优点。所以单层厂房承自重砖（砌块）外墙的定位轴线是采用此种方案划分的。

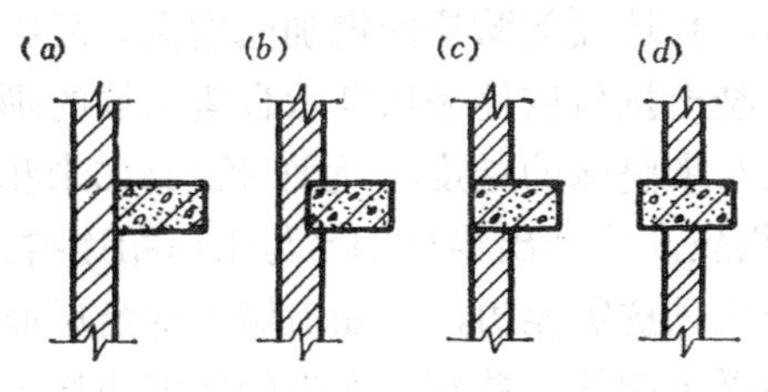

图 4-1-3 厂房外墙与柱的相对位置

方案b由于把排架柱部分嵌入墙内，可比前者稍节省占地面积，并能增强柱列的刚度。但要增加部分砍砖，施工较麻烦。同时基础梁与连系梁等建筑构、配件也随之复杂化；

方案c和d基本相似，构造较复杂、施工不便、砍砖多且排架结构外露易受气温变化的影响，不宜用于寒冷地区。一般做厂房连接有露天跨或待扩建的边跨的临时性封墙。然而这两种方案却有节约建筑用地和能增强柱间刚度等优点。当吊车吨位不大时，厂房可不另设柱间支撑，因此用于南方地区还是有利的。

2.墙和柱的连结构造：为使支承在基础梁上的承自重砖（砌块）墙与排架柱保持一定的整体性与稳定性，防止由于风力等使墙体倾倒，厂房外墙要用各种方式与柱子相连结。其中最简单常用的做法是沿柱子高度下疏上密地每隔0.5～1.0米伸出两根ф6的钢筋段，砌墙时把它锚砌在墙体中（图4-1-4）。这种连结方案属于柔性连结。它既保证了墙体不离开柱子，同时又使承自重墙的重量不传给柱子。从而维持墙与柱的相对整体关系。当采用双肢管柱时，外肢宜做成里园外方的形式，以便于砌筑和拉结。

3.女儿墙的拉结构造：女儿墙是墙体上部的外伸段，其厚度一般不宜小于240毫米（南方地区有的用180毫米）。其高度不仅应满足构造设计的需要，还要保障在屋面从事检修、清扫灰、雪和擦洗天窗等人员的安全。因此，在非地震区当厂房较高或屋坡较陡时，一般宜设置1米左右的女儿墙，或者在厂房的檐口上设置相应高度的护栏。受设备振动影响较大的或地震区的厂房，其女儿墙的高度则不应超过500毫米，并须用整浇的钢筋混凝土压顶板加固。

女儿墙应与屋面板作拉结处理。最简单的做法是把嵌入板缝和砌置在墙体内的两根相平行的钢筋段，通过嵌入垂直方向板缝的相同直径的钢筋段连结起来（图4-1-5）。最后将板缝用200号细石混凝土灌满并捣实，以增强其整体刚度。

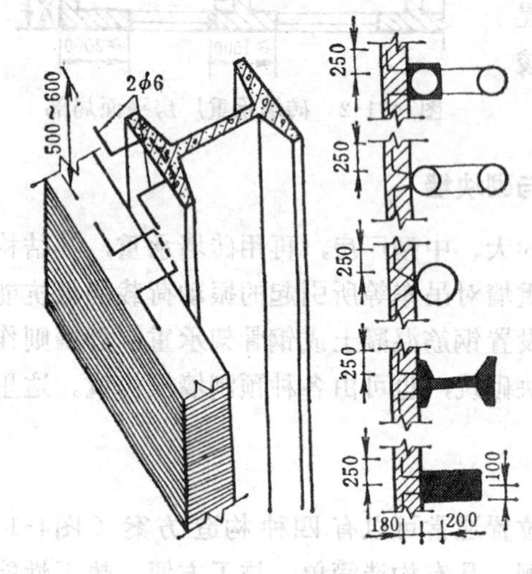

图 4-1-4　墙和柱的连结

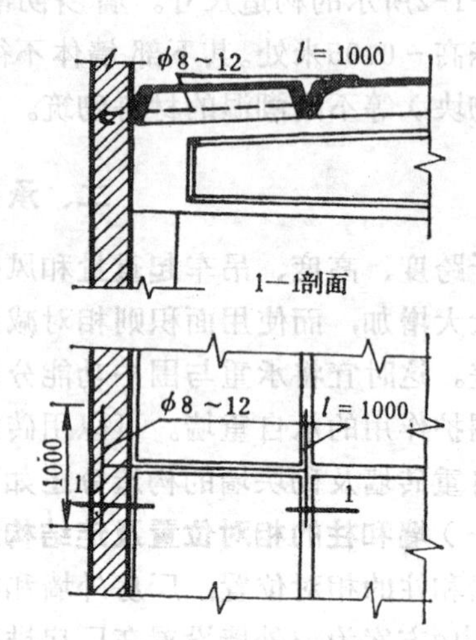

图 4-1-5　女儿墙与屋面板的连结

4.墙体与抗风柱的连结构造：厂房山墙比纵墙高，且墙面随跨度的增加而增大。故山墙承受的水平风荷载较纵墙为大。通常应设置钢筋混凝土抗风壁柱来保证承自重山墙的刚度和稳定性。抗风柱的间距以6米为宜，个别不能被6米整除的跨度，允许采用4.5米和7.5米等非标准柱距。抗风柱靠山墙的侧面也应每隔相应高度伸出锚拉钢筋与山墙相连结。当山墙的三角形部位高度较大时，为保证其稳定性和抗风抗震能力，应在山墙上部沿屋面板设置钢筋混凝土圈梁。并在屋面板的板缝中嵌入钢筋使与圈梁相拉结（图4-1-6）。

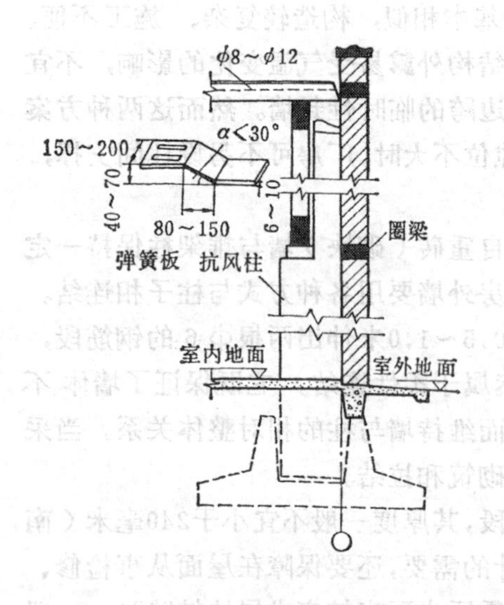

图 4-1-6　山墙与抗风柱的连结

抗风柱下端插入基础杯口。在柱的上端通过一个特制的“弹簧”钢板与屋架相连结，使二者之间只传水平力而不传垂直力。既有连结而又不改变各自的受力体系。如山墙较高，抗风柱需在屋架下弦处变截面伸到上弦部位。

某些中小型厂房的设计，为了降低建筑造价也有在排架结构厂房中局部采用山墙承重构造，直接把屋面板搁置在山墙顶部的卧梁上，以节省端列柱和屋架的方案，常可收到较好的经济效果。但这种构造由于厂房两端与中间部位的受力体系不一致，施工程序不易协调也妨碍了它的应用。结构的抗震性能也较差，所以不宜用于地震区。

（二）承自重砖（砌块）墙的下部构造

厂房柱基础一般较深，承自重砌体墙采用带形基础常不够经济。并会由于和排架基础沉降不一致而导致墙面开裂。所以除了通行重型运输工具的大门下可能采用带形基础外，通常多把承自重砖墙砌置在简支于柱子基础顶面的基础梁上。当柱基础埋深不大时，基础梁可直接搁置在柱基的杯口顶面上（图4-1-7*a*）；如果柱基础较深，可将基础梁设置在柱基础杯口上的混凝土垫块上（图4-1-7*b*）；当柱基础很深时，也可把基础梁设置在排架柱下部的小牛腿上或者高杯基础的杯口上（图4-1-7*c*）。不论哪种布置形式（包括零标高施工方案），为了设置墙身防潮层，基础梁顶面均宜设在低于室内地面50毫米，并高于室外地面100毫米处。因此，车间的室内外地面高差一般为150毫米。这样可以防止雨水流入车间，并便于在车间大门口设置合适的通行坡道，把车间内外地面连接起来，以利运输工具的通行。

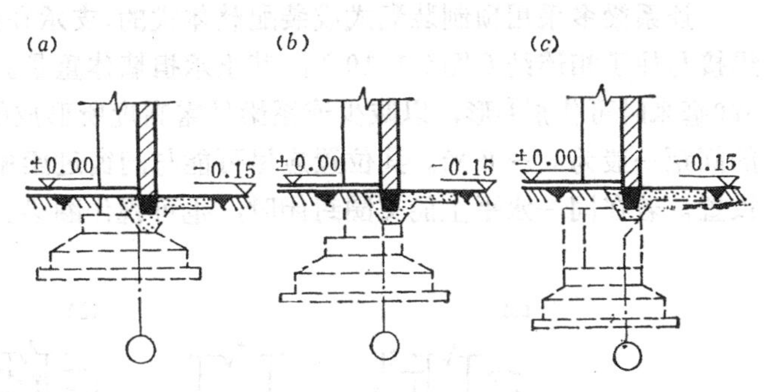

图 4-1-7　承自重砖墙下部构造

(*a*)基础梁设置在杯口上；(*b*)基础梁设置在垫块上；(*c*)基础梁设置在外牛腿(或高杯基础的杯口)上

为保证墙体的整体刚性，防止厂房的振动荷载而引起滑移，基础梁顶面一般不宜采用油毡等柔性材料作防潮层，而宜采用防水砂浆作的刚性防潮层，基础梁底下的回填土应虚铺，不必夯实，以利基础梁随柱基础一起沉降。采暖厂房为防止散热，基础梁周围宜用炉渣等松散材料填充，以加强保温措施。当基土为冻胀性土壤时或用干砂。其梁底最好留有空隙，以防土壤冻胀对基础梁产生的反拱作用。这种措施也适用于湿陷性土壤。

厂房外墙下部应设置勒脚和散水坡或排水明沟，便于把雨水排离墙面，以免浸泡基础和墙脚。勒脚一般做水泥砂浆抹面，高度≥500毫米；散水坡应以坚实材料制作，坡度为3～10%，宽度≥500毫米，外挑檐时还应超出挑出宽度200毫米。为防止墙体与散水坡间不均匀沉降产生拉裂或扭翘变形，其连接部位以及沿长度每隔12米（现浇）或30米（装配）应设缝断开。缝宽取10～20毫米，缝内嵌沥青砂浆或油膏以防渗水（图4-1-8）。当基土为冻胀性土壤时，散水坡下部也应设置松散材料以防冻胀鼓裂。

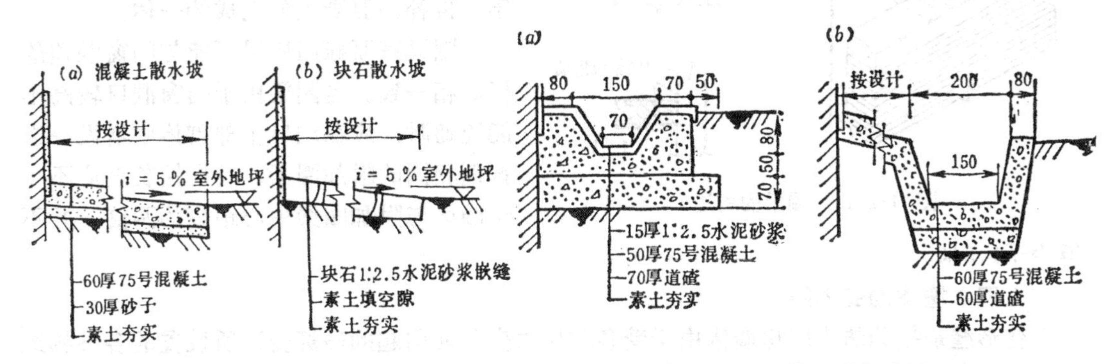

图 4-1-8　外墙勒脚与散水坡

图 4-1-9　排水明沟示例

年降雨量≥900毫米的地区可采用明沟排水（图4-1-9），明沟沟底宜取纵向坡度≥0.5%，其断面尺寸须按排水量大小由具体设计决定。

（三）墙体与连系梁、圈梁的连结

为保证厂房排架的纵向刚度和在水平风荷载与其他外力作用下的稳定性，以及为了支承上部墙体重量需设置连系梁。

连系梁多采用预制装配式或装配整体式的，支承在排架柱外伸的牛腿上，并通过螺栓或焊接与柱子相连结（图4-1-10），其上承担墙体重量。梁的形状一般为矩形，当墙厚≥370毫米时可作成L形，以减少连系梁外露高度所形成的“冷桥”现象。连系梁在高度方向的间距一般为6～8米。其位置应尽可能与门窗过梁相一致，使一梁多用，并无碍于窗的设置。若在同一水平上能交圈封闭时，也可视作圈梁。

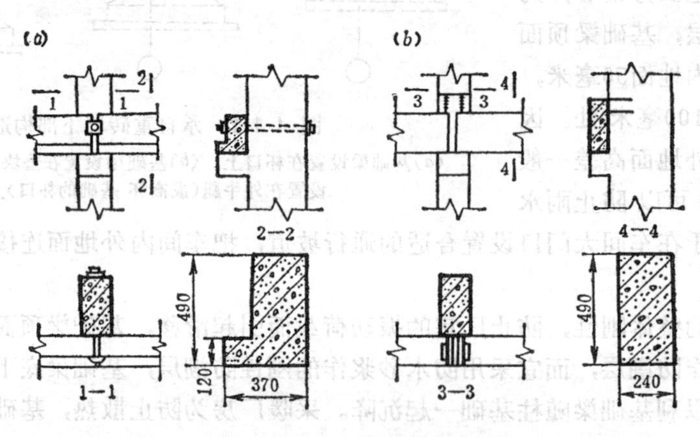

图 4-1-10　连系梁的构造

(a)螺栓连结；(b)焊接连结

承自重砖（砌块）墙的圈梁设置与作法，和承重砖墙的基本相同，可以现浇或采用预制装配式的。现浇圈梁一般是先在柱子上预留四根ϕ14～16的外伸锚拉钢筋，当墙体砌至梁底标高时，先支侧模，绑扎钢筋骨架并和锚筋连牢。然后浇灌混凝土，经养护后拆模即成（图4-1-11）。为了缩短工期也可采用两端留筋的预制装配式圈梁。吊装就位后把接头钢筋与柱上的预留锚拉钢筋共同连牢，再补浇混凝土使之成为一体。

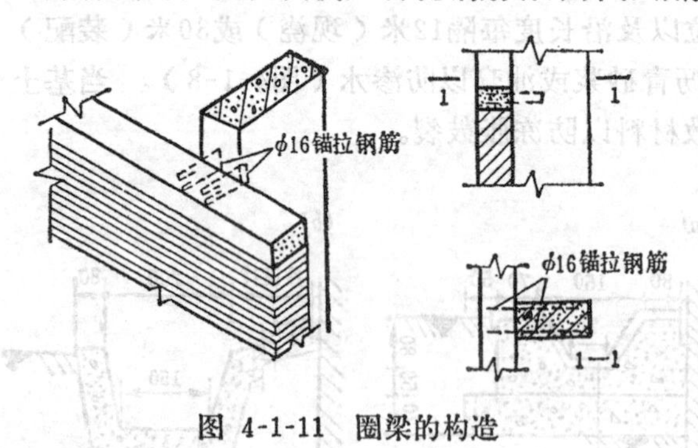

图 4-1-11　圈梁的构造

圈梁底面标高应尽可能与门窗洞顶的标高相一致。当圈梁由于门窗洞口较高不能连通时，应在洞口上部砌体中增设一道截面相同的附加圈梁。其搭接长度应不少于圈梁与附加圈梁中心距离的两倍，并不得少于1.5米。

（四）墙体的变形缝

变形缝是指为防止厂房墙体由于受各种应力变化而引起的破坏变形所设置的各种构造缝隙的总称。如墙体的伸缩缝、沉降缝和抗震缝等。这里分述如下：

1.伸缩缝：当厂房的长度或宽度较大时，为防止因温度变形所引起的应力对厂房造成破坏，须设置宽度为20～50毫米的伸缩缝，把厂房结构自基础以上分割成若干个独立的温度区段（具体尺寸由结构形式而定）。承自重墙的伸缩缝应和厂房主体结构以及屋面等的伸缩缝设置在同一个部位。其构造如图4-1-12所示。

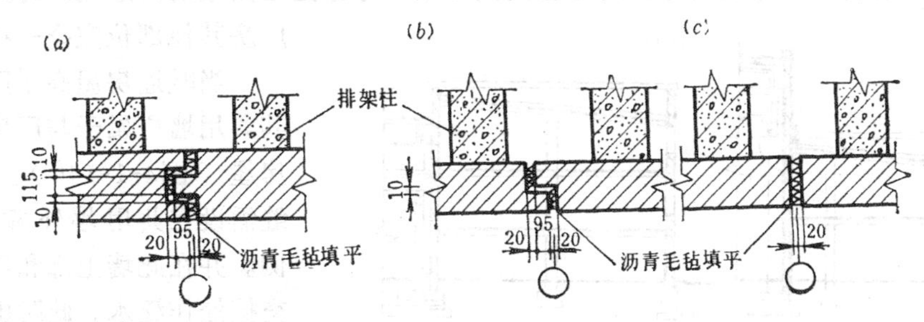

图 4-1-12 墙体的变形缝构造

(a)企口缝；(b)高低缝；(c)平接缝

2.沉降缝：在厂房高度差或荷载相差悬殊的部位，建筑结构或基础类型不同的部位，以及分期建造的厂房相连接部位等处，为防止其两侧厂房结构由于沉降不一致引起裂缝或破坏，常设置宽度为20～50毫米的沉降缝，把厂房结构从基础到屋顶全部断开，以保证缝隙两侧厂房结构的沉降互不影响。某些土质较弱，地基土壤的压缩性有显著差异的地段，缝宽还应适当加大。墙体的沉降缝也应和厂房主体结构在同一部位，其构造和伸缩缝基本相同。此时应尽可能使沉降缝与伸缩缝合一，以便统一处理，简化构造。但必须注意伸缩缝不能代替沉降缝，而沉降缝却可以代替伸缩缝。

3.防震缝：为防止建于地震区的厂房被地震力所破坏，应在厂房有明显高度差或结构刚度相差较大的部位，以及厂房平面形状有进出变化的部位等处，设置防震缝把厂房自基础以上分割成独立的区段。缝的两侧应设置墙或柱构成各自的结构体系。按厂房的高度和地震设计烈度不同，沿厂房长向设缝时，缝宽宜取50～90毫米。在厂房纵横跨交接处设缝时，缝宽宜取100～150毫米。其具体情况由抗震计算确定。同时地震区厂房的伸缩缝和沉降缝也应符合防震缝的构造要求。图4-1-13为防震缝的构造示例。

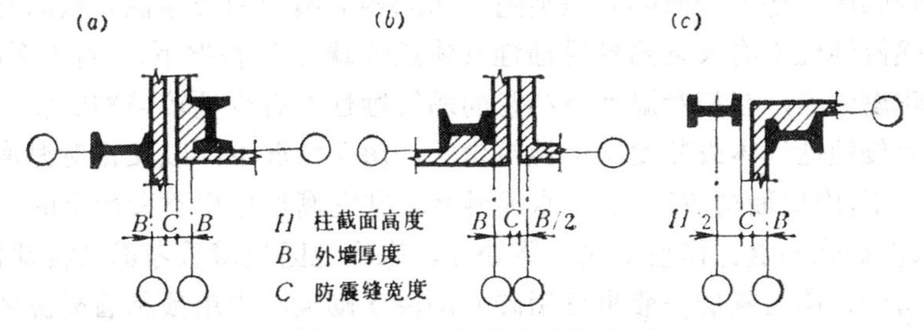

图 4-1-13 防震缝构造示例

(a)纵横跨相交；(b)厂房与毗连房屋相接；(c)厂房与露天跨相交处(参见图3-1-46b)

（五）厂房外墙与毗连房屋的连接构造

当厂房外墙需贴建生活间、变电所、炉子跨或其他辅助性房屋时，由于厂房的高度、荷载等与相毗连的贴建房屋截然不同，一般须在其连接部位设置沉降缝，以利于两部分结构自由沉降。缝的位置和构造视其相对高度而定。

当毗连房屋低于厂房时，其共用墙应属于厂房（图4-1-14a），变形缝设在此墙的外侧。毗连房屋自成体系，可采用混合结构，也可采用框架结构。其横梁在相毗连处一般做成悬臂端或简支于相毗连厂房的外墙上，但支承处不作封固处理，以适应不均匀沉降的变形需要。共用墙除在与毗连房屋的屋盖交接处须作考虑上述因素的泛水处理外，其构造和厂房其他部位完全一样。

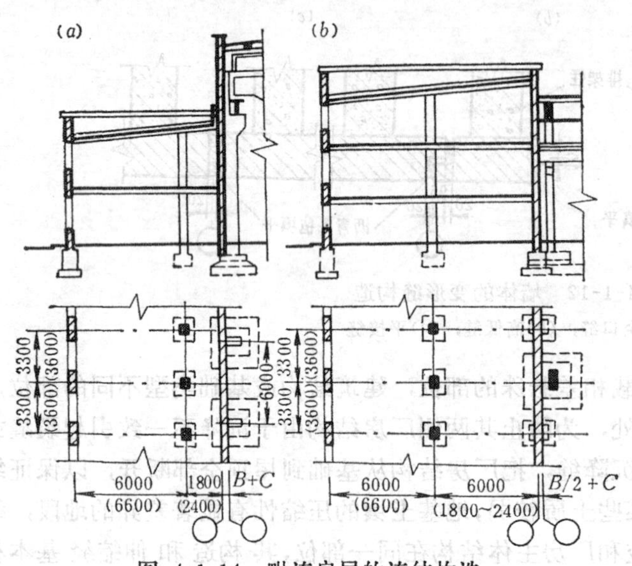

图 4-1-14 毗连房屋的连结构造

(a)厂房高于毗连房屋；(b)毗连房屋高于厂房

B—外墙厚度；C—缝隙宽度

当毗连房屋高于厂房时，则其共用墙应属于与厂房相毗连的房屋（图4-1-14b）。这时变形缝需设在共用墙外靠厂房的一侧。并在此墙上部和厂房屋盖的交接处作泛水。此时由于共用墙就是相毗连房屋的承重墙，所以其梁板的搭放不受限制，可自由布置。

（六）墙体的内外表面处理

一般单层厂房外墙的内外表面处理比较简单。内表面常用原浆刮平或勾缝后喷(刷)石灰浆两道；外表面除勒脚和檐口局部抹灰外，多用1:2或1:2.5水泥砂浆勾缝做清水墙面。只是当车间由于卫生、采光、防腐蚀等需要或立面重点处理时才做抹灰处理。多层厂房多有此一要求。厂房内外墙面的抹灰，根据需要不同，可分为一般抹灰、装饰抹灰和防腐蚀抹灰等多种。其中防腐蚀抹灰不同于民用建筑做法。一般有以下几种：

当厂房有侵蚀性大气作用时，其檐口、勒脚应抹以20毫米厚的1:2.5水泥砂浆；清水墙面要用1:1水泥砂浆做勾缝处理；散发大量侵蚀性气体的厂房及其附近建筑物的外墙面均应以1:3水泥砂浆作抹面处理，厚度为20毫米；

腐蚀性较强的厂房内墙面的处理则随厂房的相对湿度和侵蚀性介质而异。一般相对湿度＞75％的强侵蚀性（有大量强烈侵蚀性气体或酸碱雾）情况下，内墙面应抹以1:2水泥砂浆，并刷防腐油漆；在相对湿度＞75％的弱侵蚀性（有少量较强烈的侵蚀性气体或酸碱雾以及大量弱侵蚀性气体或散发侵蚀性粉尘的厂房）情况下，以及相对湿度在61～75％的强侵蚀性情况下，内墙面均应抹以1:2水泥砂浆；其它腐蚀作用不太严重的一般厂房内墙面也应以1:1水泥砂浆勾缝并作喷（刷）浆处理。寒冷地区应着重考虑其特殊性。

洁净厂房的外墙与隔墙一般也可用砖（砌块）砌筑，或用预制墙板拼装而成。保温程度与作法应特殊考虑。例如砖墙内侧贴轻质高效材料挂铁网粉刷的作法。内墙面应平滑、密封、不起尘、不积灰，因此必须作特殊处理。一般在抹面压光处理后，再涂以醇酸磁漆、过氯乙烯漆和聚胺脂漆等无机涂料是可以满足洁净要求的，其经济效果也较好，至于选用象复合钢板和不锈钢板等高级护面，虽然可取得更高的洁净效果，但造价很高，材料也比较缺乏，除洁净等级高的极少量房间可用外，一般不宜选用。

此外，为适应洁净厂房工艺变更的要求，内墙或隔断也可选用轻金属骨架嵌固各种轻质贴面材料做成的可拆装的墙体。它接缝严密，构造简单，并便于拆装和互换，有较大的灵活性。具体设计时，应根据厂房的洁净标准、造价和材料供应情况等，合理选择相应的结构、材料和构造措施才能取得较好的经济效果。如为水平层流送风，隔断周边及与高效过滤器接触处应严密，防止静压间空气渗入洁净室。

第二节 大型板材墙

采用大型板材墙可加快建设速度。以外墙为一砖厚的厂房为例，一块1.2×6.0米的墙板可以代替900块砖的砌筑量，几倍地提高了工程效率。同时经国内几次强烈地震的考验，证明墙板具有良好的抗震性能，在烈度为7～10度的地震作用下并未被破坏。因此墙板将成为我国工业建筑广泛采用的外墙类型之一，并在“七五”期间大力推广应用。

一、墙板的类型与技术要求

（一）类型

墙板的类型很多，按其受力状况分有承重墙板和非承重墙板；按其保温性能分有保温墙板和非保温墙板；按所用材料分有钢筋混凝土、陶粒混凝土、加气混凝土、膨胀蛭石混凝土和烟灰矿渣混凝土墙板；以及用普通钢筋混凝土板、石棉水泥板及铝和不锈钢等金属薄板夹以矿棉毡、泡沫玻璃、泡沫塑料或各种蜂窝纸板等轻质保温材料构成的复合材料类墙板等；按其规格分有形状规整、大量应用的基本板，有形状特殊、少量应用的异形板（如加长板、山尖板、窗框板等），有和墙板共同组成墙体的辅助构件（如嵌梁、转角构件等）、檐下板、女儿墙板等等。

（二）技术要求

1．墙板在静力和动力荷载作用下，应有可靠的力学性能；

2．应有良好的隔汽、防腐蚀和不透水等性能；

3．具有一定的隔热、保温和隔声性能；

4．墙板的安装固定和节点构造应考虑温度变形和抗震的需要；

5．力求做到轻质、高强、薄壁、大型、价廉和多功能；

6．适当兼顾到建筑造型的需要。

近年研制成功的复合外墙板由钢筋混凝土结构承重层、中间岩棉保温层和混凝土外装饰保护层组成，并由柔性联结件钢筋联结成为整体，总厚度250毫米。其保温性能优于2砖墙，隔热性能优于$1\frac{1}{2}$砖墙，具有良好的承重、保温隔热、防水、抗震等多种功能，这项技术填补了国内空白，并得到了推广。

二、墙板的规格

（一）基本板 长度应符合我国《厂房建筑模数协调标准》（GBJ6—86）的规定，并考虑山墙抗风柱的设置情况，一般把板长定为4500、6000、7500、12000毫米等数种。但有时由于生产工艺的需要，并具有较好的技术经济效果时，也允许采用9000毫米的规格。为减少板长规格，防震缝处的定位轴线可采用双轴线（图4-1-15）。

基本板高度应符合3M。规定为1500、1200和900毫米三种。6米柱距一般选用1200或900毫米高，12米柱距选用1800或1500毫米高。基本板的厚度为技术尺寸，最好符合1/5M（20毫米），主要考虑预制厂采用钢模生产时，槽钢高度在80～240毫米范围内，按20毫米进级的现实情况，具体厚度则按结构计算确定（保温墙板同时考虑热工要求）。

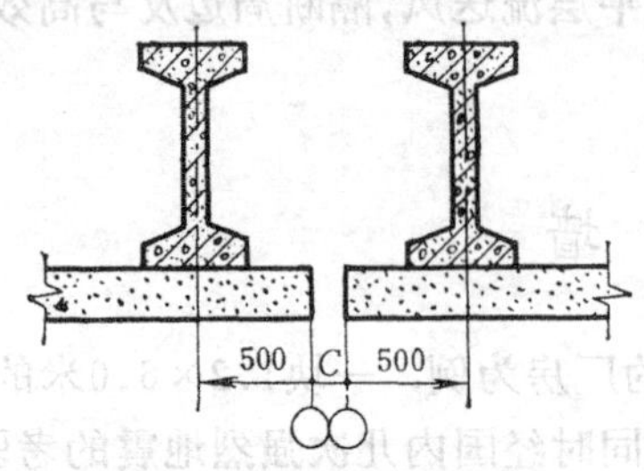

图 4-1-15　防震缝处定位轴线

（二）窗框板　窗框板应与选用的基本板规格相适应，长度与标准柱距相符，为6000、12000毫米。高度≥1200毫米，应符合3M，按建筑处理的需要决定。

（三）加长板及窗间墙短板　二者的高度、厚度应与基本板相同，长度按设计要求确定，但应符合模数化尺寸。

（四）辅助构件　如转角构件高度应与基本板高度或其组合高度相适应。嵌梁及其与窗台板的组合高度应符合3M。

三、墙板的布置

墙板的布置可分为竖向布置、横向布置和混合布置三种类型。竖向布置（图4-1-16）的优点是不受柱距限制，布置灵活，遇到穿墙孔洞时便于处理，缺点是墙板的固定必须设置墙梁，构造复杂以及竖向板缝多，易渗漏雨水（正反扣布置的竖板竖直缝防水则较好，如图4-1-16）等，因此竖向布置的应用较少（低于总用量的3%）。多层厂房时可借用楼板及墙梁固定竖向墙板。横向布置（图4-1-19）的优点是墙板长度和柱距一致，其竖缝可由骨架柱遮挡，不易渗漏风雨；墙板本身可兼起门窗过梁与连系梁的作用，能增强厂房的纵向刚度；构造简单，连结可靠，板型较少，便于布置带形窗等，是我国目前大量采用的布置方式。缺点是遇到穿墙孔洞时墙板布置较复杂。混合布置（图4-1-17）则兼有横向与竖向布置的共同特点，布置灵活，但板型较多，难以定型化并且构造复杂，所以其应用也受到限制。下面仅就构造简单，大量应用的横向布置的墙板有关要求及布置方法作简要介绍。

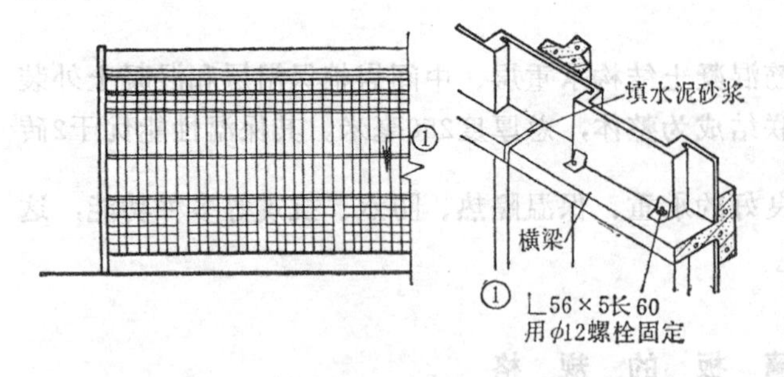

图 4-1-16　采用竖向布置的墙板示例

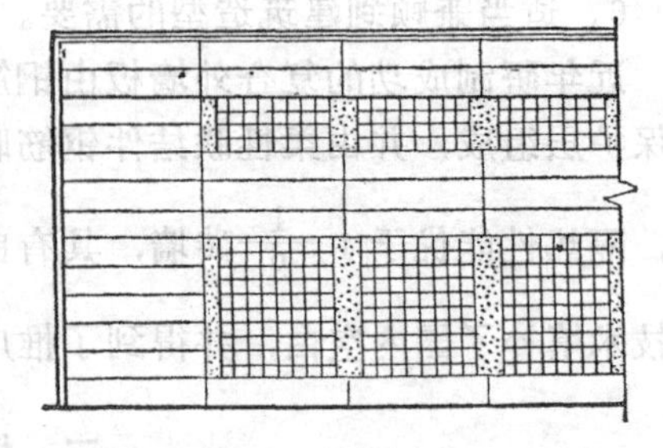
图 4-1-17　墙板的混合布置

（一）横向墙板的布置要求

1.应尽量减少屋架类型，屋架坡度宜平缓；屋架端部尺寸与挑梁高度均应符合3M；

2.山墙抗风柱宜对称布置，并尽量采用6米柱距；当厂房柱距为12米时也可采用12米。

山尖部分可布置成人字形、折线形和台阶形，也可加墙梁再补砌块材或布置竖向小型墙板，以及设置大片玻璃面取代山尖部分墙体等（图4-1-18）；

3.多跨厂房或高大厂房需设联系尺寸及插入距时，最好只用一种，以减少加长板或辅助构件类型；

4.厂房转角及设联系尺寸的部位宜选用加长板，当采用肋形板加长有困难时，可采用辅助构件。檐口的构造应尽量统一；

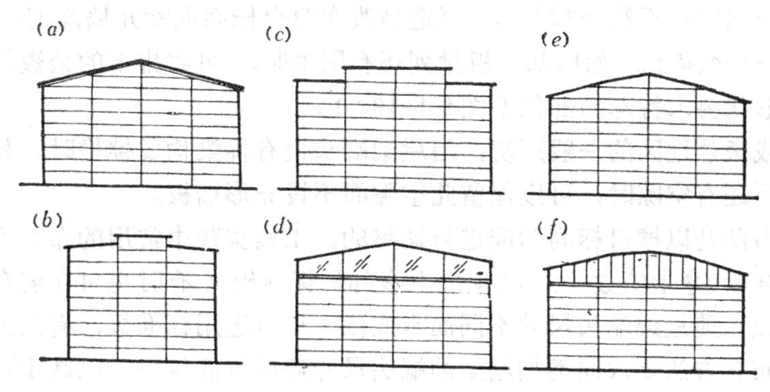

图 4-1-18 山尖部分的布置示意

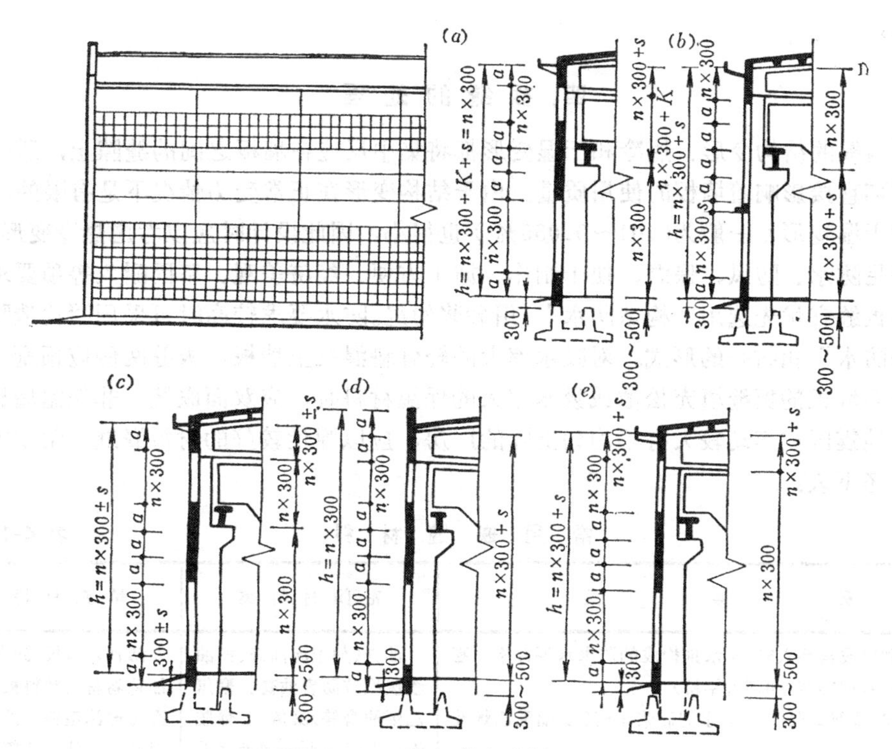

图 4-1-19 墙板横向布置方法示例

(a)变动柱顶标高调整排板；(b)加通长嵌梁调整排板；(c)用窗台高度调整排板；(d)用女儿墙调整排板；(e)设异形板于对形状要求特殊的部位；其中：a为基本板高度；n为变数；s为不足300毫米的数；K为柱子调整高度

5.横向布置墙板宜配合采用带形窗，窗洞高度应为选用的基本板高度的整倍数或为其组合高度。也可采用钢筋混凝土窗框板，或设置窗间墙板，但在山墙的4.5和7.5米柱距处应尽量不设窗框板这类构件；

6.窗台高度一般应符合3M，如600、900、1200毫米等。600毫米仅用于热车间。

（二）墙板的布置方法

1.一个厂房的外墙应尽可能采用一种高度的基本板。当布置有困难时，可通过变动柱顶标高和增加另一种高度的基本板或嵌梁加以调整（图4-1-19*a*、*b*）；

2.当厂房外墙高度不符合3M时，可适当改变窗台标高或女儿墙高度，以便调整墙板的排列（图4-1-19*c*、*d*）。如用基本板排列还有困难时，可将排下的余数做成异形板或辅助构件，放在形状要求特殊的部位（图4-1-19*e*）；

3.热车间或炎热地区的一般厂房，当屋架端头设有挑梁构成挑檐时，如墙板按板材模数排列到挑梁下还有空隙时，可以保留此空隙而不设异形墙板。

上述布置方法是以檐口标高为准进行调整的，工程实践中常用的布置方法是以柱顶标高为准的（符合300毫米倍数），柱顶以下全部用标准板（有时也可在窗台以下部位进行调整），柱顶以上随屋架端头尺寸不同而有变化，尽量选用标准板，有出入时再用非标准板补充。这种布置方法要求同类型屋架的端头尺寸应尽可能统一，以减少墙板类型。如钢筋混凝土梯形屋架标准图把15～36米跨度的屋架端部尺寸统一为1430毫米（G415）即其一例。总之，各种布置方法都应朝着减少类型，统一尺度的方向发展，才能有利于实现建筑工业化。

四、板缝的处理

因为墙板的结构变形、热冷和干湿变形都将集中反应在墙板之间的缝隙上，所以板缝处理的好坏直接影响着墙板的使用质量。由于结构变形在正常受力情况下是有限的，混凝土材料的干湿变形（一般为0.01～0.055%）也很小，因此设计时应以考虑热冷变形为主。板缝应满足防水、防风、保温、便于制作、施工方便、经济美观、坚固耐久等项要求。

通常板缝宜优先选用“构造防水”，用砂浆勾缝。防水要求较高时可采用“构造防水”与“材料防水”相结合的形式。对吸水率大的轻骨料混凝土墙板，板缝两侧应预刷防水涂料。在保温墙板的板缝填充松散或吸水率大的保温材料时，应双面嵌缝。非保温墙板可单面嵌缝。地震区或震动较大有不均匀沉降的厂房，应以弹性较好的材料嵌缝。常用的嵌缝材料可参考下表：

常用嵌缝材料　　　　表4-1-1

砂浆类	密闭材料类	填充材料类
1:2水泥砂浆或再掺入5%防水剂构成的防水水泥砂浆，膨胀水泥砂浆(水泥砂浆+0.5‰铝粉) P、V、A塑料砂浆(1:2.5水泥砂浆+5%聚醋酸乙烯及少量麻刀) 石棉水泥砂浆(1:0.2:3的水泥:短绒石棉:砂)	油膏(如上海油膏、桐油渣废橡胶沥青油膏、聚氯乙烯油膏等)聚氯乙烯胶泥；聚氨脂沥青弹性嵌缝胶等	沥青木丝板、沥青麻丝、油毡卷材、塑料板、聚苯乙烯泡沫塑料、矿棉板、聚氨脂泡沫塑料等

当采用油膏嵌缝时，油膏两侧应用砂浆保护。带形窗窗台处的竖缝应采取盖缝措施。

根据国内目前各种板缝的应用情况，水平缝宜选用滴水平缝、高低缝和肋朝外的平缝（图4-1-20）。当防水要求较低或因制作关系外形必须整齐而又采用了可靠的防水密封材料时，水平缝也可采用简单的平缝形式。当墙板采用高低缝时，上下板之间的搭接长度一般不小于20毫米，防水要求较低时也可以不搭接。墙板端部应做成平头，平头宽度应比钢支托宽20毫米（图4-1-21）。

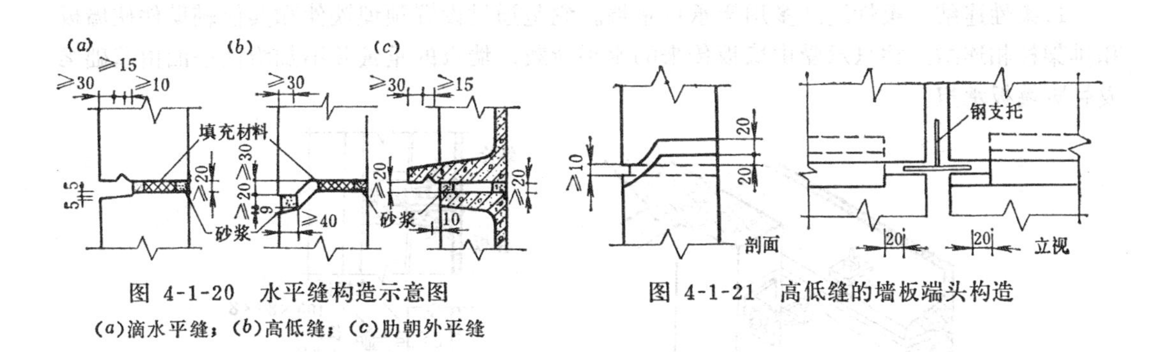

图 4-1-20 水平缝构造示意图

(a)滴水平缝；(b)高低缝；(c)肋朝外平缝

图 4-1-21 高低缝的墙板端头构造

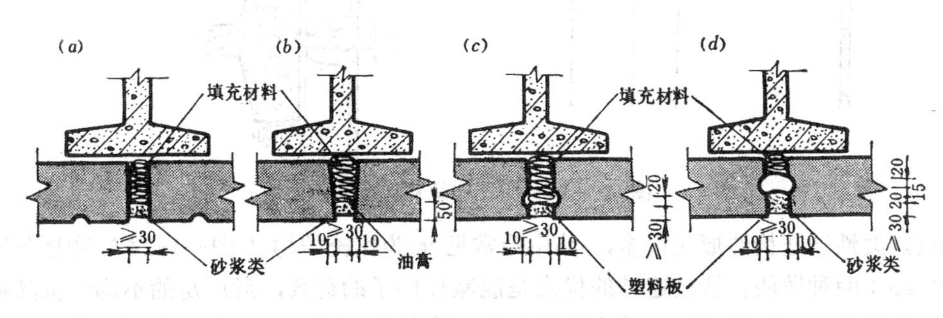

图 4-1-22 墙板竖直缝构造示例

较常用的竖直缝有直缝、喇叭缝、单腔缝和双腔缝等（图4-1-22），一般宜采用单腔缝，当生产工艺对防水要求较高时可采用双腔缝。用压条连结(图4-1-25)时，可采用直缝或喇叭缝。

在降雨量较大的地区，墙板垂直缝两侧的板面上，应根据制作条件设阻水凹槽或者阻水边坎（图4-1-23）。

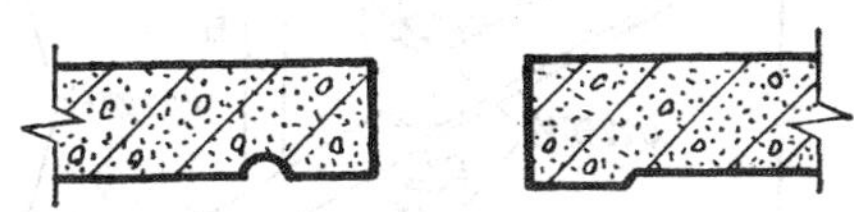

图 4-1-23 板边阻水构造

五、墙板的表面处理

一般钢筋混凝土墙板，可不另作抹灰，因此墙板的制作要求表面平整，棱角整齐，色泽力求一致。当建筑处理需要时墙板可作各种材料的饰面。并尽可能在工厂预制好。轻质混凝土类的墙板，由于吸水率较大宜作外部抹灰或饰面，勒脚墙板和用于室内相对湿度大于75%的墙板，则应作内外抹灰处理。

近年来，在我国北方地区的某些厂房建筑实践中，曾用过在钢筋混凝土墙板的内表面抹或喷水泥珍珠岩砂浆保温层作法，虽获得一些经验，但存在一些问题需要进一步改进；配筋烟灰矿渣混凝土墙板的表面则常用1:3水泥砂浆罩面、配合水泥砂浆喷毛或用素水泥浆刮平，以免烟灰混凝土的表面被风化；硅酸盐类墙板吸水性大，内外表面均宜用上述方法加以处理。

六、墙板的连结

（一）墙板与柱子的连结有柔性连结和刚性连结两种方式：

1.柔性连结　柔性连结多用于承自重墙。它是通过设置预埋铁件和其他辅助件使墙板和排架柱相连结。柱只承受由墙板传来的水平荷载，墙板的重量并不加给柱子而由基础梁或勒脚墙板承担。

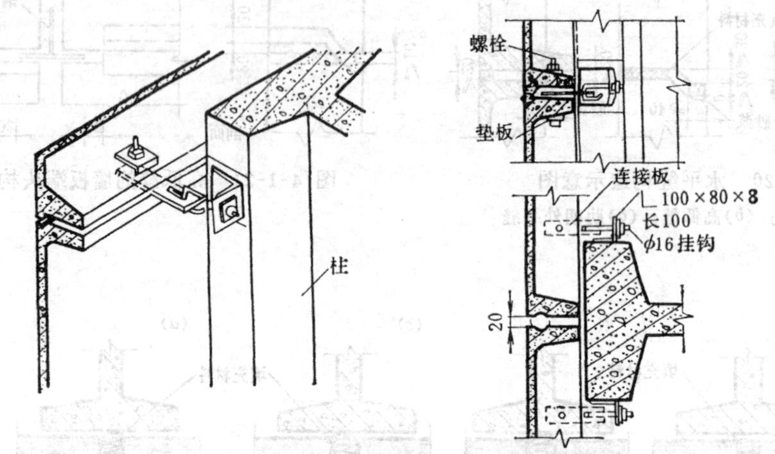

图 4-1-24　柔性连结构造示例

墙板的柔性连结构造形式很多，其中最常见的为螺栓结构（图4-1-24）和压条连结（图4-1-25）两种做法。螺栓连结的优点是能减轻柱子的荷载，对厂房的不均匀沉降和振动有良好的适应性，连结可靠。缺点是无助于厂房的纵向刚度，安装固定要求准确，比较费工费钢材。压条连结适用于对埋件有锈蚀作用或握裹力较差的墙板（如粉煤灰硅酸盐配筋混凝土、配筋加气混凝土等）。其优点是墙板中不需另设预埋铁件，构造简单、省钢材、压条封盖后的竖缝密封好。缺点是螺栓的焊接或膨胀螺栓要求高，施工较复杂，安装时墙板要求在一个水平面上，预留孔要求准确等。柔性连结可用于各类厂房，尤其适用于地震区的各类厂房。为使下部板不超载变形，最好每3—5块设柱托，分担墙板自重，便于保证墙板在同一水平位置上（图4-1-21所示）。

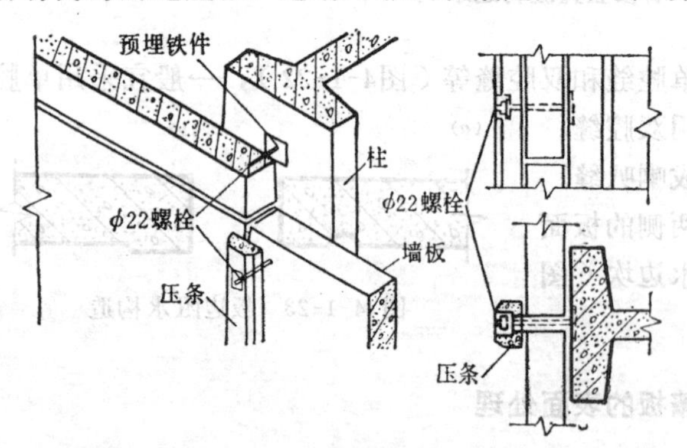

图 4-1-25　压条连结构造示例

2.刚性连结　在柱子和墙板中先分别设置预埋铁件，安装时用角钢或ϕ16的钢筋段把它们焊接连牢（图4-1-26）。优点是施工方便、构造简单、厂房的纵向刚度好。缺点是对不均匀沉降及震动较敏感，墙板板面要求平整，埋件要求准确。刚性连结宜用于地震设计烈度为7度或7度以下的地区。多层厂房外墙板的连结宜用刚性方案。

室内有腐蚀性介质或湿度较大的地区，应对上述二种连结方案的外露铁件加以防护。

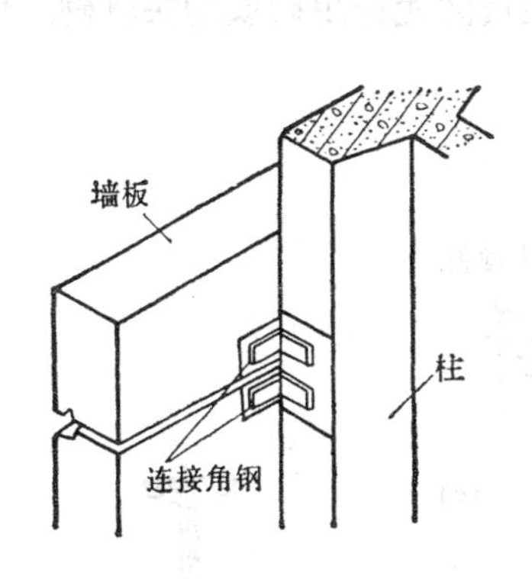

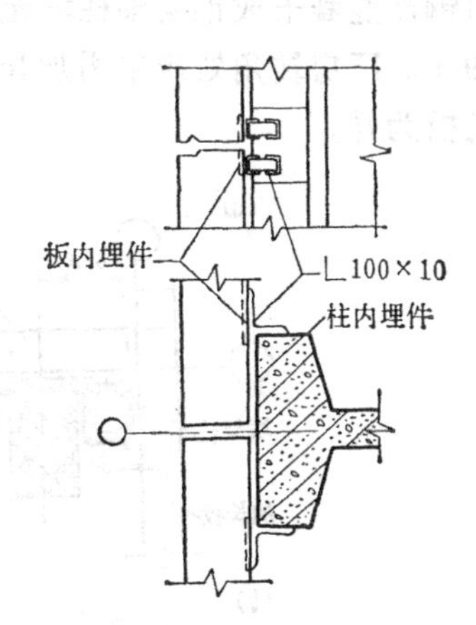

图 4-1-26　刚性连结构造示例

（二）檐口的连结

墙板的屋顶檐口根据设计要求可以采用挑檐板、檐沟板或女儿墙板等构造形式（图4-1-27）。当采用女儿墙墙板时，要注意连结可靠，可采用附加小柱（图4-1-27c）。如设有≥300毫米的联系尺寸应在内侧焊结柱顶小柱用于固定墙板。女儿墙上的压顶板板缝应与墙板板缝错开布置，并应作抹灰处理。在地震区，女儿墙的高度不得大于500毫米，其压顶板最好是现浇钢筋混凝土的，以增强其整体性。

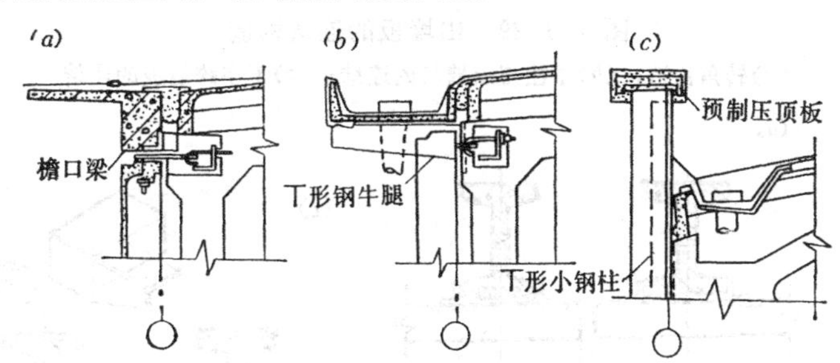

图 4-1-27　檐口的连结节点示例

(a)自由落水；(b)檐沟外排水式；(c)女儿墙式

（三）勒脚板的构造

厂房勒脚部位也应尽可能采用墙板，有时也可用砌块砌筑。当采用轻骨料混凝土墙板时，勒脚板埋入地下部分应作好防潮防腐处理。若在寒冷地区还应采取防冻胀措施（图4-1-28）。

（四）转角与山墙墙板的连结

转角墙板的连结构造和多跨厂房端柱与山墙板的连结构造可以有多种方式，设计时应根据具体情况灵活处理，力求使墙板类型最少，安装方便，支托和连结可靠。并应注意建筑处理和减少材料消耗。

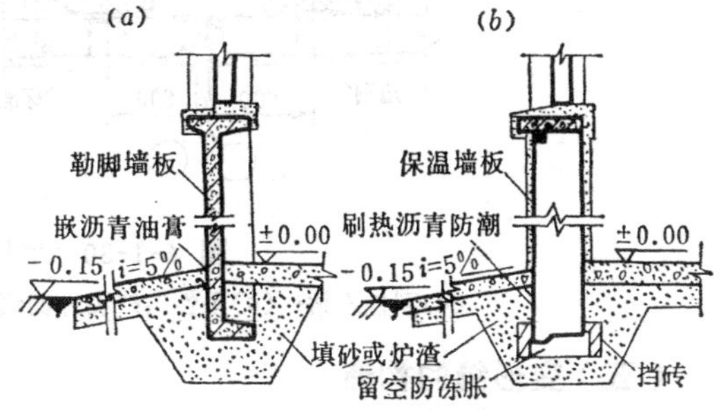

图 4-1-28　勒脚墙板的构造

(a)非保温墙板的勒脚构造；(b)保温墙板的勒脚构造

在转角处由于定位轴线与柱中心线相距600毫米，山墙板与柱之间的间隙可根据具体情况选用钢筋混凝土或钢墙架柱填充。也可以在厂房柱上设置钢支托和水平承压杆支承（图4-1-29）。厂房转角处应采用加长板或辅助构件。非地震区允许用砖或砌块填砌，但以采用加长板为好。

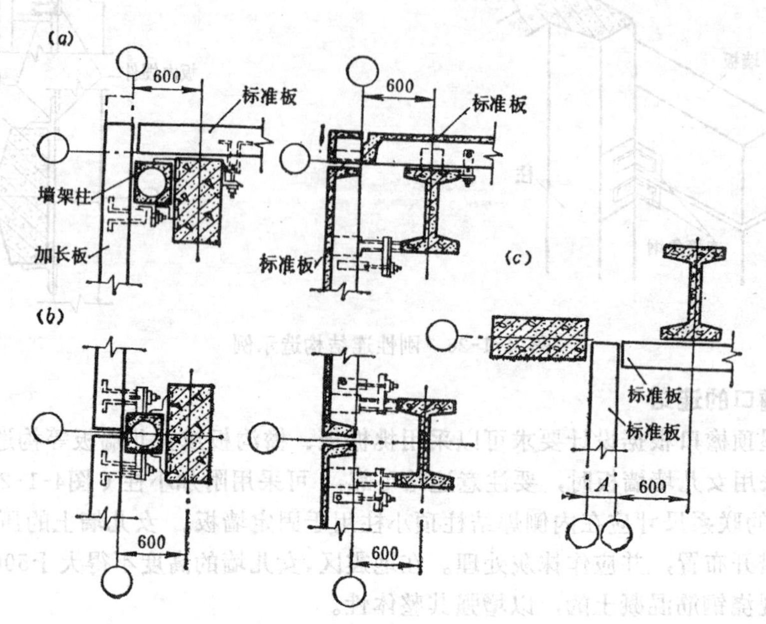

图 4-1-29　山墙板的连结构造

(a)转角构造；(b)中柱与山墙板的连结；(c)丁字跨墙板的连结

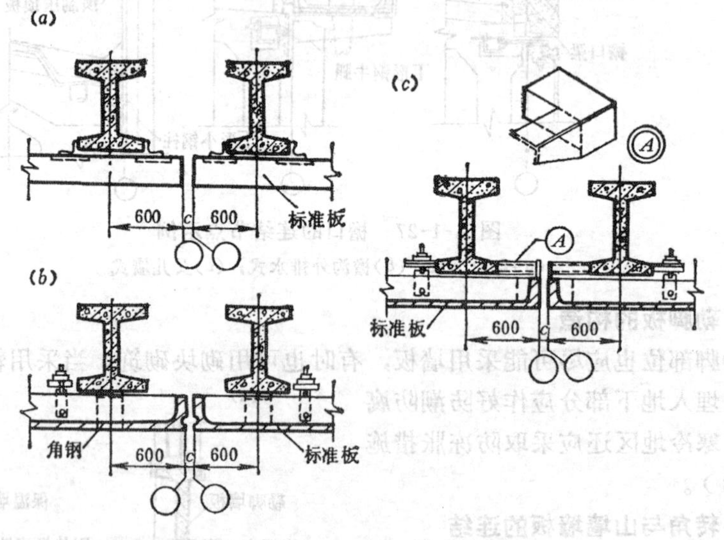

图 4-1-30　墙板变形缝构造

(a)刚性连结；(b)柔性连结设外侧钢支托；(c)柔性连结设内侧钢支托

（五）变形缝的构造

变形缝的宽度应根据其类别按有关规定选用。非地震区一般为20～50毫米。当采用刚性连结时，可结合吊装需要设角钢支托，其横向变形缝按结构设计要求直接设置在相应部位（图4-1-30a）；当采用柔性连结时，常在变形缝部位的排架柱外侧设置角钢支托，或者在排架柱朝向变形缝的侧面设置钢支托（图4-1-30b、c）等方法支承墙板。纵向变形缝可参照上述构造处理。

变形缝的外侧应用镀锌铁皮等盖缝（图4-1-31c），以防风雨侵袭，盖缝铁皮可用T形铁等自缝内嵌固；也可用螺栓连结或用环氧树脂胶粘贴木条自外部钉牢（图4-1-31a、b）。钉孔应封闭。为了减少墙板类型应尽可能避免在墙板内另设埋件。寒冷地区应在缝内用弹性保温材料填塞，以利防寒。

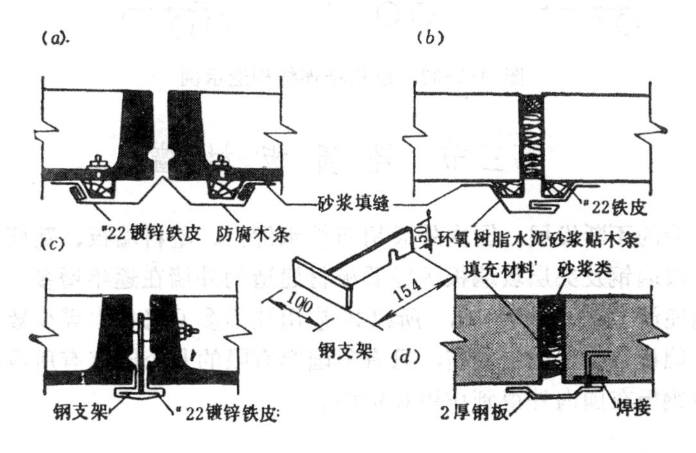

图 4-1-31 变形缝构造

(a)非保温墙板铁皮盖缝；(b)保温墙板铁皮盖缝；(c)钢支架镶铁皮盖缝；(d)焊接钢板盖缝

（六）厂房高低跨交接处墙板的连结构造

高低跨交接处的墙板连结有多种形式，图4-1-32为比较常见的构造处理：其中a）图为高低跨处不设变形缝时采用单轴线的内天沟外排水构造形式。雨水由设在两端山墙上的水落斗和水簸箕排走。当设有变形缝时，应采用b）图所示的双轴线内排水构造形式。在寒冷地区此处除满足变形和防水要求外，还应解决好保温问题。纵横跨交接处墙板的连结构造可参考图4-1-33。

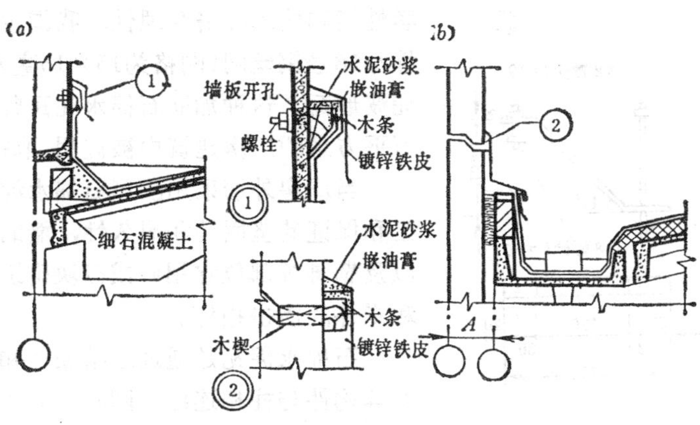

图 4-1-32 高低跨处墙板的构造

(a)非保温板构造；(b)保温板构造

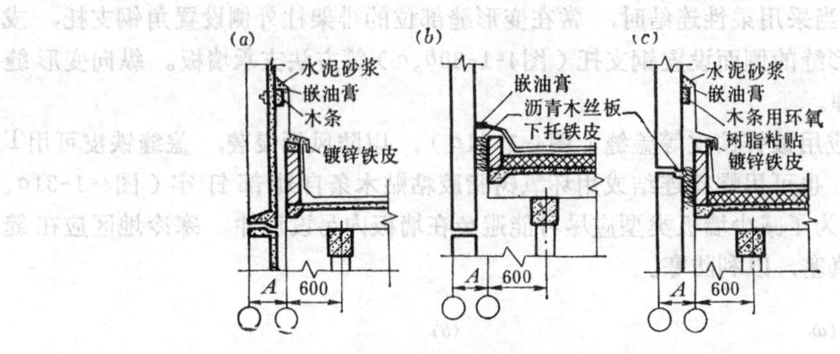

图 4-1-33　纵横跨连结构造示例

第三节　轻质板材墙

随着建材工业的不断发展，国内外采用石棉水泥板、塑料墙板、瓦楞铁皮、压型薄钢板、铝合金板、玻璃钢及夹层玻璃板等轻质板材建造的外墙在逐年增多。其中塑料墙板由于防老化等问题还没 得到很 好解决， 所以其 应用还不多（仅日本等少数国家在用）。铝合金板和夹层玻璃板等由于造价较高，只有美国等有限的几个国家有所应用。近些年来各种形式的压型薄钢板在国内外得到应用和赞许。

一、石棉水泥板材墙

石棉水泥板（包括大波、中波、小波三种波形板和平板）具有自重轻(16.5公斤/米^2)，施工简便，造价较低，有一定耐火、绝缘和耐腐蚀等性能，多用于一般不要求保温的热加工车间、防爆车间和仓库建筑的外墙。当做成复合墙板时也可用于一般厂房的外墙。普通的波形石棉水泥瓦为脆性材料，在运输和施工过程中易损坏，遇到高温和强烈振动时易骤断，当受到温湿变化影响时也会引起变形损坏。若用于高温高湿车间和有强烈振动的车间，则应采取相应的加强措施和特殊的连结构造。

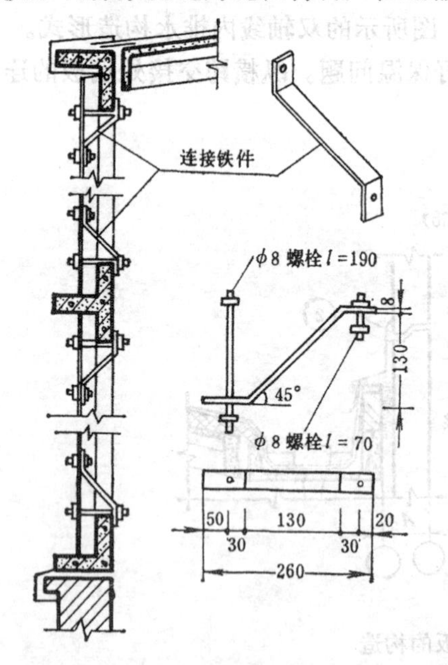

图 4-1-34　石棉水泥瓦墙构造

为克服石棉水泥瓦的上述缺点，提高其物理力学性能和技术经济合理性，我国生产一种用五级短棉加18号钢丝网(网格为15×15毫米)的加筋石棉水泥波形瓦。这种加筋石棉水泥瓦曾在某热轧厂十几万平方米的厂房建筑中被应用。取得了良好的效果。

当厂房外墙采用波形石棉水泥瓦时，为便于施工和保证其坚固性和耐久性，墙的转角，大门洞口以及勒脚等部位宜用砖或砌块砌筑，以防雨水冲蚀和意外的撞击损坏。

石棉水泥瓦是通过联结铁件和螺栓并借助联系梁等构件与柱相连结（图4-1-34）。瓦与瓦之间左右要搭接一个波，上下搭接长度≥100 毫米， 梁与梁之间的距离应按所选用的石棉水泥瓦的类型和规格结合上述要求而定。施工时应自一方向另一方铺设。搭接缝要背向主导风向。

为便于搭接，每四块瓦的重叠部位，要去掉中间两块对角瓦的角（图4-1-35*a*）。否则也可自边部隔行加设一个半块瓦，使瓦与瓦之间错缝搭接。同时，为保证石棉水泥瓦有自由伸缩的可能，在其左右搭接部位，不宜用一根螺栓穿过两块瓦（图4-1-35*b*），而应分别各自穿孔，且螺栓直径略大些，以适应变形的需要。挂瓦螺栓要由波峰通过，螺帽下应加设软硬垫圈以防风雨和避免震裂。

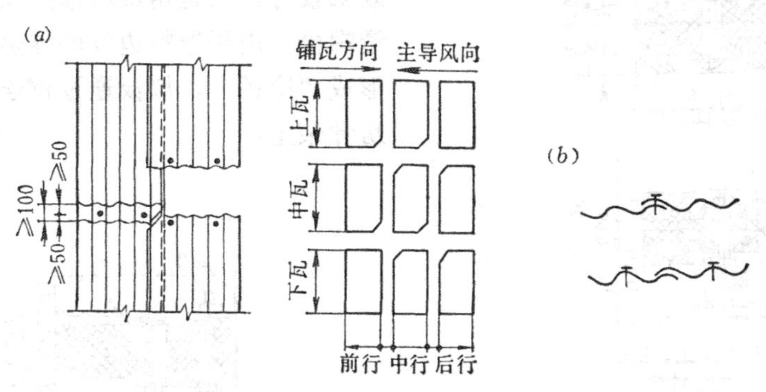

图 4-1-35　波形水泥瓦铺设示意

(*a*)铺设和搭接；(*b*)螺栓穿孔部位

二、压型薄金属板材墙

为了加快厂房的建设速度和减轻墙体结构的自重，近几十年来，采用压型薄金属板做墙体和屋面的国家日益增多，而且压型金属板的品种和产量也愈来愈大。如美国、西德和日本等许多国家均有定型产品。苏联和东欧各国采用压型金属板作墙体和屋面，虽略迟于西方一些国家，但发展速度却很快。并且针对其寒冷地区的特点研制了一系列优质保温压型金属板材。主要有压型镀锌钢板和铝板。板有彩色与非彩色两种。对于各种保温板，不但重视保温材料的选择，而且很重视板型的选择和板的接缝构造以及与厂房柱和联系梁等的连接方法。其选用的高效能保温隔热材料的性能一般超过木材的3～5倍，为轻质混凝土的10～15倍。它们是聚合物泡沫塑料制品、矿棉合成制品和玻璃纤维合成制品等。

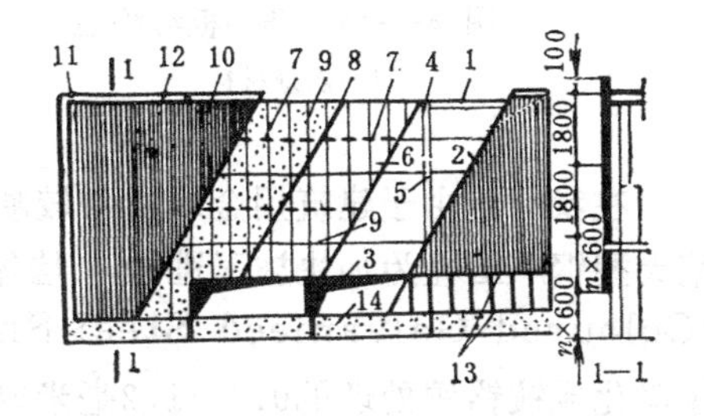

图 4-1-36　分层安装的墙体结构

1、2、3—檐口联系梁，普通联系梁；4—梁端头；5—柱；6—内层墙板；7—托钩；8—聚氨脂泡沫保温板；9—联系梁；10—外层墙板；11、12、13—转角板、檐口板、窗台板；14—轻混凝土勒脚板

目前已被苏联国家建委所确认的构造形式主要有两大类：一类为分层安装的构造形式（图4-1-36）；另一类为三层做法的组装墙板构造形式。

其板缝构造又分为凸型板缝和企口型板缝两类。凸型板缝(图4-1-37)是用螺栓和U型盖板把两块墙板在接缝处夹紧。为防止“冷桥”和冷空气渗透，要用粘性密闭的嵌缝材料聚氨脂泡沫塑料把缝隙密封起来。还可使螺栓不外露和不易锈蚀。螺栓垫为橡皮垫，螺杆要套上橡皮套管。

企口型板缝是靠板缝处的弹性企口，把两块墙板拼接起来（图4-1-38）。接头内要用弹性嵌缝材料填充好。这种构造型式接缝严密，保温效果好，冷空气不易渗透且便于施工。

为避免上述构造中穿透螺栓的“冷桥”作用，苏联的设计研究部门于1978年研制了一种带塑料边框的新型保温墙板，并已在一些热工要求较高的电子、仪表等工业中使用，效果较好。它是用塑料槽形纵向边框代替穿透螺栓。由于塑料边框的导热系数小，不会形成“冷桥”。墙板通过钢连接件悬挂在厂房骨架上。

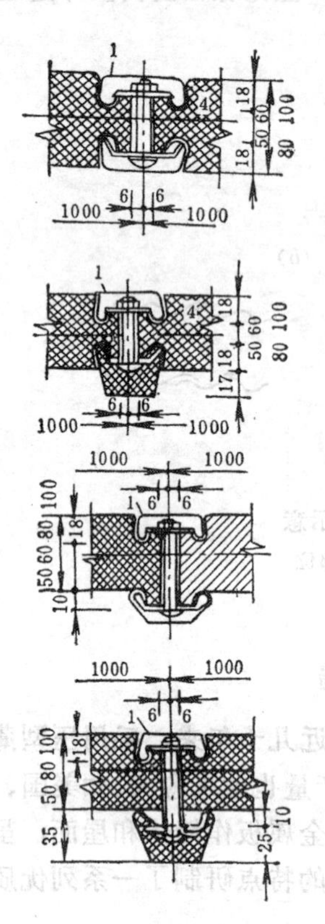

图 4-1-37　凸型板缝构造

1—嵌缝材料

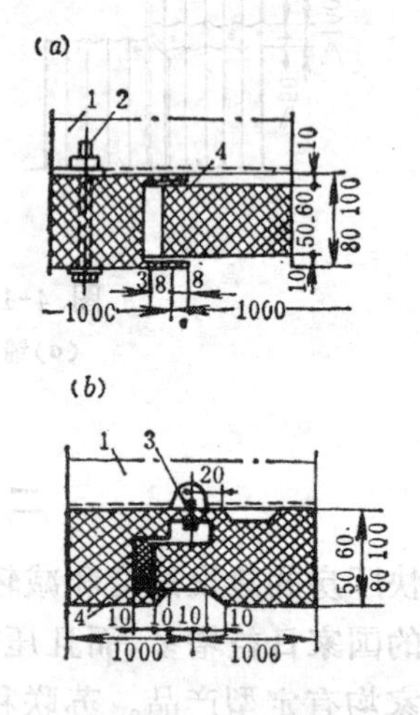

图 4-1-38　企口型板缝构造

(a)企口型；(b)企口型；

1—联系梁；2—螺栓；3—自攻螺丝，6×25；

4—聚氨脂泡沫板，容重150公斤/米³

在我国，由于建筑用金属材料较缺，目前压型金属板墙主要用在一些重点工程中。如某大型钢厂工程为加快施工进度，墙体和屋面采用的彩色金属板材主要有C、G、S、S（Coloured Galvanieed Steel Sheet）钢板和强化C、G、S、S钢板。前者是一种经过磷化或镀铬镍处理的0.4～1.2毫米厚的镀锌钢板。其表面先经过耐久性、耐化学性的环氧系树脂或丙烯系树脂涂料浸渍，再涂上耐燃性、耐蚀性的聚脂系树脂或丙烯系树脂涂料处理，最后两面烤不同颜色的涂层而成的复合彩色钢板。后者是在一般的C、G、S、S钢板的涂层中再夹入用以增强涂膜的耐久性的玻璃纤维层而构成的复合彩色钢板。由于表面涂层经过了特殊处理，故其耐久性和耐蚀性都得到了提高。通常用于水蒸汽和粉尘较多的需要清扫的厂房，如炼铁、炼钢车间等。

用于墙面的板型主要为V115N型复合彩色钢板（图4-1-39*a*），它借助于特制的弯钩螺栓和固定于厂房钢骨架上的型钢龙骨相连接（图4-1-39*b*）。从而构成具有整齐竖直波纹的光洁的彩色墙面，使厂房立面轮廓更加清晰、美观。

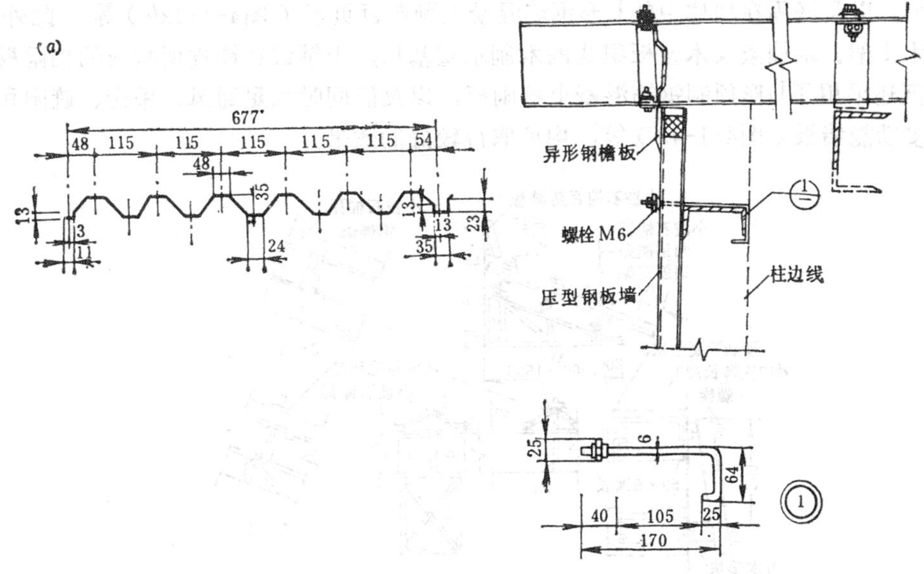

图 4-1-39　V115N型复合彩色钢板及其与柱连接构造示意

(a)V型复合彩色钢板；(b)墙板连接构造

第四节　开敞式外墙的挡雨设施

我国南方地区一些热加工车间常采用开敞式外墙。通常在其开敞墙面的下部设矮墙，上部的开敞口则设置挡雨板（图4-1-40）。每排挡雨板之间的距离，与当地的飘雨角度、日照以及通风等因素有关，设计时应结合车间对防雨的要求确定。一般飘雨角宜选用25°～35°，风雨较大地区可根据具体情况酌减。

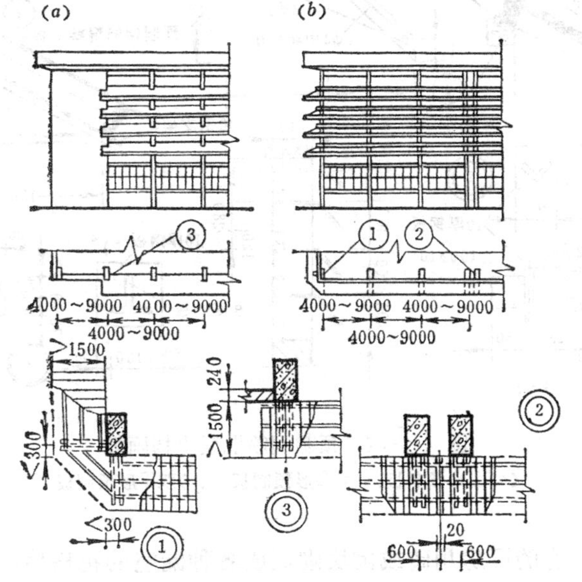

图 4-1-40　开敞式外墙的挡雨设施

(a)单面开敞外墙；(b)四面开敞外墙

外墙挡雨板有多种构造形式。一般钢筋混凝土框架结构和排架结构厂房多采用波形石棉水泥瓦挡雨板。它是在钢筋混凝土骨架柱上设置预埋铁件，安装时把钢筋支架就位焊牢，再敷设角钢檩条（或钢筋组合）挂石棉水泥瓦（图4-1-41）。这种挡雨板重量轻，施工简便，拆装灵活，因此应用较普遍。当为砖柱承重时预埋件应设在柱内的混凝土块中（图4-1-41）。

预制钢筋混凝土挡雨板也是常用的类型之一，其中有搁置在角钢托座上的山形预制挡雨板（图4-1-42*a*）和搁置在角钢支架上的双T形预制挡雨板（图4-1-42*c*），以及嵌固在墙体中的L形钢筋混凝土预制百页板（图4-1-42*b*）等。此外还可设置由木支架、木檩条及木望板组成的木制承重基层，上铺镀锌铁皮所构成的挡雨板等。某些地区还采用了L形预制钢筋混凝土挡雨板，以及能同时满足通风、采光、遮阳和挡雨要求的多功能墙板（图4-1-43）等，均可取得较好的效果。

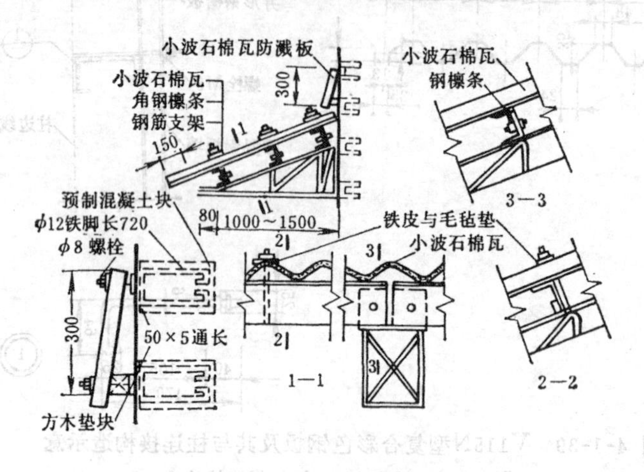

图 4-1-41 波形石棉水泥瓦挡雨板

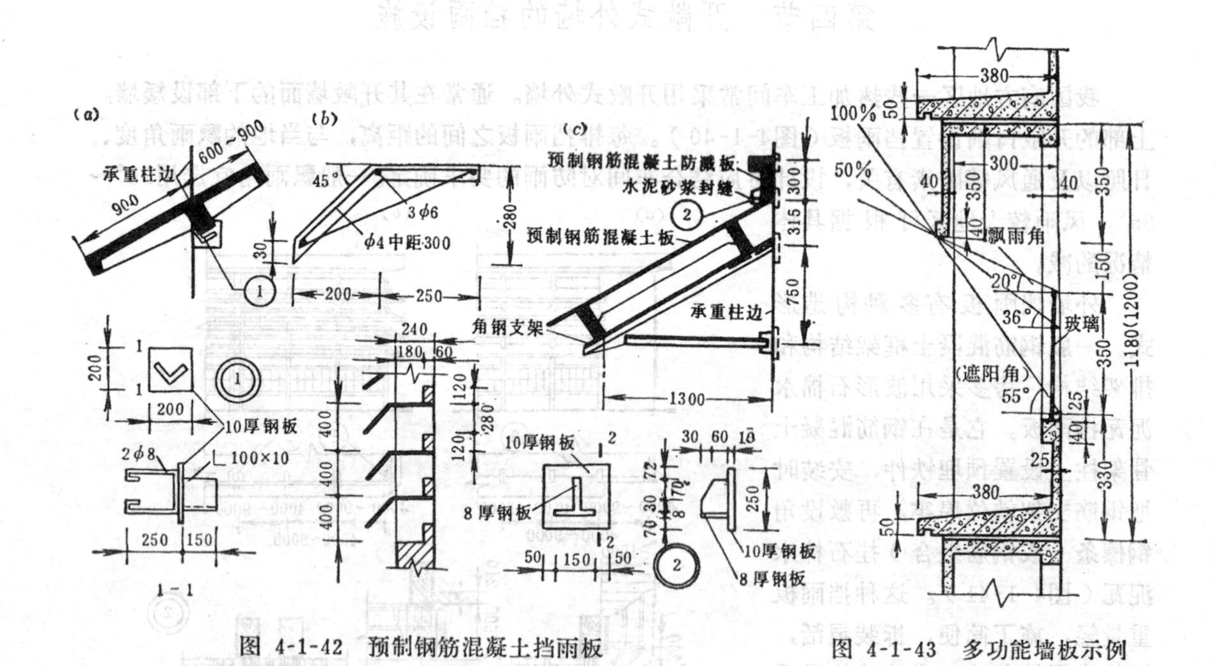

图 4-1-42 预制钢筋混凝土挡雨板

(*a*)山形预制板；(*b*)L形预制板；(*c*)双T形预制板

图 4-1-43 多功能墙板示例

有的厂房用砖或砌块砌筑成各种漏空的花格墙；或用混凝土构件组成的各种漏空的花格墙等来满足厂房的通风降温要求。它们也都属于开敞式外墙的构造形式，可根据需要设置在厂房墙面的下部或上部，但应注意防止雨水飘入车间的问题。

第二章 屋 面

屋面是从上部覆盖整个厂房的围护结构，单层厂房屋盖面积都大于建筑面积。除要经受风吹、雨淋、日晒和霜冻等共性的外部环境侵袭外，还要承受厂房内部环境产生的振动、温、湿度、粉尘及腐蚀性烟雾等的作用。所以屋面的型式和构造对厂房的使用、安全和造价等方面均会产生较大影响。就一般性厂房而言，屋面的主要功能是排水和防水，即排除降落到屋面的雨、雪水和防止其向厂房内部渗漏。通常情况下，排水和防水是相互补充的。屋面排水组织得好，便会减少渗漏的可能性，从而有助于防水；而高质量的屋面防水，也会有益于屋面排水。因此在屋面构造设计中应统筹考虑，综合处理。

具有某些生产特征的厂房，除排水和防水基本功能外，屋面构造还要满足其具体要求。如有爆炸危险的厂房需考虑屋面的防爆泄压问题；有腐蚀性介质的厂房应解决防腐蚀影响问题等等。

在厂房外围护结构总面积中，多层厂房屋面所占百分比不大，而单层厂房屋面所占比重远远大于外墙等其它围护结构面积，因此其防寒隔热问题应作为节省技术措施的主要方面来考虑。

第一节 屋 面 排 水

一、屋面排水方式与排水坡度

（一）排水方式

多层厂房的屋面排水与防水和民用建筑的作法基本相同，而单层厂房屋面的这一问题则较为复杂。其屋面排水方式基本分为无组织排水和有组织排水两种。一般可参考下表选择。

屋面排水方式的选择　　表 4-2-1

地区年降雨量（毫米）	檐口高度（米）	天窗跨度（米）	相邻屋面高差（米）	排水方式
<900	≥10	≥12	≥4	有组织排水
	<10	—	<4	无组织排水
≥900	≥8	≥9	>3	有组织排水
	<8	—	—	无组织排水

无组织排水是指屋面的雨、雪水顺屋坡流向屋檐自由泻落，因此也叫做自由外落水。它构造简单、施工方便、造价便宜，条件允许时宜优先选用。某些对屋面有特殊要求的厂房，如屋面容易积灰的冶炼车间、屋面防水要求很高的铸工车间以及对内排水的铸铁管具有腐蚀作用的炼铜车间等均宜采用无组织排水。

无组织排水须设屋面挑檐。当檐口高度≥6米时，挑檐长度宜取≥300毫米；檐口高度>6米时，挑檐长度≥500毫米。在多风雨地区长度宜适当加大，以减少屋面落水淋湿墙面和窗口的机会。同时下部散水坡的宽度一般宜超出挑檐200毫米。

厂房屋面的有组织排水方式通常可归纳为下列几种：

1.内落水　是将屋面的雨、雪水汇向相邻两跨屋面形成的中间天沟或边跨屋面与女儿墙间形成的边天沟后，经天沟纵坡汇入雨水斗，再经雨水管流入地下雨水管网(图4-2-1)。

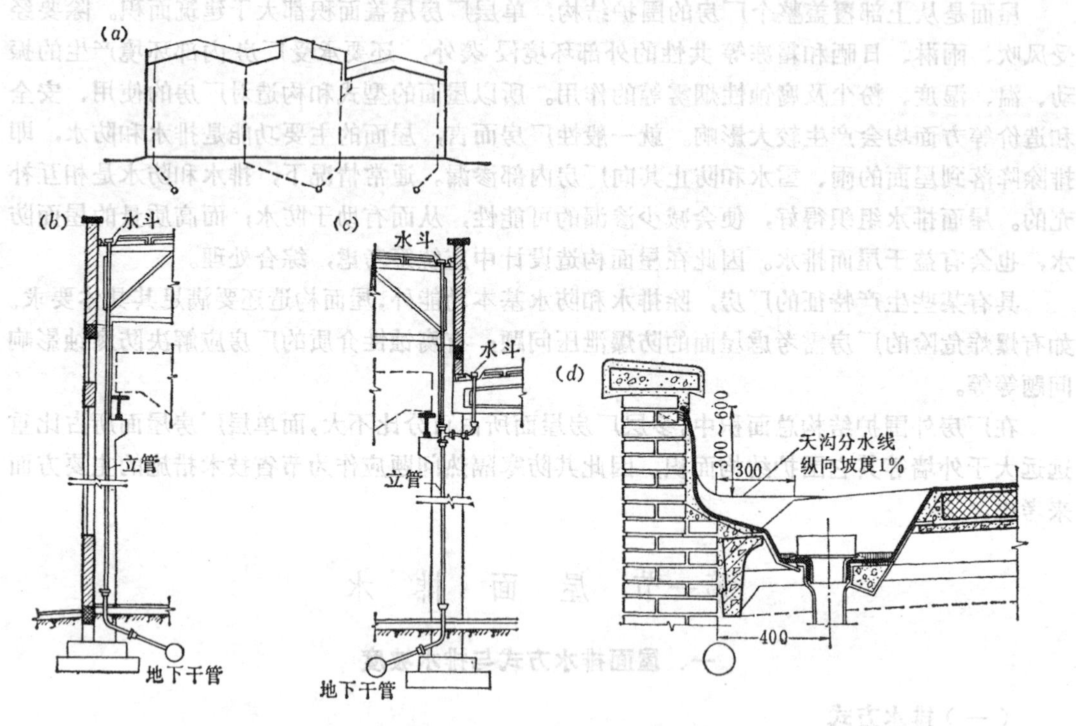

图 4-2-1　内落水排水示意图

(a)内落水组合；(b)、(d)边天沟内落水；(c)高低跨处内落水

内落水不受厂房高度限制，屋面排水组织较灵活，适于多跨厂房，尤其是湿陷性土壤地区的厂房屋面排水。在严寒多雪地区采用内落水，还可防止外排水所引起的屋檐和外部雨水管因结冰破坏。内落水的缺点是金属用量多，构造较复杂，造价和维修费用较高。地下干管有时会妨碍车间的工艺设备布置。后者要求中间各跨采用水平悬吊管引至边跨排下。

2.内落外排水　为克服内落水地下干管布置上的缺点，将厂房中部的雨水立管改成具有0.5～1%坡降的水平悬吊管，直接和靠墙的排水立管连通，下部导入明沟或排向墙外，构成内落外排水方式。多用于南方地区。

3.檐沟外排水　当厂房较高或地区降雨量较大（图4-2-2），不宜作无组织排水时，可把屋面的雨、雪水组织到檐沟内，经雨水斗和立管排下。这种排水方式构造简单，施工方便，管材省，造价低，且不妨碍车间内部的工艺设备布置，故应用较多。

从图中可以看出，墙与屋顶交接处出现冷桥部位，室内湿度偏大时应加强。为防止开裂引起卷材破坏，应加铺一层底毡并一端胶结。

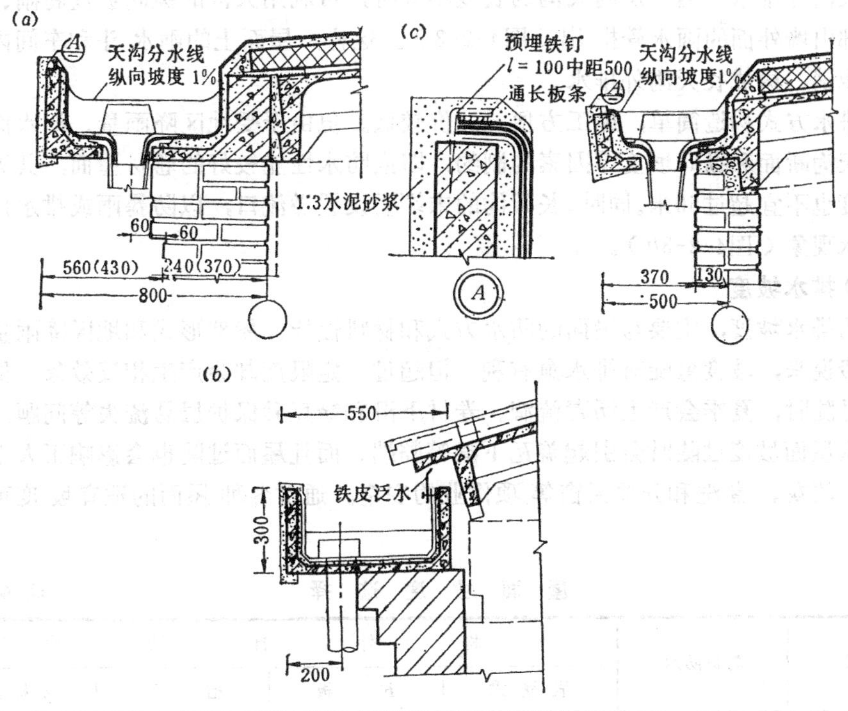

图 4-2-2 檐沟外排水几个方案

(a)、(b)槽形檐沟板；(c)带挑檐沟的板

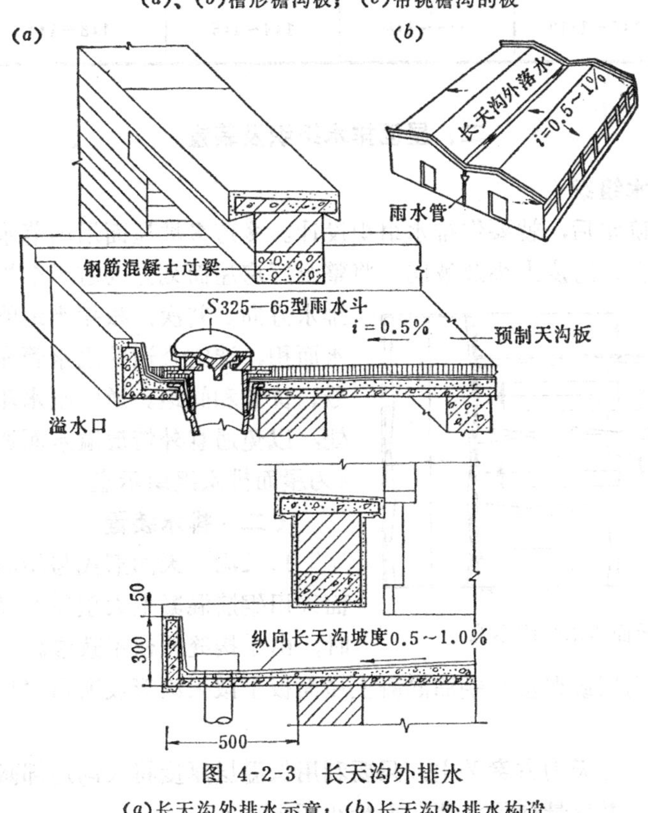

图 4-2-3 长天沟外排水

(a)长天沟外排水示意；(b)长天沟外排水构造

4.长天沟外排水　当厂房内天沟的长度不大时，可利用天沟的纵向坡度将雨、雪水引向天沟端部山墙外面的雨水管排出（图4-2-3）。这样，屋面上的雨水斗和车间内部的雨水管均可取消，构成长天沟外排水。

这种排水方式构造简单，施工方便，造价较低。但由于受地区降雨量、汇水面积、屋面材料、天沟断面和纵向坡度等因素的制约，即或防水性能较好的卷材屋面，其天沟的每边流水长度也不宜超过50米。同时，长天沟的末端需设置溢流口，以防暴雨或排水口堵塞时造成的漫水现象（图4-2-3*b*）。

（二）排水坡度

屋面的排水坡度，主要与屋面的防水方式和材料性能、屋架形式和地区降雨量等因素有关。一般说来，坡度愈陡对排水愈有利，但超过一定限度却会产生相反效果。例如卷材防水坡度过陡时，夏季会产生沥青流淌、卷材下滑和绿豆砂保护层易流失等问题；搭盖式构件自防水屋面坡度过陡时会引起盖瓦下滑等弊端。而且屋面过陡也会影响工人上下屋面从事检修、清灰、擦洗和开关天窗等项作业的安全。通常各种屋面的适宜坡度可参见表4-2-2。

屋面坡度选择　　　　**表 4-2-2**

防水方式	卷材防水	构件自防水			
		嵌缝式	*F* 板	槽瓦	石棉水泥瓦
选择范围	1:4～1:100	1:4～1:10	1:3～1:8	1:2.5～1:5	1:2～1:5
常用坡度	1:5～1:10	1:5～1:8	1:4～1:5	1:3～1:4	1:2.5～1:4

二、屋面排水组织及装置

（一）屋面排水组织

屋面排水方式确定后，就要作排水组织设计。多跨多坡屋面用内落水，首先要按屋面的高低、变形缝位置、跨度大小及坡向，将整个厂房屋面划分为若干个排水区段，并定出排水方向。其次，根据当地的降雨量和屋面汇水面积，选定合适的雨水管管径、雨水斗型号、位置和间距。通常雨水斗不宜设在变形缝处，以免遇意外情况溢水而造成渗漏。图4-2-4为屋面排水组织示意。

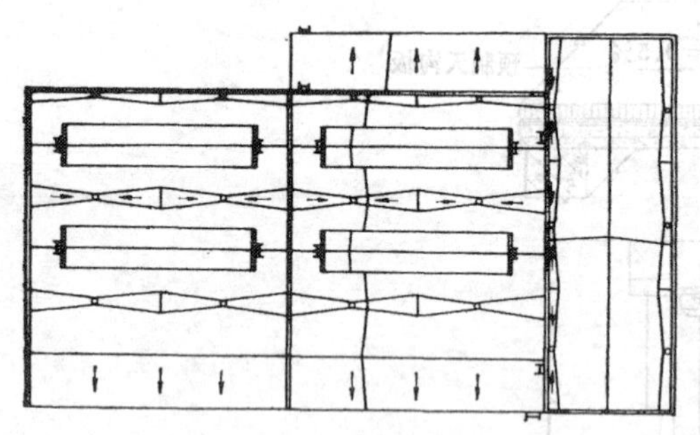

图 4-2-4　屋面排水组织示意

（二）排水装置

1.天沟　天沟形式与屋面构造有关。当屋面采用钢筋混凝土大型屋面板上作卷材防水时，由于接缝严密不致渗漏，可以采用特制的钢筋混凝土槽形天沟板或直接在钢筋混凝土屋面板上做天沟形成所谓“自然天沟”（图4-2-5）。

北方地区应以自然天沟方案为主，只要利用保温层厚度将天沟局部减薄形成低洼点，使水斗位于最低处，并尽量使保温薄弱面最小即可。

如果是采用构件自防水屋面时，由于其接缝不够严密，则只能采用槽形天沟板而不能做自然天沟。

天沟沟底应做纵向坡度，以利雨、雪水流向低处的雨水斗。其坡度一般为0.5～1%，最大不宜超过2%。长天沟外排水可不小于0.3%。同时槽形天沟的分水线还应低于沟壁顶面50毫米以下，以防雨水出槽而导致渗漏。钢筋混凝土槽形天沟的允许汇水面积可参考表4-2-3。

钢筋混凝土槽形天沟排水最大汇水面积（米²）举例　　表 4-2-3

槽形天沟板宽×高（毫米）	坡度 i（‰）	汇水高度（毫米）	最大降雨量（毫米/时）							
			198	180	152	144	126	98	90	72
300×350	4	100	408	450	500	560	640	750	900	1120
300×350	4	150	710	780	866	975	1115	1299	1560	1950
350×350	10	100	672	738	820	920	1050	1230	1470	1830
350×350	10	150	1100	1215	1350	1520	1730	2020	2430	3050
400×300	4	200	1600	1750	1950	2190	2500	2920	3500	4370
400×250	4	150	1055	1160	1280	1450	1660	1930	2300	2900
500×300	4	200	2100	2320	2570	2900	3200	3860	4650	—
500×250	10	150	2230	2460	2730	3070	3500	4100	4920	—

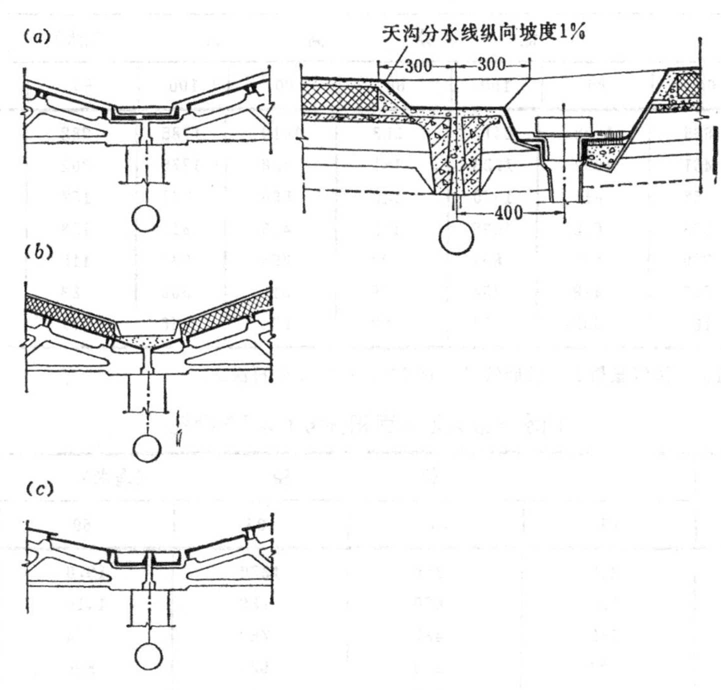

图 4-2-5　天沟的构造形式

(a)卷材屋面槽形天沟；(b)卷材屋面作自然天沟；(c)构件自防水槽形天沟

2.雨水斗　其型式较多，以65型较好（见图4-2-6）。当用于自然天沟时，最好加设铁水盘，减薄保温层厚度，以降低其位置，提高汇水效率（图4-2-7）。

雨水斗的分布要适当，应使每个雨水斗承担的汇水面积比较均匀（参见表4-2-4）。除长天沟外，雨水斗间距一般为18～24米，不宜大于30米，并应与柱距相配合。

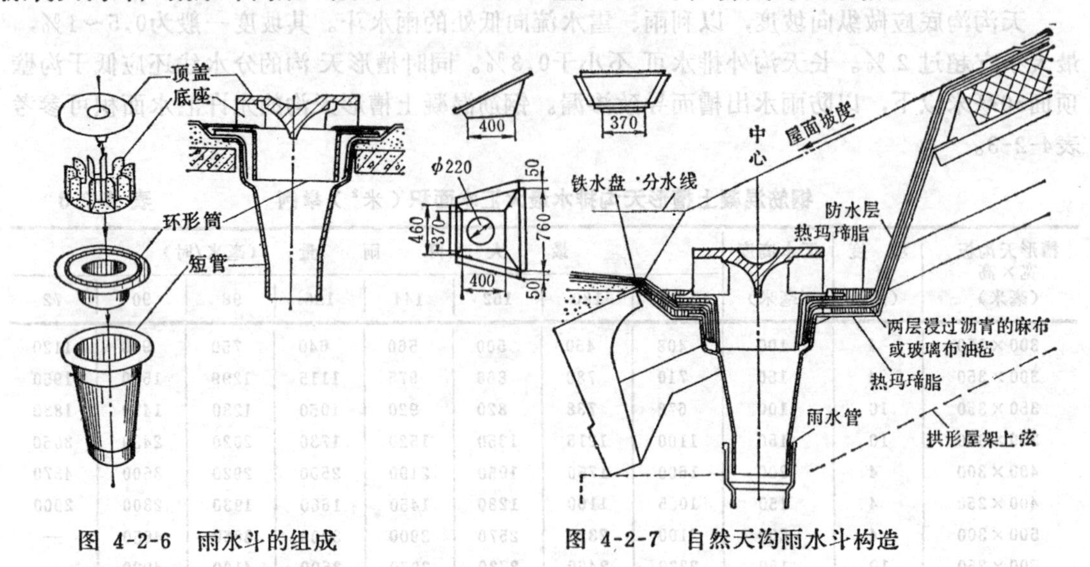

图 4-2-6　雨水斗的组成　　图 4-2-7　自然天沟雨水斗构造

国际（S325）铸铁雨水斗允许汇水面积（米²）举例　　表 4-2-4

斗型	65型			64 I 型			64 II 型		
降雨量	汇水高度（毫米）								
（毫米/时）	60	80	100	60	80	100	60	80	100
50	665	1528	2412	253	1019	1785	282	1100	2029
70	461	1092	1723	181	728	1275	202	786	1449
90	358	849	1340	140	566	971	157	611	1127
110	293	695	1096	115	463	811	128	500	992
140	230	546	861	90	364	637	110	393	725
160	202	418	754	79	318	558	88	344	643
200	161	382	603	63	255	446	71	275	507

注：65型泄水量大，渗气量最小，性能较好；64 II 次之；64 I 型再次之。

雨水管最大汇水面积参考（米²）举例　　表 4-2-5

降雨量	管径（毫米）				
（毫米/时）	75	100	125	150	200
50	490	880	1370	1970	3500
70	350	630	980	1410	2500
90	273	487	760	1094	1940
110	223	399	621	896	1590
140	175	312	488	703	1250
160	153	273	426	616	1095
200	123	219	341	492	876

注：1.本表根据$F=\frac{438D^2}{h}$算出；

2.F＝容许集水面积(m²)；D＝雨水管直径(mm)；h＝计算降雨量(mm/时)。

3.雨水管　雨水管一般采用铸铁管。其管径由计算确定，通常选用ϕ100～200毫米。雨水管的最大汇水面积可参考表4-2-5。用于厂房外部上段的雨水管也可用陶管、石棉水泥管等代替。

第二节　屋　面　防　水

屋面防水是防止雨雪水在流泄过程中向屋面侵入或渗透的技术措施。一般应根据厂房的使用要求和防、排水的有机关系，对屋盖形式、屋面坡度、防水材料的选择和构造等作综合处理。单层厂房的屋面防水，主要有柔性防水（卷材防水）、刚性防水和构件自防水等几种。

一、柔性防水屋面

柔性防水屋面主要指油毡屋面。近年研制和引进的冷涂防水已在厂房屋面防水作法中占有地位，但仍未能取代卷材油毡；后者历史悠久，经验丰富，其接缝严密、防水性能较好、能适应厂房屋面的变形需要、取材容易、施工方便。因此，尽管它还有耐久性较差、夏季有可能流淌和造价偏高等缺点，当前仍被广泛应用，特别是寒冷地区的保温屋面。

卷材屋面应分层用沥青玛蒂脂和油毡铺贴起来。一般采用二毡三油做法。当屋面坡度小于3％或防水要求较高，以及北方地区为抵抗温度变化较大的影响，则宜采用三毡四油做法。工业建筑卷材屋面的构造和民用建筑的基本相似。这里只简要介绍无檩大型屋面板承重基层中的几个特殊部位构造。

（一）卷材屋面与突出墙体的连接构造

厂房的女儿墙和平行高低跨的高跨外墙泛水等处，应将卷材防水层向上延伸一定高度（高出纵向分水线≥300毫米），再通过墙体上预埋的防腐木砖，钉上木条做固定边构件，然后用薄木条或镀锌铁皮做封固处理（图4-2-8）。在严寒地区，高跨外墙底部的保温层或墙厚应给以应有的注意。

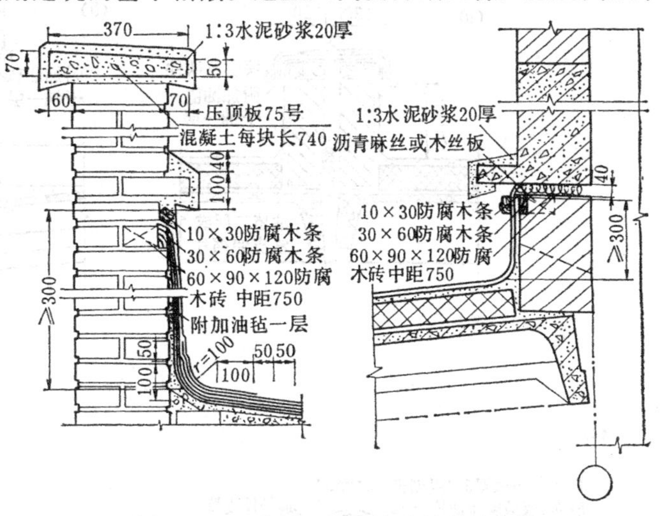

图 4-2-8　卷材屋面与突出墙体的连接

（二）变形缝部位构造

厂房变形缝部位的屋面构造特点是：既要满足缝两侧建筑区段的自由变形，又要保证屋面的防水（包括保温）要求（图4-2-9）。

通常在变形缝的两侧需作半砖小墙，把卷材屋面顺墙延伸上去，按前述方法加以固定。缝的上部再用镀锌铁皮伸缩片或预制的混凝土压缝板遮盖起来（图4-2-10a、b）。

采用混凝土压缝板时，只能在一侧留有钉孔，以便固定。若为保温屋面时，缝内应填以沥青麻丝或矿棉等物，其高度不少于保温层厚度。缝的下部为了隔汽和承托填充物，可用镀

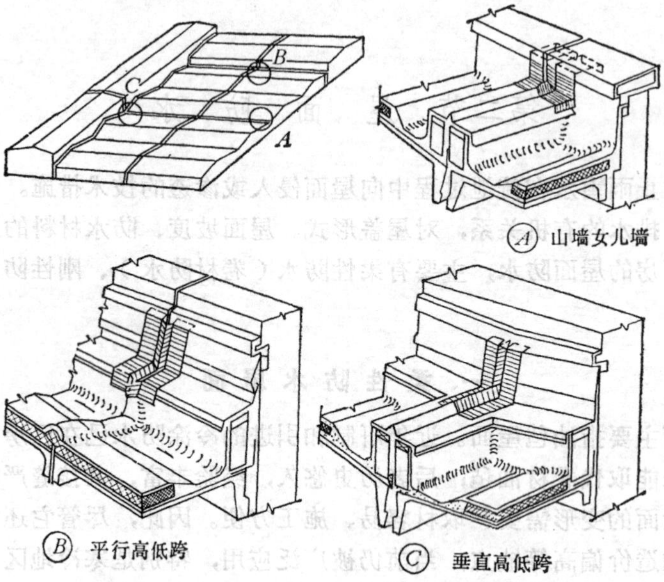

B

C

A

Ⓐ 山墙女儿墙

Ⓑ 平行高低跨

Ⓒ 垂直高低跨

图 4-2-9 纵向及横向变形缝构造示意

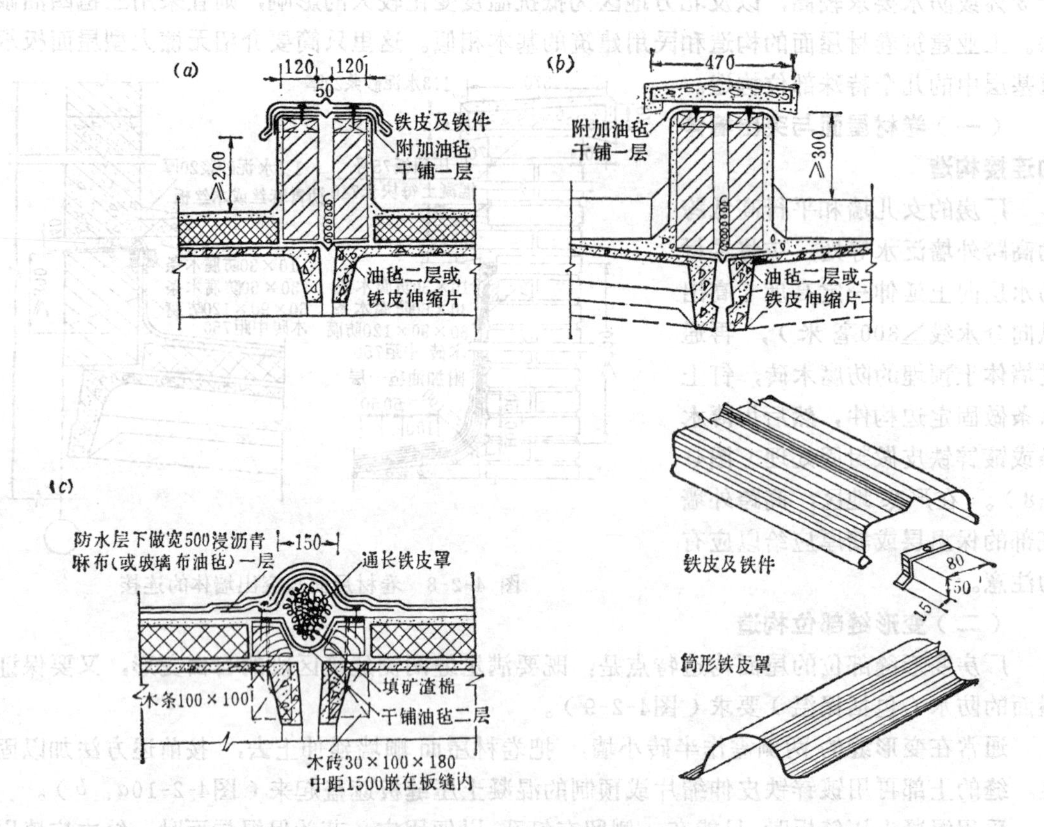

图 4-2-10 等高屋面变形缝构造

(a)横向变形缝处；(b)纵向变形缝处；(c)横向变形缝处的简易做法

锌铁皮或 1 ～ 2 层油毡伸缩片封闭。有的横向变形缝也可采用简易构造做法；如图4-2-10c。

纵横跨相交处的变形缝和平行高低跨间的变形缝屋面构造与上述做法基本相似。只是在低跨间的屋面板上需设置构造小墙，而另一侧则借助于高跨间的外墙，从而构成不等高屋面的变形缝。这时上部的盖缝铁皮或压缝板也随之做高低布置(图4-2-11)。但压缝板方案不宜用于沉降缝处。

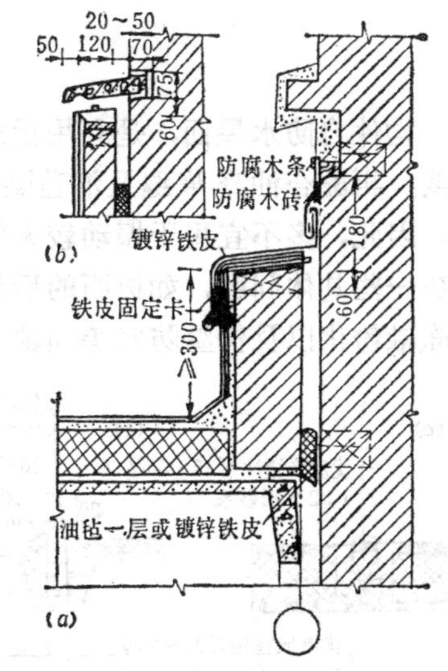

图 4-2-11　不等高屋面的变形缝构造

（三）屋面与雨水斗的连接构造

雨水斗附近是屋面防水的薄弱环节。如果处理不当，很容易产生渗漏现象。关键在于提高雨水斗的安装质量和局部加强措施。因此，安装前应把承托雨水斗短管的铁水盘镶嵌在屋面板的预留孔中，再沿其周围先铺设两层比油毡韧性强的浸沥青麻布或玻璃丝布，以防在使用过程中出现拉裂和松动等现象。在它的上面做屋面，并附加 1 ～ 2 层油毡。然后用环形筒压住，压宽≥100毫米。环形筒周围再用玛蒂脂填满封严（参见图4-2-7）。

二、刚性防水屋面

刚性防水屋面是指采用密实性较好的细石混凝土或防水砂浆作防水层的屋面防水。它具有取材容易、构造简单和施工方便等优点。缺点是缺乏柔性，不能经受振动及温度应力等所引起的伸缩或变形。故不宜用于振动力较大的厂房、有可能产生不均匀沉陷和气温变化剧烈地区的厂房。一般主要用于南方地区的厂房屋面。

采用防水砂浆做的刚性防水屋面，其干缩性较大，容易龟裂起壳，使用质量较差。本节只简单介绍细石混凝土刚性防水屋面的构造。

细石混凝土刚性防水层的做法是在屋面基层上做35～40毫米厚的200号细石混凝土(也有的采用微膨胀水泥作胶结材)，分配筋和不配筋两种构造，配筋时一般用ϕ4网片(200×200)。为防止材料受热胀冷缩湿胀干缩，而引起的龟裂变形，需设置分格缝。缝的间距应与下部的屋面基层板（通常为1.5×6.0米大型屋面板）相对应。不配筋时，可按板面大小分格设缝，缝口应与板缝对齐；配筋时横缝宜按屋架间距设置，纵缝则可扩大至 4 块板左右，因而可按6×6米分格。缝宽约为20～30毫米，并做成上大下小的梯形截面。

分格缝应用油膏封嵌，上部宜贴二毡三油以防油膏老化和雨水渗漏。油毡下部一般先干铺一层油纸盖缝条，只粘其半边以适应变形需要（图4-2-12）。

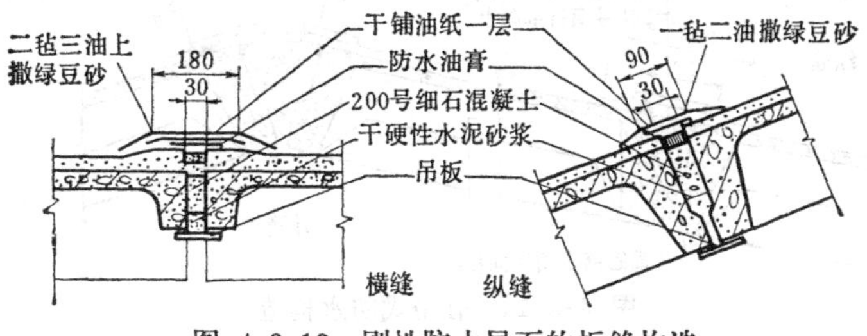

图 4-2-12　刚性防水屋面的板缝构造

为加强刚性防水屋面的防水性能，其天沟、预制檐沟泛水和伸缩缝等部位的细部构造，仍按前述的卷材防水屋面的做法。

三、构件自防水屋面

构件自防水屋面，是利用屋面板本身的平整度和密实性（或者再加涂防水涂料），大坡度，再配合油膏嵌缝及油毡贴缝或者靠板与板相搭接来盖缝等措施，以达到防水的目的。因此，多不宜用于振动较大的厂房。这种防水施工程序简单，省材料，造价低，但还存在一些具体问题，如板面的后期风化开裂、嵌缝油膏和涂料的老化龟裂、寒冷地区的板面冻融粉化以及保温防寒等问题，还有待于进一步完善。因此，目前其应用以南方地区的某些车间为多。

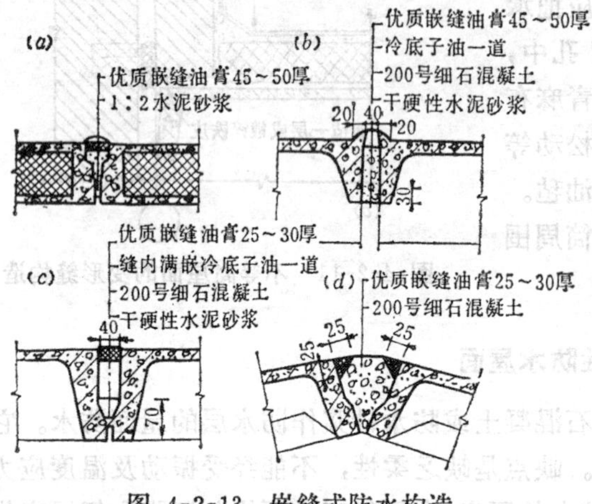

图 4-2-13 嵌缝式防水构造

构件自防水屋面，按其板缝构造可分为嵌缝(脊带)式和搭盖式两种基本类型。

(一)嵌缝、脊带式防水屋面

采用油膏嵌缝的构件自防水屋面，是在改进油毡防水的基础上发展起来的一种"材料防水"屋面作法。即将大型屋面板上部的找平层和防水层取消，直接在板缝中嵌灌防水油膏，靠板面的密实性进行防水（图4-2-13）。

为改进上述构造的板缝的防水性能，在其上面再粘贴一层卷材（或玻璃布）防水层，就构成了脊带式防水(图4-2-14)。

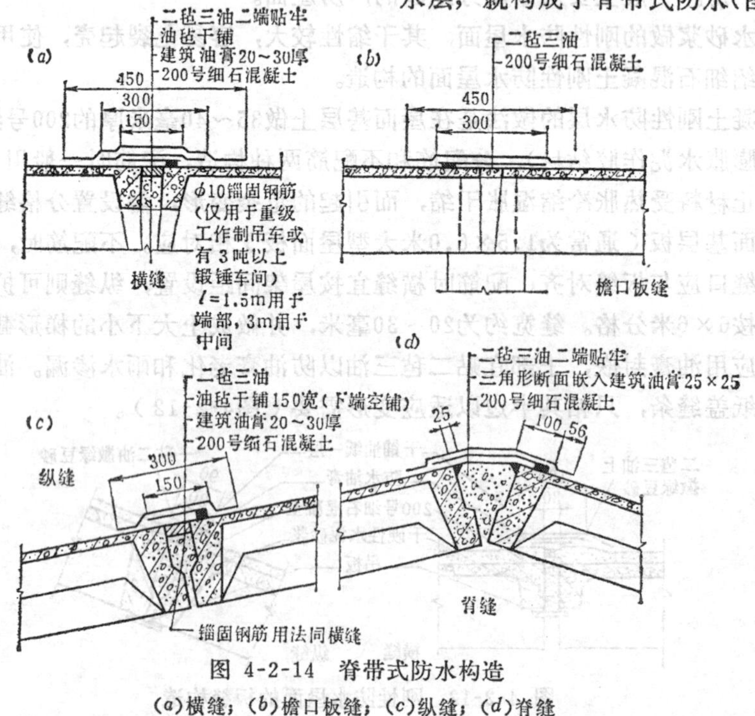

图 4-2-14 脊带式防水构造

(a)横缝；(b)檐口板缝；(c)纵缝；(d)脊缝

为增强屋面的整体刚度，不论板的纵缝、横缝和脊缝均应灌以水泥砂浆或细石混凝土，其上部应低于板面20～30毫米，以保证嵌灌油膏的深度。嵌灌前应将槽口清扫干净，满涂并超出两侧50毫米宽的冷底子油一遍。缝内要满灌油膏并超出两侧不少于20毫米的宽度。

嵌缝油膏的质量是保证板缝不渗漏的关键。它必须具备良好的弹塑性、耐热性、耐久性和粘结力等性能。并且价格要便宜。目前国内生产的嵌缝油膏有聚氯乙烯胶泥、上海沥青防水油膏、马牌建筑油膏等多种，可根据当地的具体条件选用。其中以聚氯乙烯胶泥和上海沥青防水油膏应用较多。

其次，应严格保证屋面的密实、无裂纹和平整光滑。因此混凝土标号不宜低于200号，制作要求精细。为增强板面的防水耐久性能，可涂刷防水涂料。常用的涂料有石灰乳化沥青、上海沥青油膏稀释涂料、聚乙烯醇缩丁醛（P、V、B）等。

（二）搭盖式防水屋面

搭盖式构件自防水屋面是“构造防水”作法，它是利用屋面板的上下搭接盖住纵缝，用盖瓦覆盖横缝和以脊瓦遮盖脊缝的防水构造型式。其种类较多，这里将较常用的类型分述如下：

1.F板屋面　它是以断面呈F形的预应力钢筋混凝土屋面板为主，屋面坡度较陡，并配合盖瓦和脊瓦等附加构件组成的构件自防水屋面（图4-2-15）。

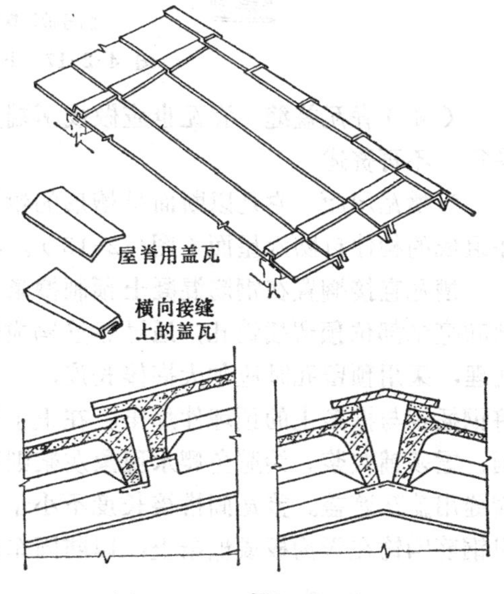

图 4-2-15　F板屋面构造

60年代，它在我国的中南、西南和华东等地区的厂房建筑中应用较多，效果尚可。但还存在飘雨、雪和渗漏等问题，因此，近年已很少应用。这一方案除了应保证板的制作和施工质量外，还须加强以下几个部位的构造处理：

（1）纵向搭缝　挑檐搭接长度应不小于150毫米，并在每块板的上下边缘作挡水条和滴水线（高度和宽度均大于30毫米）；同时对板缝作防水处理：一般用混合砂浆作局部嵌缝，切忌嵌满，以免引起爬水现象（图4-2-16）。也可采用砖或混凝土块挡缝。

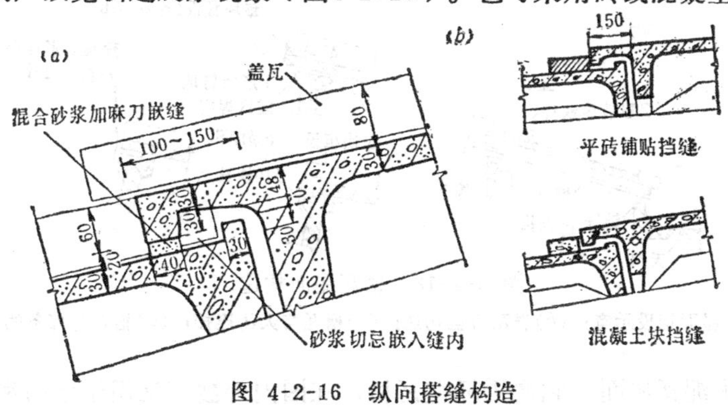

图 4-2-16　纵向搭缝构造

(a)混合砂浆嵌缝；(b)砖和混凝土块挡缝

（2）横向盖缝　F板的横向是平接的，为加强板缝处理，其平接处的板端要作喇叭口形的挡水条，盖瓦也预制一个对应的喇叭口端部，这样可使上瓦套盖在下瓦的喇叭尾端（参见图4-2-15）。盖瓦前端应做封头，使上下盖瓦紧密搭接。

（3）F板与天沟的搭盖缝　应注意天沟的标高和沟壁的尺寸，使其与F板挑檐之间的缝隙不要过大。若过大时，可加镀锌铁皮泛水或将靠近天沟处的一块F板不做挑檐，使天沟油毡铺贴到板上（图4-2-17）。

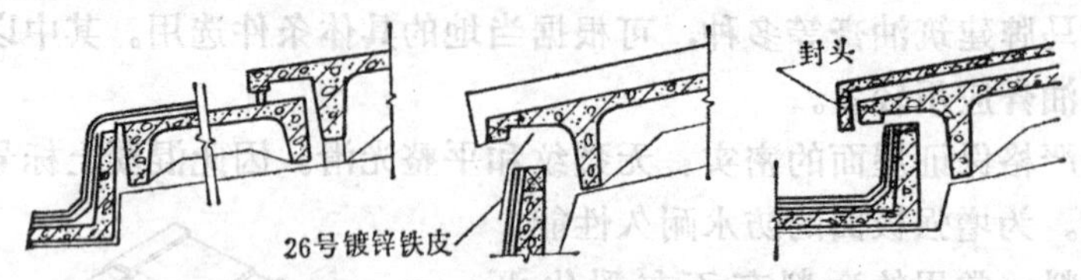

图 4-2-17　F板与天沟的搭盖构造

（4）脊瓦盖缝　脊瓦也应做成两端大小不一样的平面呈梯形的槽形盖瓦，铺法简单易行，不再赘述。

2.槽瓦屋面　它是以断面呈槽形的钢筋混凝土屋面板为主，配合盖瓦和脊瓦等附加构件组成的构件自防水屋面（图4-2-18）。其中支承脊瓦的垫头可用砖或混凝土块。

槽瓦直接搁置在钢筋混凝土预制檩条上，属于有檩体系。槽瓦端部应预埋挂环或在距端部50毫米部位预留插销孔，通过钢筋钩或钢插销与檩条固定。采用预埋挂环时须作好防锈处理，采用预留孔时应加大搭接长度，一般不小于200毫米。在有振动的车间或地震区须将钢插销与檩条上的预埋件焊牢。在上下槽瓦和盖瓦与槽瓦的搭接处的缝隙，为防止飘进雨、雪须铺灰浆。为避免爬水现象灰浆则不应满铺，一般应留有20～30毫米空隙。槽瓦的横缝用盖瓦遮盖。盖瓦间搭接长度不小于150毫米，可用钢筋钩互相连牢。檐口处的盖瓦要用钢筋钩钩在天沟板或檩条上，以防因车间吊车等所引起的振动而下滑。

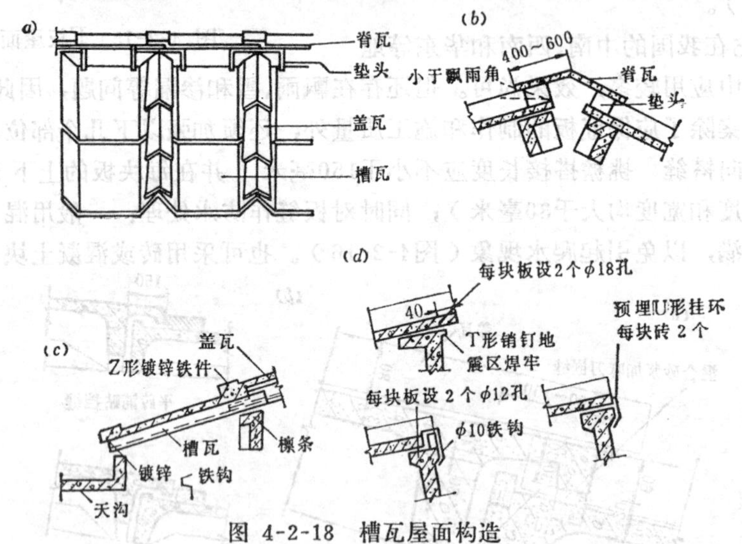

图 4-2-18　槽瓦屋面构造

(a)槽瓦屋面铺设示意；(b)脊瓦搭盖构造；(c)槽瓦与天沟连接；(d)槽瓦与檩条的固定

3.波形石棉水泥瓦屋面　它属于轻型瓦材，在国内外被广泛用于墙面和屋面，它具有自重轻、施工简便、耐水、耐火等优点。近些年来使用石棉、水泥、尼龙等特殊混合剂等制成的彩色石棉水泥瓦，质量又有较大的提高。石棉水泥瓦易脆裂变形，不适于温湿度剧烈、有较大振动、积灰较多、防水要求较高以及有管道和烟囱穿过的厂房屋面。主要用于仓库及对室内温度状况要求不高的厂房屋面。在厂房屋面中以大波瓦为最常用。

石棉水波瓦铺设在檩距与其规格相适应的钢、木或钢筋混凝土檩条上。通常一块瓦跨三根檩条，因此，大波瓦的檩条最大间距为1300毫米，中波瓦为1100毫米，小波瓦为900毫米。瓦与檩条的连结要牢靠，但又不能固定。一般将檐口和屋脊部位的石棉水泥瓦用挂钩与檩条做柔性连结，以适应胀缩或振动变形需要。因此一块瓦上挂钩的数量不应超过两个。挂钩的布置应设在瓦的波峰上，以免漏雨。做法是：先在波峰按需要钻孔，孔径较挂钩直径大2～3毫米，以利于变形和安装。挂钩不要拧紧，以垫圈稍能转动为宜。中间部位的石棉水泥瓦则用镀锌卡钩来连结。它虽然不如挂钩连结那样牢靠，但它们处于屋面中部，靠彼此压盖和卡钩相连是可以固定的。而且可以免去钻孔和漏雨的缺点，又适应各种变形的需要。图4-2-19为其构造示意。

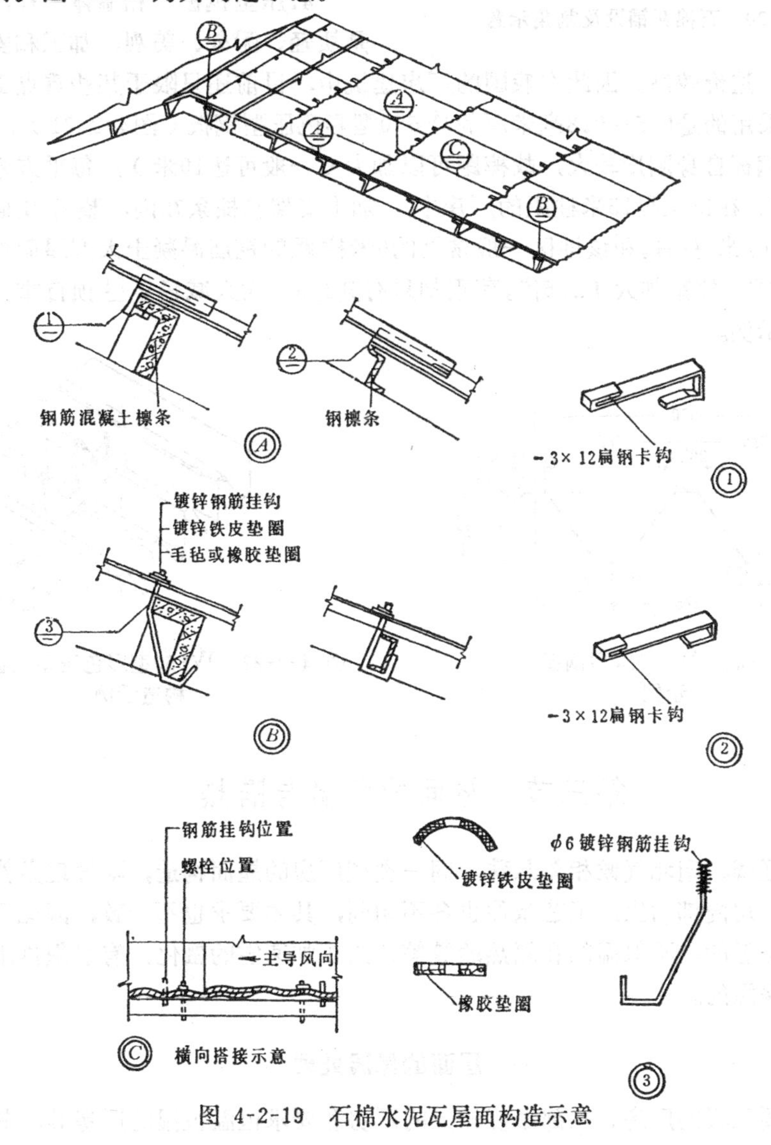

图 4-2-19　石棉水泥瓦屋面构造示意

石棉水泥瓦屋面每块瓦上下搭接长度≥200毫米，左右搭接为一个半波，并应顺主导风向铺设。和墙面作法一样，为避免纵横相交处四瓦重叠，还应按铺瓦方向不同，预先将其中两块对角瓦做割角处理，其对角缝不宜大于5毫米。如将上下两排瓦的长边搭缝错开，则可免去割角，但边缘石棉瓦将要出现非标准板（图4-2-20）。这时采用大波瓦和中波瓦时可错开一个波，用小波瓦时则要错开两个波。

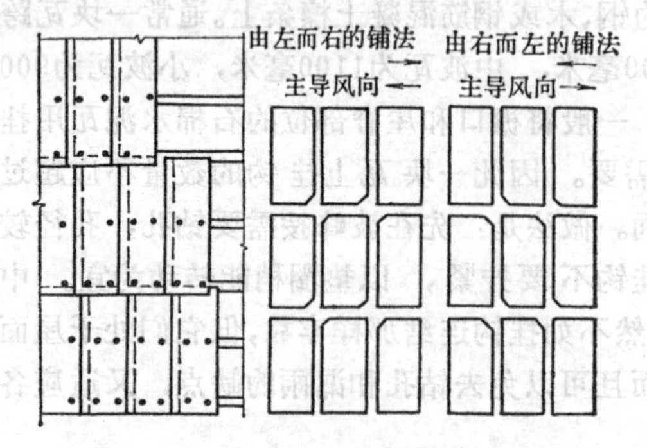

图 4-2-20　石棉瓦铺设及割角示意

与波形石棉水泥瓦同类型的屋面瓦材还有很多，如波形沥青纸瓦、沥青玻璃纤维瓦、波形塑料瓦和波形玻璃钢瓦等等，其构造原理基本相同。

4.压型钢板　和墙体一样，它的特点是质轻、耐久、美观、加工和安装简便。但钢材用量大，造价较高。因此在我国的厂房建筑中，目前还只限于某些重点工程。如某大型钢厂屋面采用的是0.5～0.8毫米厚的W550型彩色压型钢板（图4-2-21）。

这种压型钢板自身刚度较大，故檩距可以加大（一般可达10米），每平方米自重只有7～13公斤左右。在该工程15米柱距的厂房中，加上支架和檩条在内，整个屋面系统的静荷重只有65公斤/米^{2}左右。和该地区一般常见的6米柱距的钢筋混凝土大型屋面板（荷重228公斤/米^2）相比较，柱距加大了2.5倍，荷重却只有其1/3，大大减轻了屋顶自重。图4-2-22为其屋面构造示例。

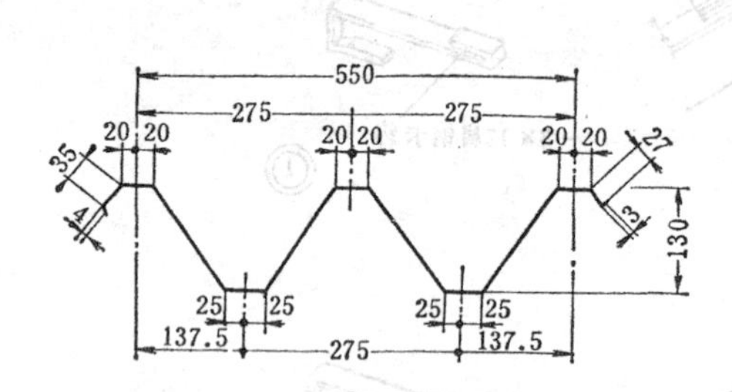

图 4-2-21　W550压型钢板示例

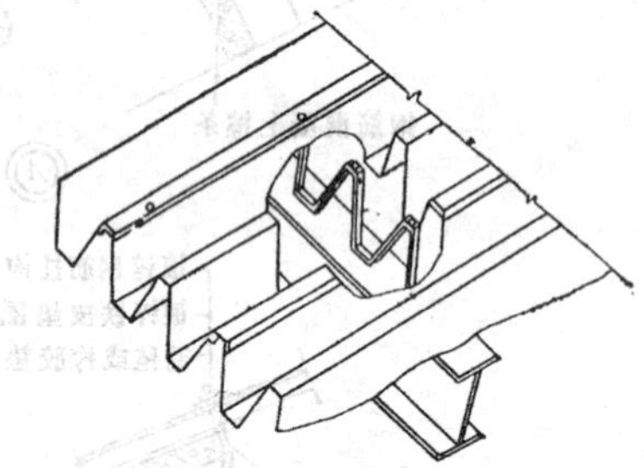

图 4-2-22　W550型彩色压型钢板屋面构造示例

第三节　屋面的保温与隔热

我国幅员辽阔，南北气候相差悬殊，同一类型厂房的屋面构造，随地理条件不同有较大差异。而且厂房内部的生产工艺条件也各不相同，具体要求也不一致，因此厂房屋面根据需要可做成保温的、不保温的和隔热的等等。为了加速雪的融化，有组织排水的屋顶天沟有时作成半保温的。

一、屋面的保温处理

在冬季需要采暖的厂房、内部湿度较大的厂房和要求恒温恒湿的厂房等，其屋面要设置保温层。保温层的厚度由建筑热工计算确定，因为《建筑物理》课已讲过，这里不再重复。保温层可分为铺在屋面板上部，设置在屋面板下部和与承重基层相结合等三种做法。

（一）保温层铺设在屋面板上部

屋面保温材料有松散状的和块(板)状的。松散状材料有蛭石粉和膨胀珍珠岩等，以后者为常用。块状制品有泡沫混凝土、加气混凝土、岩棉板、聚苯乙烯泡沫塑料和沥青（或水泥）膨胀珍珠岩等。松散状保温材料，当屋面坡度较大（≥15°）时容易下滑，易被风吹散，施工不便。且需要较厚（≥30毫米）的水泥砂浆找平层，施工水分不易排走，往往影响保温性能，所以其应用有限。相反，块（板）状材料则一般不受屋坡和气候条件的限制，施工简便，应用较普遍。

（二）保温层设置在屋面板下部

主要用于构件自防水屋面。有在屋面板下直接喷涂和吊挂保温层两种做法。直接喷涂是将水泥膨胀蛭石（按体积比为水泥:白灰:蛭石粉＝1:1:5～8）或水泥膨胀珍珠岩（按体积比为水泥:珍珠岩＝1:10～12）浆用喷枪喷涂在屋面板 的下部。喷涂厚度为20～30毫米（图4-2-23*a*）。北方地区常因屋面板与涂层之间的温度胀缩不一致，以及吸潮结露等原因造成整片脱落现象而影响它的应用。

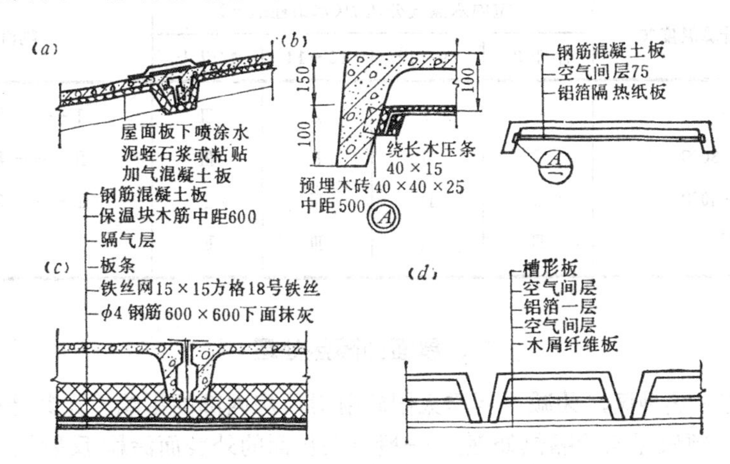

图 4-2-23　屋面板下设置保温层构造示意

(*a*)直接喷涂；(*b*)设置铝箔隔热纸板；(*c*)吊挂保温板抹灰；(*d*)同(*b*)加钉木质纤维板

吊挂保温层是将轻质保温材料吊挂在屋面板下部（图4-2-23*b*、*c*、*d*）。其间可留有空气间层。

（三）保温层与承重基层相结合

把屋面板和保温层结合起来，甚至是和防水功能三者合一的保温板。可取消屋面保温层的高空作业，改善施工条件，大大加快施工速度。目前常用的有配筋加气混凝土板和夹心式钢筋混凝土屋面板等类型。夹心式保温板是把加气混凝土等轻质保温材料夹制在钢筋混凝土承重外壳之中制成的预制构件，板底面平整、美观。缺点是制作工艺复杂，自重较大，板面、板底易产生裂缝以及板肋和板缝容易出现冷桥现象等。图4-2-24为常见的几种夹心保温屋面板。

设置保温层的屋面，为防止车间内的蒸气侵入保温层内部而形成冷凝水，降低保温性能和影响屋面的耐久性，根据情况还需要设置屋面隔汽层。一般可根据冬季室外空气计算温度和室内温、湿度状况按表4-2-6选定。和所有的隔汽层一样，屋面层中的隔汽层也应将保温层很好地封闭起来。

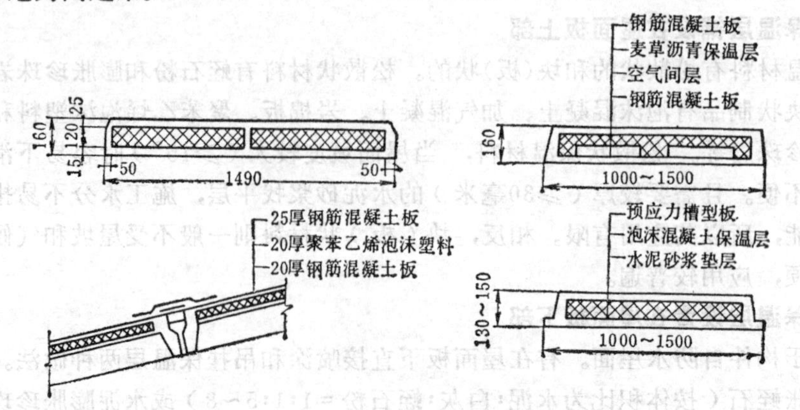

图 4-2-24 夹心保温屋面板构造示意

隔汽层的设置与做法 **表 4-2-6**

冬季室外空气计算温度℃	室内水蒸气分压力(水银柱毫米)				隔汽层做法
	小于9	9～12	12～14	14以上	
-20℃以上	—	Ⅰ	Ⅱ	Ⅲ	Ⅰ——刷热玛蒂脂两遍
-21℃～-30℃	Ⅰ	Ⅱ	Ⅱ	Ⅲ	Ⅱ——一毡二油
-31℃～-40℃	Ⅱ	Ⅲ	Ⅲ	Ⅲ	Ⅲ——二毡三油
-41℃以下	Ⅲ	Ⅲ	Ⅲ	Ⅲ	

二、屋面的隔热处理

在我国南方炎热地区，为减少夏季太阳辐射对厂房内部的影响（尤其是柱顶高度小于10米的厂房），须做屋面的隔热处理。一般可在屋面的外表面涂刷反射性能好的浅色涂料；也可按保温屋面做法在屋面上设置隔热（保温）层；再者是在屋面上做通风间层（国外称遮阳屋顶）。利用其架空间层来遮挡太阳辐射热并通过空气流动带走部分热量，以取得隔热和散热效果。目前它已成为我国南方一些地区采用较多的一种屋面隔热处理方式。小面积的厂房也可采用平屋顶蓄水或喷淋来防止车间内过热等作法。

南方夏季降温和北方冬季采暖都需要大量能源，如能合理地解决屋面隔热与保温将会降低日常维护费用，从而为节省能源创造条件，因此应引起建筑设计人员的足够重视。

第三章　天窗、侧窗与大门

由于采光、通风、运输、节能等多方面原因，特别是多跨连片、运输量大，热和灰尘等析出量较多的生产车间，它们在这类构件的设计和选用上有很多特殊要求。

关于天窗的类型分析已经在第三篇中较详尽地作了阐述，侧窗与大门的有关内容则集中在本章中介绍其类型与构造。

第一节　平天窗、三角形天窗及通风屋面

平天窗和三角形天窗均属构造简单，直接在屋盖的洞口上覆以透明顶罩而成的顶部采光的天窗型式。

通风屋面则是利用屋面板搭接处垫起的缝隙或在屋脊处留出的部分狭长喉口，所形成的屋面的通风缝或通风脊的总称，构造特征是简单、省料省工、轻便，但不适用于通风要求高的厂房。

一、平　天　窗

最简单的平天窗是在屋面预留部位的开孔处，装设透光平板或压型板（或波纹板）而成。如石棉水泥波纹瓦屋面，可在“抽掉”的孔洞部位用同等波纹截面的透明瓦板填充形成单个的或条带状的采光面。主要用于不保温车间与大中型库房。

在屋面板预留孔洞上装设透明板材料形成的采光板，是平天窗的另一种型式。根据孔洞的大小和填充材料，可分为小孔、中孔和大孔的三种；以及普通平板透明材料（玻璃）和空心玻璃砖加筋（空心玻璃砖加筋混凝土）两种。单块采光板（用普通玻璃）的组成如图4-3-1所示。

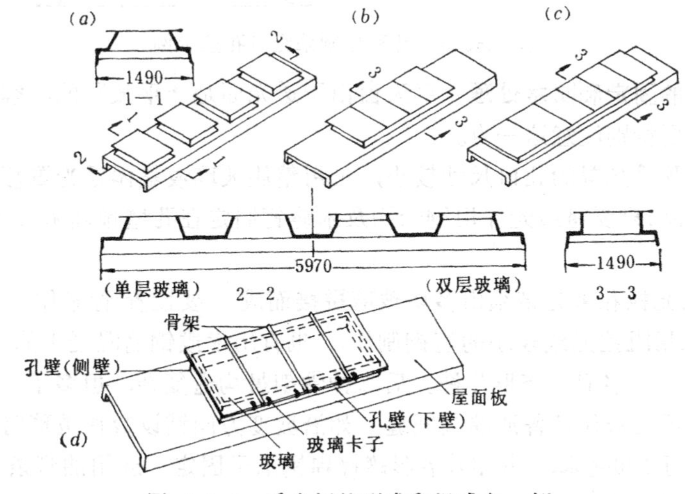

图 4-3-1　采光板的形式和组成之一例

采光罩是在屋盖开设的孔洞上安装弧形透光材料形成的一种平天窗，孔洞可按一定规律开设成圆的、方的或矩形的，呈断续的条状或散点式“满天星”方案（图3-Ⅰ-31）。

平天窗的采光效率高，布置灵活，可根据采光需要均匀分散布置；且每个采光口面积都做得较小，光线不致过分集中（图4-3-2）。

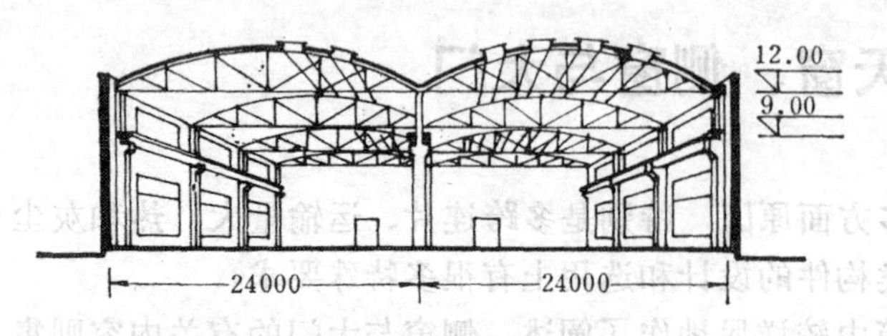

图 4-3-2 采用平天窗的金工车间（右边考虑扩建）

平天窗因玻璃面小，可不设天窗架、重量轻、造价低，符合“轻屋盖”的要求，由于新型透光材料和防水作法的出现，近年在一些冷加工车间应用较广，特别是采光板和采光罩二种，作法很多。视其类型不同、使用要求以及材料和施工的具体情况而异。在构造设计时要注意下列几个问题。

（一）孔壁的构造 孔壁是平天窗采光口四周高出的边框，其形式有垂直和倾斜的两种。最好采用倾斜的，并涂白以提高采光效率。孔壁一般净高出屋面150毫米左右，用以防水。风砂雨雪较大的地区应结合屋面坡度的陡缓适当加高，但不宜过高，以免徒然增加重量和造价而无益于采光。孔壁可用钢筋混凝土、薄钢板或玻璃纤维塑料（玻璃钢）等材料作成；大量应用时可在钢筋混凝土屋面板上整体捣制。（图4-3-3）孔壁与屋面板交接处要作好泛水处理，一般做卷材泛水，南方地区可做成搭盖式构件自防水（图4-3-3*b*）和压型钢板防水。北方地区的防寒结露应予以特殊注意（图4-3-4*b*）。

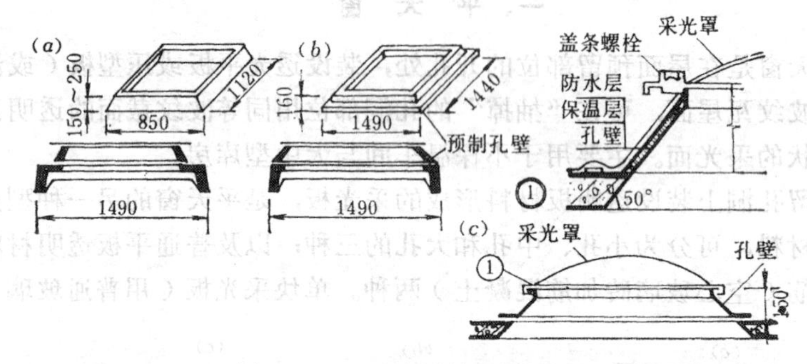

图 4-3-3 几种预制采光口孔壁示例

（二）玻璃的固定和防水处理 平天窗由于透光面是“平放”的，容易渗漏雨雪，安装固定玻璃时，要特别注意这一点。

小孔采光板及采光罩的孔口尺寸较小，可用整块玻璃或整体采光罩覆盖，无接缝、构造简单，防水可靠，只要将透光件用钢卡钩及木螺钉固定在孔壁预埋木砖上即可（图4-3-4及图4-3-5）。

中、大孔采光板和采光带须由多块玻璃拼接而成，要设置骨架作为安装固定玻璃之用。骨架大多采用阻挡光线较小的型钢制作；也有用木或钢筋混凝土的（图4-3-6）。型钢骨架有倒T字、个字形和槽形几种。后二种骨架虽构造复杂，但多了一道承水槽，防水较为可靠。最好用油膏代替普通油灰嵌缝。如沿坡度方向铺设数块玻璃时，宜采用上下搭接，长度不宜小于100毫米，并用Z字形镀锌扁钢卡子固定，缝用油膏条、胶管或浸油线绳等柔性材料垫封（见图4-3-13*a*）。

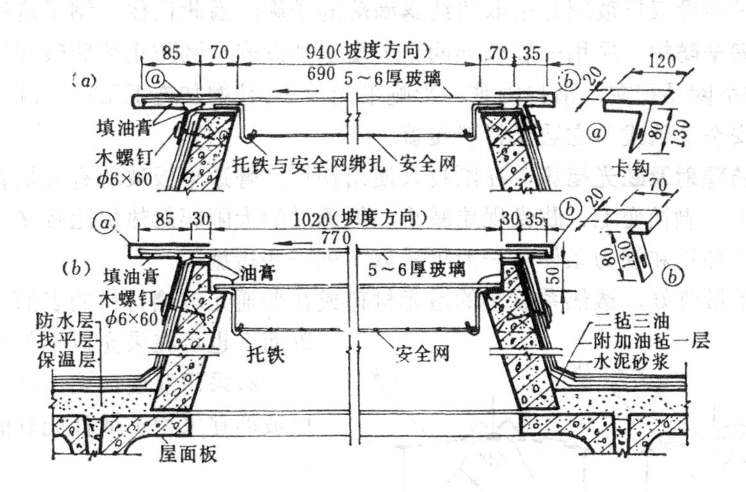

图 4-3-4 小孔采光板构造

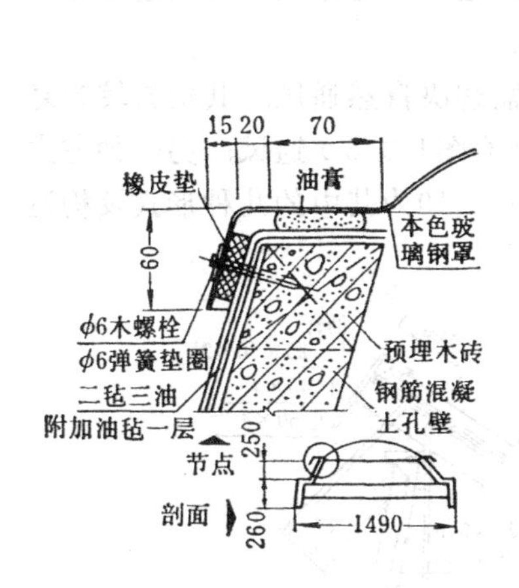

图 4-3-5 采光罩构造

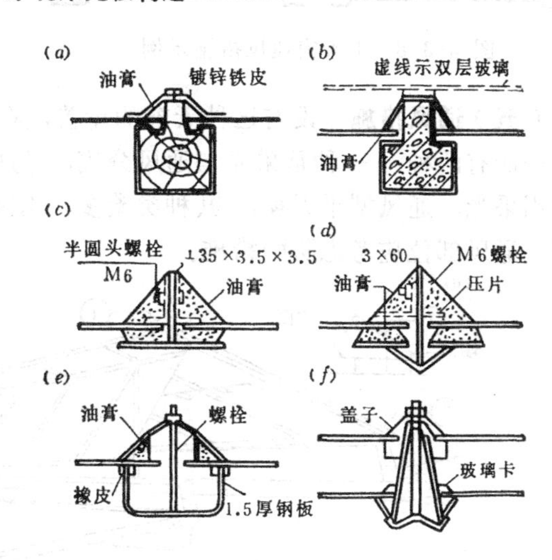

图 4-3-6 平天窗玻璃骨架类型及玻璃固定

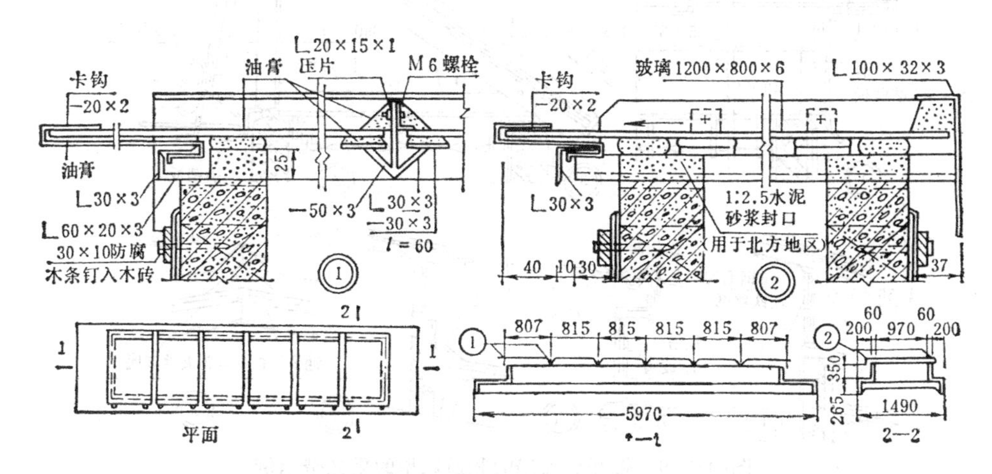

图 4-3-7 采用个形骨架的大（中）孔采光板构造

严寒地区须设双层玻璃并采取防结露滴落的措施，因此往往限制了这种天窗的应用

（三）安全防护 采用一般玻璃的平天窗须加设安全网防止玻璃破碎下落伤人（见图4-3-4）。安全网易积灰，清扫困难，影响采光效率，且增加施工工序。故在可能条件下，应优先采用安全玻璃或其它透光材料覆盖。

（四）防辐射及眩光措施 在刚投入使用初期，普通平板玻璃有大量直接阳光射入室内，后期受大气剥蚀变毛、眩光现象减小，但透过的太阳辐射热仍比较多，会引起室内过热，影响生产环境和视力条件。一般可采取下列一些措施：

1.选择扩散性好，透热系数小的透光材料或在普通光玻璃材料的表面上覆以某些涂料罩面。也可在采光口下部设散光格片。

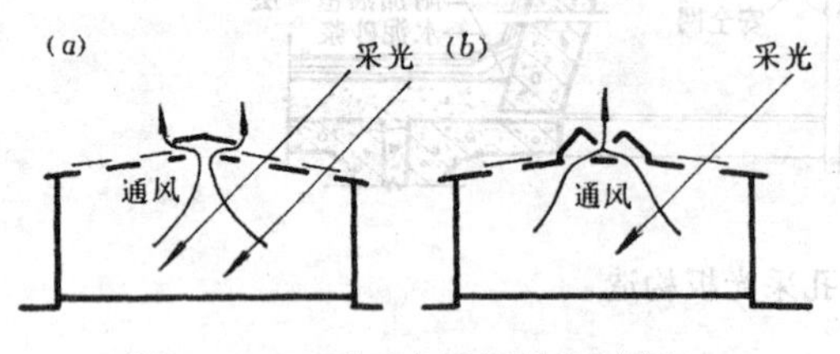

图 4-3-8 平天窗通风措施示例

2.采用双层玻璃、加大热阻，其中上层玻璃宜采用扩散性能好的玻璃或其它措施。

3.采取适当的屋面通风措施。特别是炎热地区，这样可为作业地带创造较好的环境条件。

（五）通风措施 设有这种天窗的屋盖，在炎热地区需解决自然通风。其措施较为复杂，一般有两种：一种是采光与通风分离，另设通风屋脊（图4-3-8）通风；另一种方式是选用采光、通风型平天窗，其种类繁多，图4-3-8至图4-3-10为其中的几种形式及构造示例。通风部位应考虑防雨措施。

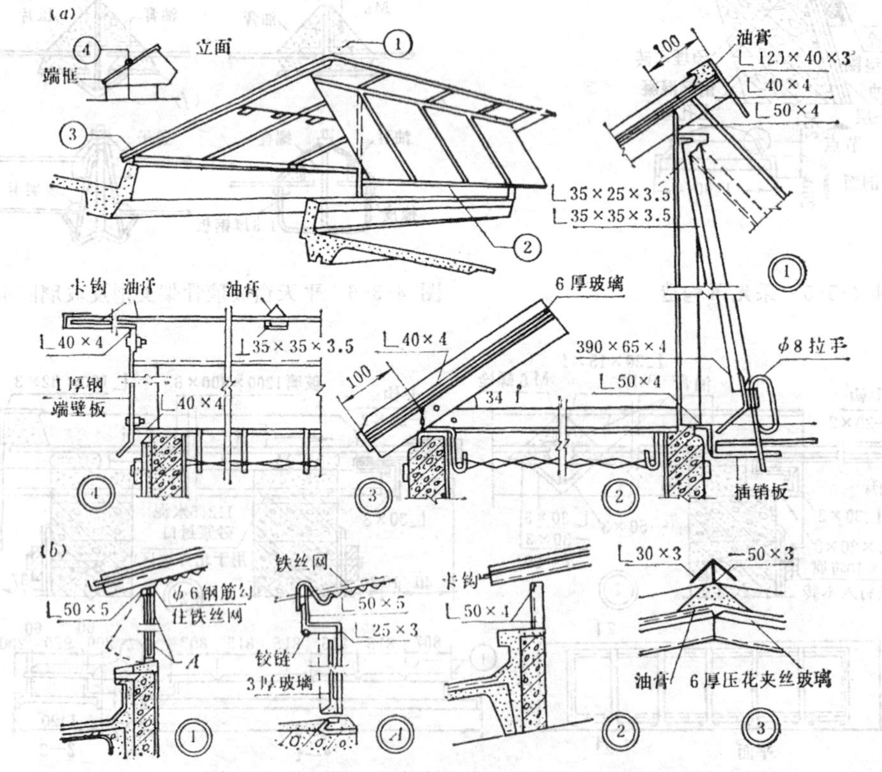

图 4-3-9 带开启窗扇的和通风型的采光带示例

(a)坡面上的带开扇的采光板；(b)通风型脊部采光带示例

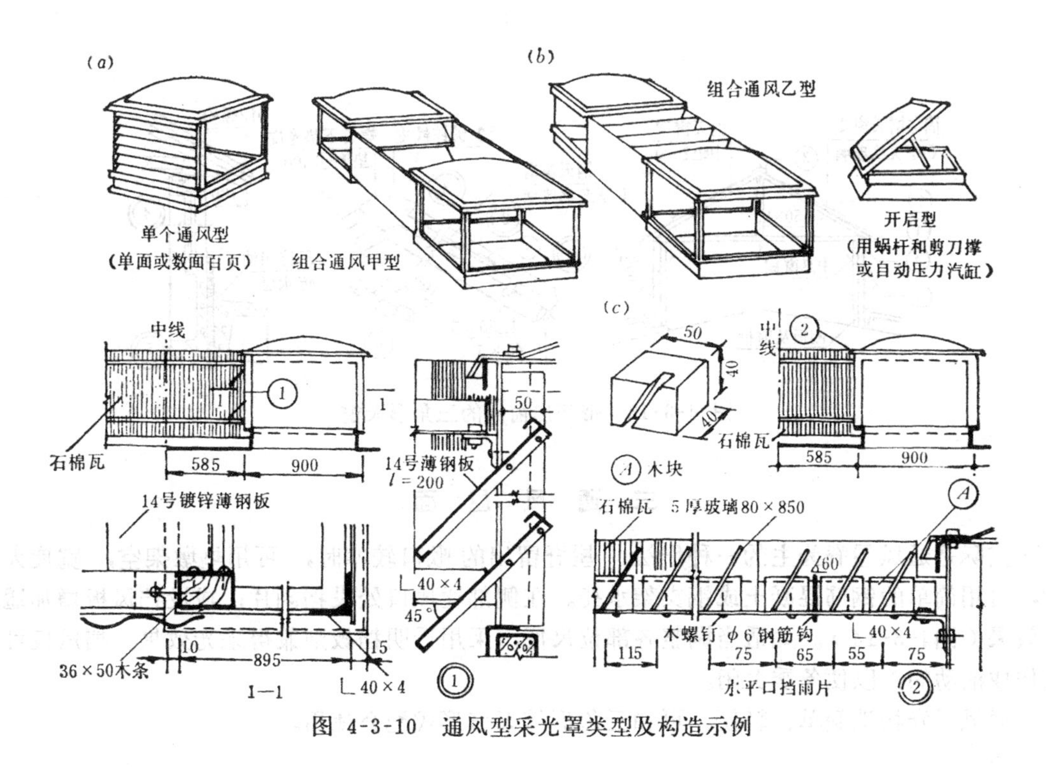

图 4-3-10 通风型采光罩类型及构造示例

二、三角形天窗

将屋脊式采光带脊部两侧玻璃面升起30°～45°，形成的这种三角形纵向天窗，从技术经济观点考虑，宽度不大时可不设天窗架承重。

三角形天窗在许多方面，和平天窗相似，设计时应注意和妥善解决以上所提到的问题。

图4-3-11至图4-3-13为三角形天窗的几种形式和构造示例。横向三角形天窗构造复杂，目前应用较少。

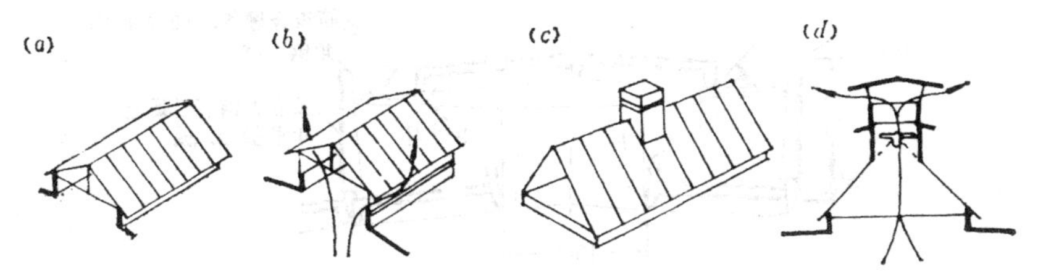

图 4-3-11 三角形天窗的几种形式

(a)单纯采光的；(b)、(c)、(d)兼有通风的

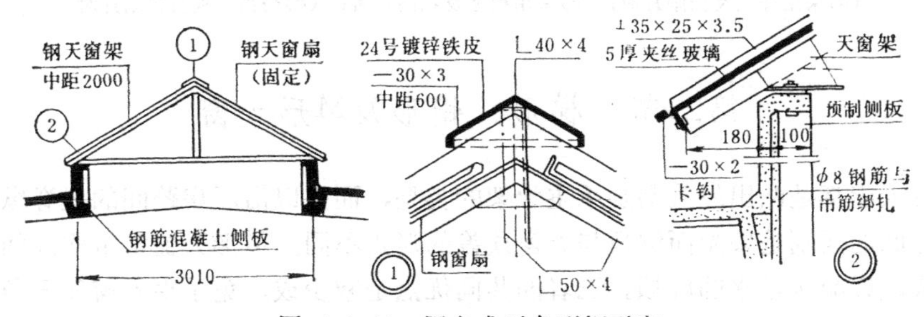

图 4-3-12 固定式三角形钢天窗

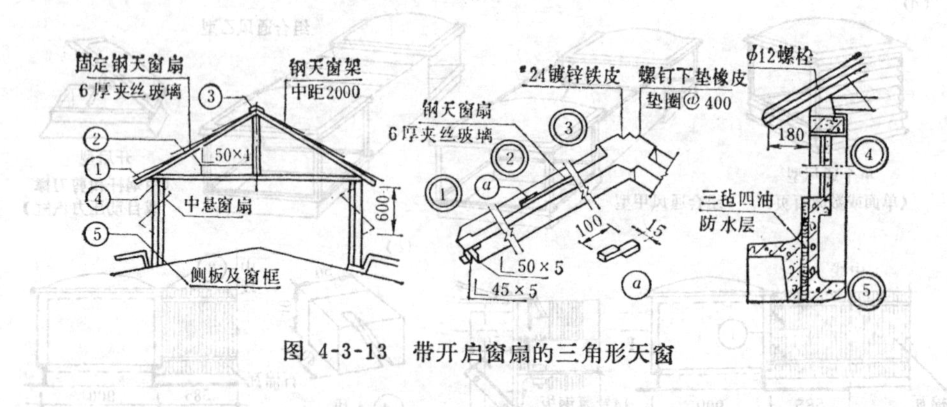

图 4-3-13　带开启窗扇的三角形天窗

三、通　风　屋　面

实际是通风屋脊为主的一种作法。屋脊留出的喉口较窄时，可用垫墩架空，宽度大时，可用简单的钢筋混凝土或钢支架承托。在侧部通风口处设挡雨片；或设挡风板增加通风效果（图4-3-14）。如适当调整各部位尺度，采用透明挡板则兼得采光效果。挡风板可以作成活动的，以便冬季关闭。

通风屋脊构造简单、轻便，可和三角形等天窗形式配合使用。

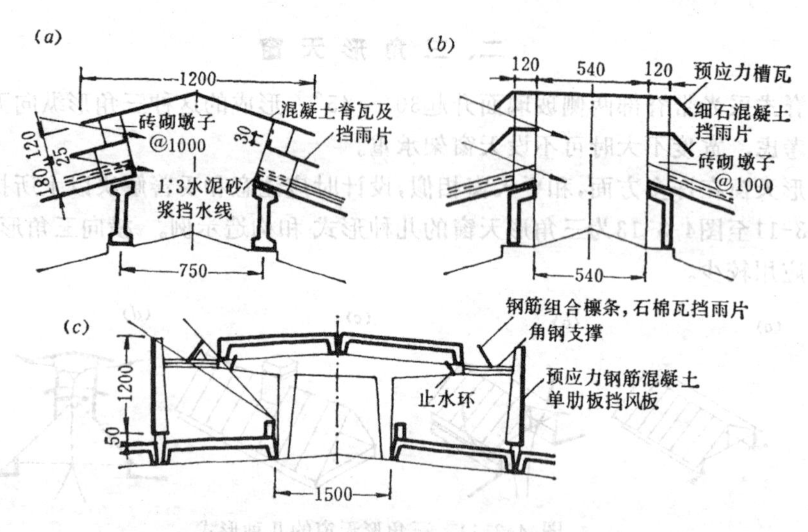

图 4-3-14　通风屋脊

(*a*)采用脊瓦及挡雨片时；(*b*)采用槽瓦及挡雨片时；(*c*)带挡风板及挡雨片时

第二节　梯形、矩形及M形天窗

这三种天窗都是凸出屋盖另加承重骨架的类型，而且以沿厂房跨间的屋脊纵向布置为主，三者之间的区别是采光面倾角与天窗顶盖的形式不同。M形天窗常常作成间断式的或半天窗形式，以减少排水的麻烦。三者的共同优点是减少或避免了平天窗和三角形天窗的某些缺点，不足之处是构件类型多，自重大，造价高。

一、特性与布置要求

梯形天窗的采光均匀度和防雨性能均较其它二种差，并有大量直射阳光照入，故近来很少选用。

矩形天窗具有中等照度，光线均匀，防雨较好，窗扇可开启，故在近些年应用广泛并已定型。

M形天窗是将上述二种类型的顶盖向内倾斜形成的。这样有利于排水、疏导气流及增强光线反射，通风、采光效率均比矩形天窗优越。为了简化上部天沟排水，有时采用单、双侧断续式布置方案，甚至下部倾斜（采光）、上部垂直开启（通风）的半天窗方案（图4-3-15）。

为了减少矩形天窗南向采光口的直射阳光和争取较多的北向稳定光线，可将顶盖倾斜，使北高南低。高纬度地区，太阳的高度角较小，北向采光口还可按高度角的大小设倾斜的玻璃面，以增强采光效率(图4-3-16)。

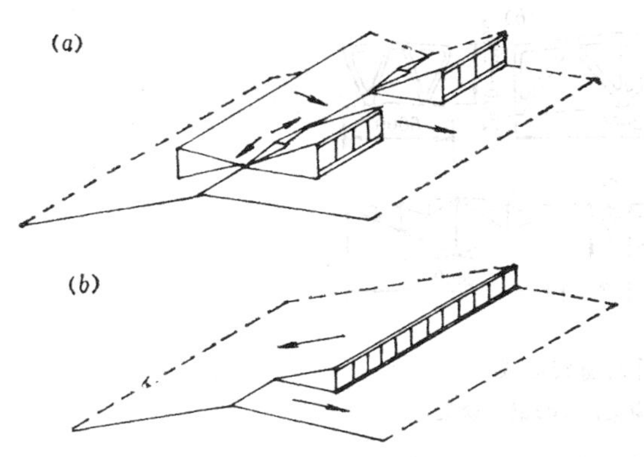

图 4-3-15 M形天窗的几种型式

(a)断续式方案；(b)半天窗方案

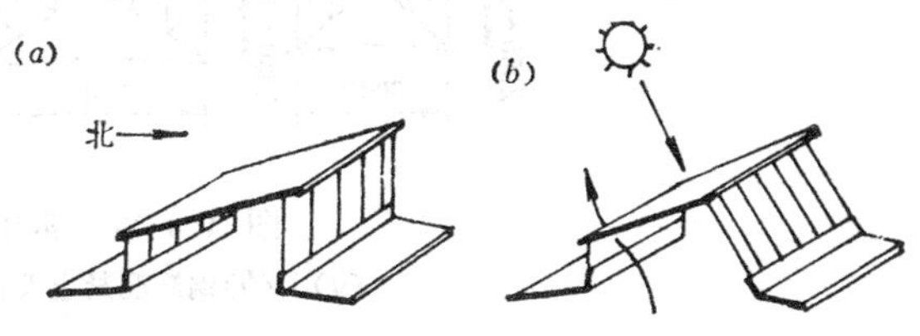

图 4-3-16 倾斜顶盖的矩形天窗

(a)南北面均垂直；(b)南面垂直，北面倾斜

二、构造与窗扇开关

这三种天窗的构造原理基本相同，以下按矩形天窗的典型作法介绍其构造特征。

矩形天窗主要由天窗架、窗扇、顶盖、侧板及端壁等构件所组成（图4-3-17）。在天窗两端靠厂房山墙处一般各留一个柱距不设天窗，作为屋面检修防火通道。同理，天窗过长往往结合变形缝的设置在缝两侧留出一柱距不设天窗。最大长度不宜超过84米。但内部工艺不允许这样断开时亦可设计成通长的天窗。天窗端部须设置攀登天窗屋盖的检修梯。

（一）天窗架 是天窗的承重构件，最常见的是钢筋混凝土或型钢制作的。

钢天窗的重量轻、制作吊装方便，虽也用于厂房为钢筋混凝土屋架的方案，但因用钢量大，多只限于钢屋架方案。

钢筋混凝土天窗架与钢筋混凝土屋架配合使用，它的形式一般为冂形或W形（图4-3-17）。为了便于预制装配，6米和9米天窗架通常由两块预制构件拼装而成（12米宽天窗则为3块）。天窗的高宽要与窗扇的高度配套。我国标准构配件图集中常用的冂形和W形钢筋混凝土天窗架的尺寸如表4-3-1所示。

为使构件互换，应使其与钢天窗架的尺寸协调统一化。

在工程实践中，还有其它的作法，如采用纵向承重的天窗框构件，使天窗架与天窗侧板，甚至天窗采光构件，合为一个构件（图4-3-18），上、下、纵横向屋面板采用统一的或二种不同大小的板覆盖。

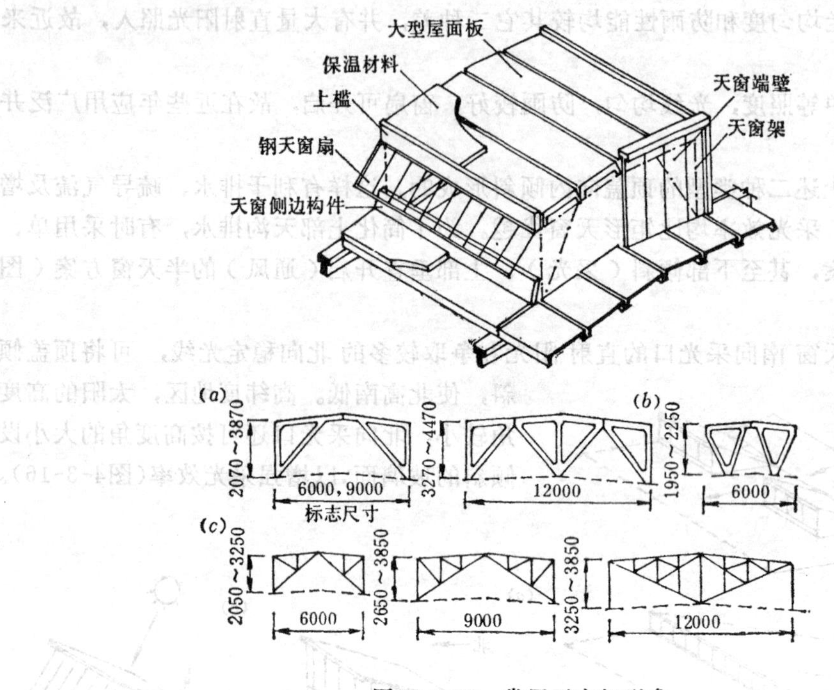

图 4-3-17　常用天窗架形式

(a)、(b)钢筋混凝土天窗架；(c)钢天窗架

常用钢筋混凝土天窗架的尺寸（毫米，标志尺寸）　　　　**表 4-3-1**

天窗架形式	Π形							W形	
天窗架跨度	6000				9000			6000	
天窗扇高度	1200	1500	2×900	2×1200	2×900	2×1200	2×1500	1200	1500
天窗架高度	2070	2370	2670	3270	2670	3270	3870	1950	2250

（二）天窗扇　如为上述纵向承重构件方案，可直接在构件形成的窗框内（或外侧悬挂）填充透光材料和局部设开启扇满足采光与通风的要求。横向设天窗架方案则用天窗扇。钢天窗扇经久耐用、不易变形。开启方式一般为上悬或中悬。以搭接靠樘作法为最理想，开关轻便严密。上悬式的防雨性能较好，但开启角度较小（一般在30°～45°以内），中悬式的开启角度可达60°～80°，通风效果较好，但防雨性能差。苏联改型的钢上悬窗扇开启角可达70°（Π-70式），弥补了开角较小的缺点。

在冬季不太冷的亚热带及热带地区，天窗可终年开敞，并按挡雨板的方式设倾斜外撑的钢筋混凝土天窗扇（图4-3-19）。

现将上悬及中悬天窗的构造分述如下：

1.上悬钢天窗扇　标志高度如表4-3-1所示。可分为统长的和分段的两大类。统长窗扇用于设有电动或手动开窗机的天窗，是由两个端部半完整窗扇及若干个中间不完整窗扇联缀组成（≤60米），统长窗扇两端须设压缝条盖在完整的固定小扇上，后者起竖框的作

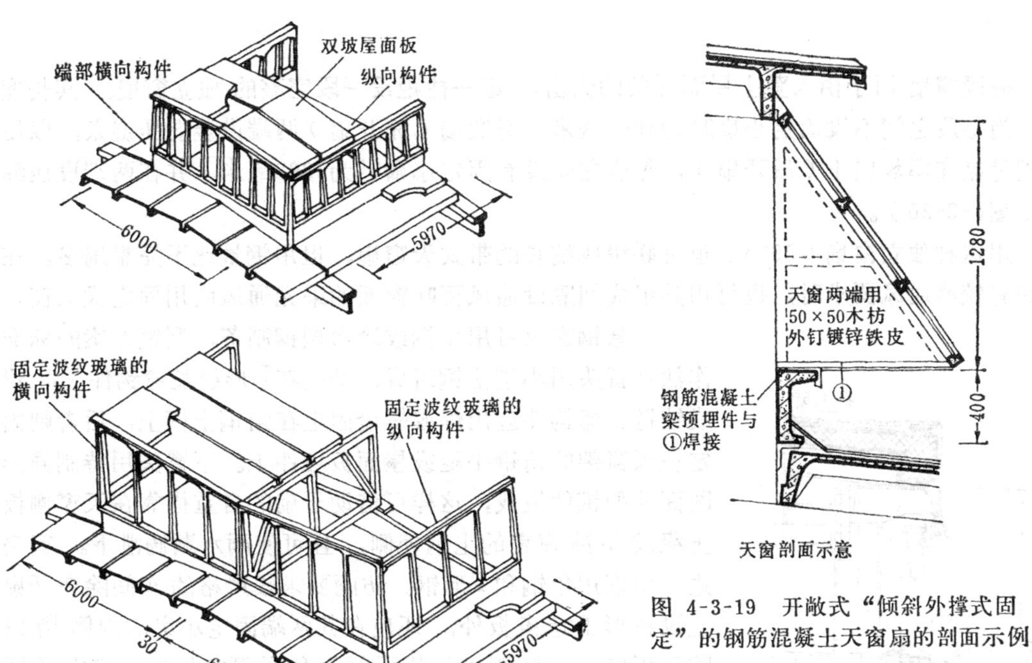

图 4-3-19 开敞式“倾斜外撑式固定”的钢筋混凝土天窗扇的剖面示例

◀图 4-3-18 12米（6米）纵向承重板架合一的天窗形式

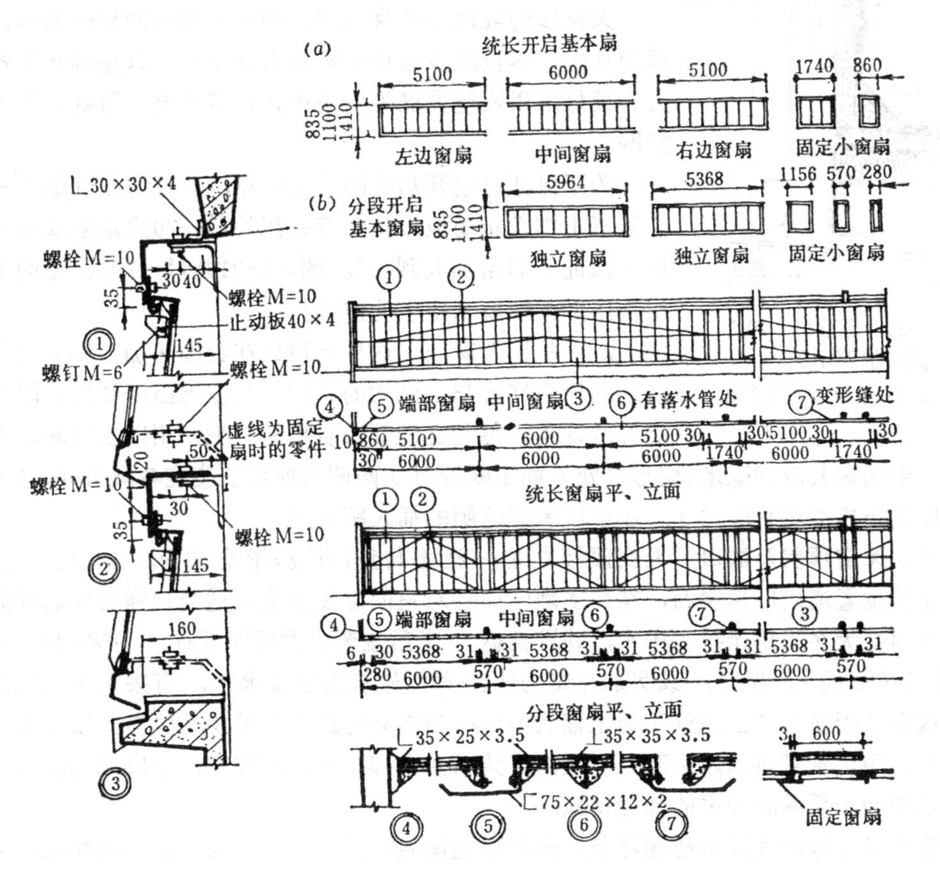

图 4-3-20 上悬钢天窗扇的几种常用形式

用。

分段窗扇 用于由人登上屋面开关的天窗，每一柱距设一段完整的独立窗扇。其长度为：当每段之间不设固定小扇时为5964毫米，奇数扇（先开扇）两端设竖向压缝条，以便关闭时盖在偶数扇上（后开扇），每段之间设有固定小扇时为5368毫米，并在两端设压缝条（图4-3-20）。

用这种独立窗扇（5964）也可联缀成统长的带式天窗扇，但用钢量比不完整扇多。在车间有较高通风要求时，也可用其组成间隔设通风百叶窗面的采光通风两用固定式天窗。

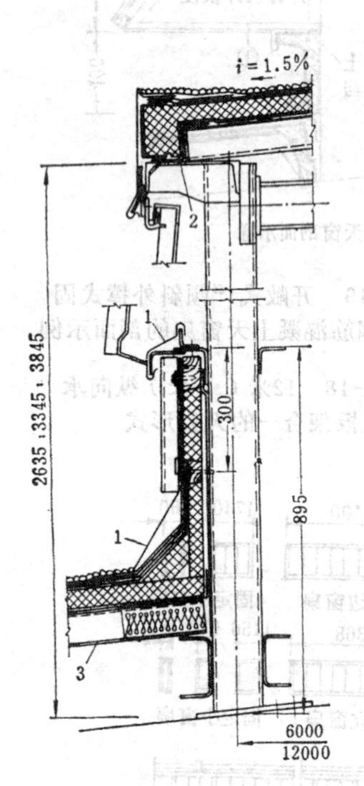

图 4-3-21 苏联Π—70式天窗剖面示例

1—铁皮；2—槽钢；3—天窗架

上悬钢窗扇可用型钢或冷弯型钢制备，型钢方案的标准作法是冒头用小型槽钢组成，悬挂在L形统长弯钩件上，形成铰链。弯钩件应用焊或螺栓固定在角钢上框上，后者则固定在天窗架的角钢牛腿或屋面板埋件上。下冒头用特制异形断面的型钢件组成，这样可借助于扇的自重搭靠在天窗侧板上缘或下排窗扇的上框外侧，且可使雨水顺畅泄下。窗扇边、中框用角钢和T形钢。防雨要求较严格的车间除在开扇上设槽形压缝条板外，还应在其两端固定小扇的内侧增设防风雨扇，以防雨水从其两端三角形开口处飘入室内（图4-3-20）。

天窗扇的玻璃厚度及长度，和平天窗有同样的要求，应适当加大，尽量减少破损和不设水平窗棂，以免雨水滞积渗入。最好采用铅丝玻璃等安全透光材料填充，否则应加设防护网。

为了保证窗扇开启时的安全可靠，在开扇端部第2～3个竖梃上端设止动板限位。苏联用的Π—70式是采取另一措施来保证开启角加大到70°。图4-3-21是Π—70式(屋面承重层用压型钢铺板制备）的方案。

2.中悬钢天窗扇 这种天窗扇在我国热加工车间应用较多。其标志高度与上悬式的相同，长度则因受转轴的限制只能分段设置。每段之间都设有槽钢竖框，用以安设转轴和固定开扇，中间扇长5760毫米，变形缝处（如不断开时）两侧的窗扇长度应各减去600毫米，用于设固定小扇（图4-3-22）。小扇应考虑缝隙的插入距尺寸。

（三）天窗顶盖及檐口 天窗顶盖构造一般多与整幢厂房屋盖相同。（很少是透光的）由于其位置高出厂房屋面，在严寒地区应针对室内温度梯度差适当加强其保温性能。

天窗顶盖大多采用无组织排水，并设挑檐。当顶盖为大型屋面板时，可采用带300～500毫米长挑檐的F形屋面板或另加补充构件。如需做有组织排水时，可采用带檐沟的屋面板；或在从天窗架伸出的钢牛腿上铺天沟板；当然亦可选用常见的悬挂镀锌铁皮或石棉水泥檐沟，用雨水管将雨水引至下部屋面。为承接上部雨水冲刷应在出水口或无组织排水檐的下部屋面上采取防冲击的加强措施。

天窗檐口在寒冷地区是薄弱环节，应很好地保温，并应特别注意外部的冰挂破坏和严防内部隔汽，以免引起冻害。

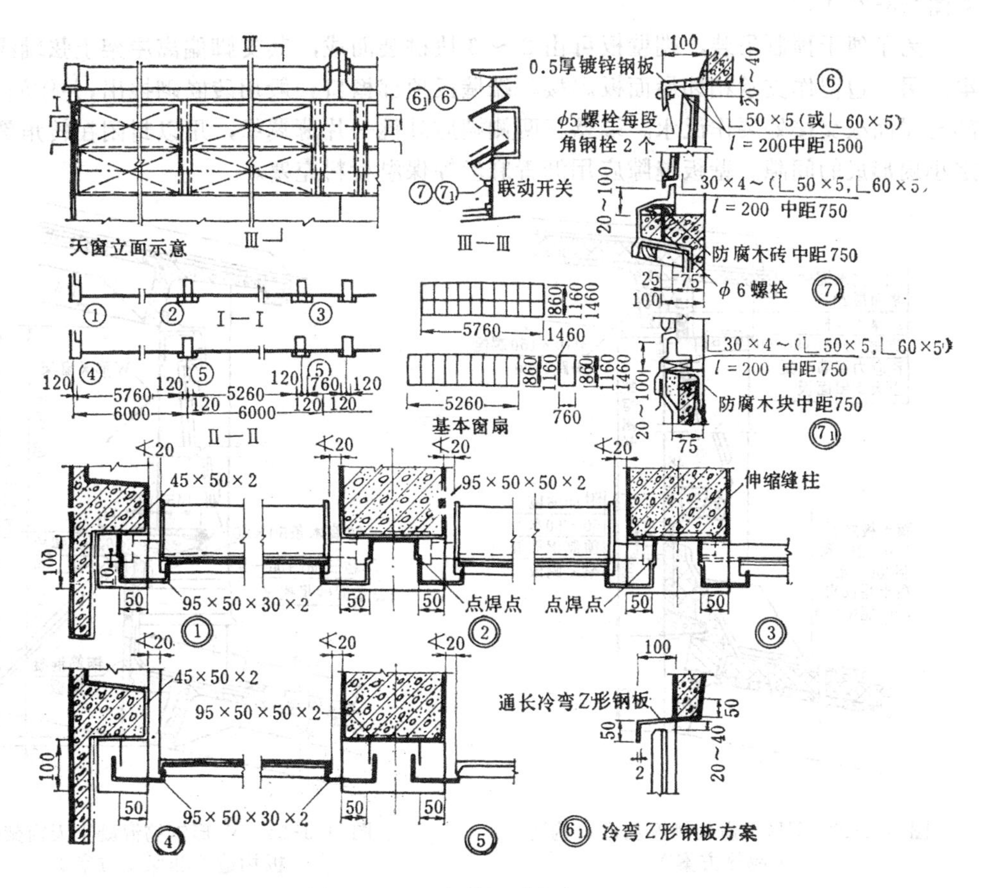

图 4-3-22 中悬钢天窗扇

（四）天窗侧板 它是天窗扇下部的围护构件，其高度应能防止溅入室内及不被积雪超越，最低应高出下部屋盖顶面300毫米，多雨雪地区还应再适当加高100～200毫米。其作法虽可选用小型板和大型板多种方案，但一般应与屋面板相适应。图4-3-23是⊓形天窗架用大型侧板的方案。侧板下端搁置在天窗架竖杆外侧的牛腿支托上，上下两端与天窗架焊牢。若采用W形天窗架时，因无两侧竖杆，侧板则直接搁置在屋架上弦垫块上，上端用斜撑撑住焊牢（图4-3-24）。

侧板上端应作滴水线，与屋面交接处应作泛水，侧板是否保温应与整幢厂房的要求一致。

从图4-3-23中可以看出，这种檐头及侧板下部的作法对于需要隔热和一般保温的车间是适用的，但用于严寒或又需要作隔汽处理的车间则尚需改进与加强。

当然，也可在天窗口下设置角钢或钢筋混凝土下挡槛梁，在外侧搭置小型板件的方案，一般多用于有檩体系的轻型屋盖（图4-3-25），上下两排窗扇的中档也有类似的作法（图4-3-20）。

（五）天窗端壁 用石棉水泥波瓦和透明瓦（图4-3-18）作天窗端壁的方案符合减轻屋盖重量的要求，但构件琐碎，施工复杂，故多采用于钢结构的情况（图4-2-26）。常用的作法是围护与承重合一的预制钢筋混凝土大型端壁板，可用其取代天窗两端的天窗架

（图4-3-27）。

为了便于预制吊装，端壁板可由2～3块拼装而成，其支脚偏离屋架上弦轴线一边焊牢，另一边留作支承相邻屋面板焊接。端壁板顶部檐口一般用砖嵌砌挑出，并作滴水线，下部与屋面板交接处要作泛水。端壁板两侧端应外挑一片薄翼缘，用以封闭在转角部位与固定小扇形成的间隙。壁板缝隙应用沥青麻丝等保温材料充塞。

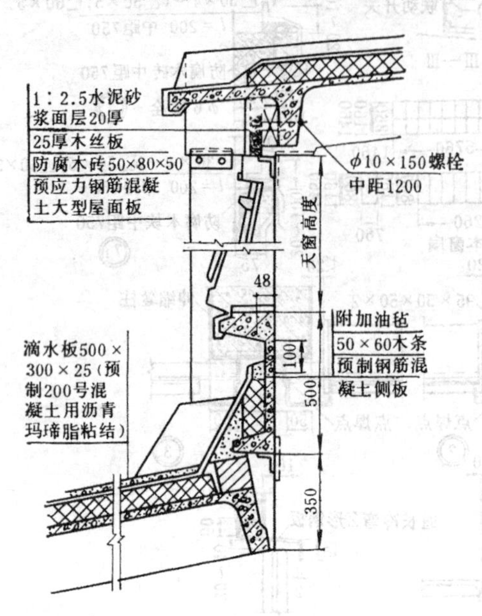

图 4-3-23 Π形天窗架侧板及檐口构造（隔热方案）

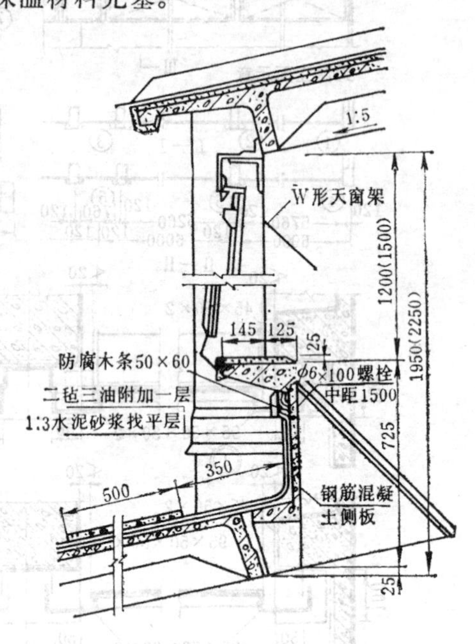

图 4-3-24 W形钢筋混凝土天窗架侧板构造（非保温方案）

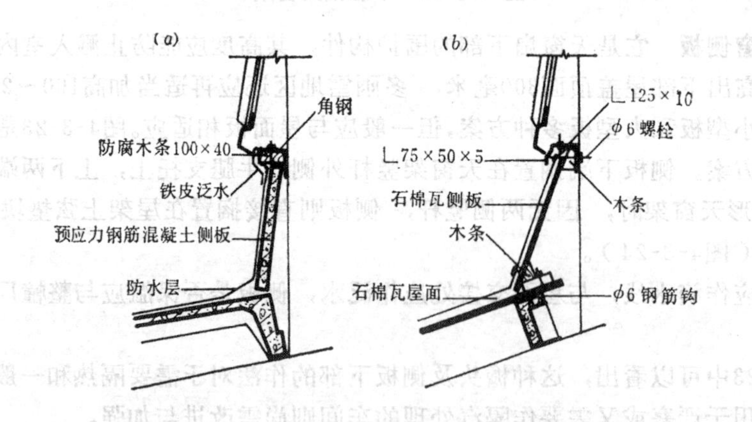

图 4-3-25 天窗侧板用小型构件的作法示例

需保温的厂房，一般在端壁内侧加设保温层（图4-2-26～图4-3-27）。同理，在潮湿车间需对保温层的隔汽和上下的薄弱部位另采取增强措施，以消除结露和冻害。

（六）天窗开关 根据通风的要求及时地开启天窗是保证其通风效能的重要措施。天窗开关分为机械开关和上屋面用手开关两种，后者开关不便，劳动强度大，有条件时宜尽可能采用机械开关。天窗开关机械的设计属机械设计范围，有定型设计图纸及定型产品供应，但建筑设计者应了解它们的性能（如开启的长度和角度等）及对建筑构造的要求（如安装位置、支承方式等），合理选择合适的开窗机。

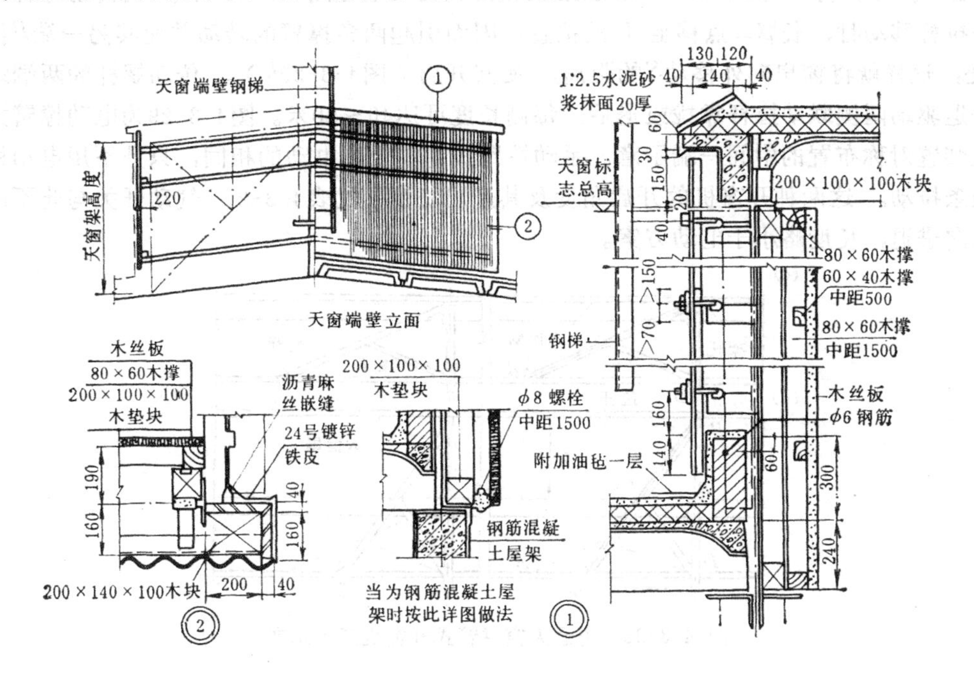

图 4-3-26　石棉水泥瓦天窗端壁构造（隔热方案）

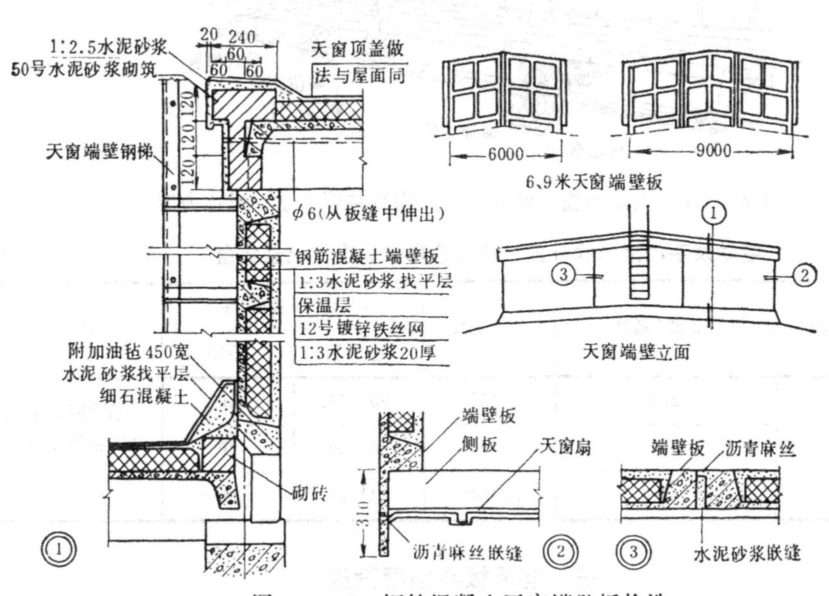

图 4-3-27　钢筋混凝土天窗端壁板构造

天窗开窗机可分为电动和气动等多种。用于上悬或中悬天窗的也各有不同。现仅将上悬天窗常用的电动撑臂式开窗机作简单介绍，其余可参考有关标准图。

撑臂式开窗机的传力装置是一根传动螺杆连接联动拉杆。开关装置则为两根角钢做成的剪式撑臂杠杆，长臂AB的A端铰接在拉杆上，而B端则铰接在窗扇下冒头上；短臂CD的C端铰接在长臂AB的中央，D端连接在开窗机支架上（图4-3-28a）。当传动螺杆带动联动拉杆移动时，长臂A点移至A_1的位置，因而引起两条撑臂的转动并使其另一端B移至B_1处，这样就将窗扇向外移动S的距离，使其开启（图4-3-29b）。传动螺杆的两端螺纹的进退驱动两侧联动拉杆靠拢或退后，每侧长度可达40～50米。图4-3-29为电动撑臂式开窗机装置对称布置的中间一端示意。手动撑臂式基本上和电动的相同，只是不用电动机而用链条拉动。这两种开窗机的开启角度及其开启长度参见表4-3-2。气动开关与此不同的是单向进退，长度略小于电动方案。

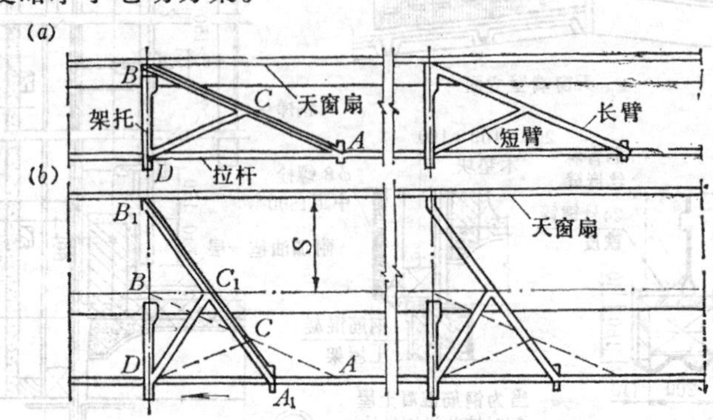

图 4-3-28　上悬天窗撑臂式开窗机开关示意

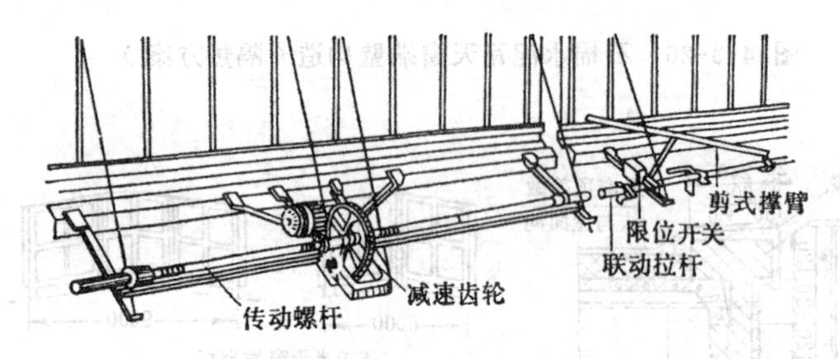

图 4-3-29　上悬天窗撑臂式电动开窗机装置示意（对称方案）

电动及手动撑臂式开窗机的开启角和长度（上悬式窗）　　表 4-3-2

窗扇高度(毫米)	撑臂长度(毫米)	开启角度	开启极限长度(米)		备　注
			电动⊕	手动	
900	1200	45°	90～102	30	⊕低限为平板玻璃高限为铅丝玻璃
1200	1500	44°	66～90	30	
1500	1640	37°30′	54～84	30	

三、挡风板与挡雨设施

用作通风的矩形、M形天窗，需要在天窗口外加挡风板，以保证天窗排风稳定，但缺点是构件多、重量大、造价高，为此主要用于热加工车间。南方地区开敞式窗口还要考虑挡雨设施，有采光要求时，这二种构件虽可根据情况用透光材料制备，但目前还有困难。

（一）挡风板构造 挡风板悬挂在挡风支架的水平骨架上，支架有立柱式和悬挑式两种（图4-3-30）。

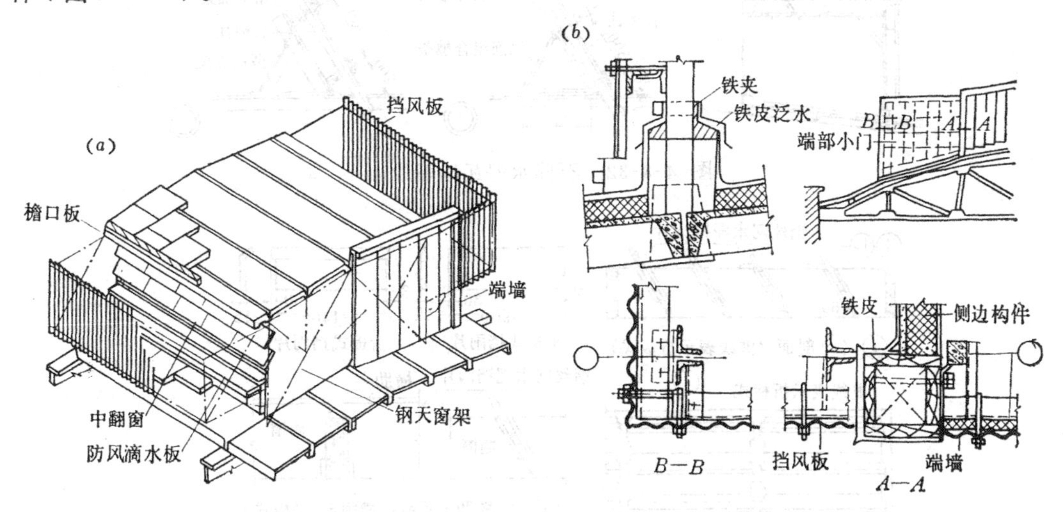

图 4-3-30 挡风支架的形式及立柱与屋盖的连接

(a)悬挑式方案示意；(b)立柱式作法

立柱式支架是将钢或钢筋混凝土立柱支承在屋架上弦的墩子上，由天窗架伸出支撑联系，当采用钢筋混凝土立柱时，亦可将立柱和支撑整体做成L形的支架。立柱式支架的结构受力比较均衡合理、用料较省、造价较低，多用于大型屋面板类屋盖，但挡风板与天窗口距离受屋面板排列的限制，不够灵活；用于搭盖式构件自防水屋盖时，防水较为复杂。悬挑式支架是由天窗架挑出，与屋盖完全脱离，挑出长度较为灵活，屋面防水不受支柱的影响，适应性广，但支架杆件增多，荷重集中于天窗架上，受力较大，用料和造价较高。

挡风板常采用石棉水泥瓦，也可采用瓦楞铁、钢丝网水泥波形瓦、预应力槽瓦等，近距离时可用透明板。悬挂挡风板的水平骨架可用型钢、钢筋组合构架或钢筋混凝土槽形梁，挡风板用钢筋钩固定在这种水平架上（图4-3-31）。

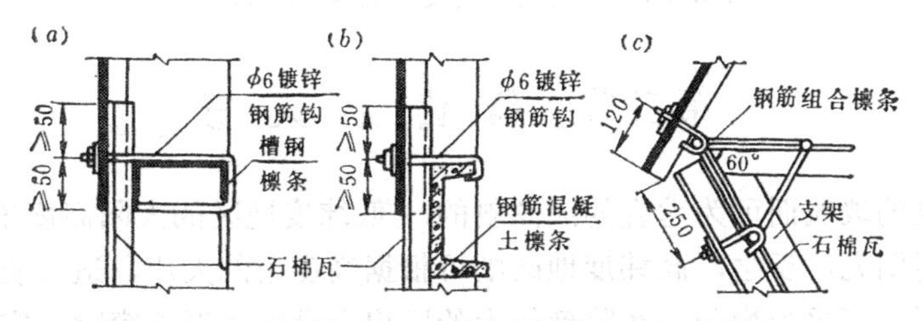

图 4-3-31 石棉瓦挡风板与水平骨架的连接固定

（二）挡雨片构造 用大挑檐挡雨的作法比较一般，故主要介绍挡雨片的构造。

挡雨片所采用的材料有石棉瓦、钢丝网水泥板（或钢筋混凝土板）、薄钢板、瓦楞铁、透光板材等。

当采用波纹瓦类材料作挡雨片时，是用钢筋钩将其固定在钢檩条上（图4-3-32），若采用难设孔洞的平板材料作挡雨片时，则嵌插在钢筋混凝土框架横肋的预留槽中或用螺栓与型钢框架横肋侧边的预设铁件固定（如图4-3-33）。

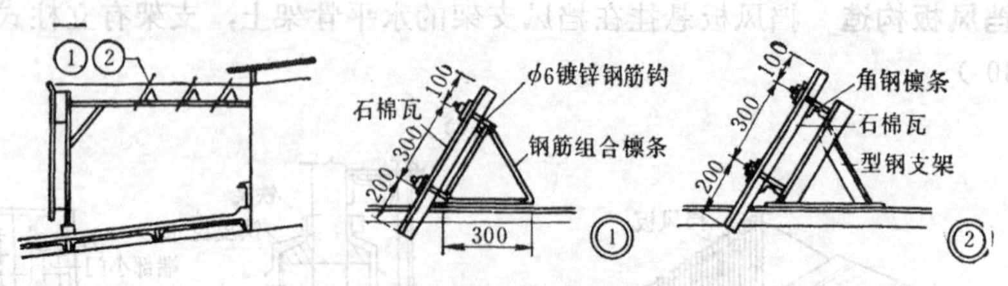

图 4-3-32　石棉水泥瓦挡雨片

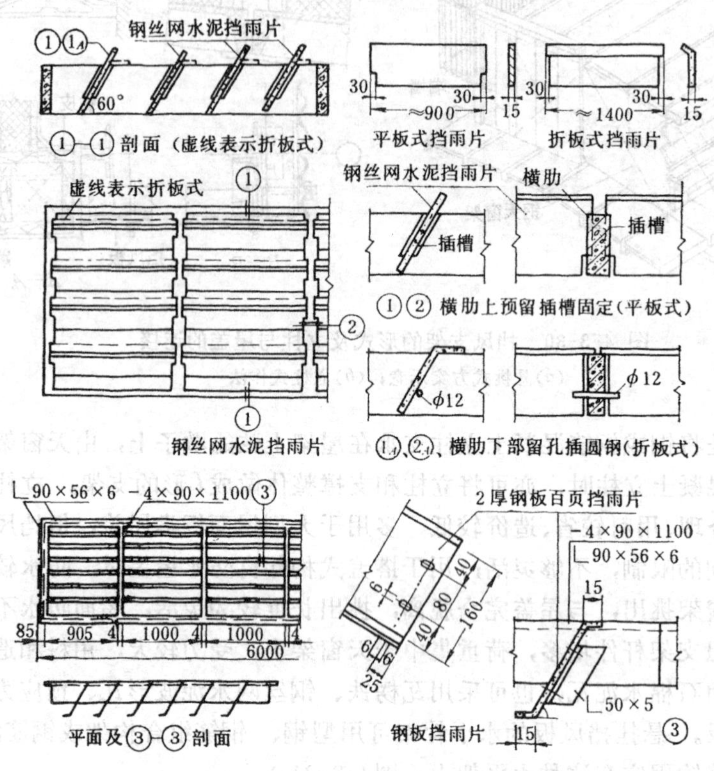

图 4-3-33　钢丝网水泥及钢板等材料的挡雨片

第三节　锯 齿 形 天 窗

锯齿形天窗的玻璃面可为垂直的或倾斜的，低纬度地区的太阳高度角大，宜用垂直的，以避免直射阳光，反之，高纬度地区则可根据高度角的大小，适当使采光面倾斜（图4-3-34）。为了保证采光均匀，在跨度较大的厂房中设锯齿形天窗时，宜在桁架（或空腹大梁）上设多排天窗（图3-2-6）。大柱网方案更适应现代化的要求。

锯齿形天窗的构成和屋面结构构件的组成有密切的关系，种类繁多，下面仅介绍横向三角架承重和纵向天窗框构件承重的两类装配式钢筋混凝土结构的锯齿形天窗的组成及其构造。

一、横向三角架型式

它是由三角架和纵向大梁承重的方案，有双梁和单梁两种。

（一）**纵向双梁方案**（图4-3-35） 它是由两根搁置在T形大头柱上的纵向大梁、天沟板、三角架、屋面板、天窗扇及天窗侧板所组成。大梁和天沟板构成通风道。

（二）**纵向单梁方案**（图4-3-36） 它只有一根纵向大梁，故其构件类型和材料消耗较少，但在需设置通风道的厂房，要另行吊挂风道板。

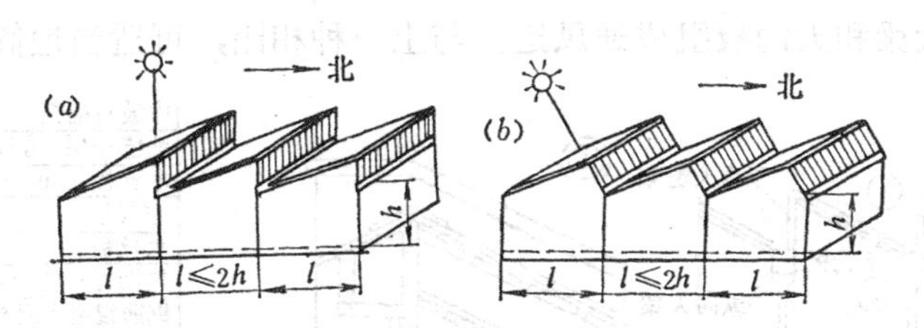

图 4-3-34 锯齿形天窗的几种常见形式

(a)垂直玻璃面的；(b)倾斜玻璃面的

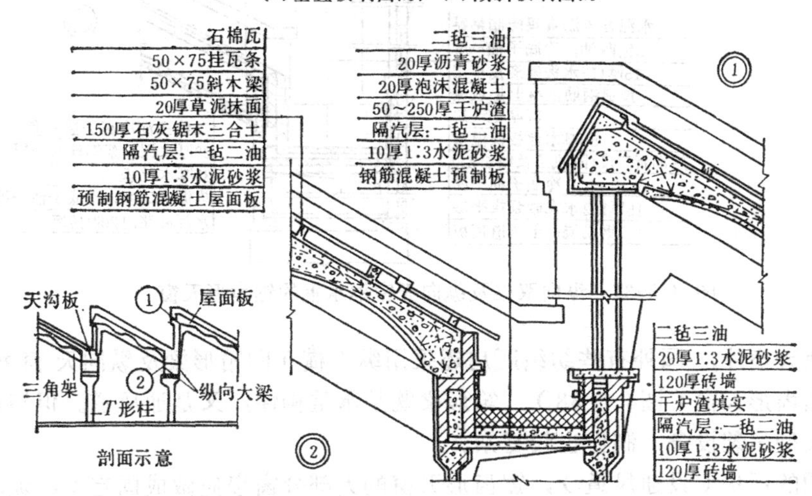

图 4-3-35 纵向双梁横向三角架承重的锯齿形天窗

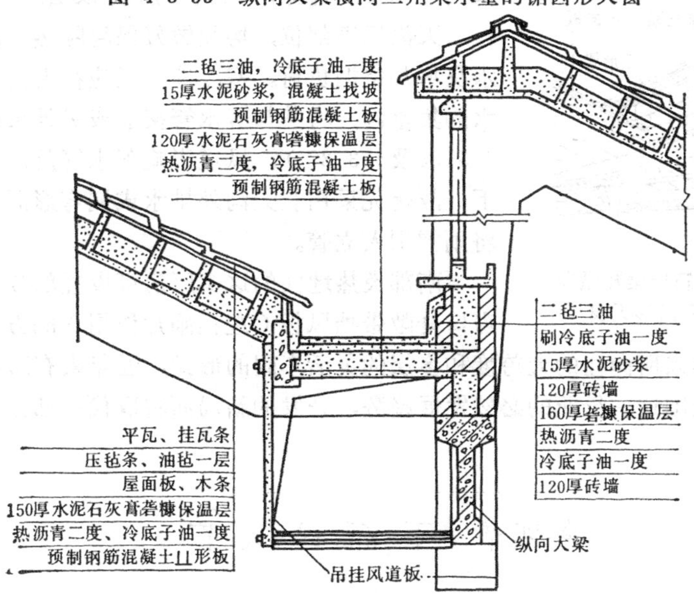

图 4-3-36 纵向单梁横向三角架承重的锯齿形天窗

二、纵向承重天窗框型式（图4-3-37）

它是不设横向三角架，将屋面板上端直接斜搁在钢筋混凝土纵向承重的天窗框上，下端搁置在另一大梁上，为了形成天沟和支承纵向天窗框，需要用两根纵向大梁，犹如图4-3-35作法，用大梁和天沟板组成通风道。与上一种相比，可适当地简化构件类型和施工程序。

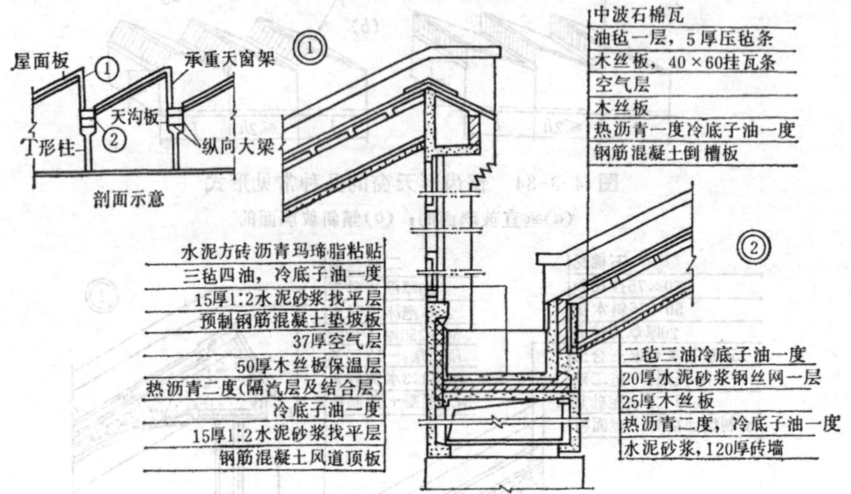

图 4-3-37　纵向双梁及纵向天窗框承重的锯齿形天窗

除上述两大类外，国外有些纺织厂房还采用纵（横）向箱形梁及纵向天窗框（或薄壳）承重的锯齿形天窗（图4-3-38）。箱形梁既是承重构件，又是通风道。但箱形梁构件较大，需用大型吊装设备，制作也较复杂。

在有空调的厂房（设通风道），锯齿形天窗的大部分窗扇应做成固定窗，玻璃的层数根据热工要求选择，可为单层或双层。天窗顶盖、侧板、天沟板等部位，均须做好保温隔热，以免产生凝结水及增加空调负荷。寒冷地区还应在天窗窗台上设凝结水的集水沟，将其与落水管接通或另外采取措施。（图4-3-35及4-3-37）。风道影响落水管及水斗的安设与引下，故优先采用长天沟外排水或侧弯形汇水斗，从侧边将雨雪引入立管。

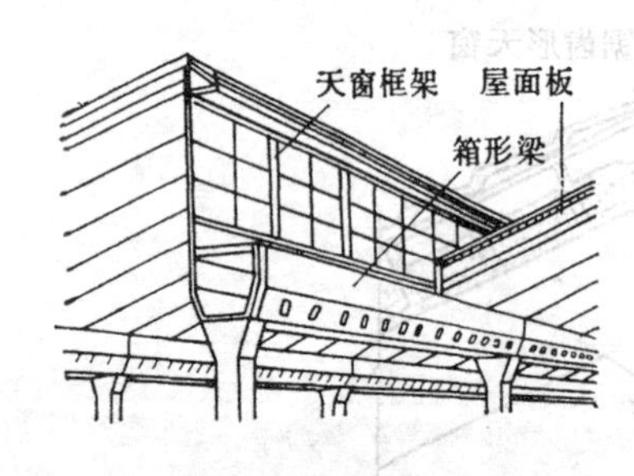

图 4-3-38　纵向箱形梁及纵向天窗框承重的锯齿形天窗

南部炎热地区的这类厂房可设置部分开启窗扇，或窗口开敞带挡风板（起挡雨片作用）的方案。

纺织行业多年来所向往的大跨度和多层的灵活车间的形式，近年来有所改进和许多新建的实例，也是我国这一行业的必然发展趋势，开发的新局面将取代一部分上述的中、小跨度方案。

第四节　下沉式天窗

局部下沉的井式天窗，其构造远比纵向、横向两种条带状下沉式天窗复杂，因此以其为主介绍它的构造特征。

组成井式天窗的主要构件，除屋架外，还有檩条、井底板、井口板、挡雨设施和排水装置；边井式的还有挡风侧墙。在构件选型和构造处理时，要考虑天窗的通风、采光、雪雨排除和渗漏、清灰等要求，来选择经济合理的构造方法。

一、屋架选型

屋架的型式，要和井式天窗的布置及构造要求相适应；图4-3-39所示为用于井式天窗设置的屋架型式。由于井底板对屋架腹杆有所影响，因此宜将腹杆下节点抬高或改为无竖杆（或双竖杆）屋架。

梯形屋架的坡度平缓，端头较高，在侧边布置井式天窗，能取得较大的排风口面积，并具有较好的避风性能；而且清灰、扫雪也较方便，故较跨中布置方案用的多。同理，平行弦屋架亦多用于侧边布置的井式方案。

折线形、拱形屋架受力性能好，材料省，但屋架端部上下弦之间的空间过低，多用于跨中布置的井式天窗。

类型	双竖杆屋架	无竖杆屋架	全竖杆屋架
平行弦			
梯形			
拱形			
折线形			
三角形			

图 4-3-39　用于井式天窗的屋架型式

三角形屋架用于布置井式天窗不够理想，应用较少。

二、井　板　铺　设

有井底板和井口板两种，其铺设方式各异。

（一）井底板铺设　井底板有纵、横两种铺设方式：

1.横向铺板（有檩方案）：即在屋架下弦节点上搁檩条，檩条上铺板，井底板平行于屋架布置（图4-3-40）。为了避免屋架节点偏心受扭及便于铺设檐条，横向铺板时宜采用双竖杆或无竖杆的屋架。横向铺板的构造简单，施工吊装方便，采用较多。但井底长度受屋架下弦节点间距所限，灵活性较小，而且屋架节点高度、檩条端头、板肋和井底泛水这四个高度叠加起来，要占去屋架空间约1米以上的高度，严重影响排风口净高。为了争取较大的排风口净高，可采用下卧式檩条或将檩条吊在屋架下弦底面上，将井底板搁在这种檩条的下翼缘上。檩条上端可兼作泛水（图4-3-41*b*）。

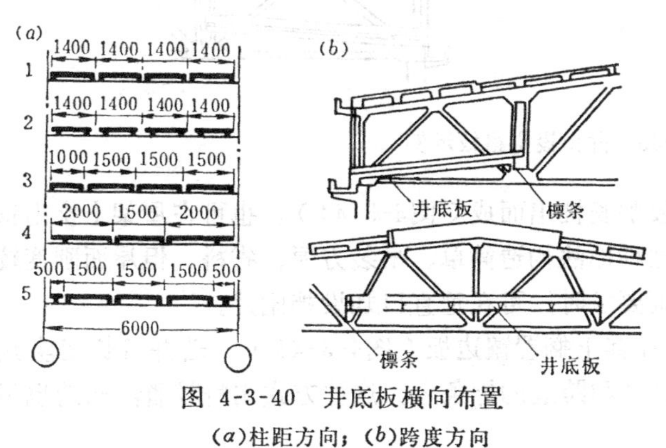

图 4-3-40　井底板横向布置

(*a*)柱距方向；(*b*)跨度方向

2.纵向铺板(无檩方案)：即井底板直接搁置在屋架下弦上。其优点可使井底的长度以板宽为模数选取，设计灵活、构件统一、构造高度小、能获得较高净空的排风口。但纵向铺板时，有些板的板端与屋架腹杆相碰，须作特殊处理，例如，可把原屋面板改为出肋板或卡口板，（图4-3-42）只是制作较为复杂。为了减少腹杆与井底板相碰的机会，可采用全竖杆的空腹屋架。

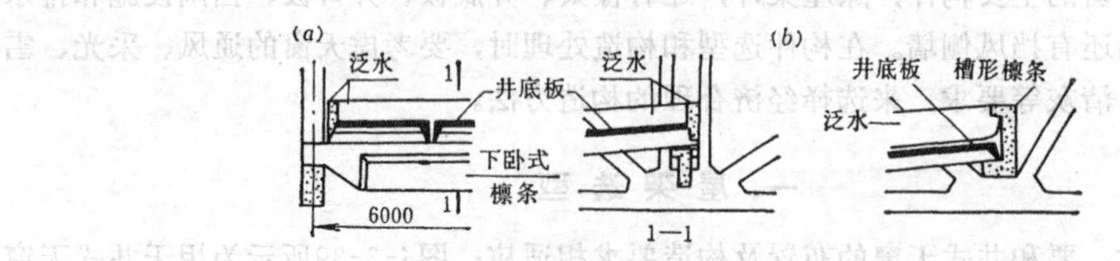

图 4-3-41 提高垂直口净高的两种作法

(a)用下卧式檩条；(b)用槽形檩条

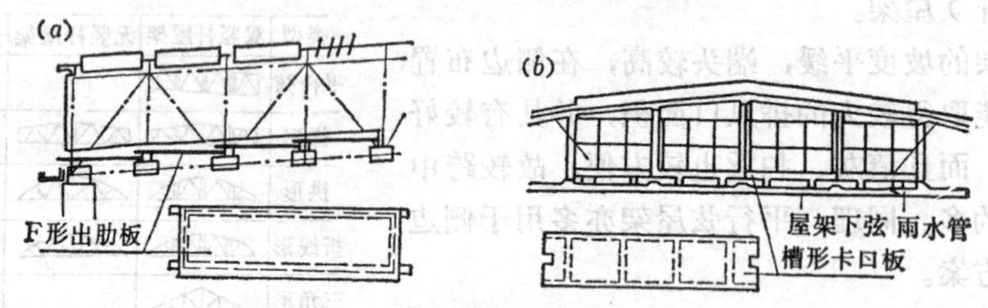

图 4-3-42 纵向铺井底板方案示例

(a)出肋板；(b)卡口板

（二）井口板及挡雨设施 井式天窗主要用于通风。不采暖的厂房，天窗口一般作成开敞式，但须加设挡雨设施。井口板是井口上的铺板，是开敞式天窗口挡雨设施的组成部分。带玻璃窗扇的井式天窗则无需设置，井口板的形式常见的有空格板、挑檐板和镶边板三种。

1.空格板：是将大型屋面板的大部分板面去掉，仅保留板肋、部分小肋和两端用作挑檐的实板（图4-3-43）。两端实板不宜过长，故不够满足挡雨要求时，可在空格板上附加挡雨片。这种形式的井口板规格统一、吊装方便、屋面刚度好；缺点是材料消耗较多。

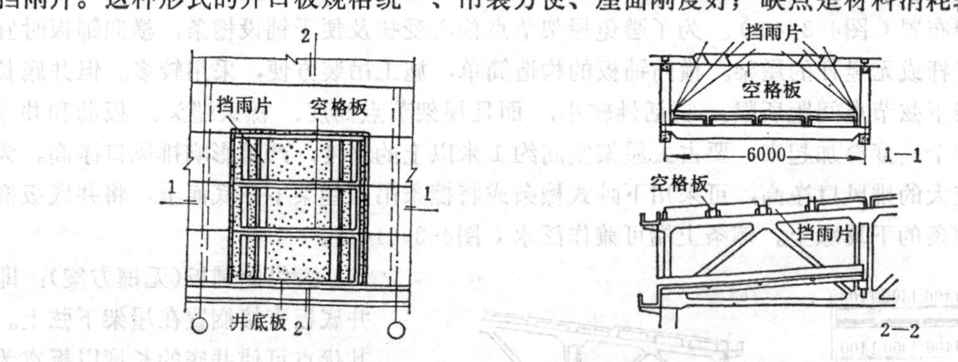

图 4-3-43 井口设空格板示例

2.挑檐板：是把相邻柱距的屋面板加长挑出而成（图4-3-44）。也可在屋架上挑出钢支架，在其上铺设石棉水泥瓦挑檐。这种作法构造简单、吊装方便、省料、但屋面刚度较差。挑檐板不宜过长，如不能满足挡雨要求时，可在垂直口加设挡雨片。

3.镶边板：是在井口架设檩条，在其上搁置镶边板（图4-3-45）。若井口长度较短时，镶边板也可直接搁置在屋面板的纵肋和跨边的檩条上。这种方式用料较省，构造也不甚复杂，但构件类型较多。

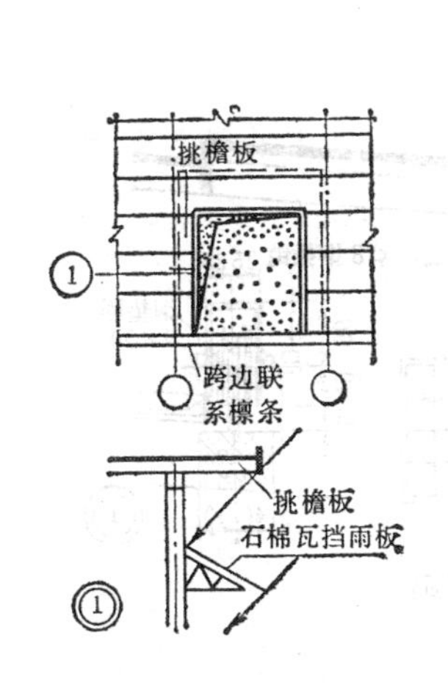

图 4-3-44 井口挑檐板示例

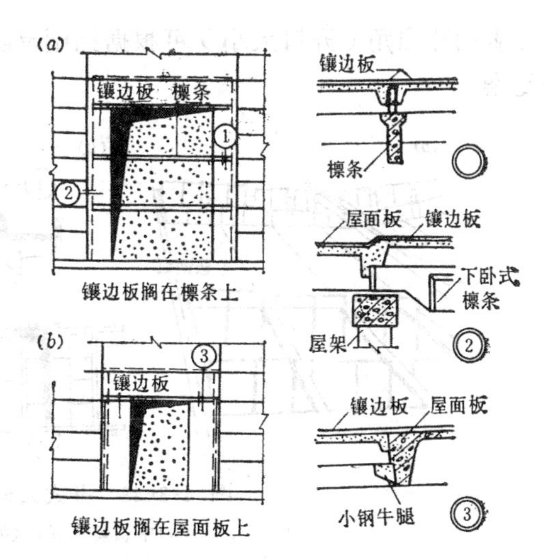

图 4-3-45 井口设镶边板示例

三、窗扇的设置

虽然这种设有窗扇的井式天窗的采光通风效果均不够理想，但采暖厂房仍需设置窗扇。它可在垂直口设置，亦可在水平口设置。

（一）垂直口设窗扇 以通风为主的纵向竖直口可选用上悬或中悬窗扇；采光为主的横向竖直口因有屋架腹杆的阻挡，只能选用上悬窗扇。

跨中布置时，横、纵双向的竖直口的形状均较为规整，便于安设窗扇，故需设窗扇的井式天窗，以采用跨中布置较为适宜（图4-3-46）。侧边布置的井式天窗，其横向竖直口上端是倾斜的，窗扇设置及制作均较为麻烦（图4-3-47）。

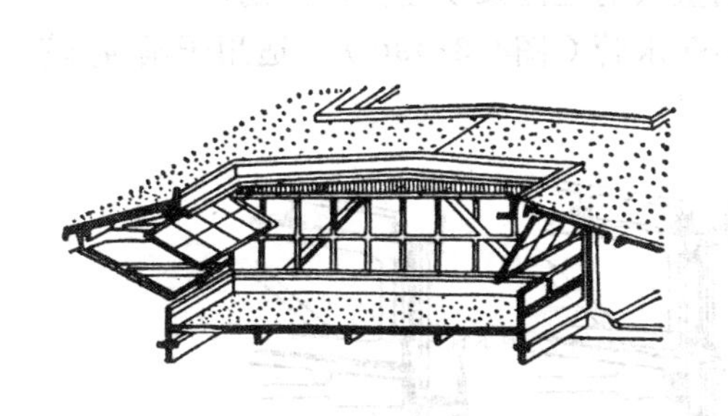

图 4-3-46 跨中布置（中井式）时窗扇的设置

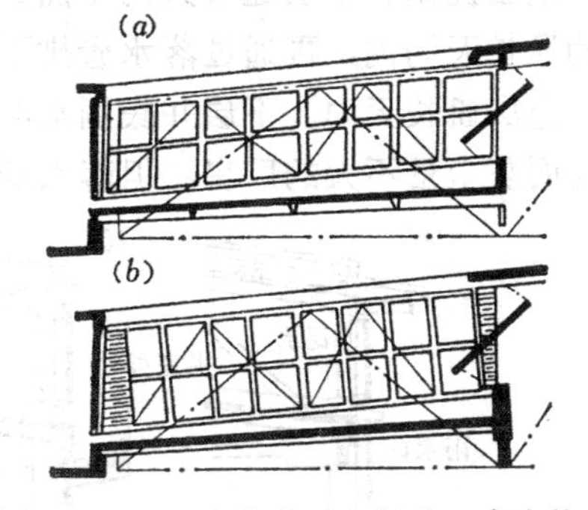

图 4-3-47 边井式天窗竖直口窗扇的设置

(*a*)平行四边形窗扇；(*b*)矩形窗扇

如采用上悬式开扇，由于3～4个面装有窗扇（或挡雨板），因此在井的竖直转角处应作相应处理，如一部分不开启。

（二）水平口设置窗扇 这一方案比较方便，但不如竖直口密闭。作法有两种：

1.中悬窗扇式（图4-3-48*a*） 窗扇架在井口的空格板或檩条上。

2.水平推拉式（图4-3-48*b*） 每个井口设置两扇水平透光顶盖板，下设小轮沿轨道滚动。

二者的开启角（开口大小）可根据挡雨及防寒要求调节。由于井口分散，用机械开关比较复杂。

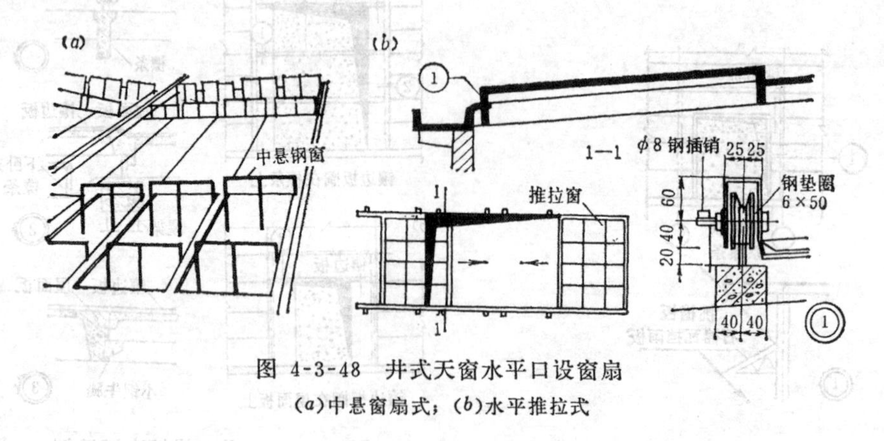

图 4-3-48　井式天窗水平口设窗扇

(a)中悬窗扇式；(b)水平推拉式

四、排 水 及 泛 水

设有井式天窗的厂房，上层屋面与下层井底二者的排水要综合考虑。根据井式天窗的布置、厂房的高低、灰尘量的大小及地区降雨量等因素，选择合适的排水方式。一般有下列几种作法：

（一）无组织外排水　上层屋面及下层井底的雨水分别自由落水（图 4-3-49*a*），适用于降雨量小的地区及高度不大的边井式天窗的厂房。

（二）单层天沟外排水　它是井底或井口设通长天沟外排水的边井方案，具体处理方式如下：

1.上层挑檐、下层通长天沟（图4-3-49*b*）　上层屋面雨水自由落到下层排水、清灰两用的通长天沟内，再通过落水管排下，适用于雨量大的地区及灰尘大的厂房。

2.上层通长天沟、下层井底雨水汇入上层天沟落水管（图4-3-49*c*）　适用于雨量较大地区而灰尘量不大的厂房，但落水管数量较多。

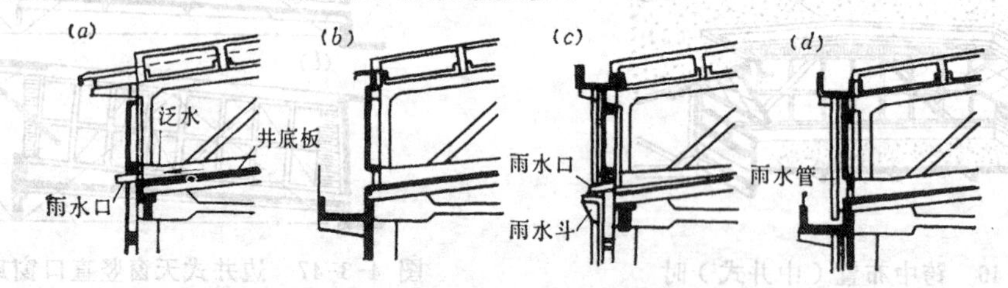

图 4-3-49　井式天窗外排水的几种方案

(*a*)无组织排水；(*b*)上层挑檐、下层通长天沟；(*c*)上层通长天沟、下层井底雨水汇入上层天沟落水管中；(*d*)上下双层天沟

（三）双层天沟外排水　井口层屋面设通长或间断天沟，下层井底板设排水、清灰通长天沟（图4-3-49*a*）。适用于多雨地区及灰尘量大的厂房。

（四）内落水　连跨布置及跨中布置的井式天窗均须选用内落水。连跨布置时，也可参照以上列举的方式选用单层天沟或双层天沟的作法（图4-3-50）。跨中布置时，井底板的雨水须用悬吊管将雨水引向跨边再接连屋面落水管排出（图4-3-51）。

（五）泛水作法 组织井式天窗排水的同时还必须解决好天窗的泛水问题。它是沿井口周边设挡水条，防止井口屋面雨水流入井内，以免井底汇水量过多和冲刷井底防水层。井口周边的泛水可作成直线形或分水线形（图4-3-52）。汇水量大时宜选用后一作法。挡水条一般可用砖砌2～3皮高。同理，沿井底板周边也须设高度不小于300毫米的挡水条。

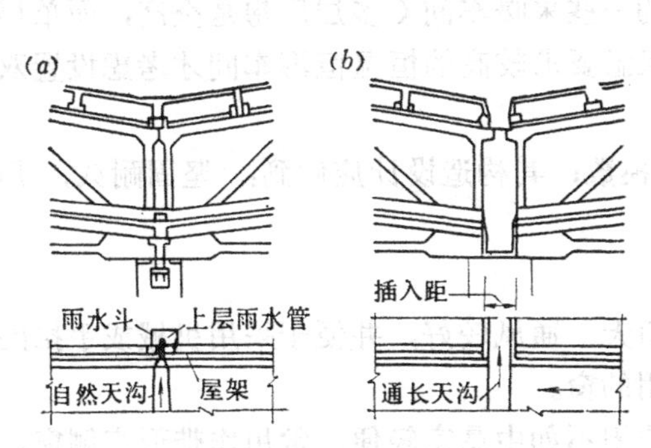

图 4-3-50 中跨布置的内落水方案

(a)上、下层间断天沟；(b)上、下层通长天沟

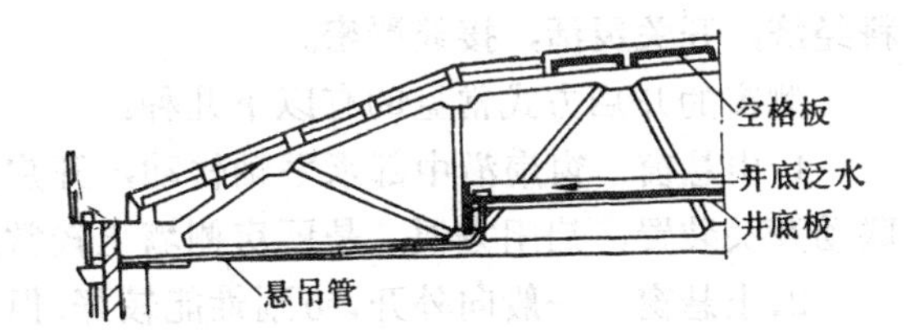

图 4-3-51 跨中布置井式天窗的排水示例

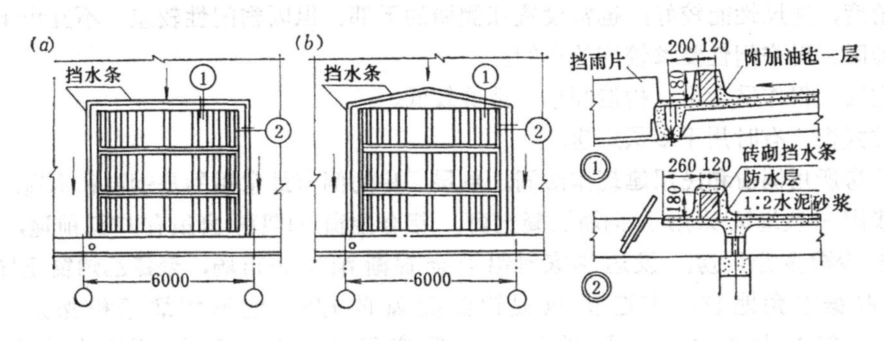

图 4-3-52 井口泛水

(a)直线形；(b)分水线形

五、挡风侧墙与清灰检修设施

在边井外侧须设挡风侧墙，其用料与厂房外墙相同。若用设在天井外侧的挡风板（兼作栏杆代替挡风侧墙，则可用石棉瓦等其它材料制备。由于天沟与各个天井互相连通，清灰除雪极为方便。

若用无组织排水或下层天沟设在墙外时，挡风侧墙下部与井底板交接处须设排水孔洞或留50～100毫米的排水缝隙。

井式天窗要设置从屋面通往井底的钢梯。利用天沟兼作清灰走道时，天沟外侧须设安全护栏，并在每一井的挡风侧墙上开设通往天沟的小门，供清灰人员出入。可在天沟端部设落灰竖管（参见图4-3-49*b*、*d*）。如为大型板材墙，可用异型空心件代替转角加长板满足落水要求。

其它下沉式天窗的构造原理基本与井式天窗相似，由于布置方向的不同，可能有部分杆件裸露在外，防水处理必须妥善解决。寒冷地区尤需注意。

第五节　侧　　窗

厂房的侧窗多是单层窗。只有在严寒地区的一些采暖车间（多层厂房是全高，而单层厂房是高度在3.5～4.0米左右范围内），或对保温要求较高的恒温恒湿车间才考虑设置双层窗。

厂房的侧窗的标志尺寸应为300毫米的扩大模数；其构造设计应做到：坚固耐久，用料经济，开关灵活，接缝严密。

侧窗的开启方式常见的有以下几种：

1.中悬窗　窗扇沿中部水平轴转动，开启角大，通风较好，并便于采用机械或手拉的联动开关装置，启闭方便，是厂房侧墙上较常用的窗。

2.上悬窗　一般向外开，防雨性能较好，但启闭不如中悬窗轻便，常用作带形高侧窗。

3.平开窗　通风良好，但防雨较差，风雨大时易从窗口飘进雨水。此外，由于不便设置联动开关器（如双向平开时），不宜布置在较高部位，通常布置在侧墙的下部。

4.立旋窗　窗扇沿垂直轴转动，可装置手拉联动开关设备，启闭方便，并能按风向来调节开启角度，通风性能较好，也常设置在侧墙的下部。但因密闭性较差，不宜用于寒冷和多风砂地区、对密闭性要求较高的车间。

5.固定窗　仅作采光用。构造简单，造价较低。

6.推拉式窗　有时用于多层厂房。

多层厂房所用侧窗和民用建筑作法同。单层厂房的侧窗最常用的是钢窗和木窗。近二十年来在我国一些地区采用了钢筋混凝土窗。铝合金窗和塑料窗虽有广泛前途，但目前主要用于少数多层厂房。发达国家对铝合金窗渐渐失去市场，聚氯乙烯窗正异军突起，逐渐占据主角地位，其造价只是铝合金窗的1/3，它不需维修和保养，高度绝缘导电，能抗热胀冷缩，质地坚硬，强度很高，但一时还不能大量用于厂房。

一、木　侧　窗

木侧窗耗用大量木料，对材质要求较高，耐久性差，但施工方便，虽造价略低于钢窗，也只限在盛产木材地区和一些中、小型企业中采用。

木侧窗窗料截面较大，在大面积窗口内需把多个基本窗纵横拼接起来，成为大面积的组合窗。窗口过高、宽度上又是用二个以上基本窗填充时，在竖向上往往用横挡或小截面过梁将其分成几个单独窗面。拼接常采用ϕ10螺栓（中距≤1000）直接将相邻两窗框紧固。

大面积组合侧窗的开扇可以全部采用中悬窗；亦可在下部近工作面处采用平开窗或立旋窗，其它部分根据需要设固定窗或中悬窗。

中悬木窗有搭接扇式（靠樘式）和扇入樘式（进樘式）两种。前者防雨较好，启闭方便，但构造复杂，用料较多（图4-3-53）；后者较省料，但雨水易从缝隙渗入车间，并且木材受潮膨胀变形，启闭困难。

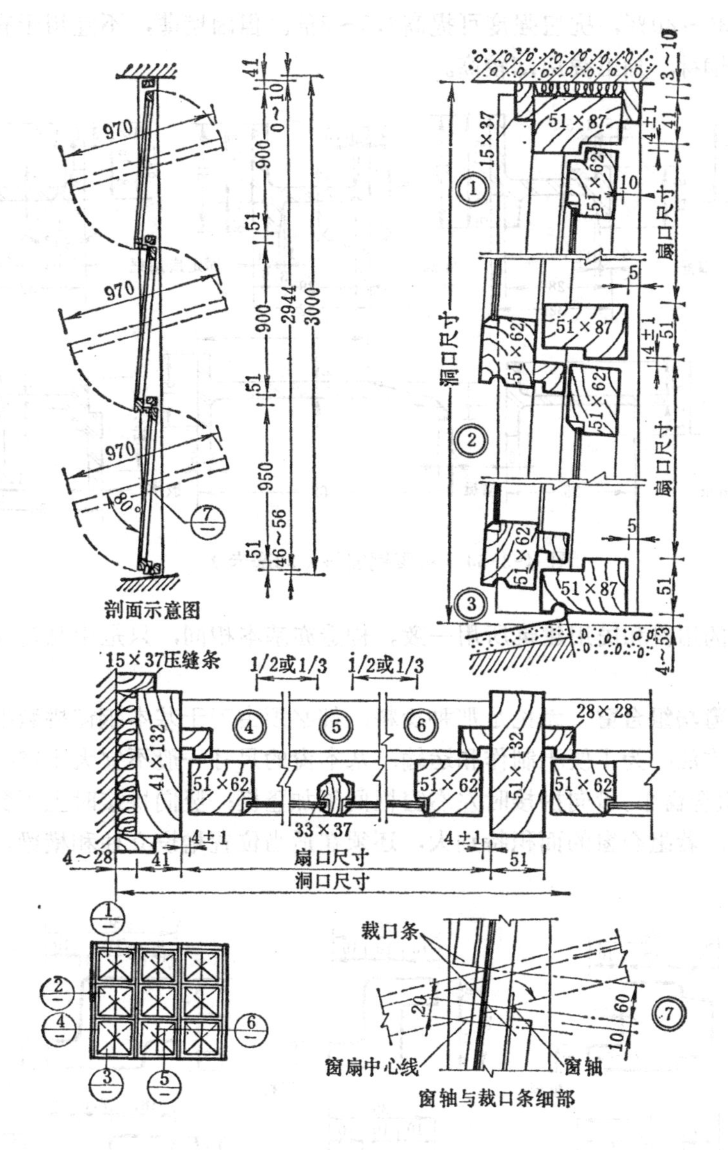

图 4-3-53 搭接扇式中悬木侧窗构造

二、钢 侧 窗

钢侧窗坚固耐久，防火耐潮湿，不致因日晒雨淋而变形；接缝严密，关闭时风砂雨水不易进入室内；窗框、窗梃的截面小，透光率大。当需设置大面积成片的或带形的组合窗时，采用钢窗最适宜。钢窗是后填樘式作法。

（一）窗料规格 目前用于制作钢窗的定型窗料为大料，有32毫米的实腹和1.2毫米厚的薄壁空腹两种钢窗料。

1.实腹钢窗料 其截面形状及用途见图4-3-54。在一般厂房中应用最为广泛。

2.薄壁空腹钢窗料 此种料有25×36京66型和27.5×37沪68型两种。它是用1.2毫米厚的冷轧低碳带钢经高频焊接轧制成型的，特点是重量轻而抗扭强度高。与实腹窗料比较，可节约钢材30～40%，抗扭强度可提高2.5～3倍。但因壁薄，不宜用于有酸碱侵蚀介质的车间。虽省钢材，加工费用却较高。

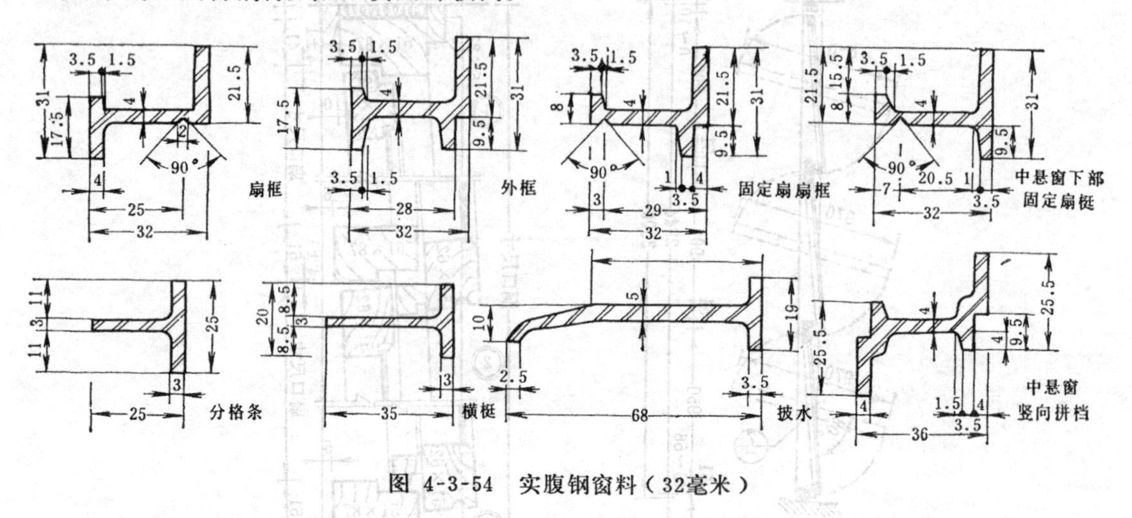

图 4-3-54　实腹钢窗料（32毫米）

薄壁空腹窗的用料和民用建筑所用一致。构造亦基本相同，只是中悬窗应用的多于民用建筑。

（二）基本窗与组合窗　无论是那种窗料，都必须由若干基本钢窗拼装组成。以实腹窗料为例介绍其作法：为了便于制作和运输，基本窗的尺寸一般不宜大于1800×2400毫米（宽×高）。在组合窗中，横向拼接时左右窗框间须加竖梃；竖向拼接时上下窗框间须加横档（图4-3-56）。若组合窗的面积特别大，还须在适当位置增设立柱和横梁，以加强其整体刚度。

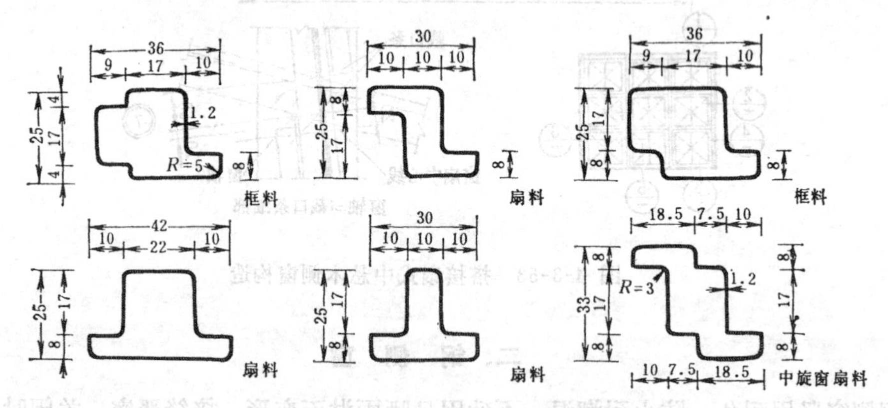

图 4-3-55　空腹钢窗料（25毫米）

钢窗框之外轮廓尺寸须小于窗洞尺寸，以便施工安装时调节误差和装修抹灰。窗框与窗洞的尺寸关系如图4-3-56所示。

基本窗中可开启的钢窗扇尺寸不宜过大，以免因刚度不足而扭曲变形。从国产窗料来看，可开启的窗扇尺寸不宜大于表4-3-3所列数字。

（三）节点构造　钢窗料截面上各凹凸部分皆有其特定的作用（图4-3-57）。各种窗料截面互相配合，可以保证接缝严密，并能增强刚度和便于拼装。例如中悬窗的窗框、窗扇，其转轴上下两部分必须用截面不同的窗料制作，而在转轴的交接处把两者焊接成一整体（图4-3-58）。

钢窗开启扇最大尺寸（宽×高，毫米）　　表 4-3-3

开启方式	实腹钢窗料（32毫米）	薄壁空腹钢窗料（25毫米）
平　开	650×1500	700×1500
立　旋	900×1500	900×1500
中　悬	900×1100	1200×1500

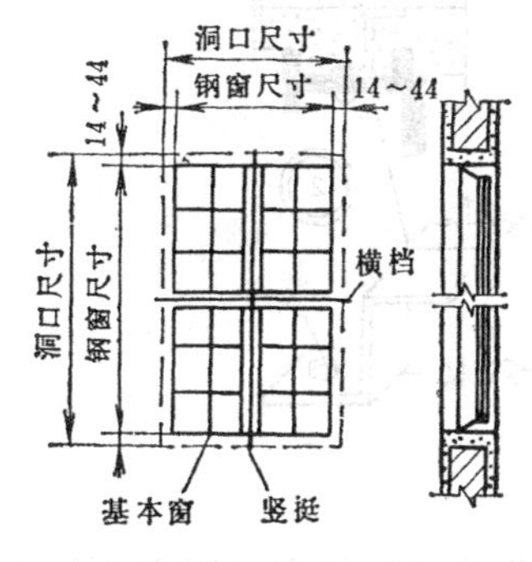

图 4-3-56　窗框与窗洞尺寸关系

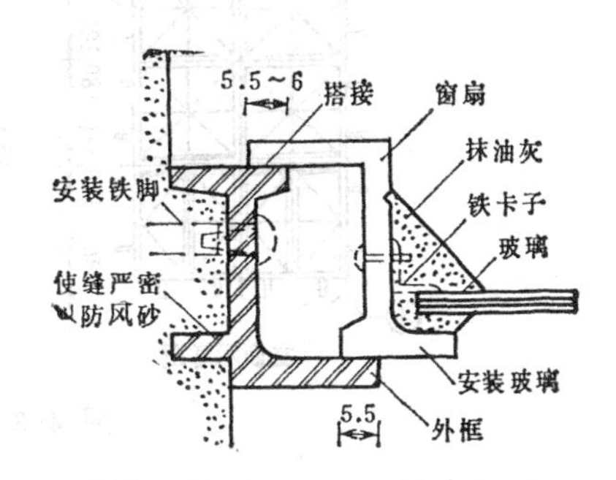

图 4-3-57　外框与窗扇框的连接和作用示例

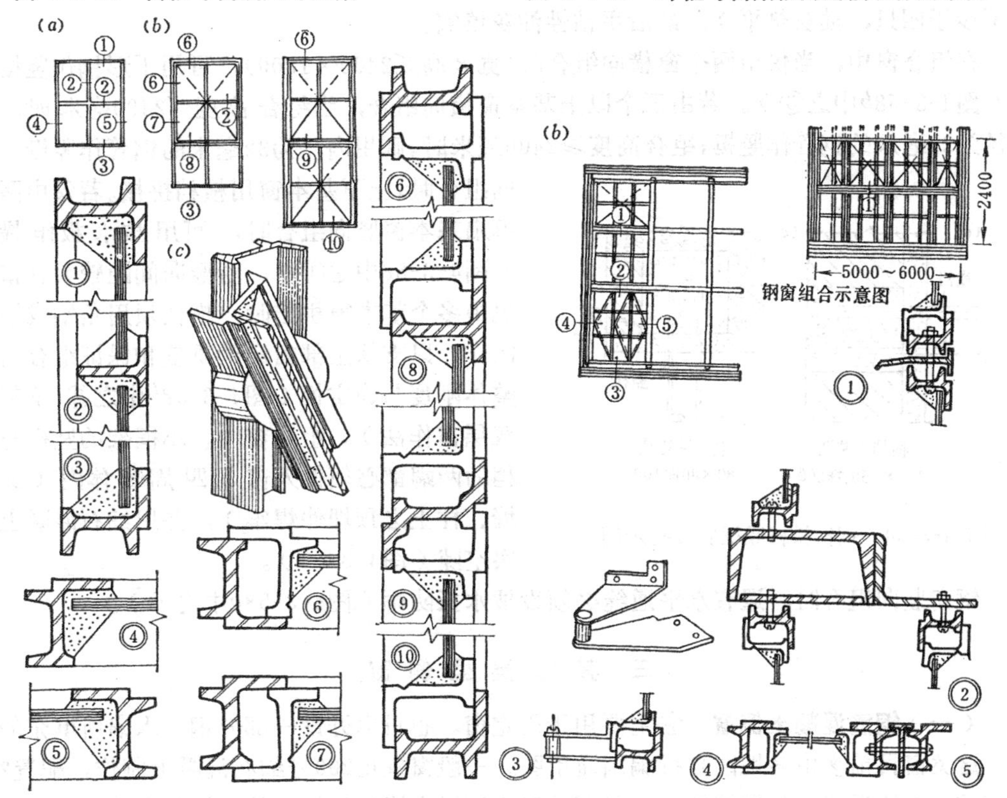

图 4-3-58　实腹钢窗节点构造

钢窗框与窗洞四周墙体的连接，一般是在墙体上预留50×50×100毫米的孔洞，把鱼尾铁脚一端插入孔洞内，然后用1:2水泥砂浆或150号细石混凝土填实；另一端则用螺栓与窗框固定。每边第一只铁脚的位置距框边180毫米，其余等分（中距约500毫米）。若窗洞四周墙体不便预留孔洞时（当墙体为大型板或窗顶为钢筋混凝土过梁时），则须按铁脚位置在墙板或过梁上预埋铁件，安装时用连接件与窗框焊牢（图4-3-59）。窗框固定后，窗框四周与窗洞间的空隙必须用1:2水泥砂浆填实，以免从此处透风渗水。

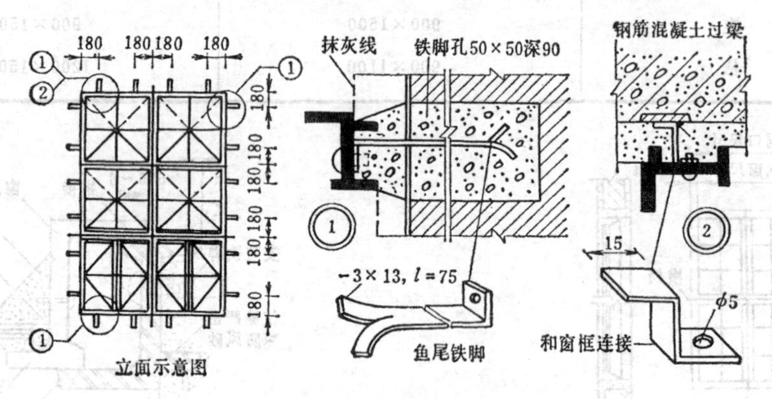

图 4-3-59 钢窗框的安装固定

工业厂房钢窗的玻璃厚度不得小于3毫米。安装时先用角铁或钢丝卡子固定（每块玻璃不少于四只，油灰垫平），最后用粘性油灰填实。

在组合窗中，当仅由两个窗横向组合时(宽×高≤2400×1800)，可用丁形钢作竖梃拼装（图4-3-58*b*中之⑤）。若由三个以上基本窗横向组合，当组合高度≤2400毫米时，用内径为25毫米的钢管作竖梃；组合高度≥2400毫米时，则用内径为32毫米的钢管作竖梃。竖向组合时，上下基本窗用横档拼接。若仅由两个单扇基本窗竖向组合时，可用披水板作横档（图4-3-58中之①）；若竖向间距较大且横向也由多个基本窗拼接时，横档须用角钢或槽钢制作，以支承上部窗扇的重量和保证组合窗的整体刚度与稳定性（图4-3-58*b*中之②,下部为双层窗作法）。组合窗中、小框架的竖梃与横档的两端都必须伸入窗洞四周墙体内（或与墙、柱上之预埋件焊牢），并用细石混凝土填实空隙（图4-3-60）。

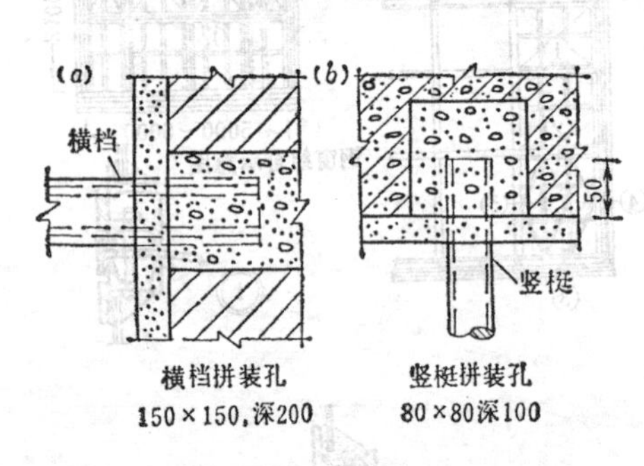

图 4-3-60 钢窗横档竖框安装孔示例

钢窗竖向组合时，遇有水平通缝必须设披水板防雨（图4-3-58*b*中之①）。

三、其它类型侧窗

（一）钢筋混凝土侧窗 它主要用于固定窗。也可以开设一部分钢、木扇所填充的开口。这类窗目前多由各地区自行编制通用图。一般窗框用200号细石混凝土制作，配置2φ6钢筋，系筋采用8号镀锌铁丝。截面外形应便于灌筑和拆模，并使棱角完整。图4-3-61为这种窗构造示例之一。

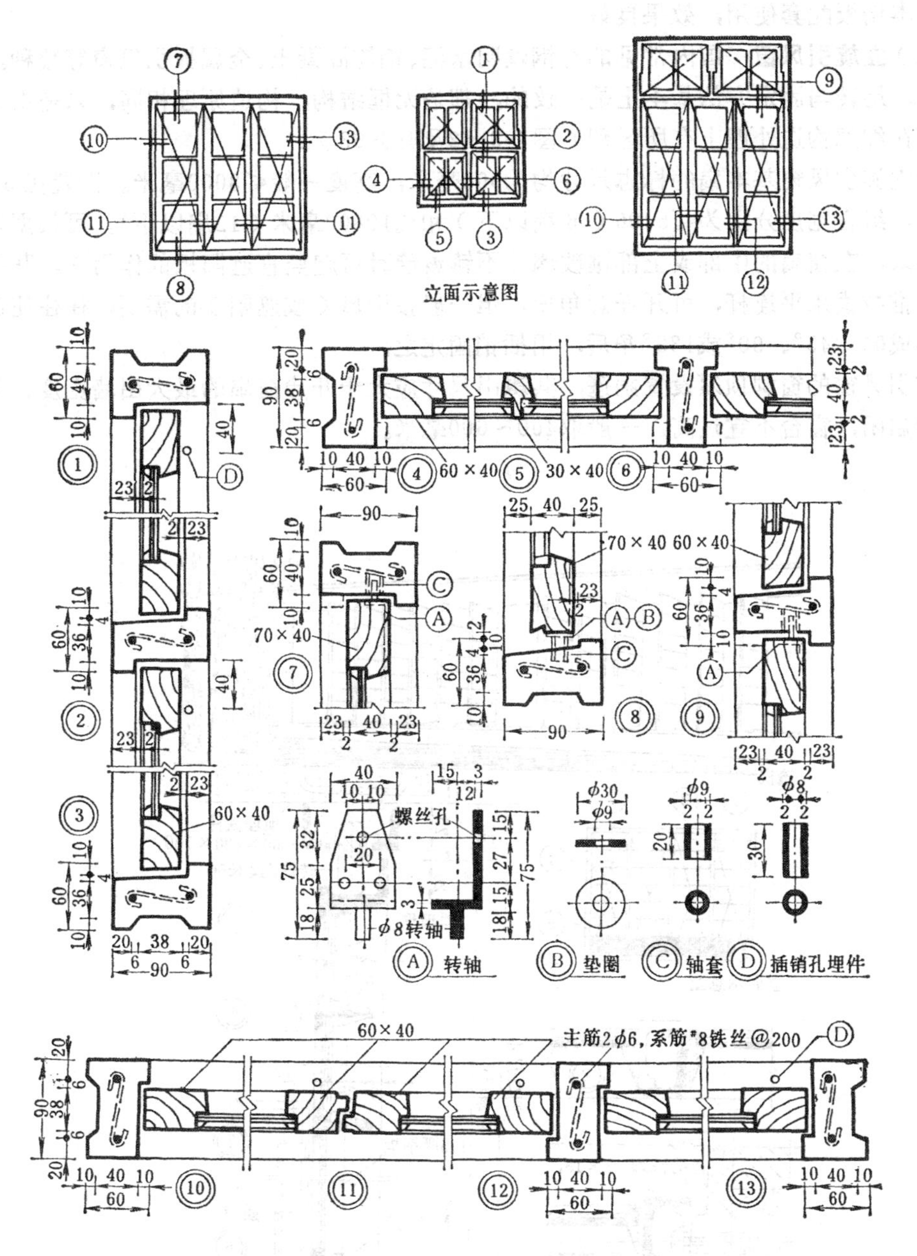

图 4-3-61 设木开扇的钢筋混凝土窗节点构造

在组合窗中，以单向组合为宜。横向组合时一般在相邻窗框上预留的对应拼装孔中插入φ6短筋，然后用1:2水泥砂浆填实锚固；若组合宽度大于3600毫米时，须加设预制钢筋混凝土小柱作竖梃。竖向组合时，一般采用预制丁形拼条作横档；若组合窗宽度大于3600毫米时，上述拼条可能刚度不够，须改用预制（或捣制）的过梁作横档。

从实际情况来看，这种窗基本上能满足使用要求，但开扇与所在扇的固定窗框接缝欠严密，风雨大时易渗入雨水（图4-3-61）。

此外，有些设计单位采用大型墙板时，按墙板规格设计钢筋混凝土条形窗或带窗的墙板，与基本墙板配套使用，效果良好。

（二）立旋引风窗 国内常见的有钢丝网水泥、钢筋混凝土、金属板引风窗等数种。它们的支承、旋转与固定方法基本上是一致的，都是无框结构，构造原理相同，只是由于材料不同而在细部构造处理上有所区别（图4-3-62及4-3-63）。

各种立旋引风窗基本扇的标志尺寸均为900毫米，高度一般≤3000毫米。设置在6-12米柱距时，组合宽度分别为≤5400（6扇以下）和≤10800毫米（12扇以下）。可根据车间采光的要求，在窗扇的中部或上部镶玻璃（不镶玻璃时可起竖直遮阳板的作用）。开关装置若采用推拉式水平连杆，可开任意角度，但一般按引风（或遮阳）的需要，往往使窗扇与墙面形成0°、45°、90°或135°角后，用插销固定之。

立旋引风窗的窗洞顶须设置雨篷，其飘出尺寸应大于开启窗扇的最大出墙宽度。为便于引风和启闭，窗台不宜过高，一般取400～600毫米。

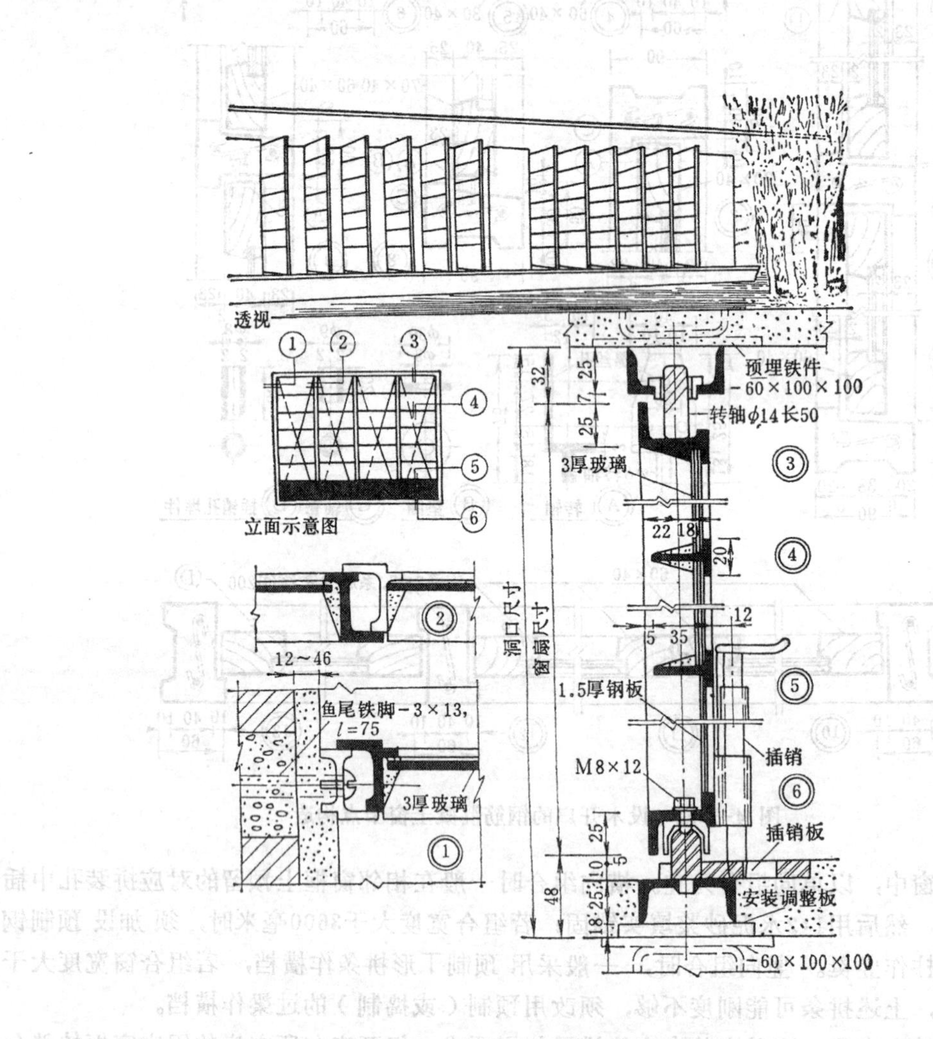

图 4-3-62 钢板立旋引风侧窗节点构造

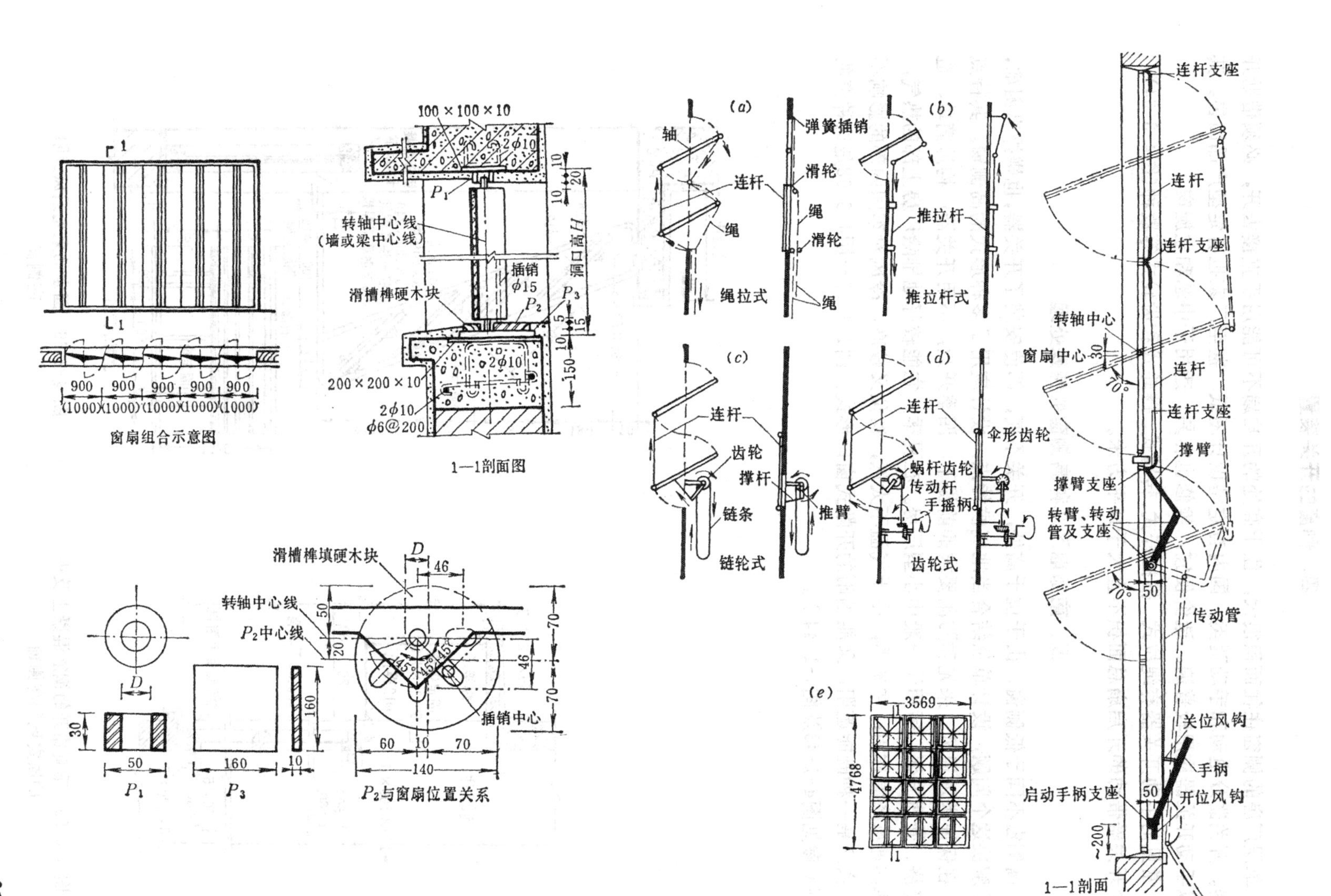

图 4-3-63 钢丝网水泥立旋引风窗

图 4-3-64 几种侧窗的手动开关器示意

四、侧窗的开关装置

单层厂房的侧窗往往面积很大，位于高处的开启扇不可能用手直接去开，必须借助开关器。开关器分电动和手动两类，国内有定型设计图纸，甚至厂家也有定型产品出售。其中以手动开关器应用较普遍。造价便宜，维修也容易，适用于中悬和立旋窗。

常见的手动开关器有绳拉式、推拉杆式、转臂式、链轮式和齿轮式等数种(图4-3-64)。一个开关器带动的开启扇总面积不宜大于15平方米。

五、南部地区几种高侧窗的特殊处理

高侧窗不同于低侧窗，由于位于高处，开关不便，即使安装了开关器，也嫌操纵困难，为了解决这个问题，设计单位结合当地气候特点，设计应用了多种形式的高侧窗。其特点是：在保证满足通风、采光和防雨要求的前提下，四季开启，不用开关器；构造简单、造价经济、管理方便，适用于一般中小型厂房。在夏季，它能较好地排除厂房上部的热气，发挥其通风降温作用；在冬季，由于气温不太低，窗位又较高，冷风对车间内部的影响不大。实际是一种既能遮阳，又能挡雨的开敞式窗口形式。图4-3-65～图4-3-68是这种窗的实例（参见图4-1-43及图4-1-44）。

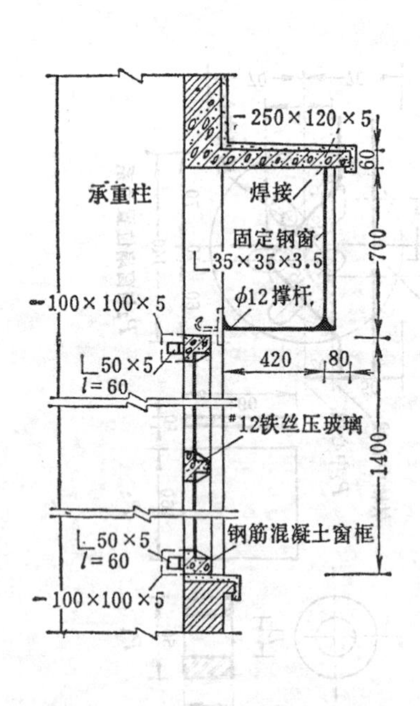

图 4-3-65 垂直错开的钢筋混凝土及钢的固定玻璃高侧窗

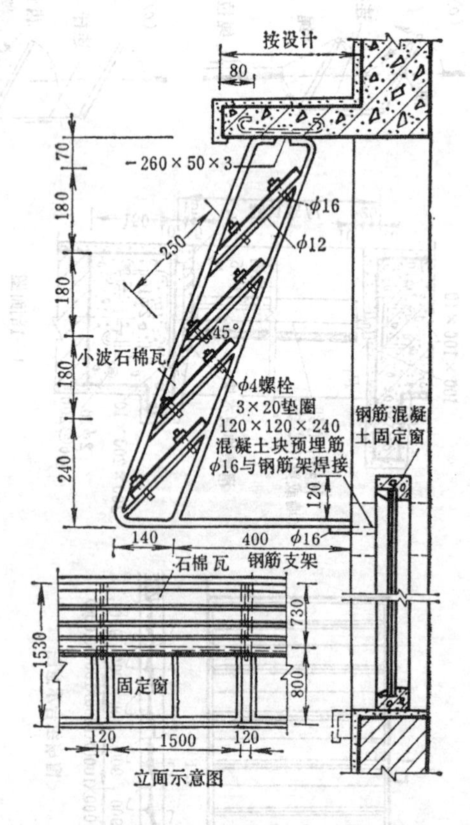

图 4-3-66 固定的采光通风遮阳高侧窗

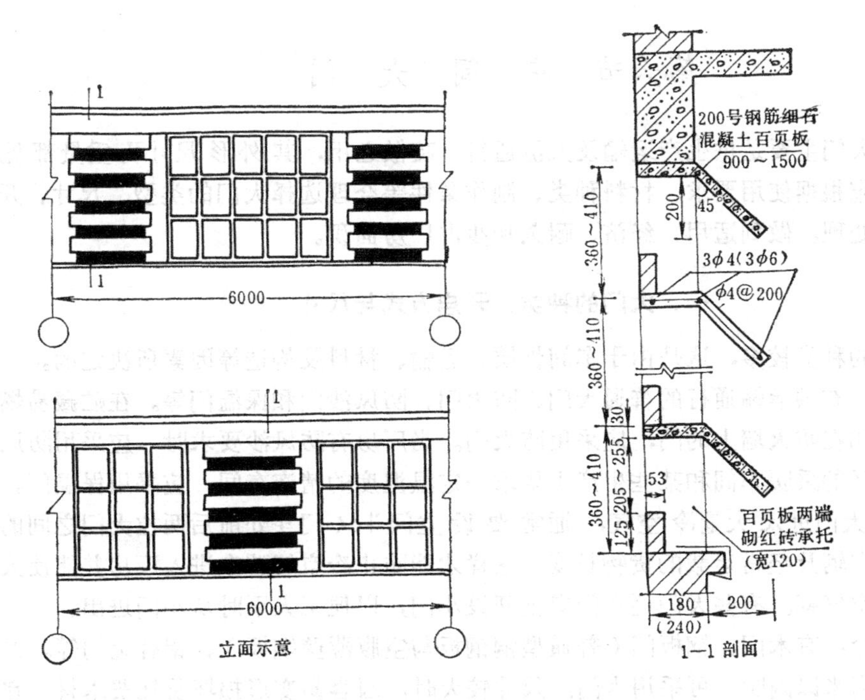

图 4-3-67 钢筋混凝土百页和固定玻璃窗横向组合的高侧窗

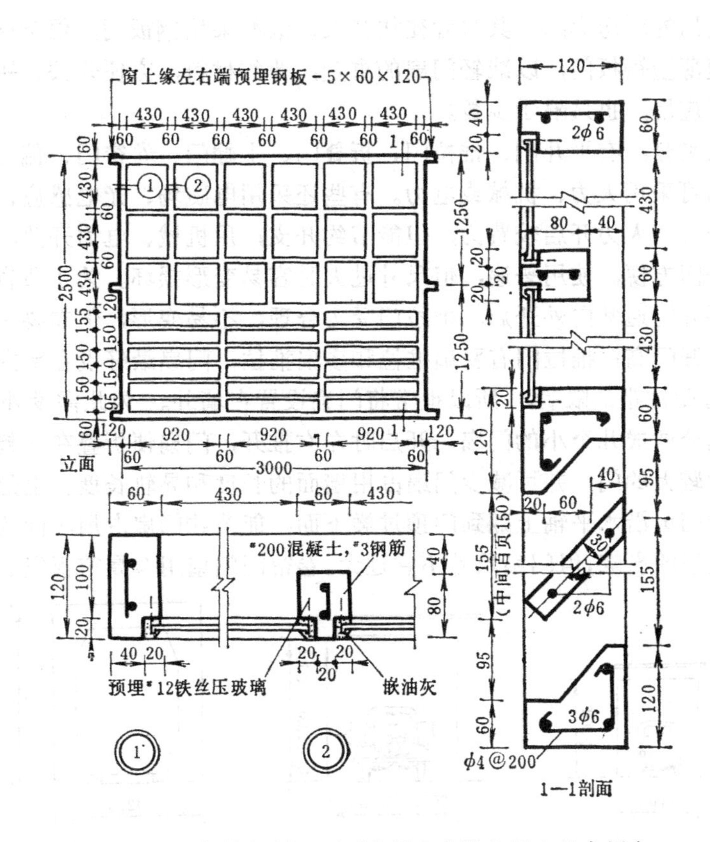

图 4-3-68 钢筋混凝土百页和固定窗竖向组合的高侧窗

第六节　车　间　大　门

车间对外大门主要是供生产运输及人流通行、疏散之用，其外形尺寸及重量都比较大。构造设计应根据使用要求、材料种类、制作条件等合理选择大门的类型、尺寸、开启方式及其构造处理。做到适用、经济、耐久和少占厂房面积。

一、大门的种类、开启方式与尺寸

车间大门的种类较多，这是由于车间性质、运输、材料及构造等因素所决定的。

按用途分：有供运输通行的普通大门、防火门、防风沙门和保温门等。在贮藏易燃品的车间、仓库和在防火墙上的门，应采用防火门。当厂房有防风沙要求时，应采用防风沙门。在寒冷地区的采暖车间和某些生产上要求一定温湿度的精密车间，应采用保温门。同时为了防止从大门进入大量冷空气，通常要设立门斗（门斗处前后两樘大门之间的距离应大于通行车辆及经常运载的货物长度，这样才能防止冷空气随车进入厂房并能使人通过），或设置空气幕。有些大门还在门扇上开设小门，以便工人平时从小门进出。

按材料来分：有木门、钢板门（普通型钢钢板与空腹薄壁钢板）、铝合金门等。当大门尺寸在1800毫米以内时，可采用木门：尺寸较大时，因容易变形损坏及耗费木材，宜采用钢骨架的钢木大门或钢板大门。钢板大门耐久性较好，不易变形。通行重型汽车、火车和有大型产品进出的厂房大门，其尺寸往往甚大，最好采用钢板门，但钢材用量较多，有条件时可用空腹薄壁钢板门，以减轻门扇的重量，节约材料，方便开关。铝合金门轻巧美观，虽在某些厂应用，也只限于少数。

按开启方式来分：有平开门、推拉门、折叠门、上翻门、卷帘门、偏心门和升降门等。开启的动力可采用人力、机械或电力。有些还采用电磁场、光电感应、超声波或接触板等自动控制开关。人力开启较费力，但能节约开支；用机械、电力开关，开启方便，但投资较大。平开门方便，使用普遍，但尺寸过大时容易变形损坏。为了节省车间面积，便于安全疏散，平开门通常向外开启。推拉门受力合理，不易变形，但需要一套滑轮和导轨装置，造价比平开门高；推拉门有双扇推拉和多扇推拉，门扇最好设在室内，以防风雨侵蚀，但这样常会受柱距的限制，所以也常将门扇设置在墙外。为此需设外雨蓬。折叠门是将较大的门扇分做成几个小的门扇，开启时左右推开，门扇便折叠在一起，开启比较轻便，适用于尺寸较大的门，并可减少门扇占用墙面的长度和导轨长度。上翻门只设一个门扇，开启时整个门扇沿水平轴上翻到门顶过梁下面，能节约门扇占用车间的面积，门扇的开启不受厂房柱子的影响，但门扇尺寸不宜过大。卷帘门门扇用金属帘板组成，开启时将门

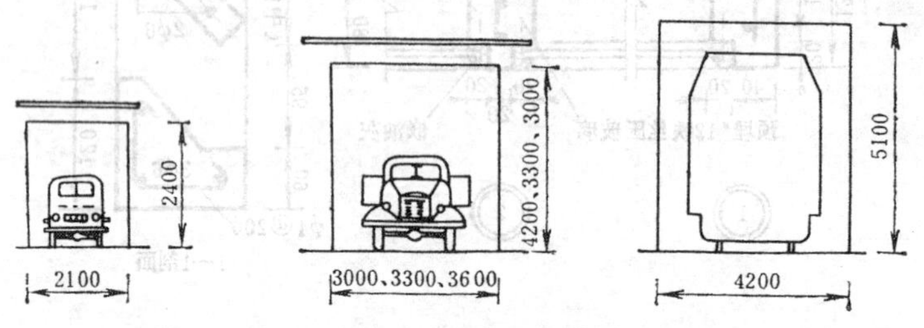

图 4-3-69　常用厂房大门的规格尺寸（毫米）

帘卷在门顶过梁平台处的卷筒上。卷帘门主要用于供货流出入的大门，安全疏散门不宜采用，但为了方便工人出入及安全疏散，往往在卷帘门旁或门扇中开设一个小门。

大门的尺寸应比通过的满载货物车辆的轮廓尺寸加宽600～1000毫米，加高400～500毫米。为了减少大门类型，便于采用标准构配件，目前厂房大门的宽度和高度均以300毫米为模数，厂房大门的规格尺寸见图4-3-69所示。

二、大门的构造

每种大门的构造方法各有不同。下面仅介绍几种常见的厂房大门的构造处理及其设计要求。在设计实践中可再详细参考有关标准图集。

（一）平开门

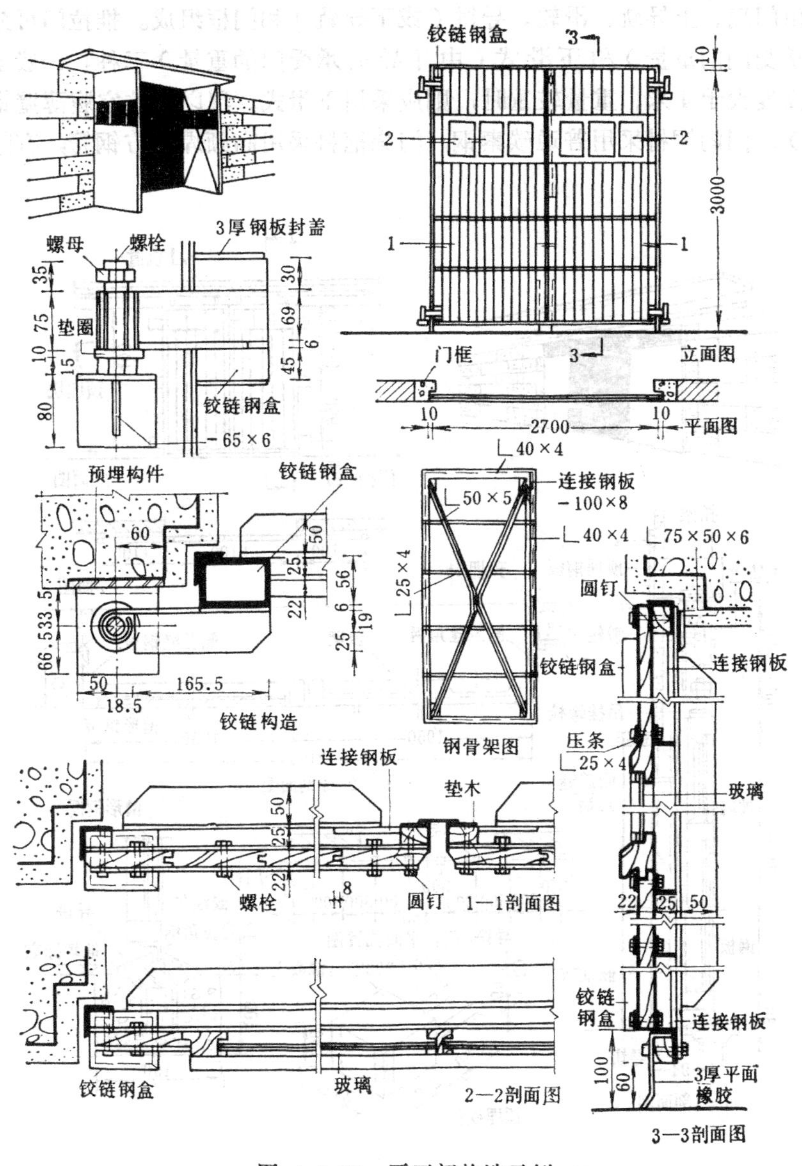

图 4-3-70 平开门构造示例

平开门由门扇、铰链等组成。现以钢木平开门为例(图4-3-70)，门扇采用普通型钢骨架，骨架拼接一律采用电弧焊。门板可采用22毫米厚的木板，板与板的连接用企口拼缝或用硬木穿条拼缝，木板宽100～120毫米，木板用ϕ 6 螺栓固定于钢骨架上。保温门多用毛毡或泡沫硬塑料填充在内外两层板中间，并作防风处理。

平开门开关时主要靠铰链转动，铰链受力较大（最好用轴承铰链）构造处理必须十分牢固，以免经常损坏而增加维修费用。当门的宽度和高度均小于2400毫米时，可把铰链座预埋在混凝土预制块中，把预制块镶砌在门洞两侧的墙体中。若门洞大于2400毫米时，门洞两侧设置钢筋混凝土门框（也称门樘），用以固定门铰链并保护墙角，以免车辆撞损门洞侧墙。同时外开平开门的门扇易受风雨侵蚀，须在门顶设置雨篷防护。

（二）推拉门

推拉门由门扇、上导轨、滑轮、导饼（或下导轨）和门框组成。推拉门可分为上挂式（由上导轨承受门的重量）和下滑式（由下导轨承受门的重量）二种。一般多采用上挂式，当门扇高度大于4米、重量较重时，则应采用下滑式。现以推拉空腹薄壁钢板门为例（图4-3-71），门的钢材采用普通碳素钢，门扇框料采用高频焊接方钢管，有□45×32×

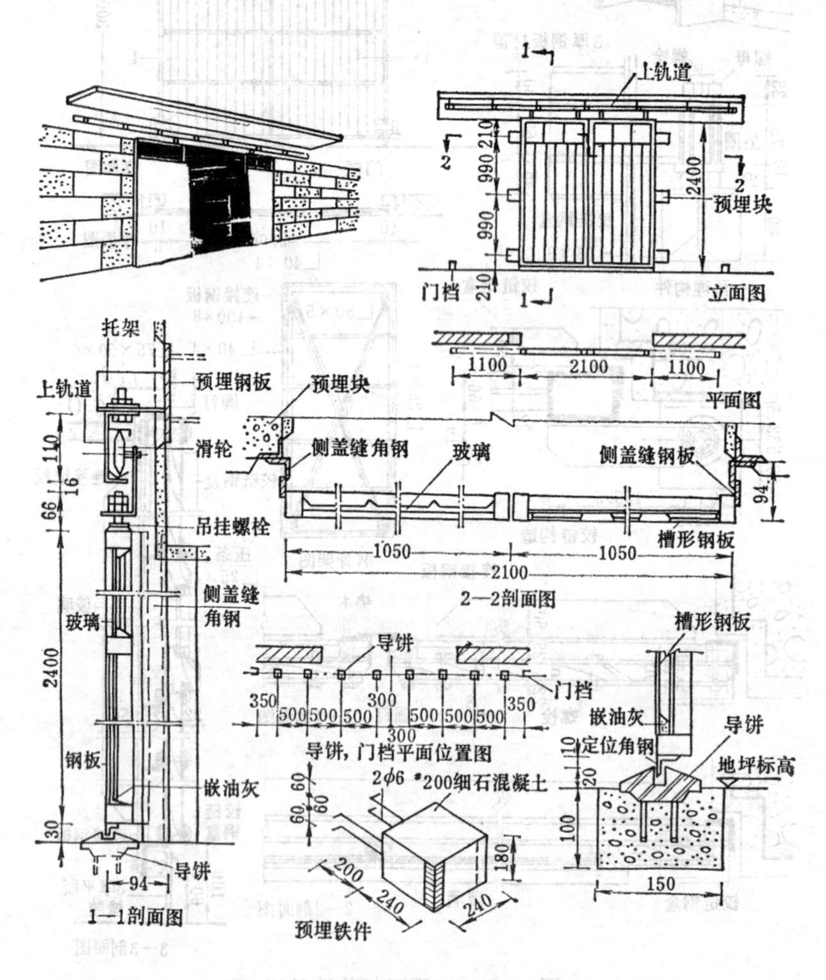

图 4-3-71 推拉门构造示例（一）

1.5、□45×30×2、□60×45×2.5三种规格，门扇板采用1毫米厚冷轧槽形钢板。

上挂式节点构造的安装顺序如下：先在门梁上预埋钢板，将托架焊于此钢板上，再用螺栓将滑轮轨道固定在托架的下面，然后将固定在门扇框上的滑轮安装在轨道上，滑轮与门扇用吊挂螺栓连结固定。

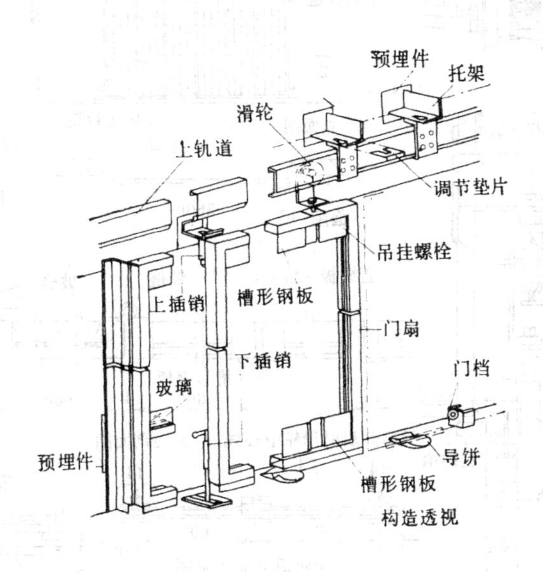

图 4-3-71 推拉门构造示例（二）

上挂式推拉门的上轨道和滑轮是使门扇能向二侧推拉的重要部件，构造上应做到坚固耐久，滚动灵活，并须经常维修，以免锈滞。滑轮装置可根据门的大小选用单轮、双轮或四轮；单轮制作安装比双轮简单，但受撞击时易脱轨，须在门洞二侧地面上和轨端分别设门挡，门扇下设轨道，借以保持门扇稳定，以免推拉时门扇摇晃；下轨道可分凹式、凸式和导饼三种形式。凹式易积灰堵塞，凸式会影响运输，为了避免上述轨道的缺点，目前使用较多的是导饼，它由铸件组成，凸出地面20毫米，间距一般为300～900毫米，当有铁路通入车间时，应将导饼与铁轨错开。为了保护门洞两侧的墙角，须设截面不小于240×240毫米的钢筋混凝土门框。当门扇设置在墙外时，门顶要设置雨篷，多扇推拉大门甚至设两侧门袋以防雨，并在门袋内设金属爬梯，检修上部滑轮设施。

（三）折叠门

折叠门由门扇、上导轨、滑轮、吊挂螺栓、导向铰链、门铰和门框等组成。在厂房中常用的有侧悬折叠（导轨滑轮装在门扇一边）和中悬折叠（导轨滑轮装在门扇当中）二种形式，前者开关较省力。现以侧悬折叠空腹薄壁钢板门为例（图4-3-72），其骨架可用高频焊接钢管或普通型钢制作，门板采用1～1.2毫米厚冷轧槽形钢板。

折叠门的上导轨、滑轮装置及其构造与推拉门相似，靠边门扇则和平开门一样，用铰链与门框固定。但在门扇下面须再设置一条固定于地面的下轨道，使门扇下缘的导向铰链沿下轨道移动，这样门扇便可沿上、下轨道折叠启闭。为了使门扇开启时能全部推叠平靠在门洞两侧的墙面上，上轨道和下轨道的水平位置须与门洞中心线成一定角度。

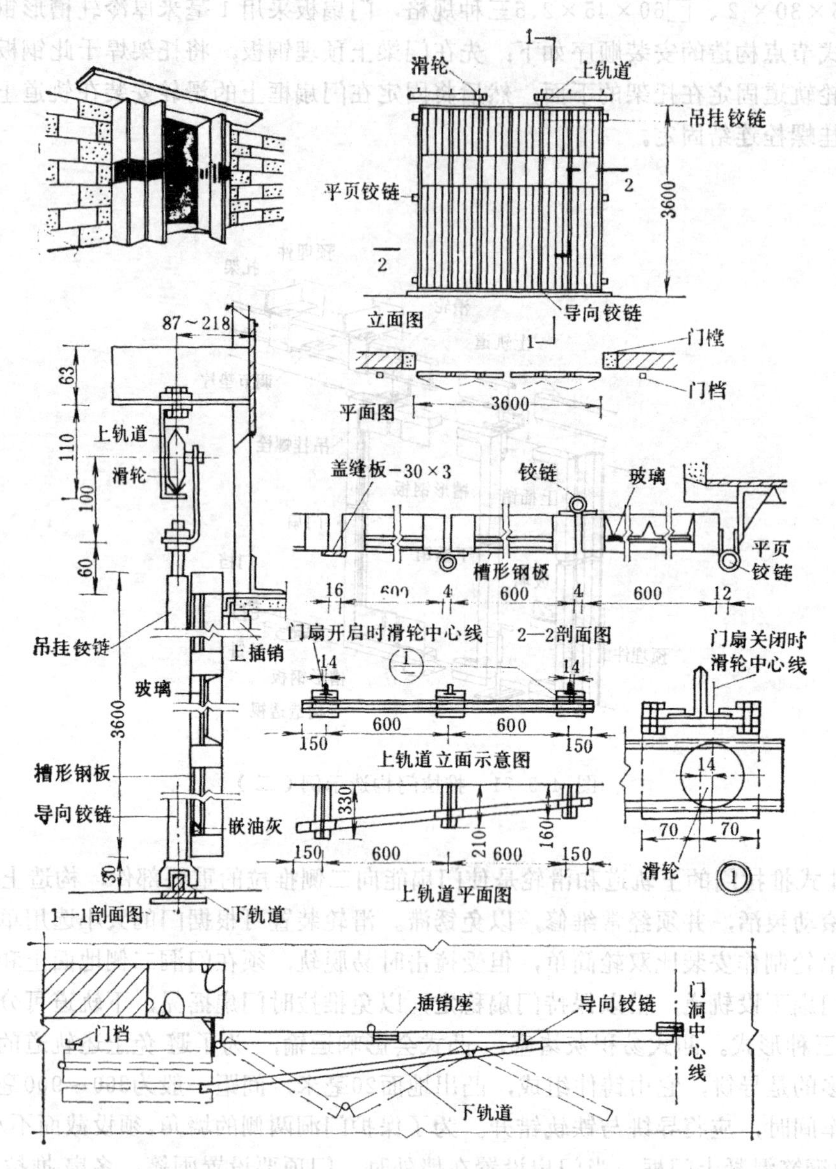

图 4-3-72 折叠门构造示例（一）

（四）上翻门

上翻门由门扇、平衡锤、滑轮、导轨、导向滑轮等组成。门扇一般宜采用钢板、空腹薄壁钢板以及钢木等材料制作。现以直轨拉杆式钢木上翻门为例（图4-3-73）。门扇骨架全部采用1.2毫米厚冷轧带钢高频焊管，门板可采用双面冷轧薄钢板、镀锌铁皮、纤维板等，门扇下部钉500～600高钢板，以防踢碰。并附设橡皮条以防风沙。

拉杆采用φ22钢管，一端固定于轨道上，另一端固定于门扇骨架上，起连接作用。在门洞二侧各设置一条竖直的槽形轨道，使门扇沿轨道上下移动。同时为了减轻平衡锤的重量，须设置减重导向滑轮组。

为了使门扇能翻到门洞上部（横卧在门过梁下面），将钢丝绳一端系牢在轨道上端固

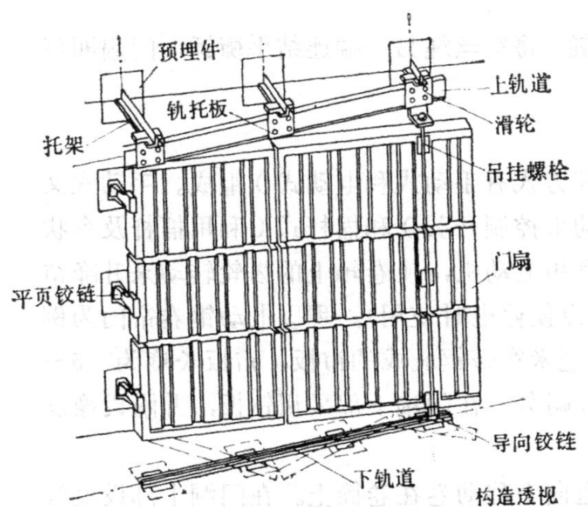

图 4-3-72 折叠门构造示例(二)

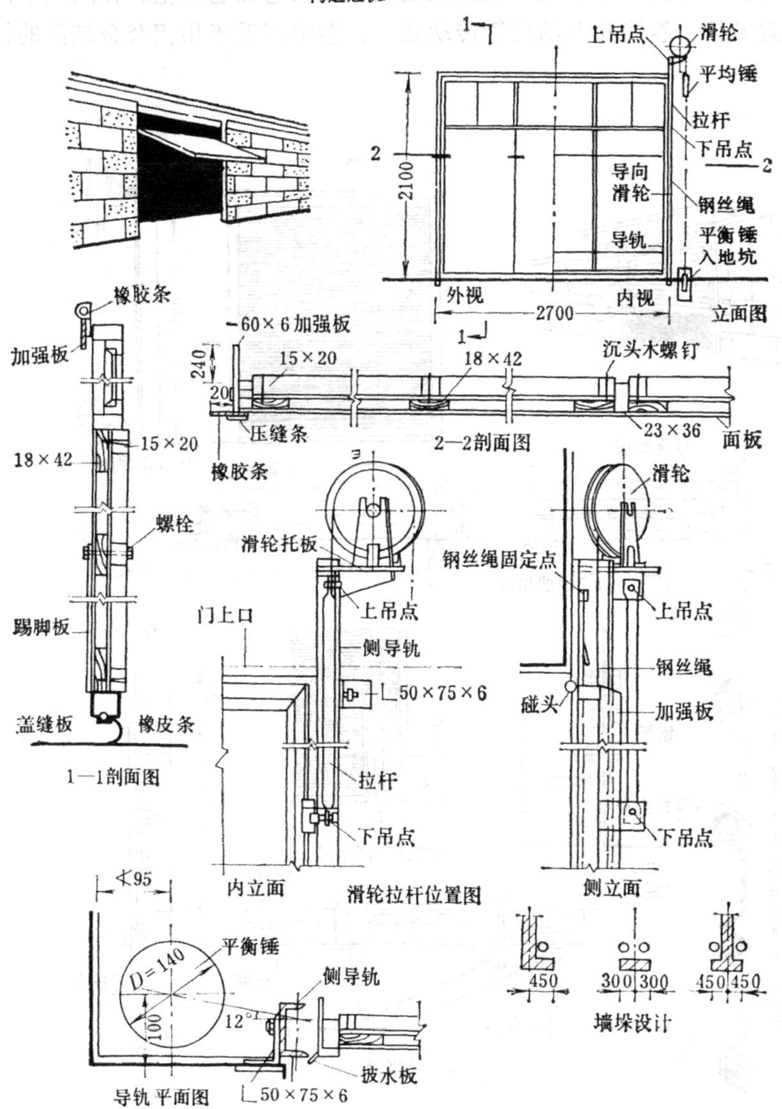

图 4-3-73 上翻门构造示例

定点上，向下绕过减重导向轮，再绕过上部滑轮，将钢丝绳另一端连结平衡锤，门扇即可上下翻动开启。

（五）卷帘门

卷帘门由卷帘板、导轨、卷筒和开关装置（其方式有手动式和电动式）组成。手动式又可分链条式（利用链条和几个不同直径齿轮传动来控制开关）和摇杆式（利用摇杆及伞状齿轮变换传动方向来升降帘板）。而电动式系利用电动机，使卷轴上的齿轮转动来升降帘板(若采用电动开关,最好还设有备用链条开关,以便停电时使用)。现以电动钢卷帘门为例（图4-3-74），门扇材料采用1.5毫米厚，180毫米宽带钢轧成的帘板，帘板长度为7.5～92.4毫米，帘板之间用铆钉锁定。为了保证坚固耐久，在门扇下部采用钢板，并附设橡皮条。

在门洞两侧各设一导轨，开启时帘板沿轨道向上移动卷在卷筒上。在门洞上部设检修平台、平台上设置导轮、卷筒和电动机等传动装置。卷帘门近年用铝合金制作的较多。

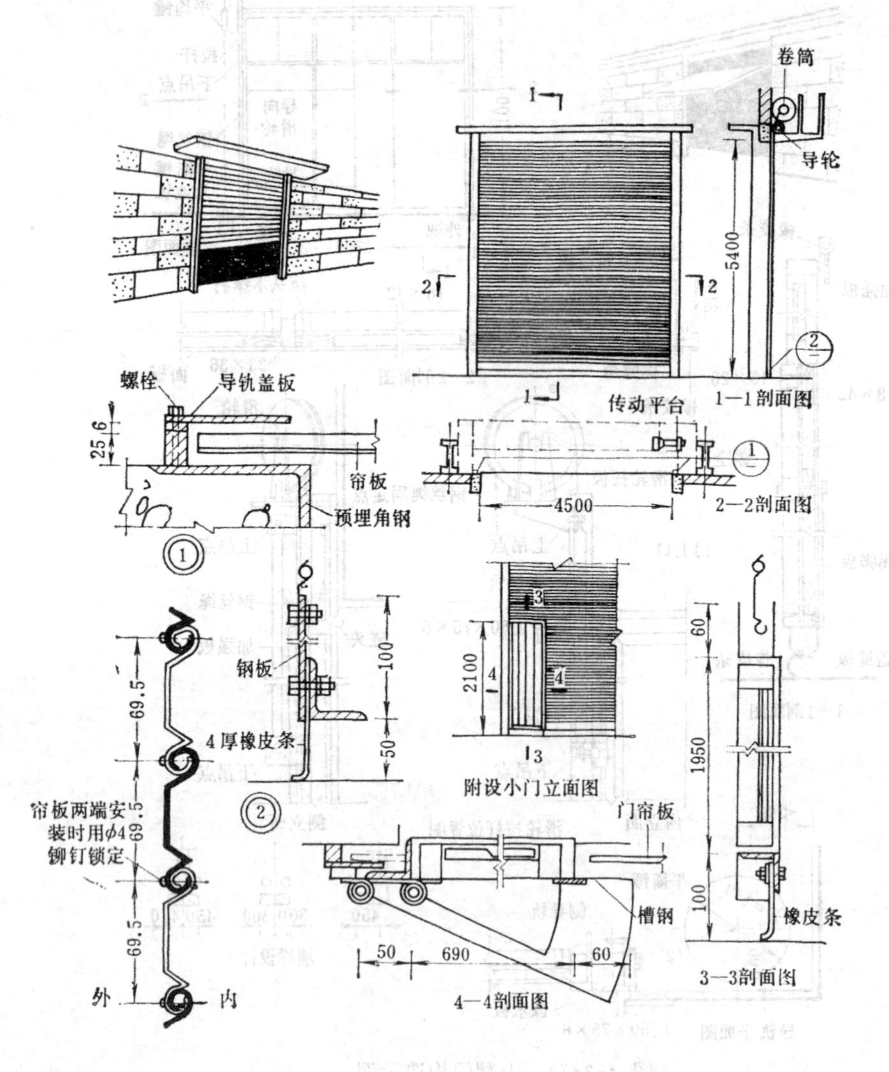

图 4-3-74　卷帘门构造示例

图书在版编目（CIP）数据

工业建筑设计原理/哈尔滨建筑工程学院编．—北京：中国建筑工业出版社，1988（2025.2重印）
高等学校教学参考书
ISBN 978-7-112-00302-0

Ⅰ．工…　Ⅱ．哈…　Ⅲ．工业建筑-建筑设计-高等学校-教学参考资料　Ⅳ．TU27

中国版本图书馆 CIP 数据核字(2005)第 114894 号

本教材是将工业企业总平面设计、单多层厂房建筑设计及其构造设计原理四大部分合为一册，并结合学科的发展，将环境设计归纳为单独章节的首次尝试。各篇章内容的穿插与灵活安排，有利于土建类高等学校建筑学专业不同方式的教与学，并可供设计参考。亦可供建筑设计、土建专业，成人高等教育人员参考应用。

高等学校教学参考书
工业建筑设计原理
哈尔滨建筑工程学院　编
*
中国建筑工业出版社出版、发行（北京西郊百万庄）
各地新华书店、建筑书店经销
建工社（河北）印刷有限公司印刷
*
开本：787×1092 毫米　1/16　印张：14¾　字数：353 千字
1988 年 7 月第一版　　2025 年 2 月第二十次印刷
定价：**20.00** 元
ISBN 978-7-112-00302-0
(14850)